大气遥感原理

孙学金　胡明宝　王蕊　李浩　赵世军　编著

气象出版社
China Meteorological Press

内容简介

本书是为大气科学专业本科生和研究生的大气遥感原理课程编写而成的教材。本书共分11章，详细地介绍了大气遥感基础、太阳光被动大气遥感、红外被动大气遥感、激光大气遥感、微波大气遥感、GNSS大气遥感、声波大气遥感等方面的内容。本书既可作为大气科学及相关学科的专业教材，也可作为数值天气预报、极端天气与气象灾害、资料分析与同化、大气辐射与遥感、大气物理、大气探测、遥感与地理信息系统等研究方向专业技术人员的参考用书。

图书在版编目(CIP)数据

大气遥感原理 / 孙学金等编著. — 北京 : 气象出版社，2019.2(2025.2重印)

ISBN 978-7-5029-6935-6

Ⅰ.①大… Ⅱ.①孙… Ⅲ.①大气遥感-教材 Ⅳ.①P407

中国版本图书馆CIP数据核字(2019)第028481号

出版发行：气象出版社
地　　址：北京市海淀区中关村南大街46号　　**邮政编码**：100081
电　　话：010-68407112(总编室)　010-68408042(发行部)
网　　址：http://www.qxcbs.com　　**E-mail**：qxcbs@cma.gov.cn
责任编辑：张锐锐　王凌霄　　**终　　审**：张　斌
责任校对：王丽梅　　**责任技编**：赵相宁
封面设计：博雅思企划
印　　刷：北京建宏印刷有限公司
开　　本：720 mm×960 mm　1/16　　**印　　张**：19.25
字　　数：366千字
版　　次：2019年2月第1版　　**印　　次**：2025年2月第4次印刷
定　　价：78.00元

前　言

大气遥感是现代大气探测的重要手段，大气遥感技术的发展使得大气探测理论与实践的发展跨入了新时期，极大地扩展了大气探测领域，丰富了气象观测资料，推动了大气科学研究和天气预报业务的发展。大气遥感涵盖内容相当丰富，其发展日新月异。目前虽已有不少有关大气遥感方面的专著，但侧重点各有不同，能够系统并且综合反映大气遥感原理的教材还不多见。

本书是国防科技大学气象海洋学院在开设本科生与研究生大气遥感相关课程讲义基础上，参考国内外有关专著和文献而编写的，目的是既能比较系统地介绍大气遥感原理与方法，又尽可能地简化繁杂的数学推导和更深的理论与技术问题，为高年级本科生和研究生提供一本系统阐述大气遥感原理的入门教材。全书共分 11 章，第 1 章为大气遥感基础，简要介绍大气遥感概念、特点以及辐射吸收、散射与传输理论基础；第 2—4 章为光学大气遥感，分别介绍利用太阳光、红外辐射以及激光对大气中的气溶胶、臭氧、云、温度、湿度、风进行遥感的原理与方法；第 5—9 章为微波大气遥感，分别介绍利用自然源与人工发射的微波对云和降水、风廓线、海面风、水汽总量与总电子含量进行遥感的原理与方法；第 10—11 章为声波大气遥感，分别介绍利用声波进行雷声位置以及边界层结构遥感的原理与方法。

本书由孙学金主编并统稿，胡明宝编写了第 6 章和第 7 章，王蕊编写了第 8 章及第 5 章部分内容，李浩编写了第 10 章及第 3 章部分内容，赵世军编写了第 9 章部分内容，其余章节由孙学金编写，卫克晶、刘磊、刘剑、牛珍聪、周永波、张日伟、张传亮参与了部分资料收集与文字整理工作。本书的编写得到了气象海洋学院领导和机关的支持以及探测工程教研室同事的有益建议，在此一并表示感谢。

本书编写参考了国内外出版的教材、专著以及相关的文献资料，在此表示衷心的感谢。

由于受编写时间和作者水平限制，本书难免会有疏漏之处，敬请读者批评指正。

孙学金

2018 年 7 月

目　录

第1章 大气遥感基础

1.1 概述

大气遥感是指探测仪器不与被测大气接触，远距离地探测大气的化学成分、物理状态及其时空分布的方法和技术，通常采用电磁波或声波信号来进行探测。大气遥感与原位测量的主要区别在于测量仪器是处于被测大气区域之外，其与被测区域的间距超过探测仪器本身的尺度。按照接收波信号源的不同，大气遥感可分为主动大气遥感和被动大气遥感。主动大气遥感利用的是人工发射源信号，即人工主动地发射波信号到大气中，然后接收其经大气散射、吸收、折射、偏振、频移等作用后的信号，从中对大气参数进行遥感反演的技术，由此而发展了天气雷达、毫米波云雷达、激光气象雷达、风廓线雷达、声雷达、GNSS大气遥感等一系列主动遥感设备与技术。被动大气遥感利用的是自然源信号，即通过获取大气自身发射的或散射的自然源波信号而对大气进行遥感的技术，由此发展了太阳光度计、可见光红外辐射计、微波辐射计、雷电定位技术等一系列被动遥感设备和技术。被动大气遥感不需要人工发射源，而直接接收地球大气或太阳等自然源发出的经大气传输的电磁波或声波信号。由于被动大气遥感设备没有发射部分，能源消耗少，具有体积小、重量轻、造价低等优点，特别适合于将被动大气遥感设备装载在卫星、飞机等观测平台上进行大气遥感，目前已发展了星载可见光红外辐射计、星载微波辐射计等。随着卫星可搭载载荷质量的提高，目前已将激光气象雷达、毫米波云雷达、天气雷达等装载在气象卫星上进行天基遥感，从而增加了天基遥感的能力。按照接收的电磁波或声波波段不同，大气遥感可分为紫外大气遥感、可见光大气遥感、红外大气遥感、微波大气遥感、无线电波大气遥感、声波大气遥感等。按遥感器安置的平台位置不同，大气遥感可分为天基大气遥感、空基大气遥感和地基大气遥感等，气象卫星遥感是目前发展最为迅速的天基遥感，机载遥感是重要的空基遥感方式。按照遥感目标的特性分，大气遥感可分为成像式遥感和大气垂直结构遥感。成像式遥感主要利用大气窗区波段，采用扫描方式，对地表、海面、云层表面等进行成像观测。大气垂直结构遥感主要利用空气分子吸收带内具有不同吸收强度的若干通道，通过对多个波谱辐射强度的测量实现对大气不同高度层参数的探测。

大气遥感的研究主要包括三部分内容：一是遥感理论的基础研究，主要是大气辐射特性以及与各类波信号的相互作用的理论与实验研究，建立各类波信号特性与大气物理、化学特性之间的理论关系；二是各类波信号发射与接收处理技术与系统的研究，发展满足大气遥感需求的各类遥感仪器及定标方法；三是反演理论与方法的研究，主要研究利用数学方法从测量的波信号强度、相位、极化等信息中反演大气参数的理论与方法，生成遥感应用产品，开展真实性检验研究，建立遥感反演应用系统。利用大气遥感技术，可以对大气层的温度、湿度、气压、风、湍流、气溶胶、大气成分、云和降水、电子浓度等进行远距离探测。大气遥感研究主要采用理论分析、仿真模拟、实验室实验和野外试验等方法进行。

大气遥感的发展是随着现代科学技术的发展而发展的，也是随着大气科学研究的不断需求而发展的。大气遥感研究始于20世纪20年代，应用地面观测的透过大气层的太阳紫外和近红外辐射信号，对大气层内的臭氧和水汽的总含量进行了遥感，从而发展了大气光学遥感。到20世纪40年代中期，用于军事侦察的微波雷达发现了来自云雨的回波信号，从而发展了专用天气雷达；同期，也发明了声达，从而开启了声波大气遥感研究。1960年4月美国成功发射第一颗气象卫星TIROS-1，从而拉开了气象卫星遥感技术的发展序幕。20世纪60年代激光器的发明，为将激光技术应用到大气遥感提供了重要技术基础，很快成功地研制出不同种类的激光雷达，为气溶胶、大气成分、气温、空气密度、风的探测提供了新的探测手段。随着微弱信号提取技术的发展，美国于20世纪60年代最早开始了风廓线雷达的研究。20世纪80年代后期，随着卫星导航系统的建立，发展了利用GNSS导航信号遥感地球大气的新方法。一些新的大气遥感技术仍在不断涌现中。

大气遥感主要是以电磁辐射和声波在大气中的传输规律为理论基础。地球、大气、太阳以及人工发出的辐射在大气中传输时受到大气中的气体分子、气溶胶粒子、云和降水粒子等的散射、吸收、折射、偏振和频移作用，利用测量经作用后的辐射量即可遥感反演大气参数。本章主要介绍描述辐射的物理量、辐射定律以及散射、吸收基础理论，为后续章节的学习提供理论基础。关于电磁波在大气中传输时的折射、偏振和多普勒效应等在其他章节中介绍。

1.2 电磁辐射及其描述参量

1.2.1 电磁辐射

电磁辐射是一种伴随电场和磁场的横波，又称之为电磁波。对于平面波，电场 **E** 和磁场 **H** 的振动方向是在与波行进方向成直角的平面内，如图 1.1 所示。电磁波的波长 λ、频率 f 以及速度之间满足关系式

$$f \cdot \lambda = C \tag{1.2.1}$$

真空中电磁波以光速 $C=2.998\times10^8$ m/s 的速度传播。电磁波具有波动和粒子两重性质。电磁波的波动性主要表现为电磁波具有干涉、衍射、偏振以及散射等现象。电磁波的粒子性表现为电磁波具有光电效应、康普顿效应等。

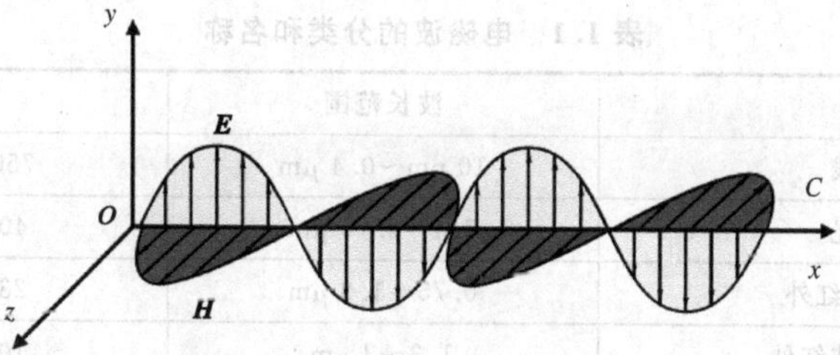

图 1.1 电磁波波动示意图

1.2.2 电磁波波谱

电磁辐射包括太阳辐射、地球大气的热辐射和无线电辐射等。它的波长范围很广，从 10^{-10} μm 的宇宙射线至 10^{10} μm 的无线电波。电磁波谱是按电磁波在真空中的波长或频率来划分的。它包括无线电波、红外线、可见光、紫外线、X 射线、γ 射线、宇宙射线等。图 1.2 给出了电磁波谱划分与波长示意图，表 1.1 给出了电磁波的分类和名称。其中，红外线的各波段的名称及其波长范围以及微波的波长范围根据使用者的需要而有所不同，不是固定的。这里只是表示在遥感中一般所使用的名称和波长、频率范围。另外，在不同波段，习惯使用的波长单位也不同。在无线电波段，波长的单位一般取千米(km)或米(m)；在微波段，一般用厘米(cm)或毫米(mm)；在红外波段，常用微米(μm)；而在可见光直至 γ 射线波段，则采用微米(μm)或纳米(nm)等。其中，1 mm=10^3 μm，1 μm=10^3 nm。

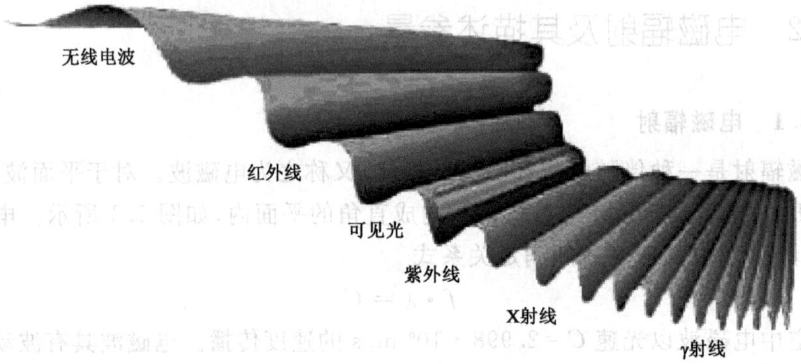

图 1.2 电磁波谱划分与波长示意图

表 1.1 电磁波的分类和名称

<table>
<tr><th colspan="3">名称</th><th>波长范围</th><th>频率范围</th></tr>
<tr><td colspan="3">紫外线</td><td>10 nm～0.4 μm</td><td>750～3000 THz</td></tr>
<tr><td colspan="3">可见光</td><td>0.4～0.75 μm</td><td>400～750 THz</td></tr>
<tr><td rowspan="5">红外线</td><td colspan="2">近红外</td><td>0.75～1.3 μm</td><td>230～400 THz</td></tr>
<tr><td colspan="2">短波红外</td><td>1.3～3 μm</td><td>100～230 THz</td></tr>
<tr><td colspan="2">中红外</td><td>3～8 μm</td><td>38～100 THz</td></tr>
<tr><td colspan="2">热红外</td><td>8～14 μm</td><td>22～38 THz</td></tr>
<tr><td colspan="2">远红外</td><td>14～1000 μm</td><td>0.3～22 THz</td></tr>
<tr><td rowspan="3">无线电波</td><td rowspan="3">微波</td><td>毫米波(极高频 EHF)</td><td>1～10 mm</td><td>30～300 GHz</td></tr>
<tr><td>厘米波(超高频 SHF)</td><td>1～10 cm</td><td>3～30 GHz</td></tr>
<tr><td>分米波(特高频 UHF)</td><td>0.1～1 m</td><td>0.3～3 GHz</td></tr>
<tr><td colspan="3">超短波(甚高频 VHF)</td><td>1～10 m</td><td>30～300 MHz</td></tr>
<tr><td rowspan="4">无线电波</td><td colspan="2">短波(高频 HF)</td><td>10～100 m</td><td>3～30 MHz</td></tr>
<tr><td colspan="2">中波(中频 MF)</td><td>0.1～1 km</td><td>0.3～3 MHz</td></tr>
<tr><td colspan="2">长波(低频 LF)</td><td>1～10 km</td><td>30～300 kHz</td></tr>
<tr><td colspan="2">超长波(甚低频 VLF)</td><td>10～100 km</td><td>3～30 kHz</td></tr>
</table>

与行星大气中辐射能量传输有关的最重要谱区位于紫外线与微波之间。尽管各种辐射本质是一样的，但是由于频率和波长的不同，它们都有各自的特点。

紫外线是由于原子和分子内部电子状态的改变引起的，由于它的频率高，各种物质对短的紫外线波都有强烈的吸收。如波长小于 0.3 μm 的紫外线通过大气层时几乎全部被臭氧吸收，而0.3～0.4 μm是紫外线的大气窗区。目前，大气遥感中主要利用紫外线波段探测大气臭氧和二氧化碳等。

可见光谱区波长间隔狭窄，波长在0.4～0.75 μm。该范围波长的最大特点是它对人眼睛的视网膜施以一种特殊的刺激引起视觉，因而人眼可感知它。可见光光量子足以对物质实施各种化学作用和电子作用。影响地球大气系统的太阳辐射的主要部分就是可见光辐射。

红外辐射光谱段波长范围为0.75～1000 μm，包括近红外、短波红外、中红外、热红外和远红外波段区。它是由于分子、质子和电子的振动转动状态的改变而发生的辐射。近红外又叫发射红外，这是因为在这个波段，太阳光中的发射成分比来自地球的辐射成分要大的缘故。中红外和远红外也叫热辐射或温度辐射，这是由于它和温度关系密切，物质辐射出的总能量随温度的升高而迅速上升。红外线是人眼看不见的一种光线，但热敏电阻、光电管能感应它。地球大气发射的辐射主要是红外辐射，因而对红外辐射特性的了解对探测地球大气的特性有重要意义。

微波通常是指波长处于30 cm～1 mm的谱段。在主动遥感时，微波通常由调速管或磁控管产生。微波在发生、传递和探测等方面都与波长比它短的可见光和红外线，以及比它长的普通无线电波有所不同。与可见光和红外相比，微波在大气中衰减较小，具有全天候探测的特点，不受云层覆盖的影响，在地球资源调查、大气海洋探测等方面有广泛应用。与普通无线电波相比，微波处于无线电波谱频率的高端，波长短，使得同样尺寸天线的辐射具有较高的方向性和分辨能力。

1.2.3 辐射量

描述辐射的物理量主要有辐射能、辐射通量、辐射通量密度、辐射强度、辐亮度及相应的谱辐射量等。

(1)辐射能 Q

辐射能是指电磁辐射所携带的能量，或物体发射的全部能量，单位为焦耳(J)。

(2)辐射通量 Φ

辐射通量是指单位时间内通过某一表面的辐射能，它表示了辐射能传递的速率，单位为瓦(W)或焦·秒$^{-1}$(J·s^{-1})。

$$\Phi=\frac{\mathrm{d}Q}{\mathrm{d}t} \tag{1.2.2}$$

(3)辐射通量密度 F

辐射通量密度是指通过单位面积的辐射通量，单位为瓦·米$^{-2}$(W·m^{-2})，又称为能流密度。

$$F=\frac{\mathrm{d}\Phi}{\mathrm{d}A} \tag{1.2.3}$$

对于一个被照射的表面或发射的表面，还可使用以下定义：

①辐照度 E：指投射到一表面上的辐射通量密度。

②辐射度 M：指辐射体表面发射的辐射通量密度。

(4)辐亮度 I

辐亮度是指在单位时间内通过垂直于辐射方向 $\boldsymbol{l}$ 上的单位面积、单位立体角的辐射能，又称辐射强度、辐射率，单位为瓦·米$^{-2}$·球面度$^{-1}$(W·m^{-2}·sr^{-1})。设辐射方向 $\boldsymbol{l}$ 与面辐射源垂线 $\boldsymbol{n}$ 的夹角为 θ，即天顶角为 θ，如图 1.3 所示，则

$$I(\theta)=\frac{\mathrm{d}^3Q}{\mathrm{d}t\mathrm{d}\omega\mathrm{d}A\cos\theta} \tag{1.2.4}$$

式中，$\mathrm{d}A$ 为面辐射源的面积，$\mathrm{d}A\cos\theta$ 表示 $\mathrm{d}A$ 在辐射方向 $\boldsymbol{l}$ 的投影面积，立体角 $\mathrm{d}\omega=\sin\theta\mathrm{d}\theta\mathrm{d}\varphi$，$\varphi$ 是方位角。可见，辐亮度是空间位置、方向和时间的函数。

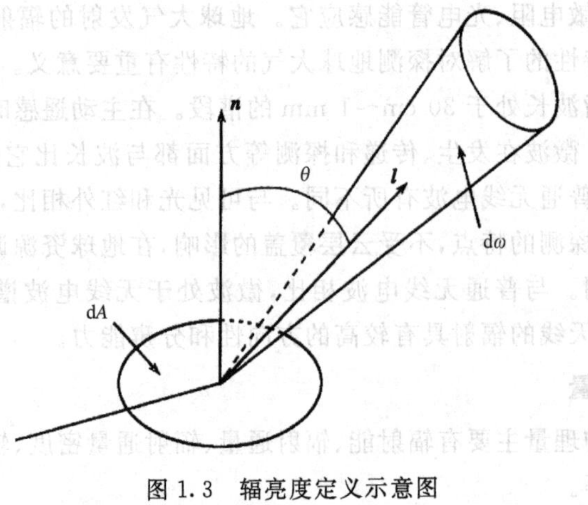

图 1.3　辐亮度定义示意图

对于所有的辐射参量，均可定义相应的光谱辐射量或单色辐射量，以表示其随波长(或频率)的分布。如单色辐射通量密度 F_λ，其单位为 W·m^{-2}·μm^{-1}，单色辐亮度 L_λ，其单位为 W·m^{-2}·sr^{-1}·μm^{-1}。

1.3　辐射源

1.3.1　黑体

黑体是指在任何温度下，对任意方向和任意波长的吸收率 a_λ 都等于 1 的物体。对于黑体有

$$a_\lambda\equiv 1 \tag{1.3.1}$$

或者说,在热力学定律允许的范围内,最大限度地把热能转变为辐射能的理想热辐射体称为黑体。黑体是一个理想的热辐射体,在自然界并不存在,但是在实验室可以近似地制作它,图 1.4 为一人造黑体概念模型,其器壁为黑色。当外界辐射能 S 经由小孔射于空腔时,此辐射能经过腔体内壁多次反射后被内壁吸收,几乎不可能再由小孔射出,故可视为此辐射能被空腔所完全吸收,而称之为完全黑体。自然界的某些物体(如太阳)可看作黑体。

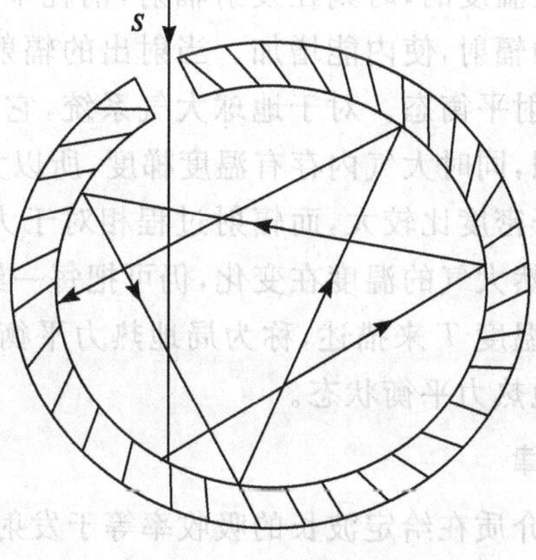

图 1.4 人工制造的接近黑体的腔体

1.3.2 灰体

吸收率与波长无关,且为小于 1 的常数的物体称为灰体。对于灰体有

$$a_\lambda \equiv A < 1 \tag{1.3.2}$$

1.3.3 朗伯源

朗伯源是指各个方向的辐亮度均相同的面辐射源,即各向同性源,其辐射强度 I 与辐射度 M 之间有如下关系。

$$I = \frac{M}{\pi} \tag{1.3.3}$$

1.3.4 选择性辐射体

选择性辐射体是指物体的吸收率随波长而变,即物体对不同波长的辐射的吸收能力不同。

在自然界中绝大多数物体是选择性辐射体。一些选择性辐射体在某些波长间隔内的吸收率随波长变化很小,可以近似看作灰体。若某物体在某一波段的吸收率近似于 1,可将其在该波段近似看成黑体。

1.4　辐射定律

1.4.1　辐射平衡与局地热力平衡

自然界的所有物体都以辐射形式发出能量，同时也吸收外界的辐射能量。如果发出的辐射能量恰好等于吸收外来的辐射能，我们就说该物体处于辐射平衡。

地球大气是具有一定温度的，时刻在发射辐射，消耗本身的内能。同时，又吸收其他物体从各方面射来的辐射，使内能增加。当射出的辐射能恰好等于接收的辐射能，则地球大气处于热辐射平衡态。对于地球大气系统，它不是孤立的，要受到太阳辐射和其他微粒流的作用，同时大气内存有温度梯度，所以大气中完全的热力平衡是没有的。但当大气的分子密度比较大，而辐射过程相对于大气分子碰撞使内能分布均匀的时间慢很多时，虽然大气的温度在变化，仍可把每一给定的瞬时状态看作是辐射平衡的，可以用一定的温度 T 来描述，称为局地热力平衡。实际大气中，50 km 以下大气可以认为处于局地热力平衡状态。

1.4.2　基尔霍夫定律

在辐射平衡状态下，介质在给定波长的吸收率等于发射率，即

$$a_\lambda = \varepsilon_\lambda \tag{1.4.1}$$

式中，ε_λ 为发射率，又称为比辐射率，是指辐射体的光谱辐亮度 I_λ 与具有同一温度黑体的同样波长的光谱辐亮度 B_λ 之比，即

$$\varepsilon_\lambda = \frac{I_\lambda}{B_\lambda} \tag{1.4.2}$$

由于辐射体发射的辐射随波长而变，所以发射率也是波长的函数。对于黑体来说，发射率不随波长变化，即对所有波长的辐射，发射率均等于 1。另外，由于发射率还会随辐射的发射方向而变，一般情况下，故有方向发射率 $\varepsilon_\lambda(\theta)$，它是指与辐射表面成 θ 角的小立体角内的发射率。表 1.2 给出了某些目标物的红外谱段发射率。可见，对大部分地表，红外谱段的发射率接近于 1，可以近似看成是红外黑体。

表 1.2　目标物的红外谱段发射率

表面类型	发射率	表面类型	发射率
液态水	1.0	土壤	0.9～0.98
新雪	0.99	草地	0.9～0.95
老雪	0.82	沙漠	0.84～0.91
液态水云	0.25～1.0	森林	0.95～0.97
卷云	0.1～0.9	混凝土	0.71～0.9
冰	0.96	路面	0.85～0.87

1.4.3　普朗克定律

普朗克在1900年成功地引进量子概念，将辐射当做不连续的微粒子，从理论上得出与实验符合的黑体光谱辐射度 F_λ 与温度 T，波长 λ 之间有如下函数关系

$$F_\lambda(T)=\frac{2\pi hc^2}{\lambda^5}\frac{1}{e^{hc/\lambda kT}-1}=\frac{C_1}{\lambda^5(e^{C_2/\lambda T}-1)} \tag{1.4.3}$$

式(1.4.3)又称为普朗克函数。式中，$F_\lambda(T)$ 为黑体光谱辐射度($W\cdot m^{-2}\cdot \mu m^{-1}$)，普朗克常数 $h=6.63\times10^{-34}$ J·s，c 为光速，玻尔兹曼常数 $k=1.38\times10^{-23}$ J·K^{-1}，C_1 和 C_2 称为第一和第二辐射常数，$C_1=3.7418\times10^{-16}$ W·m^2，$C_2=1.4388\times10^{-2}$ m·K^{-1}。

由于绝对黑体为朗伯源，由式(1.3.3)可知，黑体的光谱辐亮度 $B_\lambda(T)$($W\cdot m^{-2}\cdot sr^{-1}\cdot \mu m^{-1}$)为

$$B_\lambda(T)=\frac{F_\lambda(T)}{\pi}=\frac{2hc^2}{\lambda^5(e^{hc/\lambda kT}-1)} \tag{1.4.4a}$$

图1.5给出了不同温度下的黑体光谱辐亮度曲线。从图中可以看出，对于6000 K的黑体，其辐射峰值在0.5 μm左右，而对300 K的黑体，其辐射峰值在10 μm左右。

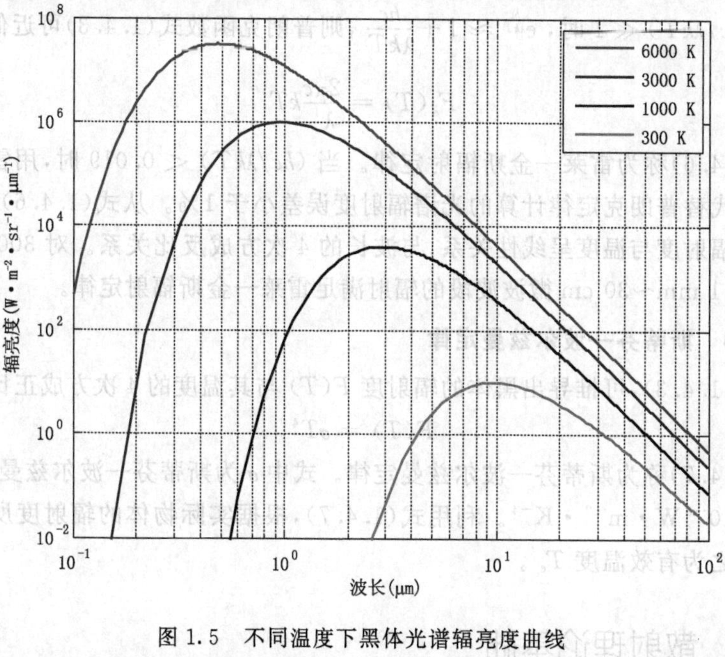

图1.5　不同温度下黑体光谱辐亮度曲线

以频率 f 表示的光谱辐亮度 $B_f(T)$ ($W\cdot m^{-2}\cdot sr^{-1}\cdot Hz^{-1}$)函数式为

$$B_f(T)=\frac{2hf^3}{c^2(e^{hf/kT}-1)} \tag{1.4.4b}$$

以波数 v 表示的光谱辐亮度 $B_v(T)$ ($W \cdot m^{-2} \cdot sr^{-1} \cdot cm$)函数式为

$$B_v(T) = \frac{2hc^2 v^3}{e^{hcv/kT} - 1} \tag{1.4.4c}$$

由普朗克定律可知，黑体光谱辐射度随温度升高而增大，而最大强度光谱辐射度相应的波长却随温度的升高而减小。从式(1.4.3)可以推导出黑体光谱辐射度最大值对应的波长 λ_{max} 与温度 T 成反比，即满足

$$\lambda_{max} = \frac{b}{T} \tag{1.4.5}$$

式(1.4.5)称之为维恩位移定律。式中，b 为常数，$b=2.8978\times10^{-3}\ m \cdot K$。维恩位移定律说明随着温度的增加，光谱辐射度的峰值向短波方向移动，如图 1.5 所示。利用式(1.4.5)，根据实际物体的最大光谱辐射度所对应的波长计算的温度称之为色温 T_c。

若某物体在某一波长处的光谱辐亮度等于温度为 T_b 的黑体在同样波长处的光谱辐亮度，则 T_b 称为该物体在该波长下的亮温。由于一般物体的发射率小于 1，因而一般物体的亮温要比其热力学温度低。

当 $(hc/\lambda kT) \ll 1$ 时，$e^{\frac{hc}{\lambda kT}} \approx 1 + \frac{hc}{\lambda kT}$，则普朗克函数式(1.4.3)可近似表示为

$$F_\lambda(T) = \frac{2\pi c}{\lambda^4} kT \tag{1.4.6}$$

式(1.4.6)称为雷莱—金斯辐射定律。当 $(hc/\lambda kT) < 0.019$ 时，用雷莱—金斯辐射定律代替普朗克定律计算的光谱辐射度误差小于 1%。从式(1.4.6)可以看出，此时光谱辐射度与温度呈线性关系，与波长的 4 次方成反比关系。对 300 K 左右的大气温度，1 mm～30 cm 微波波段的辐射满足雷莱—金斯辐射定律。

1.4.4　斯蒂芬—波尔兹曼定律

从式(1.4.3)，可推导出黑体的辐射度 $F(T)$ 与其温度的 4 次方成正比，即

$$F(T) = \sigma T^4 \tag{1.4.7}$$

式(1.4.7)称为斯蒂芬—波尔兹曼定律。式中 σ 为斯蒂芬—波尔兹曼常数，$\sigma = 5.6687\times10^{-8}\ W \cdot m^{-2} \cdot K^{-4}$。利用式(1.4.7)，根据实际物体的辐射度所计算的温度通常称之为有效温度 T_e。

1.5　散射理论基础

当电磁波在大气中传播时，被入射电磁波照射的大气气体分子和气溶胶粒子，其表面会感应出复杂的电荷和电流分布，这一交变电荷与电流分布就要向外辐射电磁

波，这种现象称之为散射。散射使电磁波传播的方向发生改变，把一部分能量散射到四面八方。对于一个散射粒子来说，散射能量的分布是三维空间的函数。如果散射粒子具有某种对称性，则散射能的分布亦具有某种对称性。图 1.6 给出了球形粒子的散射能量空间分布图，它与粒子的半径 r 和入射波长 λ 之比有很大的关系。由于散射特性与粒子大小和入射波的波长有关，常按式(1.5.1)定义一个尺度参数 x 来区分不同大小粒子。

$$x = \frac{2\pi r}{\lambda} \tag{1.5.1}$$

当 $x \ll 1$ 时，散射特性遵循瑞利散射理论，当 $0.1 < x < 50$ 时，散射特性遵循米散射理论，当 $x > 50$ 时，散射特性可采用几何光学方法解释。

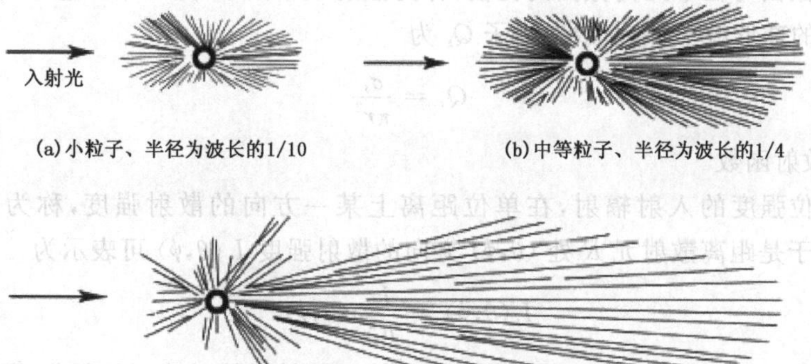

(a) 小粒子、半径为波长的1/10　(b) 中等粒子、半径为波长的1/4

(c) 大粒子、半径大于波长

图 1.6　不同大小粒子散射能量空间分布示意图

一般情况下，散射波的波长与入射的电磁波的波长相同，这种散射过程称为弹性散射，如瑞利散射、米散射等。此外，有些散射过程，也会使得散射波的波长发生变化，这种散射过程称为非弹性散射，如拉曼散射。

依据散射发生的次数可分为一次散射和多次散射。入射光在粒子上的散射称为一次散射；散射光在其他粒子上的进一步散射称为多次散射。由于多次散射可以反复进行，使整个散射过程变得异常复杂。

1.5.1　描述散射特性的物理量

(1)散射截面

设想以散射粒子为中心做一个球面，通过这球面 A 的散射波能量称为散射总能量。以 P_s 代表单位时间通过球面 A 的总散射能。S_s 表示散射波的辐射通量密度($\mathrm{W \cdot m^{-2}}$)，S_i 代表入射波的辐射通量密度($\mathrm{W \cdot m^{-2}}$)，则总散射通量 P_s 为

$$P_s = \oiint_A S_s \cdot \mathrm{d}A \tag{1.5.2}$$

一般总散射通量与入射波的辐射通量密度成正比，入射波越强，则总散射通量就越大。将总散射通量与入射辐射通量密度的比值定义为散射截面

$$\sigma_s \equiv \frac{P_s}{S_i} \tag{1.5.3}$$

式中，σ_s 为散射截面，是一个量纲为面积的等效参量。通常用散射截面表示一个粒子散射能力的大小。它表示在这样一个面积上所通过的入射波辐射通量等于总的散射辐射通量。

(2)散射效率因子

散射截面与粒子几何截面的比值，称为散射效率因子，是一个无量纲的量。对于半径为 r 的球形粒子，散射效率因子 Q_s 为

$$Q_s = \frac{\sigma_s}{\pi r^2} \tag{1.5.4}$$

(3)散射函数

对单位强度的入射辐射，在单位距离上某一方向的散射强度，称为散射函数 $\sigma(\theta,\phi)$ 。于是距离散射元 R 处 (θ,ϕ) 方向的散射强度 $I_s(\theta,\phi)$ 可表示为

$$I_s(\theta,\phi) = \frac{I_0}{R^2}\sigma(\theta,\phi) \tag{1.5.5}$$

式中，I_0 为入射辐射强度。于是，散射截面等于散射函数对球面的积分，即

$$\sigma_s = \int_{4\pi} \sigma(\theta,\phi)\mathrm{d}\omega \tag{1.5.6}$$

(4)散射相函数

粒子任一方向的散射函数与具有同样散射能力的各向同性粒子的散射函数之比，称为散射相函数。定义如式(1.5.7)所示。

$$P(\theta,\phi) = \frac{\sigma(\theta,\phi)}{\left(\dfrac{\sigma_s}{4\pi}\right)} = \frac{4\pi}{\sigma_s}\sigma(\theta,\phi) \tag{1.5.7}$$

散射相函数具有归一化的性质。

$$\frac{1}{4\pi}\int_{4\pi} P(\theta)\mathrm{d}\omega = \frac{1}{\sigma_{sc}}\int_{4\pi} \sigma(\theta,\phi)\mathrm{d}\omega \equiv 1 \tag{1.5.8}$$

利用式(1.5.7)，式(1.5.5)可改写为

$$I_s(\theta,\phi) = I_0 \frac{\sigma_s}{R^2} \frac{P(\theta,\phi)}{4\pi} \tag{1.5.9}$$

(5)不对称因子

为了表征散射的前后对称程度，引进不对称因子 g

$$g = \frac{\int_{4\pi} \cos\theta\, \sigma(\theta,\phi)\mathrm{d}\omega}{\int_{4\pi} \sigma(\theta,\phi)\mathrm{d}\omega} \tag{1.5.10}$$

一般 $0 \leqslant g < 1$。若前后散射对称，则有 $g = 0$，g 越大，表明前向散射越大。

(6)后向散射截面

在主动式大气遥感中，所关心的往往是散射角为 180°的后向散射回波强度。粒子的后向散射特性通常用后向散射截面来描述。其定义如下。

设一理想散射体，其散射截面为 σ_b，它散射的能量是空间各向同性分布的。若实际粒子的后向散射辐射通量密度正好等于同距离理想散射体散射回接收天线的辐射通量密度，则该理想散射体的散射截面就称为该实际粒子的后向散射截面，亦称雷达截面。

设散射粒子与接收天线的距离为 R，入射辐射通量密度为 S_i，则粒子后向散射到天线处的辐射通量密度 $S_s(\pi)$ 可表示为

$$S_s(\pi) = \frac{S_i \sigma_b}{4\pi R^2} \tag{1.5.11}$$

由此得到后向散射截面 σ_b 可用下式计算。

$$\sigma_b \equiv 4\pi R^2 \frac{S_s(\pi)}{S_i} \tag{1.5.12}$$

从式(1.5.12)形式上看，后向散射截面 σ_b 与后向散射辐射通量密度 $S_s(\pi)$、入射辐射通量密度 S_i 以及距离 R 有关，但实际上，一个粒子的后向散射截面大小仍然由入射波波长、粒子大小与粒子的折射率所决定。

1.5.2　瑞利散射理论

1899 年瑞利(Rayleigh)在试图解释天空为何呈现蓝色问题时提出了分子散射理论，后来称之为瑞利散射理论。由于分子是由原子核和围绕着它们旋转的电子所组成的，电子带负电荷，质量较轻，原子核带正荷，质量较重。在中性分子中，电子的电荷和原子核的电荷恰好抵消，而正电荷中心和负电荷中心可以重合(称为无极分子)，也可以不重合(称为极分子)。在外加电场作用下，电子与原子核电荷中心将会分离，形成偶极子结构。外加电场使电偶极子产生振荡，振荡的偶极子转而又产生了电磁波，即散射波。散射电场强度可通过麦克斯韦方程组求解，由下列公式给出。

$$\begin{bmatrix} E_r \\ E_l \end{bmatrix} = -\frac{\exp[-ik(r-ct)]}{r} k^2 \alpha \begin{bmatrix} 1 & 0 \\ 0 & \cos\Theta \end{bmatrix} \begin{bmatrix} E_{0r} \\ E_{0l} \end{bmatrix} \tag{1.5.13}$$

式中，E_{0r} 和 E_{0l} 分别为与散射平面垂直和平行的入射电场强度分量，散射平面是指电磁波散射方向与入射方向所组成的平面，而 E_r 和 E_l 则分别为与散射平面垂直和

平行的散射电场强度分量，k 是波数 $k=\frac{2\pi}{\lambda}$，α 是极化率，Θ 是散射角，是指电磁波散射方向与入射方向的夹角。

对于入射辐射与散射辐射强度，其与电场强度的关系均具有如式(1.5.14)的形式。

$$I=\frac{1}{2}c\varepsilon_0 E^2 \tag{1.5.14}$$

式中，ε_0 是电容率。则散射偏振辐射强度为

$$\begin{bmatrix} I_r \\ I_l \end{bmatrix}=\frac{k^4\alpha^2}{R^2}\begin{bmatrix} 1 & 0 \\ 0 & \cos^2\Theta \end{bmatrix}\begin{bmatrix} I_{0r} \\ I_{0l} \end{bmatrix} \tag{1.5.15}$$

从式(1.5.15)可以看出，对垂直(r)偏振入射光而言，散射强度与散射方向无关，这时的散射是各向同性的，如图 1.7a 所示，而对水平(l)偏振的入射光而言，散射强度是 $\cos^2\Theta$ 的函数，如图 1.7b 所示。

在 Θ 散射角方向的总散射辐射强度为

$$I_s=I_r+I_l=\frac{k^4\alpha^2}{R^2}(I_{0r}+I_{0l}\cos^2\Theta) \tag{1.5.16}$$

而对于非偏振的入射太阳光，其垂直和平行的入射辐射强度相等，即有

$$I_{0r}=I_{0l}=I_0/2 \tag{1.5.17}$$

于是在 Θ 散射角方向的总散射辐射强度为

$$I_s=\frac{I_0\alpha^2}{R^2}\left(\frac{2\pi}{\lambda}\right)^4\frac{1+\cos^2\Theta}{2} \tag{1.5.18}$$

这时总散射强度在前后两个半球是对称的，如图 1.7c 所示。除了空气分子对太阳光的散射具有上述特点外，只要粒子尺度 $x\ll 1$，如云滴、小雨滴对厘米波的散射也具有这种散射特征。通常把粒子尺度参数 x 远小于 1 时的散射称为瑞利散射，也称为小球粒子散射。

于是在入射辐射为非偏振太阳辐射的情况下，小球形粒子的瑞利散射截面 σ_{sr}，后向散射截面 σ_{br}，相函数分别为

$$\sigma_{sr}=\frac{128\pi^5\alpha^2}{3\lambda^4} \tag{1.5.19}$$

$$\sigma_{br}=\frac{64\pi^5\alpha^2}{\lambda^4} \tag{1.5.20}$$

$$P(\cos\Theta)=\frac{3}{4}(1+\cos^2\Theta) \tag{1.5.21}$$

式中，极化率 α 具有体积的量纲，有如下关系式。

$$\alpha=\frac{3}{4\pi N_s}\left(\frac{m^2-1}{m^2+2}\right) \tag{1.5.22}$$

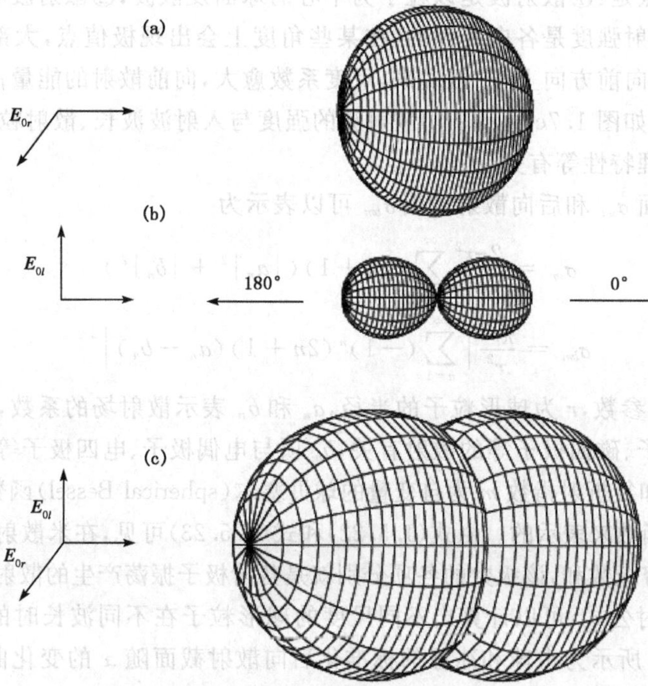

图 1.7 瑞利散射强度的空间分布(Liou,2004)
(a. 垂直偏振;b. 水平偏振;c. 非偏振)

式中,m 为复折射指数,N_s 为单位体积的分子总数。对球形粒子散射而言,可以用粒子体积的倒数($1/V = 3/(4\pi r^3)$)代替单位体积的总分子数 N_s,则 $\frac{3}{4\pi N_s} = r^3$。

从式(1.5.19)和式(1.5.20)可以看出,瑞利散射截面与后向散射截面除与复折射指数有关外,还与入射波波长的四次方成反比,与散射粒子半径的六次方成正比。复折射指数、入射波波长、粒子半径常被称为散射三要素。

1.5.3 米散射理论

当散射粒子相对于波长比较大时,散射粒子中感生的电荷和电流分布更为复杂,已经不能把散射过程简单地看成是一个电偶极子的振荡过程,而是电多极子和磁多极子的振荡过程。空间某一点上的散射电场是各极子振荡在该点的综合效应。1908 年德国学者米(Gustav Mie)首先给出了球形粒子散射平面波的公式,被后人称为米氏公式。米在推算球形粒子的散射时,为了使复杂的问题稍作简化,他假设:①粒子是球形的,不是导电体,粒子内、外都不含有自由电荷;②粒子内、外介质是均匀并各向同性的,粒子外介质一般是空气或真空;③入射电磁波是水平极化波。

米散射特点是：①散射波是以粒子为中心的球面发散波；②散射波和入射波同频率；③散射波辐射强度是各向异性的，在某些角度上会出现极值点，大部分能量集中在$\theta=0°$附近的向前方向上，一般说来，尺度系数愈大，向前散射的能量占全部散射能量的比重愈大，如图 1.7c 所示。④散射波的强度与入射波波长、散射粒子的半径、粒子及环境的物理特性等有关。

米散射截面σ_{sm}和后向散射截面σ_{bm}可以表示为

$$\sigma_{sm}=\frac{2\pi r^2}{x^2}\sum_{n=1}^{\infty}(2n+1)(|a_n|^2+|b_n|^2) \tag{1.5.23}$$

$$\sigma_{bm}=\frac{\pi r^2}{x^2}\left|\sum_{n=1}^{\infty}(-1)^n(2n+1)(a_n-b_n)\right|^2 \tag{1.5.24}$$

式中，x为尺度参数，r为球形粒子的半径，a_n和b_n表示散射场的系数，其中a_n项与感生的磁偶极子、磁四极子等的散射有关，b_n项与电偶极子、电四极子等的散射有关，它们都是以x和复折射指数m为自变量的球贝塞尔(spherical Bessel)函数和第二类汉克尔(Hankel)函数来表示的。由式(1.5.22)和式(1.5.23)可见，在米散射情况下，散射强度是一个无穷级数和，该级数的各项分别就是各阶极子振荡产生的散射波的强度。

根据米散射公式，可以计算出不同尺度的球形粒子在不同波长时的后向散射截面σ_{bm}。图 1.8 所示为水球和冰球的标准化后向散射截面随x的变化曲线。所谓标准化后向散射截面是指粒子的后向散射截面与粒子的横截面之比。

由图 1.8 可见，球形粒子的σ_{bm}随x的变化非常复杂，先随x的增大而迅速增大，以后增大的速度减缓，甚至转为不变和减小，尔后又重新增大，呈现振荡式的变化。在有些情况下，粒子的后向散射截面甚至可以超过它的几何截面。从物理意义上来讲，这种复杂的变化是由于入射波在球体内部的各分层界面上产生多次折射和反射引起的干涉效应造成的。另外，从图 1.8b 还可以看出，当x很小时，冰球的σ_{bm}小于同体积的水球(约为其 1/5)；当$x=1.7$时，两者相等；而当$x>2.5$时，冰球的σ_{bm}可以比同样大小的水球大一个量级。

如果对米散射公式做进一步分析，在粒子的尺度远小于电磁波波长的情况下，其结果与瑞利的研究结果是一样的。由此，可以认为，米散射公式是一个关于球形粒子散射特性的普遍公式，而瑞利散射公式只是米散射公式在粒子尺度远小于入射波波长时的一个特例。

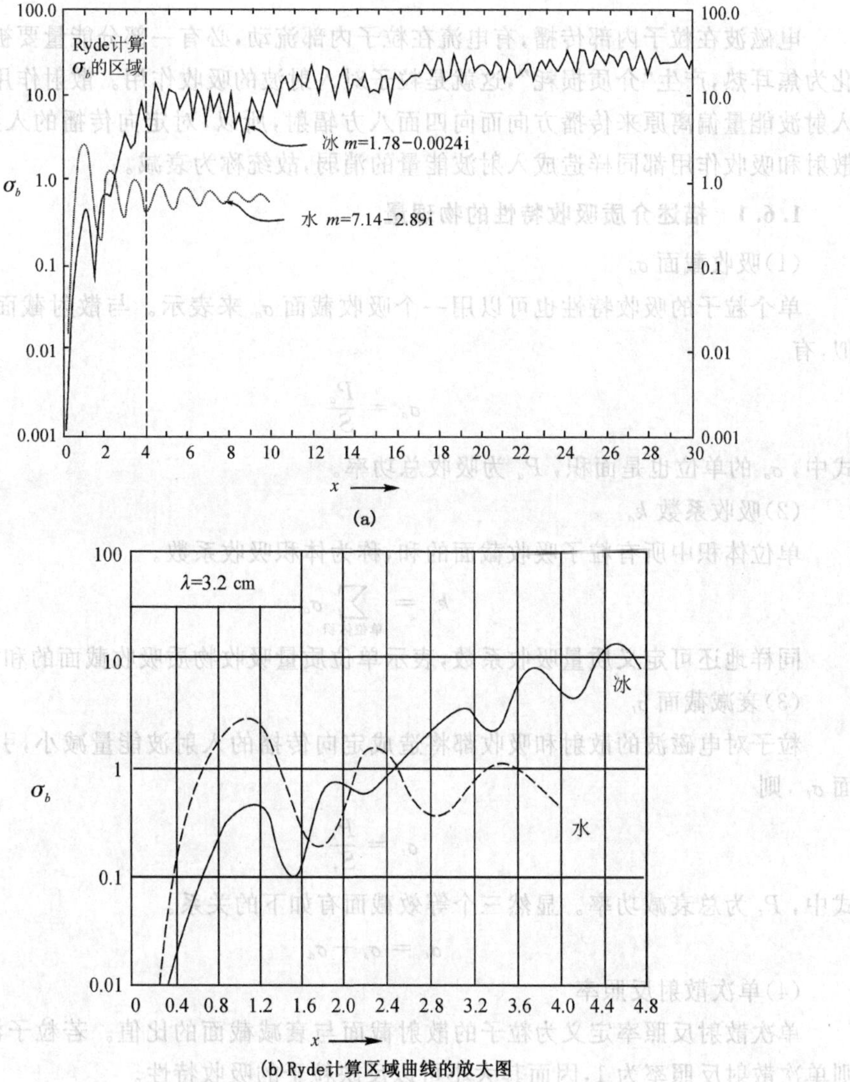

(a)

(b)Ryde计算区域曲线的放大图

图 1.8　水球和冰球的标准化后向散射截面的计算值

（水球曲线为温度 0 ℃、波长 3.21 cm 的情况；冰球曲线适合于波长 1～10 cm 和所有温度的情况）

1.6 吸收理论基础

电磁波在粒子内部传播，有电流在粒子内部流动，必有一部分能量要被吸收或转化为焦耳热，产生“介质损耗”，这就是粒子对入射波的吸收作用。散射作用使一部分入射波能量偏离原来传播方向而向四面八方辐射，所以，对定向传播的入射波来说，散射和吸收作用都同样造成入射波能量的消弱，故统称为衰减。

1.6.1 描述介质吸收特性的物理量

(1)吸收截面 σ_a

单个粒子的吸收特性也可以用一个吸收截面 σ_a 来表示。与散射截面的定义相似，有

$$\sigma_a = \frac{P_a}{S_i} \tag{1.6.1}$$

式中，σ_a 的单位也是面积，P_a 为吸收总功率。

(2)吸收系数 k_a

单位体积中所有粒子吸收截面的和，称为体积吸收系数。

$$k_a = \sum_{\text{单位体积}} \sigma_{ai} \tag{1.6.2}$$

同样地还可定义质量吸收系数，表示单位质量吸收物质吸收截面的和。

(3)衰减截面 σ_t

粒子对电磁波的散射和吸收都将造成定向传播的入射波能量减小，引入衰减截面 σ_t，则

$$\sigma_t = \frac{P_t}{S_i} \tag{1.6.3}$$

式中，P_t 为总衰减功率。显然三个等效截面有如下的关系。

$$\sigma_t = \sigma_s + \sigma_a \tag{1.6.4}$$

(4)单次散射反照率

单次散射反照率定义为粒子的散射截面与衰减截面的比值。若粒子没有吸收，则单次散射反照率为1，因而其大小可以反映粒子的吸收特性。

$$\omega_0 = \frac{\sigma_s}{\sigma_s + \sigma_a} \tag{1.6.5}$$

显然，$0 \leqslant \omega_0 \leqslant 1$。

1.6.2 吸收线与吸收谱

大气由多种气体分子组成，每种气体分子具有多条吸收线，从而造成了复杂的大

气吸收谱线，图 1.9 给出了星载高光谱遥感器观测到的红外波段大气亮温谱，从图中可以看出，大气具有复杂的吸收谱线，CO_2 在 4.3 μm 和 15 μm 附近具有较强的吸收带，H_2O 在 6.3 μm 有比较强的吸收带。吸收谱线是由于在分子内部固定能级之间的每个量子的跃迁所造成的，特定的能级差对应着特定频率的量子吸收，如式(1.6.6)所示。

$$\Delta E = hf \tag{1.6.6}$$

式中，ΔE 为能级差，h 为普朗克常数，f 为频率。由于量子跃迁过程中，受到分子之间的相互碰撞的扰动，从而造成吸收谱线增宽。这种碰撞增宽后的吸收谱线形状具有洛伦兹廓线形式，如图 1.10 和式(1.6.7)所示，它是大气中红外辐射传输的理论基础。

$$k_{\upsilon} = \frac{S}{\pi}\frac{\alpha_L}{(\upsilon-\upsilon_0)^2+\alpha_L^2} \tag{1.6.7}$$

式(1.6.7)称为洛伦兹廓线。式中，υ_0 是理想单色吸收谱线的波数，S 为谱线强度，$S=\int_{-\infty}^{+\infty} k_{\upsilon}\,d\upsilon$，$k_{\upsilon}$ 表示分子吸收系数，是指单个分子的吸收截面，α_L 为二分之一极大值处的谱线的半宽度，它是气压、温度的函数。

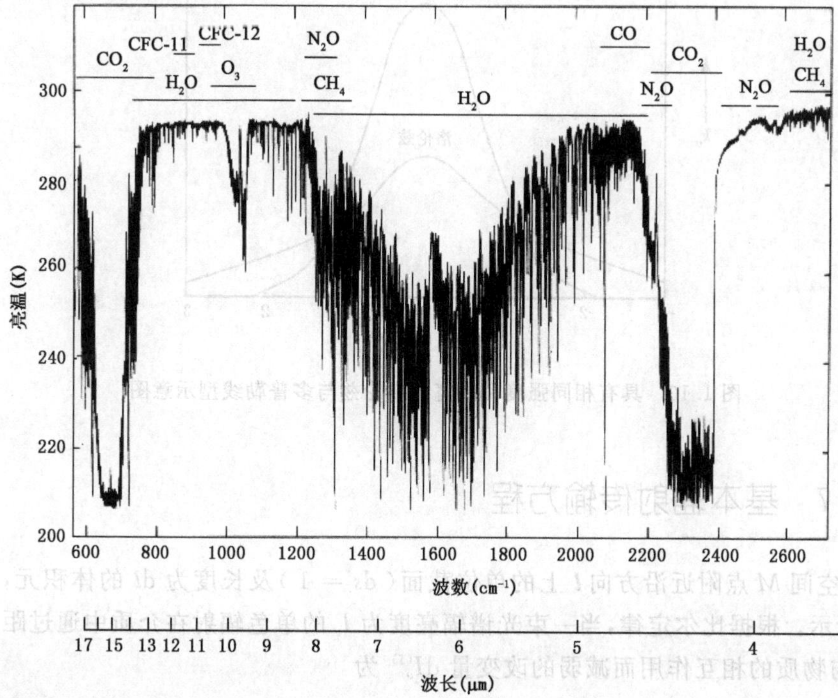

图 1.9　大气红外吸收谱(Liou,2004)

$$\alpha_L = \alpha_0 \frac{p}{p_0}\left(\frac{T_0}{T}\right)^n \tag{1.6.8}$$

一般有 $n=\frac{1}{2}$，$\alpha_0 \in (0.01, 0.1)\,\text{cm}^{-1}$，取 $p_0 = 1013.25$ hPa，$T_0 = 273.15$ K。

另外，在量子跃迁过程中，由于分子和原子之间的热运动速度的差异也会造成吸收谱线增宽，这种增宽效应称为多普勒增宽效应。引起增宽后的吸收谱线形状具有多普勒廓线形式，如图 1.10 和式(1.6.9)所示。

$$k_{a\upsilon} = \frac{S}{\alpha_D \sqrt{\pi}} \exp\left[-\left(\frac{\upsilon - \upsilon_0}{\alpha_D}\right)^2\right] \tag{1.6.9}$$

式中，

$$\alpha_D = \upsilon_0 \left(\frac{2KT}{mc^2}\right)^{1/2} \tag{1.6.10}$$

α_D 是多普勒线宽的一种度量，在二分之一极大值处的谱线半宽为 $\alpha_D\sqrt{\ln 2}$ 。m 为分子质量，K 为玻尔兹曼常数，T 是绝对温度。

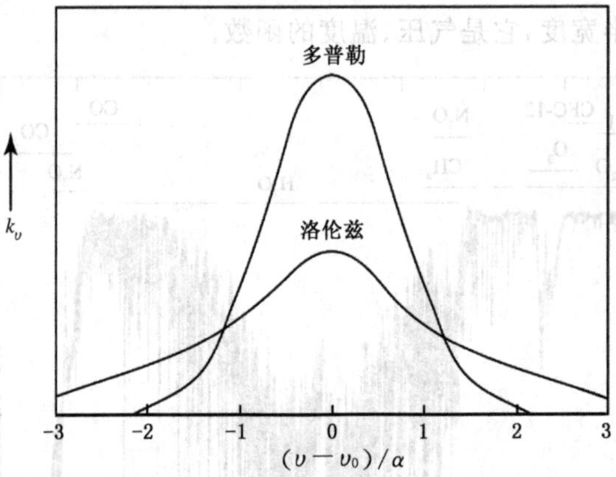

图 1.10　具有相同强度和线宽的洛伦兹与多普勒线型示意图

1.7　基本辐射传输方程

取空间 M 点附近沿方向 $\boldsymbol{l}$ 上的单位截面（$ds = 1$）及长度为 dl 的体积元，如图 1.11 所示。根据比尔定律，当一束光谱辐亮度为 I_υ 的单色辐射在介质中通过距离 dl 后，因与物质的相互作用而减弱的改变量 $dI_\upsilon^{(1)}$ 为

$$dI_\upsilon^{(1)} = -I_\upsilon k_{e\upsilon} \rho dl \tag{1.7.1}$$

式中，ρ 是吸收物质的密度，$k_{e\upsilon}$ 为波数 υ 的辐射的质量消光系数，单位为 $\text{cm}^2 \cdot \text{g}^{-1}$。

质量消光系数等于质量吸收系数与质量散射系数之和。

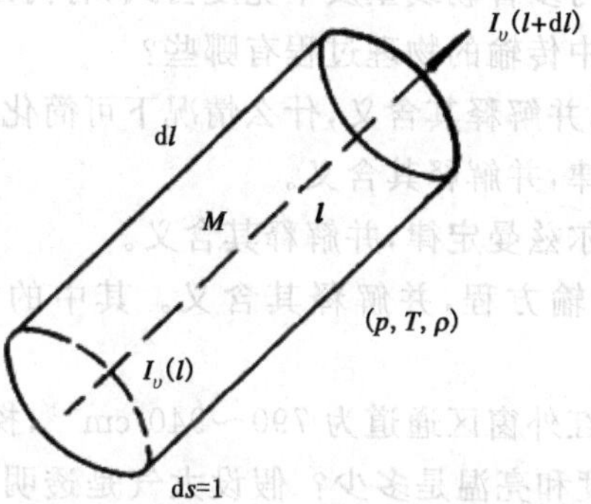

图 1.11　体积元中的辐射传输

另一方面，沿 l 方向相同波数的辐射也可以由于体积元中物质的发射和多次散射而增强，增强的辐亮度 $\mathrm{d}I_\upsilon^{(2)}$ 可表示为

$$\mathrm{d}I_\upsilon^{(2)} = J_\upsilon k_{\mathrm{e}\upsilon}\rho \mathrm{d}l \tag{1.7.2}$$

式中，J_υ 为源函数，表示单位质量物质在单位时间、单位立体角内发射出来的单位波数间隔的辐射能与质量消光系数的比值，是确定辐射与物质相互作用物理过程的基本物理量。

式(1.7.1)和式(1.7.2)联立得沿 l 方向的波数为 υ 的辐亮度的改变量为

$$\mathrm{d}I_\upsilon = -I_\upsilon k_{\mathrm{e}\upsilon}\rho \mathrm{d}l + J_\upsilon k_{\mathrm{e}\upsilon}\rho \mathrm{d}l \tag{1.7.3}$$

化简得

$$\frac{1}{k_{\mathrm{e}\upsilon}\rho}\frac{\mathrm{d}I_\upsilon}{\mathrm{d}l} = -I_\upsilon + J_\upsilon \tag{1.7.4}$$

这是不加任何坐标系的基本辐射传输方程，是讨论任何单色辐射传输过程的基础。

习　题

1. 解释下列各组名词术语异同点：

(1)辐射通量、辐射通量密度、辐射度、辐射强度、辐亮度；

(2)辐射率、发射率(比辐射率)；

(3)散射截面、吸收截面、消光截面、后向散射截面；

(4)散射相函数、散射函数、不对称因子；

(5)亮温、色温、有效温度；

(6)黑体、灰体、朗伯源。

2. 瑞利散射与米散射各有何特点？

3. 写出洛伦兹线型与多普勒线型及半宽度公式，有何区别？

4. 决定辐射在大气中传输的物理过程有哪些？

5. 写出普朗克定律，并解释其含义，什么情况下可简化为雷莱－金斯定律？

6. 写出玻尔兹曼定律，并解释其含义。

7. 写出斯蒂芬—波尔兹曼定律，并解释其含义。

8. 写出普遍辐射传输方程，并解释其含义。其中的源函数由哪些物理过程控制？

9. 假设气象卫星的红外窗区通道为 790～940 cm^{-1}，探测温度为 300 K 的星下点视场时的辐射通量密度和亮温是多少？假设大气是透明的，不考虑仪器响应函数的影响，且计算亮温时采用通道中心波数。

参考文献

石广玉，2007. 大气辐射学[M]. 北京：科学出版社.

LIOU K N，2004. 大气辐射导论(第 2 版)[M]. 郭彩丽，周诗健，译. 北京：气象出版社.

第2章 太阳光被动大气遥感

太阳光谱波长主要集中于 0.2～4.0 μm，涵盖紫外、可见光、近红外波段，是开展大气遥感的重要信号源。本章主要介绍利用大气顶反射的太阳光以及透射到地面的直射太阳光、向下漫射太阳光对大气参数进行遥感的原理和方法。

2.1 直射太阳光大气遥感

2.1.1 到达地面的直射太阳光

太阳是离地球最近的恒星，地球所接收的太阳光是驱动地球大气运动的重要能源。太阳表面温度约为 5800 K，太阳可视半径约为 6.96×10^5 km，质量约为 1.99×10^{30} kg。地球在以太阳为一个焦点的椭圆轨道上公转，地球与太阳之间的距离是变化的，日地平均距离约为 1.5×10^8 km。太阳以 6.2×10^7 $W\cdot m^{-2}$ 的速率发射能量，在日地平均距离处，通过与太阳光束垂直的单位面积上的太阳能通量称之为太阳常数，其值约为 1366 $W\cdot m^{-2}$。

根据能量守恒原理，太阳发射的能量不随距离变化，于是太阳常数 S 与太阳辐出度 $F_{\odot}^{*}$ 之间的关系为

$$F_{\odot}^{*}\cdot 4\pi a_{\odot}^{2}=S\cdot 4\pi r_{0}^{2} \tag{2.1.1}$$

式中，$a_{\odot}$ 为太阳半径，r_0 为日地平均距离，且 $F_{\odot}^{*}=\sigma T_{\odot}^{4}$，$T_{\odot}$ 为太阳有效温度。于是

$$S=F_{\odot}^{*}\cdot\frac{a_{\odot}^{2}}{r_{0}^{2}} \tag{2.1.2}$$

由于太阳可当作一个各向同性的发射体，则太阳辐射强度 $I_{\odot}$ 与太阳辐出度 $F_{\odot}^{*}$ 之间的关系为

$$I_{\odot}=\frac{F_{\odot}^{*}}{\pi} \tag{2.1.3}$$

太阳辐射强度是一个不随距离变化的量，在太阳位置处与地球位置处是相同的。于是，太阳常数 S 与太阳辐射强度之间的关系为

$$S = I_{\odot} \cdot \frac{\pi a_{\odot}^2}{r_0^2} = I_{\odot} \cdot \Omega_0 \tag{2.1.4}$$

式中，Ω_0 为地球看太阳所张的立体角。

在大气顶的实际太阳辐照度主要取决于日地距离，其与太阳常数之间的换算关系为

$$F_{\odot} = S\left(\frac{r_0}{r}\right)^2 \tag{2.1.5}$$

式中，$F_{\odot}$ 为大气顶太阳辐照度，r 为日地实际距离。

在地球大气顶处的太阳辐照度谱如图 2.1 所示，表 2.1 给出了大气顶的 0.2～100 μm 太阳辐照度光谱数据，总太阳辐照度中约 50%位于波长长于可见光的区域，约 40%位于可见光区域，约 10%位于波长短于可见光的区域。地球大气中气体分子对辐射的选择性吸收，使得到达地面的太阳光谱相对于地球大气顶处的太阳光谱发

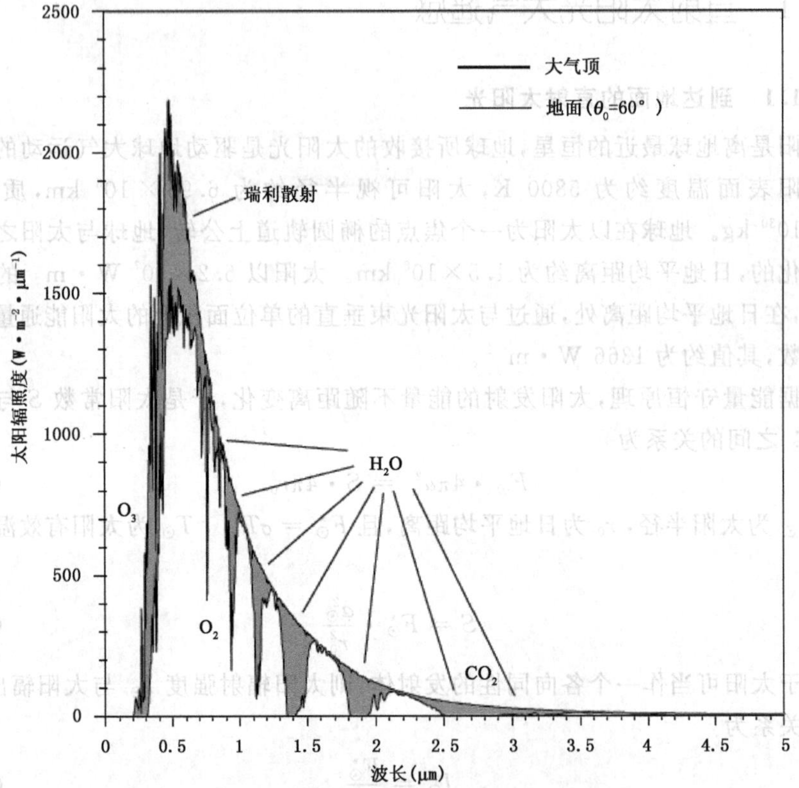

图 2.1 大气顶处对 50 cm^{-1}谱间隔测量的太阳辐照度曲线以及无气溶胶或无云大气中，对 60°太阳天顶角在地面测得的太阳辐照度曲线(Liou,2004)

表 2.1　大气顶太阳光谱辐照度(Liou,2004)

λ (μm)	S_{λ} ($W \cdot m^{-2} \cdot \mu m^{-1}$)	$S_{0-\lambda}$ ($W \cdot m^{-2}$)	$S_{0-\lambda}$ (%)	λ (μm)	S_{λ} ($W \cdot m^{-2} \cdot \mu m^{-1}$)	$S_{0-\lambda}$ ($W \cdot m^{-2}$)	$S_{0-\lambda}$ (%)
0.20	2.0832E+01	2.08317E+00	0.15250	3.80	1.0564E+01	1.35239E+03	99.00390
0.30	5.4765E+02	5.68479E+01	4.16163	3.90	9.6162E+00	1.35335E+03	99.07430
0.40	1.4042E+03	1.97272E+02	14.44155	4.00	8.6980E+00	1.35422E+03	99.13797
0.50	1.9619E+03	3.93464E+02	28.80410	4.10	7.9180E+00	1.35502E+03	99.19593
0.60	1.7632E+03	5.69780E+02	41.71153	4.20	7.2072E+00	1.35574E+03	99.24870
0.70	1.4300E+03	7.12778E+02	52.17994	4.30	6.5062E+00	1.35639E+03	99.29633
0.80	1.1257E+03	8.25347E+02	60.42075	4.40	5.7954E+00	1.35697E+03	99.33875
0.90	8.8835E+02	9.14182E+02	66.92404	4.50	5.2622E+00	1.35749E+03	99.37727
1.00	7.2943E+02	9.87125E+02	72.26392	4.60	4.8180E+00	1.35798E+03	99.41255
1.10	5.8743E+02	1.04587E+03	76.56425	4.70	4.4724E+00	1.35842E+03	99.44592
1.20	4.8921E+02	1.09479E+03	80.14558	4.80	4.1565E+00	1.35884E+03	99.47573
1.30	4.0851E+02	1.13564E+03	83.13614	4.90	3.8504E+00	1.35922E+03	99.50391
1.40	3.4450E+02	1.17009E+03	85.65813	5.00	3.5740E+00	1.35958E+03	99.53008
1.50	2.9066E+02	1.19916E+03	87.78592	6.00	1.8385E+00	1.36303E+03	99.78240
1.60	2.4644E+02	1.22380E+03	89.58999	7.00	1.0108E+00	1.36404E+03	99.85639
1.70	2.0453E+02	1.24425E+03	91.08726	8.00	5.9672E−01	1.36464E+03	99.90007
1.80	1.6829E+02	1.20108E+03	92.31927	9.00	3.7458E−01	1.36501E+03	99.92751
1.90	1.3725E+02	1.27481E+03	93.32404	10.00	2.4702E−01	1.36526E+03	99.94559
2.00	1.1624E+02	1.28643E+03	94.17501	11.00	1.6932E−01	1.36543E+03	99.95798
2.10	9.7416E+01	1.29617E+03	94.88816	12.00	1.2005E−01	1.36555E+03	99.96677
2.20	8.2132E+01	1.30439E+03	95.48942	13.00	8.7276E−02	1.36563E+03	99.97315
2.30	6.9594E+01	1.31134E+03	95.99889	14.00	6.5062E−02	1.36570E+03	99.97792
2.40	5.9198E+01	1.31726E+03	96.43226	15.00	4.9463E−02	1.36575E+03	99.98154
2.50	5.1023E+01	1.32237E+03	96.80577	16.00	3.8307E−02	1.36579E+03	99.98434
2.60	4.4280E+01	1.32679E+03	97.12994	17.00	3.0112E−02	1.36582E+03	99.98655
2.70	3.8672E+01	1.33066E+03	97.41305	18.00	2.3991E−02	1.36584E+03	99.98831
2.80	3.3815E+01	1.33404E+03	97.66058	19.00	1.9351E−02	1.36586E+03	99.98973
2.90	2.9589E+01	1.33700E+03	97.87720	20.00	1.5797E−02	1.36588E+03	99.99088
3.00	2.6133E+01	1.33962E+03	98.06850	30.00	3.4388E−03	1.36598E+03	99.99860
3.10	2.3093E+01	1.34193E+03	98.23756	40.00	1.0465E−03	1.36599E+03	99.99937
3.20	2.0476E+01	1.34397E+03	98.38746	50.00	4.2098E−04	1.36600E+03	99.99968
3.30	1.8186E+01	1.34579E+03	98.52059	60.00	2.0151E−04	1.36600E+03	99.99983
3.40	1.6191E+01	1.34741E+03	98.63913	70.00	1.0860E−04	1.36600E+03	99.99991
3.50	1.4562E+01	1.34887E+03	98.74574	80.00	6.3779E−05	1.36600E+03	99.99995
3.60	1.3032E+01	1.35017E+03	98.84114	90.00	3.9985E−05	1.36600E+03	99.99998
3.70	1.1670E+01	1.35134E+03	98.92657	100.0	2.6459E−05	1.36600E+03	100.0000

太阳常数取 1366 $W \cdot m^{-2}$.

生了变化，如图 2.1 所示。大气中氮分子、氧分子、臭氧对紫外区中的太阳光(<0.4 μm)有强烈的吸收，是造成到达地面紫外辐射通量减小的主要因子。氧气的紫外吸收谱位于 1026～2600 Å(1 Å=10^{-4} μm)，氮分子的紫外吸收谱位于 1120～1450 Å，最强的臭氧吸收带是哈特莱带，它的波长范围在 2000～3000 Å，中心波长在 2553 Å，臭氧在 4000～8500 Å 还有一个哈金斯弱吸收带。大气对可见光区和近红外区的太阳辐射吸收较小，几乎是透明的，其衰减主要是由氧气分子的 0.762 μm 的 A 带、0.688 μm 的 B 带、0.628 μm 的 γ 带，臭氧的查普斯带(4000～8500Å)，中心波长分别在0.72 μm，0.82 μm，0.94 μm，1.1 μm，1.38 μm，1.87 μm，2.7 μm，3.2 μm 的水汽吸收带，2.7 μm 的 CO_2 吸收带的吸收以及分子瑞利散射造成的。

到达地面的太阳直接辐射强度可通过太阳光度计进行测量，如图 2.2 所示。法国 CIMEL 公司的 CE318 太阳光度计是一种自动跟踪太阳的仪器，能够在可见光和近红外的多个较窄通道上进行辐射强度测量。CE318 的波段配置见表 2.2，其中，936 nm 波段位于强水汽吸收带，其余波段都位于大气窗区。新型的 CE318N 太阳光度计还可对某些波段进行偏振测量。通过对不同波段的太阳辐射强度的测量，可以对大气中的某些气体分子、气溶胶总量进行遥感。

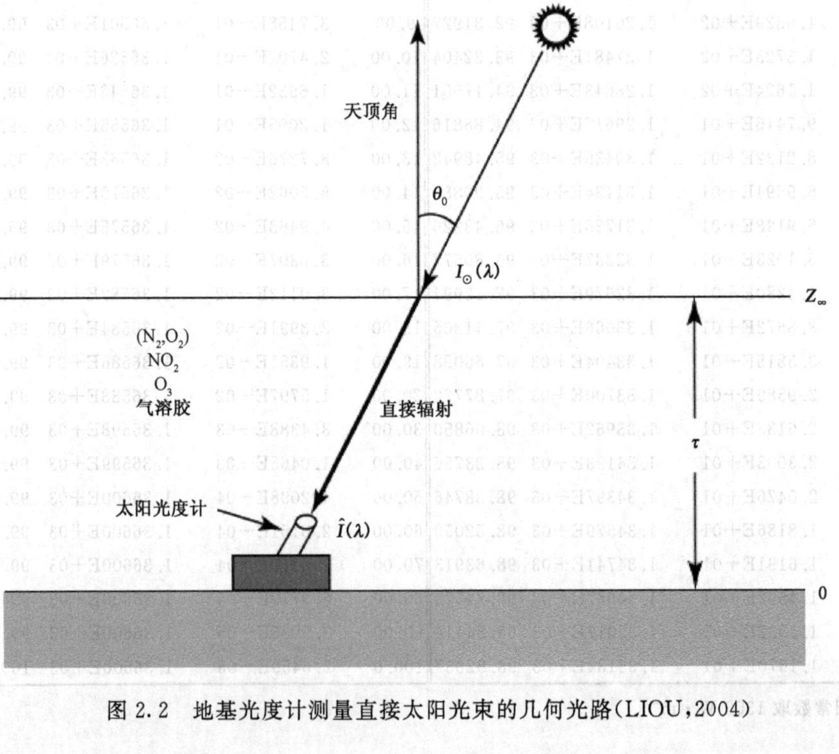

图 2.2　地基光度计测量直接太阳光束的几何光路(LIOU,2004)

表 2.2　CE318 太阳光度计主要性能参数及相应各波段的臭氧吸收系数

波段	1	2	3	4	5	6	7	8	9
中心波长(nm)	1640	1020	936	870	670	500	440	380	340
波段宽度(nm)	10	10	10	10	10	10	10	10	10
k_3 (atm-cm^{-1})	0	4.91×10^{-5}	4.93×10^{-4}	0.00133	0.0445	0.0315	0.0026	—	0.0307

2.1.2　透射直接太阳光遥感臭氧总量

利用实测的透射直接太阳辐射强度进行臭氧总量的地基遥感最初由 Dobson 于 1957 年提出，利用的是紫外波段的直射太阳光谱强度。在该波段臭氧吸收较强，而其他气体成分的吸收较弱，可忽略。由式(2.1.5)，考虑到大气衰减作用，到达地面的单色太阳辐射强度为

$$I(\lambda)=\left(\frac{r_0}{r}\right)^2 I_{\odot}(\lambda)\exp\left[-\frac{\tau(\lambda)}{\mu_0}\right] \tag{2.1.6}$$

式中，τ 为大气总光学厚度，包括气体分子与气溶胶的吸收与散射造成的光学厚度，$I_{\odot}(\lambda)$ 为大气顶的单色太阳辐射强度。对式(2.1.6)两边取自然对数，并整理得

$$\ln\frac{I(\lambda)}{I_{\odot}(\lambda)}=2\ln\left(\frac{r_0}{r}\right)-\frac{\tau(\lambda)}{\mu_0} \tag{2.1.7}$$

为消去日地距离变化对太阳辐射强度变化的影响，可在臭氧吸收带，如哈特莱—哈金斯吸收带中选择一对波长 λ_1 和 λ_2，利用两个波段的式(2.1.7)相减后可得

$$N=\ln\frac{I(\lambda_1)}{I_{\odot}(\lambda_1)}-\ln\frac{I(\lambda_2)}{I_{\odot}(\lambda_2)}=-\frac{\Delta\tau}{\mu_0} \tag{2.1.8}$$

在紫外波段，式(2.1.8)中 $\Delta\tau$ 由一对波长的臭氧光学厚度差值 $\Delta\tau_{O_3}$，气溶胶散射光学厚度差值 $\Delta\tau_A$ 以及分子瑞利散射光学厚度差值 $\Delta\tau_R$ 等贡献。

$$\Delta\tau=\Delta\tau_{O_3}+\Delta\tau_A+\Delta\tau_R \tag{2.1.9}$$

其中，

$$\Delta\tau_{O_3}=\int_0^{Z_\infty}\rho_{O_3}(z)(k(\lambda_1)-k(\lambda_2))\mathrm{d}z=D\Delta k \tag{2.1.10}$$

式中，$k(\lambda_1)$ 和 $k(\lambda_2)$ 分别为两个波段的臭氧吸收系数，Δk 为一对波长吸收系数之差，D 称为垂直气柱臭氧总量。

$$D=\int_0^{Z_\infty}\rho_{O_3}(z)\mathrm{d}z \tag{2.1.11}$$

若忽略一对波长气溶胶散射光学厚度差值 $\Delta\tau_A$ 和瑞利散射光学厚度差值 $\Delta\tau_R$，则由式(2.1.10)可计算出垂直气柱臭氧总量 D。由于一对波长瑞利散射光学厚度差值 $\Delta\tau_R$ 可由瑞利散射理论确定，因而两波长气溶胶散射光学厚度差值成为影响垂直气柱臭氧总量遥感准确性的主要因子。为了进一步减小这种测量的不确定性，在陶

普生光谱仪中采用了两对波长的方法来测量垂直气柱臭氧总量，这两对波长是(0.30555 μm，0.3254 μm)和(0.3176 μm，0.3398 μm)。于是由式(2.1.8)和式(2.1.10)可得

$$D = \frac{\mu_0(N_1 - N_2)}{a} - b \tag{2.1.12}$$

式中，系数 a，b 可由已知的臭氧吸收系数和瑞利散射理论确定。一般可取 $a \approx 1.388$ atm-cm^{-1}，$b \approx 0.009\ P_s$，P_s 为地面气压。垂直臭氧总量通常以陶普生单位(DU)进行度量，1 DU=10^{-3} atm-cm，表示在标准温度和气压下，臭氧被压缩成均匀的气层时占据 10^{-3} cm 的大气垂直厚度。垂直臭氧总量通常为200～400 DU。

2.1.3 透射直接太阳光遥感气溶胶光学厚度

早在20世纪20年代，林克和埃斯屈朗就提出了利用地基测量的可见光波段的透射直接太阳光谱强度确定气溶胶含量的遥感方法。在可见光谱段，可以忽略水汽的吸收，且臭氧吸收作用也较小，易于提高气溶胶光学厚度反演准确性。

在可见光波段，大气光学厚度主要与气溶胶消光、臭氧吸收、二氧化氮吸收和分子瑞利散射有关。大气总的光学厚度可表示为

$$\tau = \tau_A + \tau_R + \tau_{O_3} + \tau_{NO_2} \tag{2.1.13}$$

只要确定了臭氧吸收、二氧化氮吸收和分子瑞利散射光学厚度，于是利用式(2.1.7)和式(2.1.13)就可导出气溶胶光学厚度(AOD)。

$$\tau_A(\lambda) = \mu_0 \ln\left[\frac{I_\otimes(\lambda)}{I(\lambda)}\left(\frac{r_0}{r}\right)^2\right] - \left[\tau_R(\lambda) + \tau_{O_3}(\lambda) + \tau_{NO_2}(\lambda)\right] \tag{2.1.14}$$

臭氧吸收、二氧化氮吸收和分子瑞利散射光学厚度通常可采用以下参数化方法计算。

$$\tau_{O_3}(\lambda) = k_3(\lambda)C(O_3) \tag{2.1.15}$$

$$\tau_{NO_2}(\lambda) = k_2(\lambda)C(NO_2) \tag{2.1.16}$$

$$\tau_R(\lambda) = (a + bH)\lambda^{-(c+d\lambda+e/\lambda)}\frac{p}{p_s} \tag{2.1.17}$$

式中，瑞利散射的经验系数 $a=0.00864$，$b=6.5\times10^{-6}$，$c=3.916$，$d=0.074$，$e=0.050$；H 是太阳光度计安置的海拔高度(km)，p 是太阳光度计处的气压(hPa)，$p_s=1013.25$ hPa，k_2 和 k_3 分别是 NO_2 和 O_3 的吸收系数，不同波长的吸收系数是不一样的，CE318太阳光度计各波段臭氧吸收系数 k_3 如表2.2所示。C代表浓度，$C(NO_2) = 4\times10^{-15}$ cm^{-2}，臭氧浓度可采用2.1.2节的方法确定，单位为atm-cm。

目前全球已建立了太阳光度计气溶胶观测网(AERONET)，可以实时获取各地的AOD值，并利用其对卫星遥感反演AOD资料进行验证。利用透射的直接太阳光还可以对气溶胶尺度分布(King，1978)、气溶胶类型(Lee，2010)等参数进行定量遥

感反演，具体方法见有关参考文献。

2.2　天基漫射太阳光大气遥感

2.2.1　漫射太阳辐射传输方程

太阳光进入大气后，受到大气分子、气溶胶粒子、云和降水粒子的吸收和散射，一部分变成漫射光到达地面，一部分又被返回到太空中去。图 2.3 描述了太阳光与地面、大气和云之间可能存在的相互作用。观测表明，全球约 30％的太阳光被反射回太空。随云、气溶胶多少、类型、分布的不同，各地反射的太阳光比例差别较大。

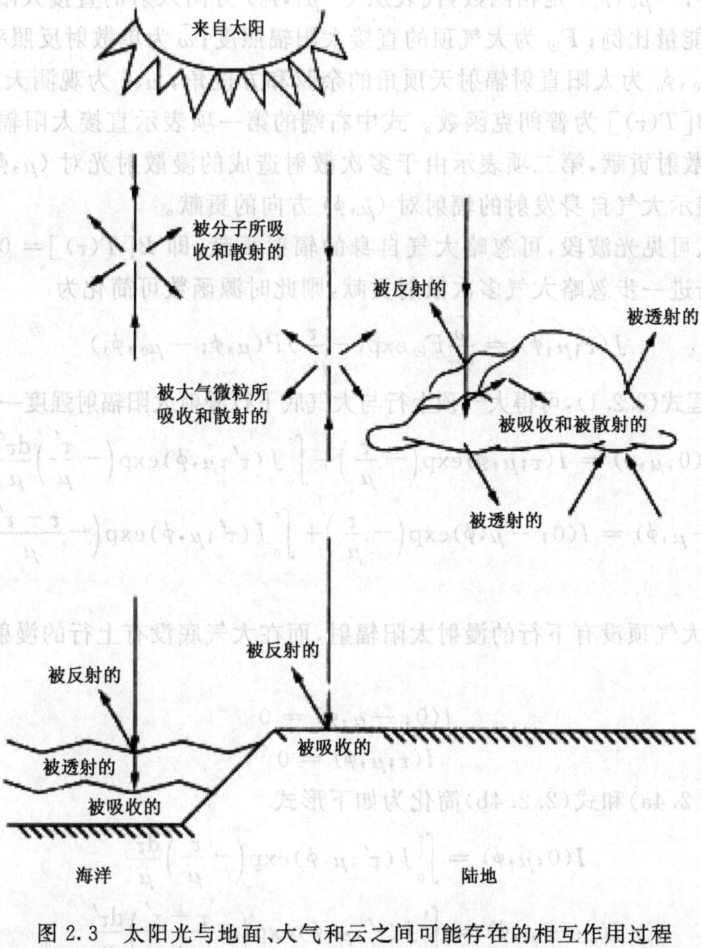

图 2.3　太阳光与地面、大气和云之间可能存在的相互作用过程

对于进入大气层的太阳光，其漫射辐射强度由辐射传输基本方程式(2.2.1)决定。

$$\mu\frac{\mathrm{d}I(\tau;\mu,\phi)}{\mathrm{d}\tau}=I(\tau;\mu,\phi)-J(\tau;\mu,\phi) \tag{2.2.1}$$

式中，$I(\tau;\mu,\phi)$ 表示在光学厚度 τ 处向 (μ,ϕ) 方向的漫射辐射强度，源函数 $J(\tau;\mu,\phi)$ 由式(2.2.2)表示。

$$\begin{aligned}J(\tau;\mu,\phi)=&\frac{\tilde{\omega}}{4\pi}F_{\odot}\exp(-\frac{\tau}{\mu_0})P(\mu,\phi;-\mu_0,\phi_0)\\&+\frac{\tilde{\omega}}{4\pi}\int_0^{2\pi}\int_{-1}^{1}I(\tau;\mu',\phi')P(\mu,\phi;\mu',\phi')\mathrm{d}\mu'\mathrm{d}\phi']\\&+(1-\tilde{\omega})B[T(\tau)]\end{aligned} \tag{2.2.2}$$

式中，$P(\mu,\phi;-\mu_0,\phi_0)$ 是相函数，代表从 $(-\mu_0,\phi_0)$ 方向入射的直接太阳光向 (μ,ϕ) 方向散射的能量比例；$F_{\odot}$ 为大气顶的直接太阳辐照度；$\tilde{\omega}$ 为单散射反照率；τ 为大气光学厚度；μ_0，ϕ_0 为太阳直射辐射天顶角的余弦和方位角，μ、ϕ 为观测天顶角的余弦和方位角；$B[T(\tau)]$ 为普朗克函数。式中右端的第一项表示直接太阳辐射对 (μ,ϕ) 方向的单次散射贡献，第二项表示由于多次散射造成的漫散射光对 (μ,ϕ) 方向的贡献，第三项表示大气自身发射的辐射对 (μ,ϕ) 方向的贡献。

在紫外、可见光波段，可忽略大气自身的辐射贡献，即 $B[T(\tau)]=0$，在光学薄层情况下，若进一步忽略大气多次散射贡献，则此时源函数可简化为

$$J(\tau;\mu,\phi)=\frac{\tilde{\omega}}{4\pi}F_{\odot}\exp(-\frac{\tau}{\mu_0})P(\mu,\phi;-\mu_0,\phi_0) \tag{2.2.3}$$

求解方程式(2.2.1)，可得大气顶上行与大气底下行漫射太阳辐射强度一般公式为

$$I(0;\mu,\phi)=I(\tau;\mu,\phi)\exp\left(-\frac{\tau}{\mu}\right)+\int_0^{\tau}J(\tau';\mu,\phi)\exp\left(-\frac{\tau'}{\mu}\right)\frac{\mathrm{d}\tau'}{\mu} \tag{2.2.4a}$$

$$I(\tau;-\mu,\phi)=I(0;-\mu,\phi)\exp\left(-\frac{\tau}{\mu}\right)+\int_0^{\tau}J(\tau';\mu,\phi)\exp\left(-\frac{\tau-\tau'}{\mu}\right)\frac{\mathrm{d}\tau'}{\mu} \tag{2.2.4b}$$

假设在大气顶没有下行的漫射太阳辐射，而在大气底没有上行的漫射太阳辐射，即假设有

$$I(0;-\mu,\phi)=0 \tag{2.2.5a}$$

$$I(\tau;\mu,\phi)=0 \tag{2.2.5b}$$

则式(2.2.4a)和式(2.2.4b)简化为如下形式

$$I(0;\mu,\phi)=\int_0^{\tau}J(\tau';\mu,\phi)\exp\left(-\frac{\tau'}{\mu}\right)\frac{\mathrm{d}\tau'}{\mu} \tag{2.2.6a}$$

$$I(\tau;-\mu,\phi)=\int_0^{\tau}J(\tau';\mu,\phi)\exp\left(-\frac{\tau-\tau'}{\mu}\right)\frac{\mathrm{d}\tau'}{\mu} \tag{2.2.6b}$$

进一步，在忽略大气多次散射贡献情况下，将式(2.2.3)代入式(2.2.6a)和式

(2.2.6b)后求得大气顶上行和大气底下行漫射太阳辐射强度分别为

$$I(0;\mu,\phi)=\frac{\tilde{\omega}}{4\pi(\mu+\mu_0)}\mu_0F_\odot P(\mu,\phi;-\mu_0,\phi_0)\{1-\exp[-\tau(\frac{1}{\mu}+\frac{1}{\mu_0})]\} \tag{2.2.7a}$$

$$I(\tau;-\mu,\phi)=\frac{\tilde{\omega}}{4\pi(\mu-\mu_0)}\mu_0F_\odot P(-\mu,\phi;-\mu_0,\phi_0)\left[\exp(-\frac{\tau}{\mu})-\exp(-\frac{\tau}{\mu_0})\right] \tag{2.2.7b}$$

若大气光学厚度非常小,式(2.2.7a)和式(2.2.7b)可进一步简化为

$$I(0;\mu,\phi)\approx\frac{\tilde{\omega}\tau}{4\pi\mu}F_\odot P(\mu,\phi;-\mu_0,\phi_0) \tag{2.2.8a}$$

$$I(\tau;-\mu,\phi)\approx\frac{\tilde{\omega}\tau}{4\pi\mu}F_\odot P(-\mu,\phi;-\mu_0,\phi_0) \tag{2.2.8b}$$

式(2.2.7a)和式(2.2.8a)表示的是在不考虑地表反射作用以及假设大气对太阳光为一次散射的情况下大气自身的向上漫射强度,又可称为大气路径漫射辐射 I^{path}。若考虑地表下垫面的反射作用,则需要考虑大气与下垫面之间的相互作用,令地表面为朗伯面,其反照率为 r_s,则由大气和地表面的组合系统共同作用在大气顶出射的漫射辐射强度为

$$\begin{aligned}I^{\mathrm{TOA}}(0;\mu,\phi)&=I^{\mathrm{path}}(0;\mu,\phi)\\&\quad+\frac{\mu_0F_\odot}{\pi}T(\mu_0)r_sT(\mu)+\frac{\mu_0F_\odot}{\pi}T(\mu_0)r_sR_a^*r_sT(\mu)+\cdots\\&\approx I^{\mathrm{path}}(0;\mu,\phi)+\frac{\mu_0F_\odot}{\pi}\cdot\frac{T(\mu_0)r_sT(\mu)}{1-r_sR_a^*}\end{aligned} \tag{2.2.9}$$

式中,$I^{\mathrm{path}}(0;\mu,\phi)$ 表示大气路径漫射辐射,R_a^* 为对于从下方入射的辐射的大气反照率,一般与从上方入射的辐射的反照率相同,$T(\mu_0)$ 和 $T(\mu)$ 分别为整层大气向下和向上的透过率。

2.2.2　可见光卫星云图与云检测

2.2.2.1　可见光卫星云图

可见光卫星云图是星载多通道扫描辐射计通过扫描方式对来自云顶、地表等反射的可见光谱段太阳光测量后,将其转换成不同色调得到的图像。在静止和极轨气象卫星上均搭载有具有可见光通道的扫描辐射计,如在我国静止气象卫星 FY-2 上有光谱段为 0.5～1.05 μm 的可见光通道扫描辐射计、在极轨气象卫星 FY-1 上有 0.58～0.68 μm 的可见光通道扫描辐射计,均可获取白天可见光卫星云图。

大气自身的漫射辐射项很小,若忽略大气散射,只考虑地表或云对直射太阳光的反射,则式(2.2.9)可简化为

$$I^{\mathrm{TOA}}(0;\mu,\phi)=\frac{r_s}{\pi}\mu_0 F_\odot T(\mu)T(\mu_0) \tag{2.2.10}$$

式中，r_s 为地表（或云顶）的反照率。定义表观反照率 $r(\mu,\phi;\mu_0,\phi_0)$ 为

$$r(\mu,\phi;\mu_0,\phi_0)=\frac{\pi I^{\mathrm{TOA}}(0;\mu,\phi)}{\mu_0 F_\odot} \tag{2.2.11}$$

则由式（2.2.10）可得

$$r(\mu,\phi;\mu_0,\phi_0)=r_s T(\mu)T(\mu_0) \tag{2.2.12}$$

对于可见光大气窗区，$T(\mu)\approx 1$，$T(\mu_0)\approx 1$，于是卫星观测的表观反照率即等于地表（云顶）的反照率。根据卫星观测的不同像元的表观反照率，即可生成可见光云图。卫星观测的表观反照率越大，就用越白的色调表示；反之，则用越暗的色调表示，如图 2.4 所示。不同类型的地表、不同类型的云的反照率是不同的，由此可从可见光云图上识别不同地表和云的类型。实际上由于大气在可见光波段不可能完全透明，因此，在分析可见光卫星云图时，还需要考虑由于不同像元的太阳天顶角、卫星观测天顶角差异所造成的色调差异，太阳天顶角大，色调较暗。表 2.3 给出了各类目标物的反照率和在可见光云图上的一般色调。

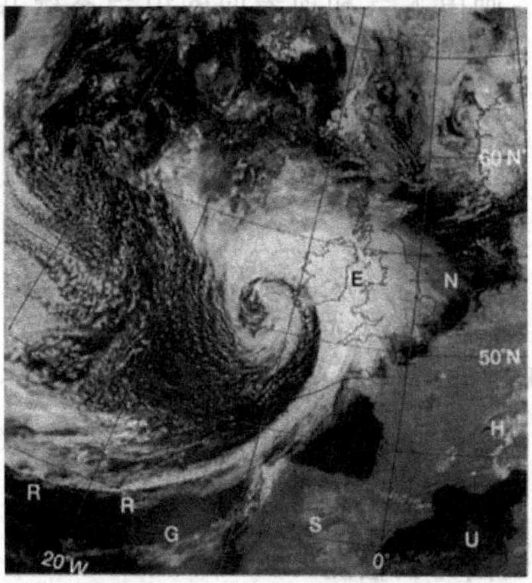

图 2.4　可见光云图

表 2.3　可见光云图上主要目标物的色调及反照率值

色调	目标物	反照率
黑色	海洋、高原湖泊、大面积森林覆盖区	7%
深灰色	牧场、草地、耕地	17%
灰色	陆地上的晴天积云、沙漠、陆地上单独出现的卷云、河流、湖泊等	29%
灰白色	大陆上的中高云、中等厚度的云（中云、低云、雾）	36%
白色	积雪、冰冻的湖泊和海洋	59%
浓白色	积雨云、厚的卷层云，且下面有中、低云和降水	92%

由于 r_s 与 λ 有关，这样可根据不同的波长对同一物体引起色调的差异，分辨物体的特征。在大多数星载扫描辐射计中，除设计有可见光通道外，还设计有近红外谱段的通道，用于获取近红外云图，增强对云和地表性质的识别区分能力。新型的 AVHRR 中设计了中心波长为 0.86 μm 和 1.6 μm 的近红外通道，用于增加对水陆界面、植被生长状况、土壤湿度、积雪和云的相态的识别能力。如 AVHRR 通道 2 的 0.725～1.10 μm 波段云图上的水陆界限比通道 1 的 0.58～0.68 μm 波段上要清楚。这是因为水面的反照率随波长的加大而减小，而土壤的反照率却增加，这样对比差异加大，故通道 2 水陆反照率差异比通道 1 明显。

2.2.2.2　可见光云检测

由式(2.2.12)可以看出，在假设大气透过率等于 1 的情况下，地表反照率等于表观反照率，利用可见光波段云与地表之间反照率的差异通过阈值法可进行云检测。例如，对于 0.66 μm 波段，云相对于陆地地表具有较高的反照率，可用 $r_{0.66}$ 对陆地地区进行云检测，通常将 $r_{0.66} > 0.18$ 的像元判定为云像元。而对近红外 0.86 μm 波段，云相对于海表和沙漠具有较高的反照率，可用 $r_{0.86}$ 对海洋和沙漠地区进行云检测，通常将 $r_{0.86} > 0.30$ 的像元判定为云像元。由于下垫面的复杂性和大气的多变性，阈值的确定至关重要，反照率阈值设置过大，则许多部分有云像元会被误判为晴空，反之则有可能将晴空误判为有云像元。当地表下垫面与云辐射特征类似时，阈值法很难识别云，如积雪和云在可见光波段的反照率相近，因此积雪表面上空的云很难用可见光波段来识别，此时可用 1.6 μm 近红外通道的反照率进行云检测。有时单独利用 $r_{0.66}$ 或 $r_{0.86}$ 并不能完全有效地进行云检测，还可利用其比值 $r_{0.86}/r_{0.66}$ 来进行云检测，也可结合其他近红外波段反照率或红外波段亮温进行综合云检测。

2.2.3　反射太阳光遥感气溶胶参数

利用卫星对气溶胶遥感始于 20 世纪 70 年代中期，首先用于海洋上空的气溶胶光学厚度遥感。卫星遥感反演气溶胶光学厚度的方法主要有：基于暗像元的单通道和多通道遥感反演、基于对比度差异的空间结构函数法遥感反演、多角度遥感反演和多角度偏振遥感反演以及基于深蓝通道的遥感反演算法等。目前应用于气溶胶遥感的星载传感器主要有 AVHRR，MODIS，MERIS，TOMS，AATSR，POLDER，OCTS，MISR，SeaWIFS 等。

利用卫星进行气溶胶遥感反演是一项复杂的工作，这需要将星载传感器接收到的信号中地表和大气的贡献分离出来，再从大气的信号中提取出气溶胶参数。而气溶胶的贡献相对于地表散射贡献是相当微弱的，尤其在沙漠和雪等亮地表背景下。暗目标法只适用于水体和较低反照率的浓密植被地表，对于反照率较高、暗像元较少的地表不适用。结构函数法利用整幅图像反照率结构函数与大气透过率分布之间相关的原理反演气溶胶光学厚度，但要求待反演图像与参考图像期间地表反照率变化很小。多角度气溶胶遥感针对大气和地表对大气层顶辐射信号贡献的比率随观测角度变化的特性，将两者信号分离出来，可适用于沙漠等亮地表，为气溶胶遥感提供了新的方法。偏振遥感则是利用气溶胶与地表不同的偏振特性来反演气溶胶参数。

2.2.3.1 *反射太阳光遥感气溶胶参数原理*

式(2.2.9)是包含了地面与大气间的相互作用情况下大气顶的上行漫射辐射强度，利用入射太阳光强度项 $\frac{F_{\odot}\mu_0}{\pi}$ 对其归一化后，可得到大气顶表观反照率为

$$r^{\mathrm{TOA}}(\mu,\phi;\mu_0,\phi) = r^{\mathrm{path}}(\mu,\phi;\mu_0,\phi_0) + \frac{T(\mu_0)T(\mu)r_s}{1-r_sR_a^*} \tag{2.2.13}$$

式中，$r^{\mathrm{path}}(\mu,\phi;\mu_0,\phi_0)$ 为大气路径辐射等效反照率，即纯粹由大气散射所造成的漫射辐射贡献，由式(2.2.8a)确定，其中包含了气溶胶光学厚度信息；$r_s(\mu,\phi;\mu_0,\phi_0)$ 为地表反照率，当地表为朗伯体时，其为常数，与方向无关；$T(\mu_0)$ 和 $T(\mu)$ 分别为整层大气向下和向上的透过率，向下的透过率包括直射辐射与漫射辐射两部分，向下的直射透过率为

$$T_{\mathrm{dir}} = \exp(-\tau/\mu_0) \quad \mu=\mu_0 \text{ 时} \tag{2.2.14a}$$

漫射透过率可由式(2.2.8b)推得

$$T_{\mathrm{dif}}(\mu,\phi;\mu_0,\phi_0) = \frac{\tilde{\omega}\tau}{4\pi\mu\mu_0}P(-\mu,\phi;-\mu_0,\phi_0) \quad \mu\neq\mu_0 \text{ 时} \tag{2.2.14b}$$

式(2.2.12)中，$r^{\mathrm{TOA}}(\mu,\phi;\mu_0,\phi_0)$ 由卫星上的辐射计测量确定，是已知量，而 $r^{\mathrm{path}}(\mu,\phi;\mu_0,\phi_0)$，$r_s$，$R_a^*$，$T(\mu_0)$，$T(\mu)$ 均为未知量，因此，要在非理想黑体表面上从式(2.2.12)中反演气溶胶光学厚度涉及两个问题：一是气溶胶模型的确定，因为 R_a^*，$T(\mu_0)$，$T(\mu)$ 取决于气溶胶单次散射反照率 ω、气溶胶光学厚度 τ 和气溶胶散射相函数 P 等气溶胶光学特性；二是地表反射噪声的去除，即 r_s 的估算。当确定出 $r^{\mathrm{path}}(\mu,\phi;\mu_0,\phi_0)$ 后，则可由式(2.2.8a)计算大气总的光学厚度。

$$\tau = \frac{r^{\mathrm{TOA}}(\mu,\phi;\mu_0,\phi_0)}{P(\mu,\phi;-\mu_0,\phi_0)}\frac{4\mu\mu_0}{\tilde{\omega}} \tag{2.2.15}$$

式(2.2.15)总光学厚度中还包括瑞利散射的贡献，因此，反演气溶胶光学厚度(AOD)时还应从中减去。围绕气溶胶模型的确定以及地面反射噪声的去除，发展了适应不同地表下垫面的多种AOD反演算法。

2.2.3.2 *海洋上空气溶胶参数反演算法*

海洋在可见光波段波平均反照率约为6%，接近黑色，因此反演海洋上空气溶胶光学厚度相对简单些。目前比较成熟的海洋AOD反演算法主要是利用MODIS相关通道的反演算法。表2.4为MODIS用于气溶胶反演的7个通道，位于可见光与近红外波段。通道1～7分别简称为0.66 μm，0.86 μm，0.47 μm，0.55 μm，

1.24 μm，1.64 μm 和 2.12 μm 通道。反演算法从 1997 年的最初版本到 2009 年已发展到 V5.2 版本。

表 2.4 用于气溶胶反演的 MODIS 通道特征(Levy,2009)

通道	光谱段 (μm)	中心波长 (μm)	分辨率 (m)	等效噪声反射率 ($\times10^{-4}$)	最大反射率	信噪比	瑞利散射光学厚度
1	0.620～0.670	0.646	250	3.39	1.38	128	0.0520
2	0.841～0.876	0.855	250	3.99	0.92	201	0.0165
3	0.459～0.479	0.466	500	2.35	0.96	243	0.1948
4	0.545～0.565	0.553	500	2.11	0.86	228	0.0963
5	1.230～1.250	1.243	500	3.12	0.47	74	0.0037
6	1.628～1.652	1.632	500	3.63	0.94	275	0.0012
7	2.105～2.155	2.119	500	3.06	0.75	110	0.0004

海洋上空气溶胶一般是可溶性盐粒子，也有由陆地漂浮过去的沙尘性气溶胶粒子。因此在 MODIS 海洋气溶胶光学厚度反演算法中，假设海洋上空气溶胶是由细模态与粗模态两种模态的可溶性盐粒或沙尘气溶胶粒子按一定的比例混合而成，每种模态的谱分布均假设为对数正态分布，并区分为 4 种细模态与 5 种粗模态。各模态气溶胶的折射率、几何平均半径、标准差、有效半径、消光系数、单次反照率、不对称因子等参数如表 2.5 所示，这些参数是根据大量的地基太阳光度计气溶胶参数观测结果统计给出的，并在不断地修订完善中，表 2.5 中的参数是 2009 年的第 5 版反演算法中给出的参数。利用这些参数和辐射传输模式可以分别计算出 9 种模态粒子在各 MODIS 光谱通道、不同光学厚度、观测几何下的表观反照率，从而构建出查找表(LUT)。

查找表生成时的参数设置如下。

a)对每一种模态设定 6 个由 0.55 μm 波长描述的气溶胶光学厚度值 $\tau_{0.55}$。$\tau_{0.55}$ 分别取 0.0，0.2，0.5，1.0，2.0，3.0。其中 $\tau_{0.55}=0.0$ 为纯分子大气，$\tau_{0.55}=3.0$ 为沙尘爆发期间或由生物燃烧释放烟尘造成的非常混浊的大气。

b)太阳天顶角取 9 个值($\theta_0=6°,12°,24°,36°,48°,54°,60°,66°,72°$)。

c)卫星观测天顶角取 16 个值($\theta=0°\sim90°$，间隔为 6°)。

d)由太阳方位角(ϕ_0)和卫星方位角(ϕ)确定的方位角差($\varphi=|\phi_0-\phi|$)取 16 个值($\varphi=0°\sim180°$，间隔为 12°)。

对于海面反照率，除 0.55 μm 通道的海面反照率设为 0.005 外，其余通道的海面反照率均设为 0。

假定实际大气的气溶胶粒子产生的散射辐射可以由在同样光学厚度下每一个模态粒子产生的辐射加权平均近似计算，由查找表可以分别查找出某一光学厚度时每种细模态和粗模态气溶胶粒子模式计算的表观反照率值 $r_\lambda^F(\mu_0,\mu,\varphi;\tau_{0.55})$ 和 $r_\lambda^C(\mu_0,\mu,\varphi;\tau_{0.55})$，引入一个细模态粒子反照率权重参数 η，则理论上卫星观测的表观反照率可表示为

$$r_\lambda^{\mathrm{LUT}}(\mu_S,\mu_V,\phi;\tau_{0.55})=\eta r_\lambda^F(\mu_0,\mu,\varphi;\tau_{0.55})+(1-\eta)r_\lambda^C(\mu_0,\mu,\varphi;\tau_{0.55}) \tag{2.2.16}$$

由 4 种细模态和 5 种粗模态可形成 20 种粗细模态组合，对任一个组合，可以根据每一个给定的 $\tau_{0.55}$ 和反照率权重参数 η 确定一个由式(2.2.17)定义的拟合误差值 ε，这样理论上 20 个拟合误差值 ε 中使其取最小值对应的 $\tau_{0.55}$ 和 η 即为反演结果，实际反演算法中是对 20 个 ε 进行排序，最佳解取所有使 ε 小于 0.03 的 $\tau_{0.55}$ 和 η 的平均值，或当 ε 均不小于 0.03 时，最佳解取使 ε 最小的三个 $\tau_{0.55}$ 和 η 的平均值(Levy,2009)。

$$\varepsilon=\sqrt{\frac{\sum_{\lambda=1}^{6}N_\lambda\left(\frac{r_\lambda^m-r_\lambda^{LUT}}{r_\lambda^m-r_\lambda^{ray}+0.01}\right)^2}{\sum_{\lambda=1}^{6}N_\lambda}} \tag{2.2.17}$$

式中，N_λ 是指在波长 λ 处“好像元”个数，r_λ^m 是指在波长 λ 处测量的 MODIS 表观反照率值，r_λ^{ray} 是指因瑞利散射贡献的反照率值，r_λ^{LUT} 是指根据查找表以及式(2.2.16)计算的反照率。常数 0.01 是为了避免在较好天气条件下分母上出现 0 除数而无法反演的问题。在反演过程中，要求 $r_{0.87}^{\mathrm{LUT}}$ 精确地与该通道上的 MODIS 表观反照率值一致。

表 2.5a　各模态气溶胶粒子折射指数、几何平均半径、标准偏差及有效半径(Levy,2009)

1～4 为细模态，5～9 为粗模态

模态	波长(μm) 0.47～0.86	1.24	1.64	2.12	几何平均半径	标准偏差	有效半径	注释
1	1.45－0.0035i	1.45－0.0035i	1.43－0.01i	1.40－0.005i	0.07	0.40	0.10	可溶性气溶胶粒子
2	1.45－0.0035i	1.45－0.0035i	1.43－0.01i	1.40－0.005i	0.06	0.60	0.15	可溶性气溶胶粒子
3	1.40－0.0020i	1.40－0.0020i	1.39－0.005i	1.36－0.003i	0.08	0.60	0.20	可溶性气溶胶粒子(湿度高)
4	1.40－0.0020i	1.40－0.0020i	1.39－0.005i	1.36－0.003i	0.10	0.60	0.25	可溶性气溶胶粒子(湿度高)

续表

模态	波长(μm)				几何平均半径	标准偏差	有效半径	注释
	0.47～0.86	1.24	1.64	2.12				
5	1.35－0.001i	1.35－0.001i	1.35－0.001i	1.35－0.001i	0.40	0.60	0.98	海盐气溶胶粒子
6	1.35－0.001i	1.35－0.001i	1.35－0.001i	1.35－0.001i	0.60	0.60	1.48	海盐气溶胶粒子
7	1.35－0.001i	1.35－0.001i	1.35－0.001i	1.35－0.001i	0.80	0.60	1.98	海盐气溶胶粒子
8	1.53－0.003i(0.47) 1.53－0.001i(0.55) 1.53－0.000i(0.66) 1.53－0.000i(0.86)	1.46－0.000i	1.46－0.001i	1.46－0.000i	0.60	0.60	1.48	沙尘性气溶胶粒子
9	1.53－0.003i(0.47) 1.53－0.001i(0.55) 1.53－0.000i(0.66) 1.53－0.000i(0.86)	1.46－0.000i	1.46－0.001i	1.46－0.000i	0.50	0.80	2.50	沙尘性气溶胶粒子

表 2.5b　各模态气溶胶粒子消光系数(Levy,2009)

1～4 为细模态,5～9 为粗模态

模态	波长(μm)						
	0.466	0.553	0.645	0.855	1.24	1.64	2.12
1	1.43E－10	9.33E－11	6.15E－11	2.66E－11	7.91E－12	4.30E－12	1.48E－12
2	3.03E－10	2.33E－10	1.78E－10	9.95E－11	3.93E－11	1.88E－11	6.99E－12
3	6.78E－10	5.45E－10	4.34E－10	2.63E－10	1.15E－10	5.67E－11	2.28E－11
4	1.33E－09	1.12E－09	9.36E－10	6.15E－10	3.01E－10	1.57E－10	6.68E－11
5	2.69E－08	2.78E－08	2.84E－08	2.85E－08	2.55E－08	2.12E－08	1.63E－08
6	5.57E－08	5.76E－08	5.95E－08	6.29E－08	6.44E－08	6.09E－08	5.33E－08
7	9.50E－08	9.72E－08	9.97E－08	1.06E－07	1.13E－07	1.15E－07	1.09E－07
8	5.57E－08	9.72E－08	5.70E－08	6.05E－08	6.60E－08	6.63E－08	6.26E－08
9	6.42E－08	6.54E－08	6.66E－08	6.92E－08	7.31E－08	7.43E－08	7.36E－08

表 2.5c 各模态气溶胶粒子单散射反照率(Levy,2009)

1～4 为细模态,5～9 为粗模态

模态	波长(μm)						
	0.466	0.553	0.645	0.855	1.24	1.64	2.12
1	0.9735	0.9683	0.9616	0.9406	0.8786	0.839	0.4968
2	0.9782	0.9772	0.9757	0.9704	0.9554	0.8158	0.8209
3	0.9865	0.9864	0.9859	0.9838	0.9975	0.9211	0.9156
4	0.9861	0.9865	0.9865	0.9855	0.9819	0.9401	0.9404
5	0.9781	0.982	0.9847	0.9886	0.9914	0.9923	0.9925
6	0.9661	0.9716	0.976	0.9825	0.9882	0.9906	0.9919
7	0.955	0.9619	0.9673	0.9759	0.9842	0.988	0.9904
8	0.9013	0.9674	1	1	1	0.9901	1
9	0.8669	0.953	1	1	1	0.9835	1

表 2.5d 各模态气溶胶粒子不对称因子(Levy,2009)

1～4 为细模态,5～9 为粗模态

模态	波长(μm)						
	0.466	0.553	0.645	0.855	1.24	1.64	2.12
1	0.5755	0.5117	0.4478	0.3221	0.1773	0.1048	0.0622
2	0.6832	0.6606	0.6357	0.5756	0.4677	0.3685	0.2635
3	0.7354	0.7183	0.6991	0.651	0.559	0.4715	0.3711
4	0.7513	0.7398	0.726	0.6903	0.6179	0.5451	0.4566
5	0.7852	0.7865	0.7891	0.7945	0.7951	0.7865	0.769
6	0.7947	0.7885	0.7857	0.7868	0.794	0.7963	0.7922
7	0.8102	0.8005	0.7931	0.7858	0.7884	0.7937	0.7963
8	0.7534	0.72	0.6979	0.6795	0.7129	0.72	0.719
9	0.7801	0.7462	0.7352	0.7065	0.722	0.7222	0.7151

通过与海岛 AERONET 站点观测数据比较,海面上空气溶胶光学厚度反演不确定度可达到 $\Delta\tau = \pm(0.03+0.05\tau)$。但当海面反照率比较大,如水体为二类水体时,此时将会给气溶胶光学厚度反演带来较大的误差。

2.2.3.3 陆地暗地表上空气溶胶参数反演算法

陆地表面特征的多样性造成反照率的复杂多变,这就使得从卫星测量的辐射值中分离出大气路径辐射项很困难。如果想用路径辐射项来获得气溶胶信息,就必须使地表辐射值可以忽略或者有辐射但很小，并且能够较精确地确定，这样才可以尽量消除地表反照率的不确定性对气溶胶光学厚度反演的影响。早期 MODIS 气溶胶光学厚度反演算法只采用 0.47 μm 与 0.66 μm 两个通道进行反演，并且假设气溶胶对于 2.12 μm 通道来说是透明的，且 0.47 μm 与 0.66 μm 通道的地表反照率与 2.12 μm通道地表反照率之间是常数比例关系。这两个通道的地表反照率较小，但又包含了气溶胶的散射信息。研究表明，2.12 μm 通道的辐射仍然受到气溶胶散射的影响，尤其是沙尘型粗气溶胶的影响。因此，第 5 版的 MODIS 气溶胶光学厚度反演算法同时采用 0.47 μm，0.66 μm 与 2.12 μm 三个通道进行反演，并且假设 2.12 μm通道辐射值包含了粗气溶胶信息和地表反照率信息，0.47 μm 与 0.66 μm 的地表反照率与 2.12 μm 通道地表反照率之间不再是常数比例关系，而是散射角与植被指数的函数，可以同时反演得到 0.55 μm 处的气溶胶光学厚度、细模态权重以及 2.12 μm 通道地表反照率。根据大量比较，目前 MODIS 陆地上空气溶胶光学厚度反演不确定度可达到 $\Delta\tau=\pm(0.05+0.15\tau)$，要比海洋上空气溶胶光学厚度反演不确定度大。与海洋上空气溶胶光学厚度反演算法相似，陆地“暗像元”上空气溶胶光学厚度也采用查找表方法进行反演。在生成查找表时，除了气溶胶模型改变外，增加模拟计算了 2.12 μm 通道地表反照率 $r_{2.12}$ 分别为 0.1 与 0.25 两种情况下的表观反照率。

(1)陆地气溶胶模型

陆地上的气溶胶类型要比海洋上空复杂，在反演陆地气溶胶光学厚度之前需要首先确定气溶胶类型。1983 年国际气象与大气物理协会(International Association of Meteorology and Atmospheric Physics，IAMAP)的辐射委员会根据全球气溶胶观测数据统计分析，提出了无云情况下气溶胶基本组成成分分类模型(SRA)。其中，对流层气溶胶由沙尘性、水溶性、海洋性和煤烟气溶胶这四种基本成分按不同比例叠加而成；而平流层气溶胶则由 75%的硫酸液滴和不同比例的火山灰组成。后来，Almeida 在 1991 年提出的“全球气溶胶模型”中，基本成分又增加了矿物性气溶胶(沙漠地区)。利用太阳光度计全球观测网 AERONET 收集的全球气溶胶数据，在考虑气溶胶复折射指数、几何半径、单散射反照率等物理和光学特性基础上，通过聚类分析，将对流层气溶胶分为沙漠沙尘型、生物燃烧型、背景/乡村型、污染大陆型、污染沙尘型和海洋型等六种模型。但是由于 MODIS 仅能采用三个通道的辐射值对陆地上空气溶胶光学厚度进行反演，信息量有限，为此在 MODIS 气溶胶光学厚度反演算法中，将陆地上空气溶胶类型合并为大陆型、中等吸收/发展型、非吸收/城市工业型、吸收/重烟型和椭球/沙尘型等五种模型，进一步地将大陆型气溶胶模型细分为可溶型、沙尘型、煤烟型三种模态，其他气溶胶模型再区分为粗、细两种模态。MODIS 应用于查找表计算的陆地上空气溶胶模型各模态的主要参数如表 2.6 所示。

表 2.6 MODIS Ver5.2 版本算法中采用的陆地上空气溶胶各模态的主要参数(Levy,2009)

模型	模态	平均半径 (μm)	标准偏差	体积浓度 ($\mu m^3 \cdot \mu m^{-2}$)	折射率	单次散射反照率 与不对称因子
大陆型	可溶型	0.176	1.090	3.050	1.53−0.005i; 0.47 μm 1.53−0.006i; 0.55 μm 1.53−0.006i; 0.66 μm 1.42−0.01i; 2.12 μm	0.90/0.89/0.88/0.67 0.64/0.63/0.63/0.79
	沙尘型	17.6	1.090	7.364	1.53−0.005i; 0.47 μm 1.53−0.006i; 0.55 μm 1.53−0.006i; 0.66 μm 1.42−0.01i; 2.12 μm	
	煤烟型	0.050	0.693	0.105	1.75−0.450i; 0.47 μm 1.75−0.440i; 0.55 μm 1.75−0.430i; 0.66 μm 1.81−0.50i; 2.12 μm	
中等吸收/发展型	细模态	$0.0203\tau+0.145$	$0.1365\tau+0.3738$	$0.1642\tau^{0.7747}$	$1.43-(-0.002\tau+0.008)i$	0.93/0.92/0.91/0.87 0.68/0.65/0.61/0.68
	粗模态	$0.3364\tau+3.101$	$0.098\tau+0.7292$	$0.1482\tau^{0.6846}$	$1.43-(-0.002\tau+0.008)i$	
非吸收/城市工业型	细模态	$0.0434\tau+0.1604$	$0.1529\tau+0.3642$	$0.1718\tau^{0.8213}$	$1.42-(-0.0015\tau+0.007)i$	0.95/0.95/0.84/0.90 0.71/0.68/0.65/0.64
	粗模态	$0.1411\tau+3.3252$	$0.1638\tau+0.7595$	$0.0934\tau^{0.6394}$	$1.42-(-0.0015\tau+0.007)i$	
吸收/重烟型	细模态	$0.0096\tau+0.1335$	$0.0794\tau+0.3834$	$0.1718\tau^{0.8914}$	1.51−0.02i	0.88/0.87/0.85/0.70 0.64/0.60/0.56/0.64
	粗模态	$0.9489\tau+3.4479$	$0.0409\tau+0.7433$	$0.1043\tau^{0.6824}$	1.51−0.02i	
椭球/沙尘型	细模态	$0.1416\tau^{-0.0619}$	$0.5761\tau^{0.148}$	$0.0871\tau^{1.026}$	$1.48\tau^{-0.021}-(0.0025\tau^{0.132})i$; 0.47 μm $1.48\tau^{-0.021}-0.002i$; 0.55 μm $1.48\tau^{-0.021}-(0.0018\tau^{-0.08})i$; 0.66 μm $1.46\tau^{-0.040}-(0.0018\tau^{-0.30})i$; 2.12 μm	0.94/0.95/0.96/0.98 0.71/0.70/0.69/0.71
	粗模态	2.2	$0.5\tau^{-0.0519}$	$0.6789\tau^{1.0569}$	$1.48\tau^{-0.021}-(0.0025\tau^{0.132})i$; 0.47 μm $1.48\tau^{-0.021}-0.002i$; 0.55 μm $1.48\tau^{-0.021}-(0.0018\tau^{-0.08})i$; 0.66 μm $1.46\tau^{-0.040}-(0.0018\tau^{-0.30})i$; 2.12 μm	

注:单次散射反照率与不对称因子分别为 0.47 μm,0.55 μm,0.66 μm,2.12 μm 通道的数值,$\tau_{0.55}=0.5$

(2)红、蓝通道地表反照率的确定

在 MODIS 早期版本的陆地气溶胶反演算法中，陆地地表的 0.47 μm 蓝通道与 0.66 μm 红通道的地表反照率分别假设为 2.1 μm 近红外通道地表反照率的 1/4 与 1/2，后来研究发现，这种近似会对气溶胶光学厚度反演带来较大的误差。通过对大量的 AERONET 资料与卫星遥感资料的统计分析，发现陆地"暗像元"的可见光红波段与近红外波段地表反照率的关系是散射角和植被指数的函数，而可见光红波段与可见光蓝波段地表反照率之间具有线性关系，如式(2.2.18)和式(2.2.19)所示(Levy，2009)。

$$r_{0.66}^{S}=f(r_{2.12}^{S})=r_{2.12}^{S}\times slope_{0.66/2.12}+yint_{0.66/2.12} \tag{2.2.18}$$

$$r_{0.47}^{S}=g(r_{0.66}^{S})=r_{0.66}^{S}\times slope_{0.47/0.66}+yint_{0.47/0.66} \tag{2.2.19}$$

式中，$r_{0.47}^{S}$，$r_{0.66}^{S}$，$r_{2.12}^{S}$ 分别为 0.47 μm，0.66 μm 和 2.12 μm 波段的地表反照率；其中的系数分别为

$$\begin{aligned}
&slope_{0.66/2.12}=slope_{0.66/2.12}^{\mathrm{NDVI_{SWIR}}}+0.002\Theta-0.27\\
&yint_{0.66/2.12}=-0.00025\Theta+0.033\\
&slope_{0.47/0.66}=0.49\\
&yint_{0.47/0.66}=0.005
\end{aligned} \tag{2.2.20}$$

其中，Θ 为散射角。

$$\begin{aligned}
&slope_{0.66/2.12}^{NDVI_{SWIR}}=0.48;\quad \text{当 } NDVI_{SWIR}<0.25 \text{ 时}\\
&slope_{0.66/2.12}^{NDVI_{SWIR}}=0.58;\quad \text{当 } NDVI_{SWIR}>0.75 \text{ 时}\\
&slope_{0.66/2.12}^{NDVI_{SWIR}}=0.48+0.2(NDVI_{SWIR}-0.25);\text{当 } 0.25\leqslant NDVI_{SWIR}\leqslant 0.75 \text{ 时}
\end{aligned} \tag{2.2.21}$$

$NDVI_{SWIR}$ 为根据 1.24 μm 和 2.12 μm 波段卫星观测的表观反照率定义的短波红外植被指数。

$$NDVI_{SWIR}=\frac{r_{1.24}^{m}-r_{2.12}^{m}}{r_{1.24}^{m}+r_{2.12}^{m}} \tag{2.2.22}$$

式中，$r_{1.24}^{m}$，$r_{2.12}^{m}$ 为 1.24 μm 和 2.12 μm 波段卫星观测的表观反照率。

(3)气溶胶光学厚度反演流程

当 2.12 μm 通道的地表反照率 $r_{2.12}^{s}$ 小于 0.25 时，即满足所谓的暗像元条件时，MODIS Ver5.2 版本算法按照下述流程反演气溶胶参数：首先根据像元地理位置和季节从中等吸收/发展型、非吸收/城市工业型、吸收/重烟型气溶模型中确定一种细模态气溶胶模型，同时将大陆沙尘型气溶胶作为粗模态气溶胶模型，从事先生成的查找表中查出地表反照率为零时某一光学厚度的 0.47 μm，0.66 μm 和 2.12 μm 通道的大气路径反照率 $r_{0.47}^{fa}$，$r_{0.47}^{ca}$，$r_{0.66}^{fa}$，$r_{0.66}^{ca}$，$r_{2.12}^{fa}$，$r_{2.12}^{ca}$ 及其他有关参量 F_d，T，s，然后通过式(2.2.23)计算出相应的表观反照率 $\rho_{0.47}^{*}$，$\rho_{0.66}^{*}$，$\rho_{2.12}^{*}$，使式(2.2.24)同时成立的光

学厚度 $\tau_{0.55}$ 、细模态权重 η 和 2.12 μm 通道地表反照率 $\rho_{2.12}^{s}$ ，即为所求的解。

$$
\begin{aligned}
\rho_{2.12}^{*} &= \eta(\rho_{2.12}^{fa} + F_{d2.12}^{f} T_{2.12}^{f} \rho_{2.12}^{s} / (1 - s_{2.12}^{f} \rho_{2.12}^{s})) \\
&\quad + (1-\eta)(\rho_{2.12}^{ca} + F_{d2.12}^{c} T_{2.12}^{c} \rho_{2.12}^{s} / (1 - s_{2.12}^{c} \rho_{2.12}^{s})) \\
\rho_{0.66}^{*} &= \eta(\rho_{0.66}^{fa} + F_{d0.66}^{f} T_{0.66}^{f} f(\rho_{2.12}^{s}) / (1 - s_{0.66}^{f} f(\rho_{2.12}^{s}))) \\
&\quad + (1-\eta)(\rho_{0.66}^{ca} + F_{d0.66}^{c} T_{0.66}^{c} f(\rho_{2.12}^{s}) / (1 - s_{0.66}^{c} f(\rho_{2.12}^{s}))) \\
\rho_{0.47}^{*} &= \eta(\rho_{0.47}^{fa} + F_{d0.47}^{f} T_{0.47}^{f} g(\rho_{0.66}^{s}) / (1 - s_{0.47}^{f} g(\rho_{0.66}^{s}))) \\
&\quad + (1-\eta)(\rho_{0.47}^{ca} + F_{d0.47}^{c} T_{0.47}^{c} g(\rho_{0.66}^{s}) / (1 - s_{0.47}^{c} g(\rho_{0.66}^{s})))
\end{aligned}
\tag{2.2.23}
$$

式中，$F_d = F(\tau_{0.55}, \theta_0)$，$T = T(\tau_{0.55}, \theta)$，$s = s(\tau_{0.55})$，$r^s = r^s(\theta, \theta_0, \varphi)$ 分别为地表反照率等于 0 时归一化的向下辐射通量、向上进入卫星视场的透射比、大气后向散射比和地表双向反照率。带上标“ca”“fa”的量分别表示相应通道的粗模态、细模态气溶胶时的大气路径反照率。

$$
\begin{aligned}
\rho_{0.47}^{m} - \rho_{0.47}^{*} &= 0 \\
\rho_{0.66}^{m} - \rho_{0.66}^{*} &= \varepsilon \\
\rho_{2.12}^{m} - \rho_{2.12}^{*} &= 0
\end{aligned}
\tag{2.2.24}
$$

其中，ε 为 0.66 μm 通道表观反照率的控制误差。

2.2.3.4　陆地亮地表上空气溶胶参数反演算法

当 2.12 μm 通道的地表反照率 $\rho_{2.12}^{s}$ 大于 0.25 时，利用式(2.2.18)和式(2.2.19)关系确定的红、蓝通道反照率误差较大，从而对 AOD 反演带来较大误差。为了进一步提高陆地亮地表上空 AOD 反演准确性，目前已发展出结构函数法、多角度标量法、多角度偏振法、深蓝算法等反演方法。结构函数法是利用短时间内地表特征保持的特点来反演 AOD 的。多角度标量法、多角度偏振法也适用于陆地暗地表以及海洋上空的 AOD 反演，并形成了多角度、多通道偏振的联合反演方法。深蓝算法是在“暗像元”算法基础上，进一步利用蓝光特点而开发的一种适用于陆地所有下垫面情形的一种反演算法，目前已应用于 MODIS C006 产品和 SeaWiFS 产品算法中。

(1)结构函数法

对于亮地表，卫星表观反照率的地表贡献项要远大于大气路径辐射贡献项，因此图像中两个相邻像元的表观反照率差值 $\Delta R_{v(i,j)}$ 与地表反照率差值 $\Delta\alpha_{g(i,j)}$ 之间有如下关系。

$$
\Delta R_{v(i,j)} \approx \Delta\alpha_{g(i,j)} T(\mu_s) T(\mu_v) \tag{2.2.25}
$$

定义表观反照率的结构函数和地表反照率的结构函数分别为

$$M^{*2}(d)=\frac{1}{n(m-d)}\sum_{i-1}^{n}\sum_{j=1}^{m-d}(R_{v(i,j)}-R_{v(i,j+d)})^2 \tag{2.2.26}$$

$$M^2(d)=\frac{1}{n(m-d)}\sum_{i-1}^{n}\sum_{j=1}^{m-d}(\alpha_{g(i,j)}-\alpha_{g(i,j+d)})^2 \tag{2.2.27}$$

式中，$n\times m$ 为图像上 n 行 m 列的像元组成的范围，d 为间隔的像元数，$R_{v(i,j)}$ 为观测的表观反照率，$\alpha_{g(i,j)}$ 为地表反照率。于是

$$M^{*2}(d)=M^2(d)T^2(\mu_s)T^2(\mu_v) \tag{2.2.28}$$

假设两时次地表特性保持不变，即 $M(d,t_1)=M(d,t_2)$，则两时次观测的表观反照率结构函数的比值为

$$\frac{M^*(d,t_1)}{M^*(d,t_2)}=\frac{T[\mu_s(t_1),\mu_v(t_1),\tau_a(t_1)]}{T[\mu_s(t_2),\mu_v(t_2),\tau_a(t_2)]} \tag{2.2.29}$$

对于一组经过逐像元配准的图像序列，该图像序列中包含有一幅气溶胶光学厚度已知的"清洁日"图像，并假定"清洁日"图像和其他图像地表特征保持不变，利用式(2.2.29)可绕过地表反照率的确定，而直接由测量的表观反照率结构函数通过"清洁日"光学厚度获取"非清洁日"的光学厚度。

利用空间结构函数法进行气溶胶光学厚度反演是基于"清洁日"与"非清洁日"地表特征保持不变的假设下才能实现的，因而其适用受到一定限制，如需要待反演图像与参考图像之间配准精度高、待反演图像地表反照率变化很小、参考图像的大气校正精度高、结构函数计算模型是否合理等。

(2)多角度遥感法

根据大气和地表对大气层顶辐射信号贡献的比率随散射角变化的特性，发展了一种多角度气溶胶参数遥感法，为沙漠等亮地表上空 AOD 遥感提供了新的方法。

能提供多角度信息的遥感器主要有欧洲空间局 ENVISAT 卫星上的 AATSR，TERRA 卫星上的 MISR 以及 ADEOS 和 PARSOL 卫星上的 POLDER 等。AATSR 于 2002 年发射升空，它是继 ATSR-1 和 ATSR-2 之后，该系列的第 3 个传感器。ATSR 系列传感器虽然逐代改进，但是整体设计和工作原理是类似的，提供了长达近 20 年的数据集。AATSR 包括底向(0°)和前向(55°)两个观测角度，如图 2.5 所示，底向观测像元水平分辨率为 1 km×1 km，而前向观测像元水平分辨率为 1.5 km×2 km，可以在 3 min 内完成对同一地点两个角度的 7 个波段的观测，这 7 个波段分别是 0.55 μm，0.66 μm，0.87 μm，1.6 μm，3.7 μm，11 μm，12 μm。

MISR 搭载在 EOS 的 TERRA 卫星上，于 1999 年底发射升空，由 9 台 CCD 相机沿卫星飞行方向按照一定的角度排列，在 7 min 内可对同一地点进行 9 个角度 4 个波段的观测，9 个观测角度分别为 0°，±26.1°，±45.6°，±60.0，±70.5°，4 个波段分别为 0.446 μm，0.558 μm，0.672 μm，0.866 μm。像元水平分辨率从底向观测的

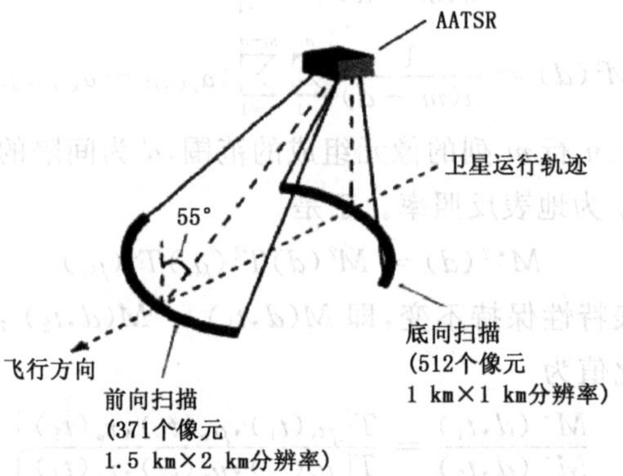

图 2.5 AASTR 观测示意图

0.275 km×0.275 km，到最前向观测的 1.1 km×1.1 km。MISR 与 MODIS 同时搭载在 TERRA 卫星上，前者为多角度传感器，后者为多光谱传感器，两者拥有独立的气溶胶反演算法。与地基 AERONET 结果比较研究表明，在陆地上，MISR 的 AOD 误差要小于 MODIS；在高亮地表下，MODIS 的 AOD 反演结果误差较大。

POLDER 是一个二维宽视场远心光学系统，通过装有滤光片的转盘旋转扫描方式分别获取不同视角、不同通道的信号，如图 2.6 所示。由于卫星运动，POLDER 能够在 14 个不同视角下观测同一目标，提供多道通的双向反射分布函数(BRDF)和双向偏振分布函数(BPDF)。

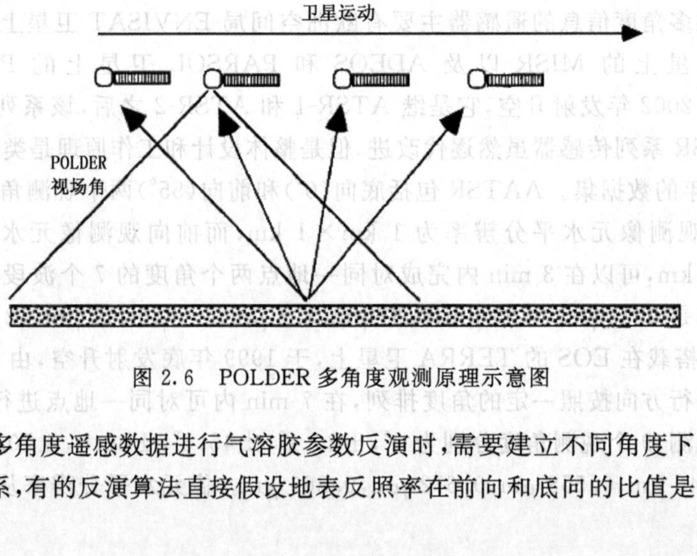

图 2.6 POLDER 多角度观测原理示意图

在利用多角度遥感数据进行气溶胶参数反演时，需要建立不同角度下的地表反照率之间的关系，有的反演算法直接假设地表反照率在前向和底向的比值是一个与波长无关的量(Flowerdew et al.,1996),有的算法则通过构造一系列与观测角度相关的经验正交函数(EOF)来模拟地表的反照率随观测角度的变化(Diner et al.,2005)。

(3)偏振遥感法

在亮地表情况下,较大的地表反照率对气溶胶参数的反演带来了困难,但地表偏振反照率较低,且不随波段变化,对大气顶的偏振辐射贡献小,这就为利用偏振信号进行气溶胶参数遥感提供了新的方法。1996 年发射了第一颗装载有偏振辐射测量的法国研制的多角度偏振探测器 POLDER-1,其后于 2002 年、2004 年又相继发射了第二代、第三代多角度偏振探测器 POLDER-2,POLDER-3。POLDER-3 是由法国空间研究中心(CNES)发射的 PARASOL 卫星平台上搭载的主要载荷,是美国 NASA 的 A-Train 计划系列中的一类传感器。从 2004 年发射后到 2013 年,POLDER-3 共在轨运行了约 9 年,其多角度、多光谱偏振观测数据提供了丰富的遥感地表、气溶胶及云参数的信息。POLDER-3 有 6 个非偏振波段,分别为 0.443 μm,0.565 μm,0.763 μm,0.765 μm,0.910 μm 和 1.020 μm,以及 3 个偏振波段,分别为 0.490 μm,0.670 μm,0.865 μm,其星下点分辨率为 6 km×7 km。我国也开展了多角度偏振辐射计的设计与研制(崔文煜等,2012),并开展了相应的反演算法研究工作(顾行发等,2015)。

虽然地表偏振反照率较低,但为了精确反演气溶胶光学特性,还需要精确确定地表的偏振反照率大小和特性。不同类型地表的双向偏振分布函数(BPDF)存在明显的区别,地表的大部分偏振来自镜面反射,越是平坦的地表其 BPDF 越大。地表的 BPDF 随着散射角变大而变小,随着植被指数 NDVI 的变大而变小。地表的 BPDF 与波长无关,但是由于 AOD 随着波长的增加而降低,大气透过率随波长的增加而变大,导致地表的 BPDF 贡献随着波长的增加而增加。通常地表 BPDF 可采用半经验或参数化模型来表述,如 Nadal 和 Breon(1999)提出的陆地表面 BPDF 半经验模型。

$$R_P(\mu_v,\mu_s,\varphi)=\rho\left[1-\exp\left(-\beta\frac{F_P(\alpha)}{\mu_s+\mu_v}\right)\right] \tag{2.2.30}$$

式中,F_P 为地物的菲涅尔反射系数,ρ,β 是随着地表类型和 NDVI 调整的系数。

海面偏振辐射来自海面的离水辐射、海面泡沫引起的朗伯反射辐射以及粗糙海面小镜面反射辐射三部分。一般海面离水辐射对可见光、近红外探测通道的贡献很小,可以忽略,而海面泡沫引起的朗伯反射辐射贡献变化不大,可设为常数,通常设定为 0.22。由于风速影响,原来相当于一个大镜面的完整海面,被碎成许多小镜面元,入射到每个小镜面元上的辐射经过镜面菲涅尔反射改变入射辐射的强度、方向和偏振状态。

由于气溶胶中粗粒子具有较强的退偏效应,仅利用偏振辐射信息无法精确地对粗粒子为主的气溶胶光学厚度进行反演,因此,通常将标量反照率与偏振反照率联合进行气溶胶光学厚度反演(顾行发等,2015)。

(4)深蓝算法

深蓝算法主要是利用 MODIS 和 SeaWIFS 等遥感器中的 0.412 μm 深蓝通道陆地表面反照率比更长波长通道的反照率更低的特点,来对气溶胶参数进行反演的。从图 2.7 可以看出,0.412 μm 通道观测的反照率要明显比 0.47 μm 和 0.65 μm 通道低,这为反演像城市、沙漠以及半干旱地区等亮地表上空的气溶胶参数提供了基础(Hsu,2013)。反演算法与陆地暗地表上空气溶胶参数反演算法类似,主要区别在于利用了 0.412 μm 通道的反照率数据。对 0.412 μm 通道的地表反照率,根据下垫面类型采用了①固定地表反照率法;②动态地表反照率法;③组合法等三种方法进行确定。固定地表反照率数据库预先从 MODIS 或 SeaWIFS 测量值统计得到。采用哪一种方法确定地表反照率则由大气顶 2.1 μm 短波红外(SWIR)表观反照率及由式(2.2.31)定义的近红外标准化差分植被指数($NDVI$)确定。当 $NDVI<0.1$ 且 $0.01<r_{2.1}^{m}<0.25$ 以及不是水面时,则地表判定为干旱及半干旱地区。

$$NDVI=\frac{r_{0.86}^{m}-r_{0.65}^{m}}{r_{0.86}^{m}+r_{0.65}^{m}} \tag{2.2.31}$$

式中,$r_{0.86}^{m}$ 和 $r_{0.65}^{m}$ 分别为大气顶 0.86 μm 和 0.65 μm 通道表观反照率测量值。

在干旱半干旱地区,地表的反照率采用与散射角有关的拟合关系式确定(图 2.7)。在城市/开发区及植物季节性生长区,由于植物靠近建筑物生长及植物随季节生长变化等原因,导致地表反照率随散射角及季节变化较大,此时则要同时采用与散射角和植被指数有关的综合法来确定地表反照率。

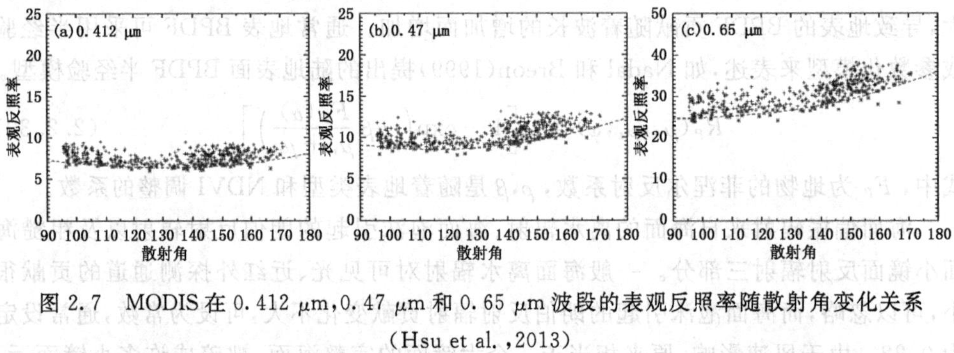

图 2.7　MODIS 在 0.412 μm,0.47 μm 和 0.65 μm 波段的表观反照率随散射角变化关系(Hsu et al.,2013)

2.2.4　反射太阳光遥感云参数

利用大气顶反射的太阳光可以对云光学厚度、有效粒子直径等云参数进行遥感反演,这主要是利用了冰、水和水汽在可见光和近红外谱段的吸收差异特点而设计的一种遥感反演方法。图 2.8 给出的是通过辐射传输模式模拟计算的大气顶非吸收波段反照率与吸收波段反照率随卷云光学厚度与冰晶有效直径变化的关系。对MODIS遥感器来说，非吸收和吸收通道波段分别为 0.86 μm 和 2.13 μm，对SEVIRI遥感器来说，非吸收和吸收通道波段分别是 0.64 μm 和 1.64 μm。从图中可以看出，非吸收波段反照率随卷云光学厚度的增加而增加，而非吸收波段反照率则主要随冰晶有效直径的增加而增加，因此，联合非吸收波段反照率与吸收波段反照率则可同时反演卷云光学厚度和冰晶有效直径。同样对于水云，也有类似的规律，吸收波段的反照率具有充足的水滴尺度信息，而在非吸收波长(如可见光波段)上，反照率具有云光学厚度的信息。

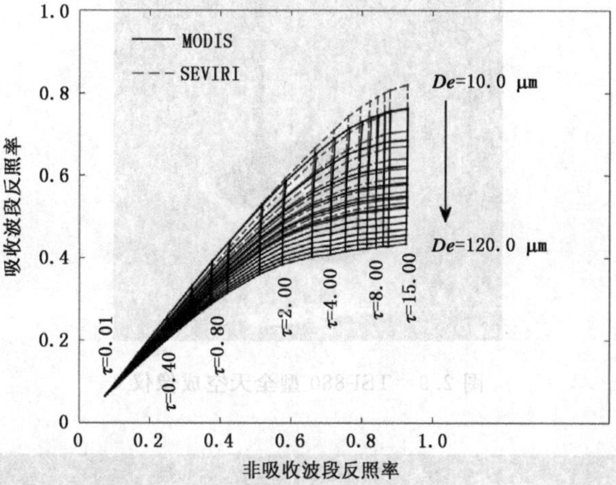

图 2.8　非吸收与吸收波段的反照率随卷云光学厚度与冰晶有效直径的变化关系

2.3　地基漫射太阳光大气遥感

2.3.1　云的可见光地基遥感

2.3.1.1　地基可见光全天空云图

为了在地面上获取可见光全天空图像，通常采用两种方式实现：一种是采用带有鱼眼镜头的相机直接拍摄全天空图像，一种是采用半球形反射镜对天空成像后，再利用置于其上方的相机进行拍摄成像。鱼眼镜头是一种特殊的镜头，它对从 1 m 到无穷远处的物体都能成清晰的像，其焦距一般小于 15 mm，视场可达 180°，有时甚至可达 220°，利用安装鱼眼镜的数码相机拍摄时，可将全天空半球成像于像平面上为一圆。圆内任一点的半径值和方位角值，对应于天空中相应的天顶角和方位角，但由于鱼眼镜头特性，一般在天边的图像易产生变形。

图 2.9 为美国 Yankee 环境系统公司生产的 TSI-880 型全天空成像仪。它是由向下观测的固态 CCD 成像仪获取被加热的半球形旋转镜面上形成的天空图像而成像的。安装在镜面上的横梁阻挡了强烈的太阳直射光线，从而保护了成像仪的光学镜头。图 2.10 中的左图为 TSI-880 采集的未经处理的原始天空图像，可以看出天边图像明显失真，右图为经云检测分析处理后的全天空云图，白色表示是云。

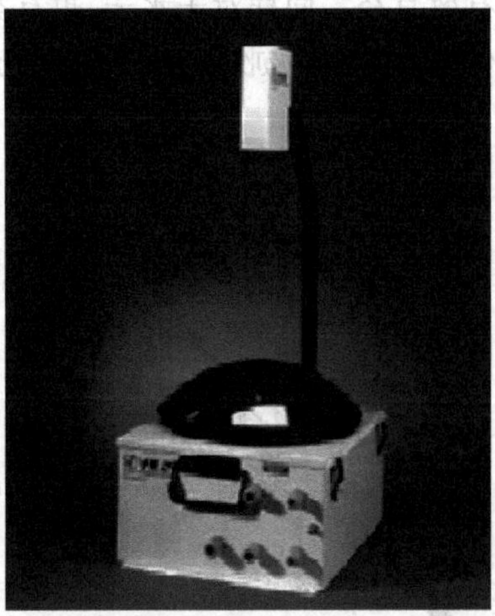

图 2.9　TSI-880 型全天空成像仪

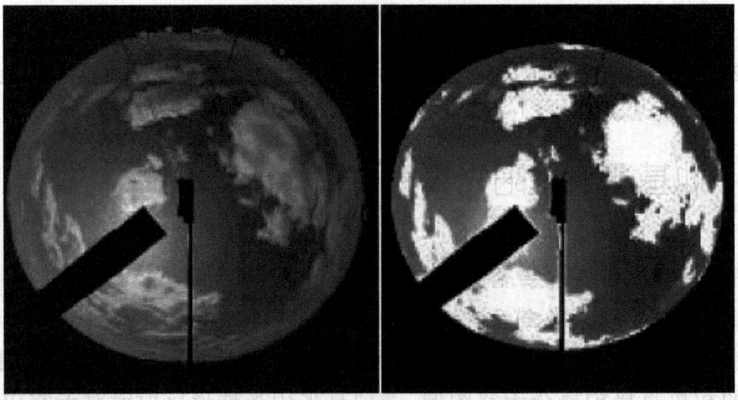

图 2.10　全天空可见光图像

2.3.1.2　地基可见光云检测方法

从地基可见光图像中检测出云像元与非云像元，可根据以下几种方法进行(霍

娟,2002)。

(1)RGB 值大小。根据三原色原理,自然界的可见光颜色可以用三种原色(基色)按一定的比例混合得到,反之,任意一种颜色都可以分解为三种原色。这三种原色即红(R)、绿(G)、蓝(B)三色。利用图像处理软件对所拍摄的典型图像的各像素做 RGB 值分析,初步分析"云点"与"非云点"所呈现出的 RGB 分布,并做出相应的灰度分布图,利用云与蓝天像元的 RGB 值的差异来区分云和蓝天。

(2)RGB 空间分布特性。根据蓝天和云天图像的等灰度值分布或等蓝色值分布的差异进行云的判别。通常晴空的蓝色成分分布较有规律。对于理想大气,在无云的晴天下,图像中各像元的 RGB 分布应是对称的,对称轴为太阳中心和图像中心连线。因此,可以从对称性上来分析图像,从其对称位置的像元的特性来判断是否是云。

(3)天空蓝色与亮度值的比值。一般说来,地面气溶胶层、雾等不很严重时,人眼所见的晴空总应呈蓝色,同样相机成像也应如此。因此,可从蓝色值与亮度值的比值上来分析图像,获取判断云点、区分蓝天和云的阈值。

利用全天空数字相机代替人眼观测云量,在绝大多数情况下效果很好,但在能见度较低时,由于所拍摄到的图像效果很差,云的识别能力也较弱,另外,天空状况千变万化,当云量较多、云间间隙小时,太阳受云的遮挡,图像亮度较低,"云点"与"非云点"的 RGB 值也相当接近,因而判断阈值的确定很困难。

2.3.2　天空漫射太阳光遥感气溶胶参数

利用太阳光度计对天空漫射光与太阳直射光的共同测量,还可反演更多的气溶胶光学与物理参数。AERONET 站点上的 CE318 全自动太阳光度计除对太阳直射光进行测量外,还通过平纬圈扫描(ALM)与太阳主平面扫描(SPP)方式测量天空太阳漫射光。平纬圈扫描模式是指观测天顶角 θ_v 与太阳天顶角 θ_0 相同,通过改变方位角而对天空进行的方位扫描观测方式;太阳主平面扫描模式是指观测方位角 ϕ_v 与太阳方位角 ϕ_0 相同,通过改变天顶角而对天空进行的俯仰扫描观测方式。Dubovik 和 King(2000)提出了利用地基太阳光度计多波段、多角度的观测数据同时反演气溶胶折射指数、单散射反照率、谱分布函数的统计估计方法,在反演中考虑了直接太阳辐亮度与天空漫射辐亮度测量准确性差异以及被反演参数的单位与变化范围不同等对反演结果的影响问题,有关反演算法可参考相关文献。

习　题

1. 影响到达地面的太阳直接辐射光谱与大气顶太阳辐射光谱差异的原因主要有哪些?

2. 陶普生光谱仪为什么采用两对波长进行臭氧总量测量?

3. 卫星可见光云图的色调与哪些因素有关？为何从中能区分不同类型的目标物？

4. 何谓大气路径散射辐射？其大小与何因素有关？

5. 何谓气溶胶光学厚度？何谓大气光学厚度？

6. 气溶胶一般分为哪几种模态？哪几种模型？其粒子谱分布一般有何特点？

7. 何谓表观反照率？哪些因素影响表观反照率？

8. 标准化的差分植被指数（*NDVI*）为什么能反映植物生长情况？

9. 哪些因素决定地表反照率？如何从表观反照率确定地表反照率？

10. 近红外波段（2.11 μm）与红（0.66 μm）、蓝（0.47 μm）波段的地表反照率之间有何关系？

11. 利用大气顶红、蓝波段的漫射太阳光反演气溶胶光学参数时，查找表如何建立？

12. 简述利用漫射太阳光反演气溶胶光学厚度的原理与方法。

13. 利用卫星观测的漫射太阳光反演气溶胶时，在亮地表情况下准确反演 AOD 的难点在哪？目前有哪些方法？

14. 利用多角度反照率反演气溶胶参数有何优缺点？

15. 利用偏振反照率反演气溶胶参数时有何优缺点？

16. 引起地基可见光云检测误差的原因有哪些？为什么？

17. 查阅文献，了解利用星载遥感器可见光通道进行云检测时，其反照率阈值取值大小以及适用范围。

18. 查阅文献，了解 NOAA，GOES，FY，METSAT 等气象卫星上有哪些具有可见光近红外通道的扫描辐射计，比较一下它们之间通道波段的差异。

19. 查阅文献，了解利用地基观测的漫射太阳光可以反演哪些气溶胶参数，困难在哪？

参考文献

陈良富，李莘莘，陶金花，等，2011. 气溶胶遥感定量反演研究与应用[M]. 北京：科学出版社.

崔文煜，张运杰，易维宁，等，2012. 多角度偏振辐射计系统设计与实现[J]. 光学学报，32(8)：250-255.

顾行发，程天海，李正强，等，2015. 大气气溶胶偏振遥感[M]. 北京：高等教育出版社.

霍娟，吕达仁，2002. 全天空数字相机观测云量的初步研究[J]. 南京气象学院学报，25(2)：242-246.

王磊，张鹏，孙凌，等，2012. 多角度气溶胶遥感研究进展[J]. 遥感信息，27(1)：110-115.

LIOU K N，2004. 大气辐射导论（第 2 版）[M]. 郭彩丽，周诗健，译. 北京：气象出版社.

DINER D J，MARTONCHIK J，KAHN R A，et al，2005. Using angular and spectral shape similarity constraints to improve MISR aerosol and surface retrievals over land[J]. Remote Sensing,

94:155-171.

DUBOVIK O , LAPYONOK T V, OSHCHEPKOV S L, 1995. Improved technique for data inversion: Optical sizing of multicomponent aerosols[J]. Applied Optics, 34:8422-8436.

DUBOVIK O, YOKOTA T, SASANO Y, 1998a. Improved technique for data inversion and its application to the retrieval algorithm for ADEOS/ILAS [J]. Advanced Space Research, 21: 397-403.

DUBOVIK O, HOLBEN B N, KAUFMAN Y J, et al, 1998b. Single-scattering albedo of smoke retrieved from the sky radiance and solar transmittance measured from ground[J]. Jounral of Geophysical Research, 103:31903-31924.

DUBOVIK O, SMIRNOV A, HOLBEN B N, et al, 2000a. Accuracy assessments of aerosol optical properties retrieved from AERONET Sun- and sky-radiance measurements[J]. Jounral of Geophysical Research, 105:9791-9806.

DUBOVIK O, KING M D, 2000b. A flexible inversion algorithm for retrieval of aerosol optical properties from Sun and sky radiance measurements[J]. Jounral of Geophysical Research, 105 (D16):20673-20696.

FLOWERDEW R J, HAIGH J D, 1996. Retrieval of aerosol optical thickness over land using the ATSR-2 dual look radiometer[J]. Geophysical Research Letters, 23:351-354.

GREY W, NORTH M F, LOS P R, et al, 2006. Aerosol optical depth and land surface reflectance from multi-angle AATSR measurements: Global validation and intersensor comparisons [J]. IEEE Transactions Geosciences Remote Sensing, 44:2184-2197.

HSU N C, JEONG M J, BETTENHAUSEN C, et al, 2013. Enhanced Deep Blue aerosol retrival algorithm: The second generation [J]. Journal of Geophysical Research: Atmospheres, 118: 9296-9315.

KING M D, BYRNE D M , HERMAN B M, et al, 1978. Aerosol size distributions obtained by inversion of spectral optical depth measurements [J]. Journal of Atmospheric Science, 22: 2153-2167.

LEE J , KIM J, SONG C H, et al, 2010. Characteristics of aerosol types from AERONET sunphotometer measurements[J]. Atmospheric Environment, 44:3110-3117.

LEVY R C, REMER L, MATTOO S, et al, 2007. Second-generation algorithm for retrieving aerosol properties over land from MODIS spectral reflectance [J]. Journal of Geophysical Research. 112.

LEVY R C, 2009. The dark-land MODIS collection 5 aerosol retrieval: alogrithm development and product evaluation [M] // Satellite aerosol remote sensing over land. Chichester: Springer-Pratis.

NAKAJIMA T, TANAKA M, YAMAUCHI T, 1983. Retrieval of the optical properties of aerosols from aureole and extinction data[J]. Applied Optics, 22:2951-2959.

NAKAJIMA T, TONNA G, RAO R, et al, 1996. Use of sky brightness measurements from ground for remote sensing of particulate polydispersions[J]. Applied Optics, 35: 2672-2686.

NADAL F, BREON F M, 1999. Parameterization of surface polarized reflectance derived from POLDER space-borne measurements[J]. IEEE Transactions on Geoscience and Remote Sensing, 37:1709-1718.

O'NEILL N T, MILLER J R, 1984. Combined solar aureole and solar beam extinction measurements. 2, Studies of inferred aerosol size distribution[J]. Applied Optics, 23: 3697-3704.

REMER L A, KAUFMAN Y J, et al, 2005. The MODIS aerosol algorithm, products and validation[J]. Journal of the Atmospheric Sciences, 62(4):947-973.

SAYER A M, SMIRNOV A, HSU N C, et al., 2012. A pure marine aerosol model, for use in remote sensing applications[J]. Jounral of Geophysical Research, 117(D05213).

TANRE D, HOLBEN B N, KAUFMAN Y J, 1992. Atmospheric correction algorithm for NOAA AVHRR products Theory and application[J]. IEEE Transactions on Geoscience and Remote Sensing, 30(2):231-248.

第3章 红外被动大气遥感

温度大约是 300 K 的地气系统，其辐射主要位于 4～120 μm 的红外区域内，峰值辐射位于 10 μm 附近。因此，可通过地气系统发射的红外辐射遥感大气、地表和云的特性。目前，红外被动遥感主要用于获取昼夜红外云图、水汽图、晴空区地(海)表温度、晴空区大气温湿廓线、云参数、云迹风等。本章重点介绍红外云图、地(海)表温度、温湿廓线及云参数的红外被动遥感原理与反演方法等。

3.1 红外辐射传输理论

3.1.1 大气、地表和云的红外辐射特性

图 3.1 所示为整层大气(图 3.1a)、11 km 以上大气(图 3.1b)以及各种气体成分(图 3.1c)的红外吸收光谱。从图中可以看出，大气对一些波段的辐射具有选择性吸收作用。其中，具有强吸收作用的波段，称之为大气吸收带。

在红外波段，大气中的主要吸收气体是水汽、二氧化碳和臭氧等。在 14 μm 以外，大气可以看成是近于黑体，地面发射的大于 14 μm 的红外辐射几乎全部被大气中的水汽所吸收，不能透过大气传向外空。此外，水汽吸收作用最强的是 6.3 μm 旋转带和大于 12 μm 的转动带，其次，在 2.7 μm 也具有较强的吸收带。二氧化碳在 15 μm带内具有强烈吸收，其次在 2.7 μm 和 4.3 μm 带内。其中，2.7 μm 吸收带与水汽吸收带重叠，二氧化碳 15 μm 吸收带是开展红外遥感温度廓线的重要波段。臭氧较强的吸收带中心位于 4.75 μm，9.6 μm，14.0 μm，其中，9.6 μm 吸收带是遥感探测臭氧总量的重要波段。由于大气在这些气体成分中的某些波段具有强烈的吸收，按照基尔霍夫定律，在这些吸收带，这些气体应当具有强烈的辐射，这些辐射信息将成为遥感大气的重要信号。

在 8～12 μm 波段(除 9.6 μm 臭氧吸收带外)，大气的吸收很弱，被称为大气红外窗区，是开展遥感地球下垫面状况的重要波段。

在卫星对地球大气遥感中，以地表为背景，因此，了解地表辐射特性，对大气遥感也是非常重要的。在红外波段，地表发射率几乎与波长和地表性质无关，其发射率在

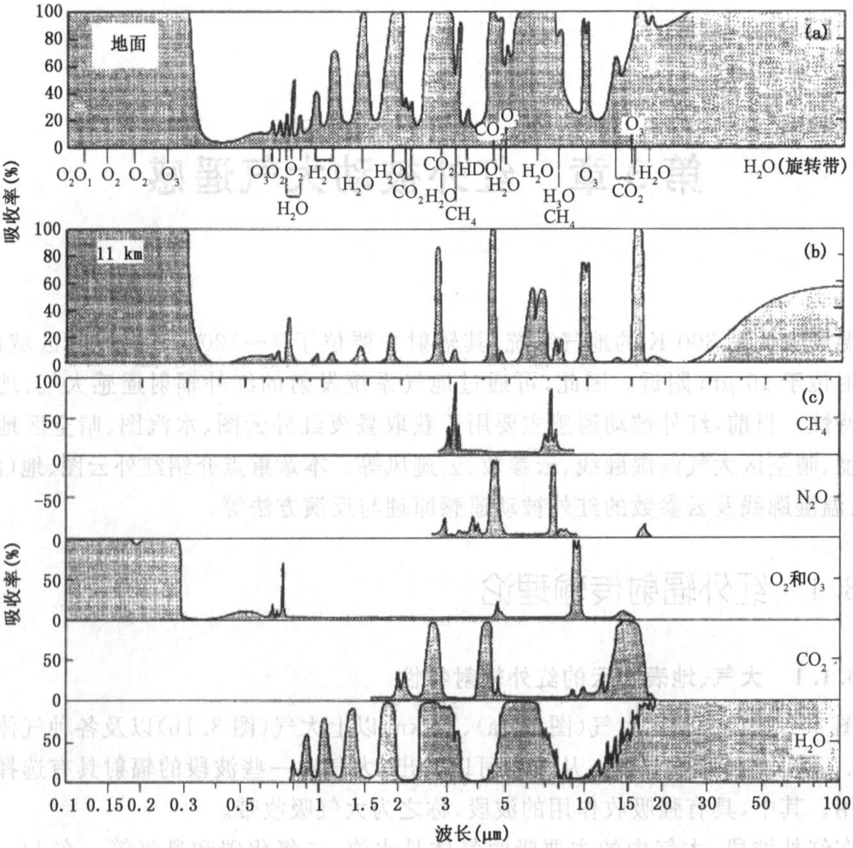

图 3.1　大气红外吸收光谱

(a)整层大气的吸收谱；(b)11 km 高度以上大气吸收谱；(c)整层大气中不同气体成分的吸收谱

0.9～1.0，平均值约为 0.95。因此，在对地红外遥感中，常把地表作为黑体来处理。

在大气遥感中，云既是遥感的对象，又是地气系统的中间界面，对大气遥感的影响非常重要。云的红外辐射特性与云滴的大小、含水量(云数密度)和云层的厚度等密切相关。液态水的吸收带和水汽分子的吸收带相对应，但波段向长波方向移动，其吸收系数很大。对于低云而言，含水量大、云滴较大且云层较厚，其发射率为 0.9～1.0，100 m 厚的云就已相当于红外黑体了。对于高云而言，云层较稀薄、云滴小、含水量低，其发射率变化较大，从 0.4 变化到 0.95。

3.1.2　红外辐射传输方程

红外辐射在大气中传输，一方面要受到大气的削弱，另一方面大气本身也发射一定的红外辐射，传输过程不仅与辐射能的波长有关，而且与大气的成分和状态有关。

从图 3.2 可以看出，星载遥感器接收到的红外辐射主要包括：透过大气的云和地面发射的上行红外辐射，大气中各吸收气体和微粒发射的上行红外辐射，地面和云面对大气下行红外辐射的反射辐射，地面、云面、大气对太阳光谱中红外辐射的后向散射辐射。

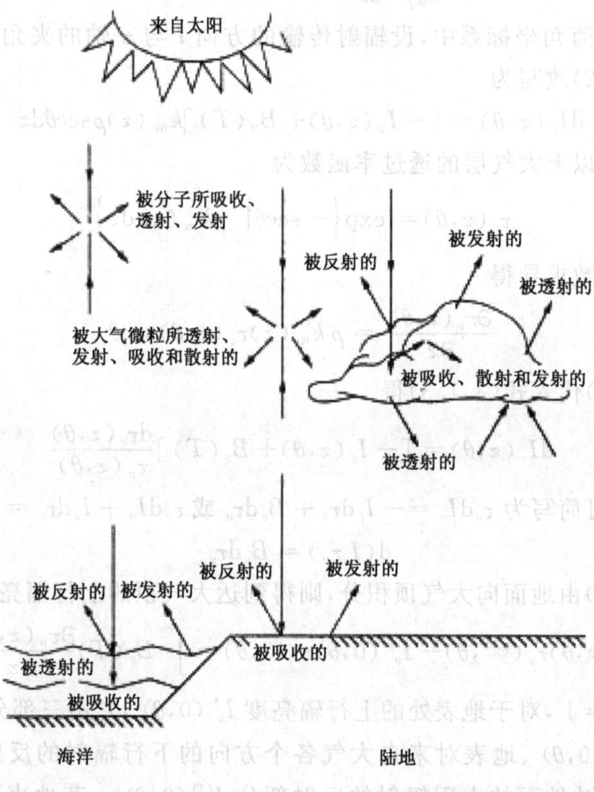

图 3.2　红外辐射与地面、大气和云之间可能存在的相互作用

对于无云大气，在建立红外辐射传输方程时，可以假设实际大气是平面平行非散射大气。即假定：①大气是水平均匀的分层介质，即所有的物理参数都只是高度的函数，并忽略地球曲率的影响，把地面看作平面。这样假定的原因是，一方面实际大气中温、湿、压的垂直变化大于水平变化约三个数量级，另一方面，在遥感中，仪器的瞬时视场与地球半径相比是很小的。②忽略散射削弱的作用。这是因为在红外波段，大气的散射作用与吸收作用相比，通常小得多，因此，在这里可不考虑散射的作用。对于云中的红外辐射传输问题，则需要考虑散射作用。

式(1.7.4)是对任何辐射均成立的辐射传输方程，对于红外辐射，用波数域中的辐亮度来代替波长域中的辐亮度，于是在不考虑散射作用下，消光系数近似等于吸收

系数 $k_e \approx k_a$，且其源函数只有发射部分，即

$$J_\upsilon = B_\upsilon(T) \tag{3.1.1}$$

式中，$B_\upsilon(T)$ 是温度为 T 的普朗克辐亮度。于是式(1.7.4)可写为

$$\frac{1}{k_{a\upsilon}\rho}\frac{\mathrm{d}I_\upsilon}{\mathrm{d}l} = -I_\upsilon + B_\upsilon(T) \tag{3.1.2}$$

在 (x,y,z) 直角坐标系中，设辐射传输的方向 l 与 z 轴的夹角为 θ，由于 $\mathrm{d}l = \cos\theta\mathrm{d}z$，式(3.1.2)改写为

$$\mathrm{d}I_\upsilon(z,\theta) = [-I_\upsilon(z,\theta) + B_\upsilon(T)]k_{a\upsilon}(z)\rho\sec\theta\mathrm{d}z \tag{3.1.3}$$

定义高度 z 以上大气层的透过率函数为

$$\tau_\upsilon(z,\theta) = \exp\left\{-\sec\theta\int_z^\infty \rho k_{a\upsilon}(z)\mathrm{d}z\right\} \tag{3.1.4}$$

对透过率函数求导得

$$\frac{\partial\tau_\upsilon(z,\theta)}{\partial z} = \rho k_{a\upsilon}(z)\tau_\upsilon(z,\theta)\sec\theta \tag{3.1.5}$$

将式(3.1.5)代入式(3.1.3)得

$$\mathrm{d}I_\upsilon(z,\theta) = [-I_\upsilon(z,\theta) + B_\upsilon(T)]\frac{\mathrm{d}\tau_\upsilon(z,\theta)}{\tau_\upsilon(z,\theta)} \tag{3.1.6}$$

式(3.1.6)可简写为 $\tau_\upsilon\mathrm{d}I_\upsilon = -I_\upsilon\mathrm{d}\tau_\upsilon + B_\upsilon\mathrm{d}\tau_\upsilon$ 或 $\tau_\upsilon\mathrm{d}I_\upsilon + I_\upsilon\mathrm{d}\tau_\upsilon = B_\upsilon\mathrm{d}\tau_\upsilon$，则得

$$\mathrm{d}(I_\upsilon\tau_\upsilon) = B_\upsilon\mathrm{d}\tau_\upsilon \tag{3.1.7}$$

对式(3.1.7)由地面向大气顶积分，则得到达大气顶的上行辐亮度为

$$I_\upsilon^\uparrow(\infty,\theta)\tau_\upsilon(\infty,\theta) - I_\upsilon^\uparrow(0,\theta)\tau_\upsilon(0,\theta) = \int_0^\infty B_\upsilon(T)\frac{\partial\tau_\upsilon(z,\theta)}{\partial z}\mathrm{d}z \tag{3.1.8}$$

式中，$\tau_\upsilon(\infty,\theta) = 1$，对于地表处的上行辐亮度 $I_\upsilon^\uparrow(0,\theta)$，它由三部分组成：地表自身发射的辐射 $I_\upsilon^{(1)}(0,\theta)$、地表对来自大气各个方向的下行辐射的反射部分 $I_\upsilon^{(2)}(0,\theta)$ 和白天地表对到达地面的太阳辐射的反射部分 $I_\upsilon^{(3)}(0,\theta)$。若地表面可以看作漫射面，即辐亮度 $I_\upsilon(0,\theta)$ 与 θ 无关，设表面温度为 T_s，地表对入射辐射的吸收系数为 k_{as}，由基尔霍夫定律，地表面自身发射的辐亮度 $I_\upsilon^{(1)}(0,\theta)$ 为

$$I_\upsilon^{(1)}(0,\theta) = k_{as}B_\upsilon(T_s) \tag{3.1.9}$$

式(3.1.9)对充满云的视场，只需把云顶看作发射表面，k_{as} 和 T_s 即为云顶的吸收系数和表面温度。

地表对于红外辐射的吸收率接近1，故其反射率近似为0。所以，可将反射的大气辐射 $I_\upsilon^{(2)}(0,\theta)$ 和反射的太阳辐射 $I_\upsilon^{(3)}(0,\theta)$ 忽略。于是式(3.1.8)可简化为

$$I_\upsilon^\uparrow(\infty,\theta) = k_{as}B_\upsilon(T_s)\tau_\upsilon(0,\theta) + \int_0^\infty B_\upsilon(T)\frac{\partial\tau_\upsilon(z,\theta)}{\partial z}\mathrm{d}z \tag{3.1.10}$$

式(3.1.10)为天基红外遥感方程，表示到达星载传感器的上行红外辐射

$I_v^{\uparrow}(\infty,\theta)$ 由两部分组成：①地面(云面)辐射项：从地面或云面发射的上行红外辐射透过整层大气后进入星载传感器的部分；②大气辐射项：地面到大气顶的整层大气发射的上行红外辐射透过上层大气后进入星载传感器的部分。

同样的，若定义高度 z 以下大气层的透过率函数为

$$\tau_v^{\downarrow}(z,\theta)=\exp\left\{-\sec\theta\int_0^z \rho k_v(z)\mathrm{d}z\right\} \tag{3.1.11}$$

则

$$\frac{\partial \tau_v^{\downarrow}(z,\theta)}{\partial z}=-\rho k_v(z)\tau_v^{\downarrow}(z,\theta)\sec\theta \tag{3.1.12}$$

同理，从大气顶向地面积分，得到地面向上观测的下行红外辐亮度方程

$$I_v^{\downarrow}(0,\theta)\tau_v^{\downarrow}(0,\theta)-I_v^{\downarrow}(\infty,\theta)\tau_v^{\downarrow}(\infty,\theta)=\int_0^{\infty}B_v(T)\frac{\partial \tau_v^{\downarrow}(z,\theta)}{\partial z}\mathrm{d}z \tag{3.1.13}$$

对于大气顶处的下行红外辐射，则可忽略，故 $I_v^{\downarrow}(\infty,\theta)\approx 0$，而 $\tau_v^{\downarrow}(0,\theta)=1$，所以

$$I_v^{\downarrow}(0,\theta)=\int_0^{\infty}B_v(T)\frac{\partial \tau_v^{\downarrow}(z,\theta)}{\partial z}\mathrm{d}z \tag{3.1.14}$$

式(3.1.14)即为地基红外遥感方程，表示到达地面的下行红外辐射主要由大气各层发射的下行红外辐射所贡献。

3.2　红外云图与云检测和分类

3.2.1　卫星红外云图

卫星红外云图是星载红外扫描辐射计测量地气系统在热红外窗区发射的辐射而生成的图像，通道波长通常位于 10.5～12.5 μm。目前星载红外扫描辐射计中，一般将这一波段分成两个通道，波长范围大致分别为 10.3～11.3 μm 和 11.5～12.5 μm，称为红外分裂窗通道。前者受水汽吸收影响更小，因而比后者更为透明。除此之外，也有的星载红外扫描辐射计在 3.75 μm 短波红外波段窗区附近获取红外云图，但由于该波段是太阳辐射与地球热辐射的重叠区，因此，该云图在白天既包含了太阳的反射辐射，也包含了大气和地表的发射辐射，而在夜间则更好地反映了地球热辐射信息。

在红外窗区，大气透过率 $\tau_v(0,\theta)=\tau_v(z,\theta)\approx 1$，因而 $\frac{\partial \tau_v(z,\theta)}{\partial z}=0$，而云、地表面可看作黑体，故 $k_{as}\approx 1$，于是式(3.1.10)可简化为

$$I_v^{\uparrow}(\infty,\theta)=B_v(T_s) \tag{3.2.1}$$

式(3.2.1)表示，星载红外扫描辐射计在红外窗区波段测量的辐射主要来自于地

表(或云顶)发射的辐射。因此,采取扫描观测方式(图 3.3)即可获取 $I_v^{\uparrow}(\infty,\theta)$ 随不同天顶角、方位角的分布图,即红外云图。在红外云图上,通常辐亮度低的像素以浅色调表示,而辐亮度高的像元以深色调表示,如图 3.4 所示。从式(3.2.1)可以看出,辐亮度的高低与所对应的表面温度的高低有关,因而红外云图也可以理解为反映温度分布的图像。由于云越高,云顶温度越低,因而在红外云图上,色调越白;反之,云越低,云顶温度高,色调越黑。当海洋与陆地之间有较大温度差异时,海陆边界也可以清晰地辨别出来。

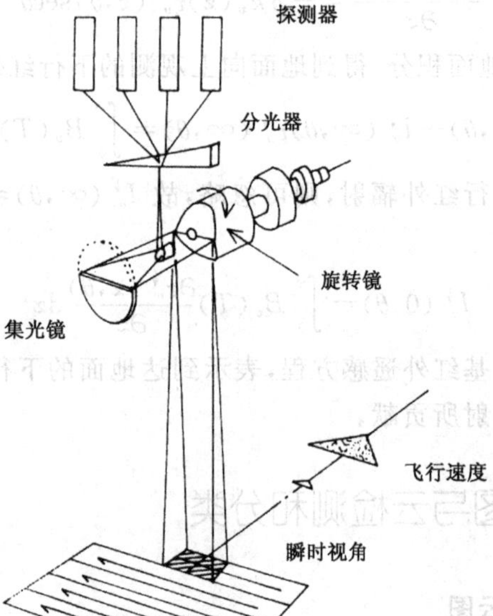

图 3.3　扫描观测方式示意图

图 2.4 为同时刻的可见光云图。对比图 2.4 与图 3.4 可以看出,可见光云图上物像的色调决定于其反照率和太阳高度角,红外云图上物像的色调决定于它的温度。比较这两种云图,可发现有许多相似性,也有很多显著差异。表 3.1 给出了这两种云图上不同云和地表的色调特征。当然,表中各物像所对应的色调只是概念性的,由于决定物像色调的因素很多,实际工作中仅按表中所示的色调判别云和地表属性是不够的。

表 3.1　红外云图与可见光云图的色调比较

<table>
<tr><td colspan="2"></td><td colspan="6">可见光云图</td></tr>
<tr><td colspan="2"></td><td colspan="2">白</td><td>淡灰</td><td>灰</td><td>深灰</td><td>黑</td></tr>
<tr><td rowspan="5">红外云图</td><td>黑</td><td colspan="2">太阳耀斑</td><td>夏季沙漠(白)</td><td>干土壤</td><td>暖湿地</td><td>暖海洋</td></tr>
<tr><td>深灰</td><td></td><td rowspan="3">层积云</td><td>沙漠(白)</td><td>晴天积云
沙漠(夜间)</td><td>湿土壤</td><td></td></tr>
<tr><td>灰</td><td>层云(厚)
雾(厚)</td><td>晴天积云
卷层云(薄)</td><td>纤维状卷云</td><td>青藏高原</td><td>高山森林</td></tr>
<tr><td>淡灰</td><td>高层云(厚)
浓积云</td><td>纤维状卷云</td><td>高层高积云(薄)</td><td></td><td>冷海洋</td></tr>
<tr><td>白</td><td colspan="2">密卷云,多层云
积雨云,卷云砧
高山积雪,极地冰雪</td><td>单独薄卷云
卷层云</td><td>卷云
消失中的卷云砧</td><td>单独薄卷云</td><td>宇宙空间</td></tr>
</table>

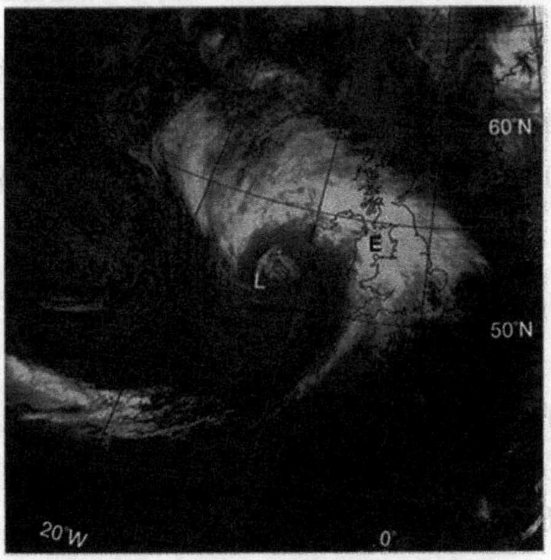

图 3.4　红外云图

3.2.2　地基全天空红外云图

地基全天空红外云图是通过测量天空不同方向红外窗区波段下行辐射而生成的图像,通常采用响应 8～14 μm 波段辐射的非制冷红外焦平面阵列进行测量。图 3.5 所示的全天空红外测云系统(孙学金等,2008),采用非致冷红外焦平面阵列通过扫描合成的方式获得全天空红外云图。图 3.6 为该系统获得的全天空红外云图。由于空间分辨率较高,从图中可清楚地看出卷积云云块在天空的排列结构和大小。利用高空间分辨率的全天空红外分云图，可进一步进行云的分类识别以及云量、云底高的反演（孙学金，2009a）。

图 3.5　全天空红外测云系统

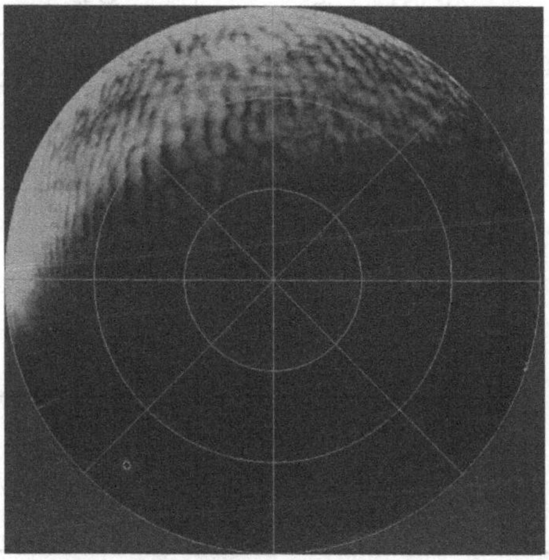

图 3.6　地基全天空红外云图

在 8～14 μm 波段，大气几乎为透明的，只有水汽、臭氧等气体的弱吸收，若观测像元中有云，则其主要辐射来自于云，其大小与云底的温度高低有关。由于云可近似为黑体，因此，在式(3.1.13)中，$I_v^{\downarrow}(\infty,\theta)$ 应为云底发出的辐射，则

$$I_v^{\downarrow}(\infty,\theta)=B_v(T_{cb}) \tag{3.2.2}$$

式中，T_{cb} 为云底温度，而在红外窗区，$\dfrac{\partial\tau_v^{\downarrow}(z,\theta)}{\partial z}=0$，则由式(3.1.13)可得

$$I_v^{\downarrow}(0,\theta)=B_v(T_{cb}) \tag{3.2.3}$$

由式(3.2.3)确定的 T_{cb} 实际上是云底亮温，由于水汽吸收、气溶胶散射等的影响，实际云底温度还需要在此基础上进行修正，进一步地，还可以从地基观测的下行红外辐亮度反演云底高度（孙学金等，2012）。

3.2.3　红外遥感反演地(海)表温度

实际大气情况下，红外窗区通道卫星观测的辐射并不完全来自于地表发射的辐射，这时可将卫星观测的辐射写为

$$I_v^{\uparrow}(\infty,\theta)=B_v(T_b) \tag{3.2.4}$$

式中，T_b 称为亮温，即指将卫星观测到的辐射看成是普朗克黑体辐射，并据此算出的温度。这样，由卫星在红外窗区通道测量红外辐射值 $I_v^{\uparrow}(\infty,\theta)$，即可获得云、地表面的亮温。由普朗克定律可得

$$T_b=hcv\left[k\ln\left(\frac{2hc^2v^3}{I_v^{\uparrow}(\infty,\theta)}+1\right)\right]^{-1} \tag{3.2.5}$$

须指出的是，上述过程是将红外波段的云和地表近似地作为黑体处理。实际上，云和地表不是真正的黑体，由于所有实际目标物的发射率都小于1，以及大气对云和地表辐射的吸收，因此，由卫星接收到的辐射计算出的亮温比实际目标物的温度要小。实际的表面温度与亮温之间的关系为

$$T_s = T_b + \Delta T \tag{3.2.6}$$

根据卫星观测表明，ΔT 为 5～10 K，主要是由于大气中水汽吸收的影响所造成的。目前，不同的星载传感器业务算法采用不同的方法进行 ΔT 温度订正。

对于单通道地(海)表温度反演，可采用下式进行订正。

$$\Delta T = a_0 + a_1 T_b + a_2 V \tag{3.2.7}$$

式中，V 是大气柱水汽含量，也称为可降水量，系数 a_0, a_1, a_2 可通过统计回归分析得到。

当采用双通道红外窗区通道反演地(海)表温度时，可采用分裂窗亮温差来修正水汽影响，如 NOAA 卫星 AVHRR 传感器在利用双通道进行海面温度反演时，其海面温度的反演算法为

$$T_s = a_0 + a_1 T_{11} + a_2(T_{11} - T_{12}) + a_3(T_{11} - T_{12})(\sec\theta - 1) \tag{3.2.8}$$

式中，T_{11} 和 T_{12} 是中心波长约为 11 μm 和 12 μm 红外分裂窗通道的亮温，系数 a_0，a_1, a_2, a_3 与特定的卫星仪器有关，可通过统计方法确定，而 $\sec\theta$ 则是考虑随天顶角 θ 增加的路径长度的影响。

3.3　红外遥感反演温湿廓线

3.3.1　理论基础

考虑卫星垂直向下探测，则天顶角为 0，且地表吸收系数 $k_{vS} = 1$，于是式(3.1.10)可写为

$$I_v^{\uparrow}(\infty) = B_v(T_s)\tau_v(0) + \int_0^{\infty} B_v(T)\frac{\partial \tau_v(z)}{\partial z}\mathrm{d}z \tag{3.3.1}$$

在卫星遥感反演温湿廓线时，常用气压表示垂直坐标，由于在静力平衡下

$$\mathrm{d}p = -\rho_a g\,\mathrm{d}z \tag{3.3.2}$$

式中，ρ_a 是空气密度，g 是重力加速度。式(3.3.1)改写成气压垂直坐标形式为

$$I_v^{\uparrow}(0) = B_v(T_s)\tau_{vs}(p_s) + \int_{p_s}^{0} B_v[T(p)]\frac{\partial \tau_v(p)}{\partial p}\mathrm{d}p \tag{3.3.3}$$

式中，p_s 表示地面气压。大气顶到气压为 p 的气层之间的单色透过率 $\tau_v(p)$ 表示为

$$\tau_v(p) = \exp\left[-\frac{1}{g}\int_0^{p} k_v(p')q(p')\mathrm{d}p'\right] \tag{3.3.4}$$

式中，$k_v(p)$ 为吸收气体的质量吸收系数，$q(p)$ 为吸收气体的混合比，即单位体积中吸收气体质量与总空气质量之比：$q(p) = \rho/\rho_a$ 。而

$$\frac{\partial \tau_v(p)}{\partial p} = -\frac{1}{g} q(p) k_v(p) \tau_v(p) \tag{3.3.5}$$

由于星载遥感器某一通道实际探测到的辐射并不是来自于单一波长，而是一个有限的波段 (υ_1, υ_2)，假设通道平均波数为 $\bar{\upsilon}$，响应函数为 $\Psi(\bar{\upsilon}, \upsilon)$（图 3.7），则星载遥感器在某一通道内测得的辐亮度为

$$I_{\bar{\upsilon}} = \frac{\int_{\upsilon_1}^{\upsilon_2} I_\upsilon \Psi(\bar{\upsilon}, \upsilon) \mathrm{d}\upsilon}{\int_{\upsilon_1}^{\upsilon_2} \Psi(\bar{\upsilon}, \upsilon) \mathrm{d}\upsilon} \tag{3.3.6}$$

由于响应函数的有效频谱宽度通常很小，只有几十 cm^{-1}，甚至更小（图 3.7），以至于普朗克函数在该通道内的变化很小，所以用平均波数处的普朗克函数 $B_{\bar{\upsilon}}[T(p)]$ 代入式(3.3.3)不会带来明显的误差。对式(3.3.3)在波数域 (υ_1, υ_2) 上积分，得

$$I_{\bar{\upsilon}}^{\uparrow}(0) = B_{\bar{\upsilon}}(T_s) \tau_{\bar{\upsilon}s}(p_s) + \int_{p_s}^{0} B_{\bar{\upsilon}}[T(p)] \frac{\partial \tau_{\bar{\upsilon}}(p)}{\partial p} \mathrm{d}p \tag{3.3.7}$$

式中，$\tau_{\bar{\upsilon}}(p)$ 为光谱透射比，是考虑仪器响应函数的波数域 (υ_1, υ_2) 上的平均透射比。

$$\tau_{\bar{\upsilon}}(p) = \frac{\int_{\upsilon_1}^{\upsilon_2} \Psi(\bar{\upsilon}, \upsilon) \exp\left[-\frac{1}{g}\int_0^p q(p') k_\upsilon(p') \mathrm{d}p'\right] \mathrm{d}\upsilon}{\int_{\upsilon_1}^{\upsilon_2} \Psi(\bar{\upsilon}, \upsilon) \mathrm{d}\upsilon} \tag{3.3.8}$$

从式(3.3.7)右边第二项可以看出，由某高度大气发出并到达卫星的辐亮度是该高度大气普朗克辐射 $B_{\bar{\upsilon}}[T(p)]$ 与 $\frac{\partial \tau_{\bar{\upsilon}}(p)}{\partial p}$ 的乘积，因此，对于一定的 $B_{\bar{\upsilon}}[T(p)]$，

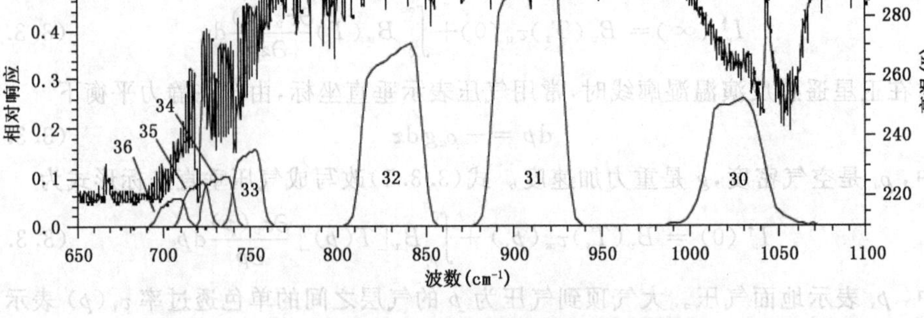

图 3.7　MODIS 红外光谱通道及响应函数

$\frac{\partial \tau_{\bar{v}}(p)}{\partial p}$ 起着加权作用，所以把 $\frac{\partial \tau_{\bar{v}}(p)}{\partial p}$ 称为权重函数，其值表示了星载遥感器某一通道接收的某高度上大气发射辐射的比例大小。

图 3.8 给出了 NOAA-2 卫星上的垂直温度廓线辐射仪（VTPR）相应通道所计算的透过率函数与权重函数。VTPR 由 CO_2 的 15 μm 吸收带中的 6 个通道组成，其中心波数分别为 668.5 cm^{-1}，667.5 cm^{-1}，695.0 cm^{-1}，708.8 cm^{-1}，725.0 cm^{-1} 和 745.0 cm^{-1}。从图 3.8 可见，不同通道的权重函数均有一极大值，且权重函数之间有某种程度的重叠。权重函数极大值所处的高度与该通道在 CO_2 15 μm 吸收带中的位置，即吸收系数 $k_v(p)$ 大小有关。图 3.9 给出了相应通道测量的辐亮度及相应的亮温。吸收系数大的波段的权重函数峰值高度偏高，所测量辐射中大气高层辐射贡献大，而吸收系数小的波段的权重函数峰值高度偏低，所测量辐射中大气低层辐射贡献大。所以在到达星载传感器的总的辐射中，对于弱吸收通道，主要来自于大气低层，由此得到的温度主要代表大气低层的温度；而对于强吸收通道，辐射主要来自于大气高层，所代表的温度是大气高层的温度，这为卫星遥感温度廓线提供了理论基础。通常把对星载传感器测量的辐射中贡献最大的气层称为有效辐射层，或最佳信息层。因此，只要选择具有不同吸收系数的若干通道，使星载传感器观测的辐射分别代表来自不同高度大气层的温度信息，则可通过数学方法求出不同高度的温度信息。权重函数的锐度决定了温度廓线的垂直分辨率，锐度越大，可获得的垂直分辨率越高，理想的权重函数是 δ 函数。权重函数的锐度则决定于仪器的光谱分辨率，即通道的宽度。增加光谱分辨率可以提高温度廓线的垂直分辨率，但在一定的工艺水平下，光谱分辨率提高，反而会降低信噪比，从而降低温度反演精度。随着干涉分光技术的发展，大气探测器的光谱通道数达到几千个，而光谱分辨率越来越高。美国 NOAA-16 和 NOAA-17 卫星的高分辨率红外探测器 3 型（HIRS-3）在 3.7～15 μm 之间共有 20 个通道，其中 19 个是红外通道，1 个是可见光通道。美国 EOS Aqua 卫星上的 AIRS 高光谱红外大气探测仪的光谱分辨率最高可达 0.55 cm^{-1}，通道数达到 2378 个。欧洲气象卫星应用组织（EUMETSAT）的极轨气象卫星 MetOp-A 上的高光谱红外大气探测器（IASI），其光谱通道数达 8461 个，光谱分辨率为 0.5 cm^{-1}。中国 FY-3 和 FY-4 气象卫星上均装载有高光谱红外大气探测器，分别称为 HIRAS 和 GIIS，其中 HIRAS 光谱通道数为 1343 个，光谱分辨率最高为 0.625 cm^{-1}。

式(3.3.7)是温度廓线、吸收气体浓度廓线的卫星红外遥感方程。方程中，普朗克函数中包含了温度廓线的信息，而大气透过率则包含了吸收气体混合比廓线信息，因此星载传感器测量的辐射中同时包含了温度和吸收气体浓度的垂直分布信息。若要进行温度廓线遥感，则需要选择混合比是常数且已知的气体的若干吸收通道进行探测，此时大气透过率函数可事先计算出来，测量的辐射决定于温度廓线。大气中，

CO_2 混合比在水平与垂直方向均近似为常数,其中心位于 15 μm 的红外吸收带是开展温度廓线遥感的重要波段。

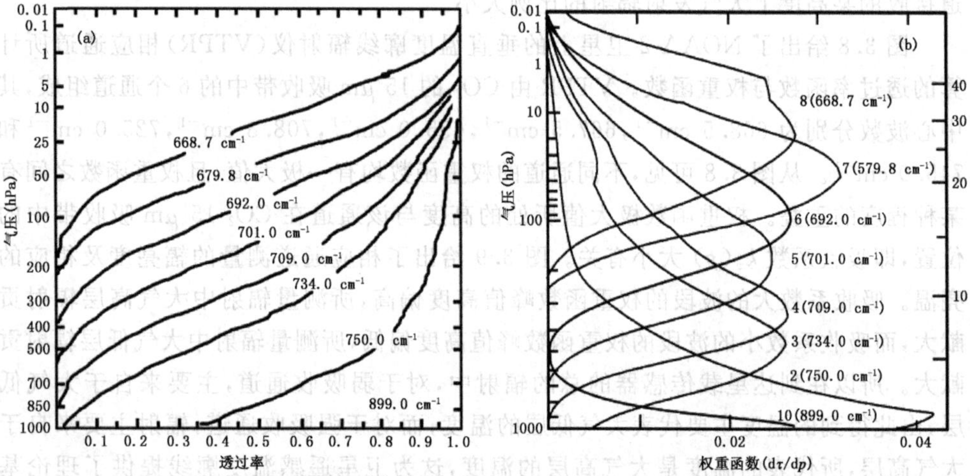

图 3.8　CO_2 的 8 个波段的透过率曲线(a)及权重函数曲线(b)

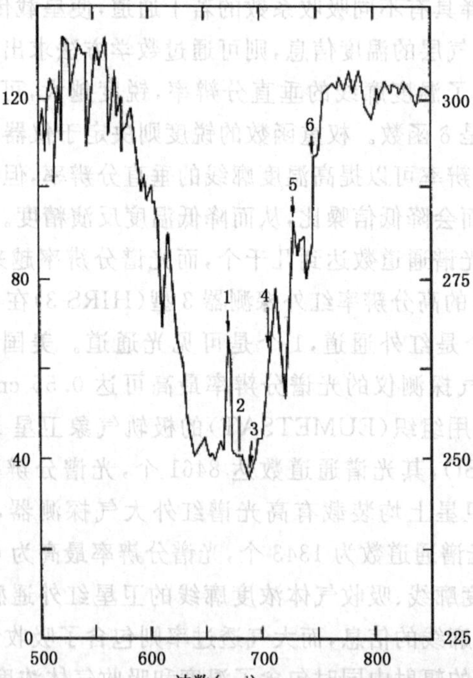

图 3.9　15 μm CO_2 吸收带附近测量的辐亮度及相应的亮温

箭头所示为 VTPR 所采样的谱区(Liou,2004)

为了开展大气温度廓线的卫星红外遥感，应考虑的问题主要有：在大气中选用的发射辐射的气体的混合比是常定的（如 CO_2），对于所选定的波段内卫星接收到的辐射主要取决于大气的垂直温度分布；所选取的吸收气体的吸收带应尽可能与其他气体吸收带不互相重叠，这样便于计算权重函数；大气必须满足局地热力平衡，这样可由普朗克函数反演温度；所测量的辐射中，散射辐射很小，可以忽略不计，这也就限制了云中温度廓线的红外遥感。

3.3.2 温度廓线反演算法

令

$$R_{\bar{\upsilon}} = I_{\bar{\upsilon}}^{\uparrow}(0) - B_{\bar{\upsilon}}(T_s)\tau_{\bar{\upsilon}s}(p_s) \tag{3.3.9}$$

$$K(\bar{\upsilon},p) = \frac{\partial\tau_{\bar{\upsilon}}(p)}{\partial p} \tag{3.3.10}$$

则式(3.3.7)改写为

$$R_{\bar{\upsilon}} = \int_{P_S}^{0} B_{\bar{\upsilon}}[T(p)]K(\bar{\upsilon},p)\mathrm{d}p \tag{3.3.11}$$

式(3.3.11)属于第一类弗雷德霍姆(Fredholm)积分方程式，其中 $K(\bar{\upsilon},p)$ 是核函数。这种由一系列卫星观测辐射值求解大气温度廓线的问题就归结为求解第一类弗雷德霍姆积分方程式的问题，也称为反演问题。

第一类弗雷德霍姆积分方程并非总是有解的，其解的存在性、唯一性和稳定性决定于 $K(\bar{\upsilon},p)$ 的特性及 $R_{\bar{\upsilon}}$ 的准确度。为了获得唯一、稳定的解，要求 $K(\bar{\upsilon},p)$ 是 δ 函数且 $R_{\bar{\upsilon}}$ 或观测值 $L_{\bar{\upsilon}}^{\uparrow}(0)$不存在误差。如图 3.8b 所示，$K(\bar{\upsilon},p)$ 并不是 δ 函数，而是具有一定宽度的曲线，这就使得解不可能唯一，同样由于技术的原因，辐射测量值不可能是绝对准确的，总会存在一定的误差，因而解也不可能是稳定的，这就给温度廓线反演求解带来了很大的困难。目前，为反演温度廓线，已发展出多种算法，主要分为统计反演法和物理反演法两大类。

3.3.2.1 统计反演法

统计反演法是利用预先收集到的温度廓线资料和与其匹配的卫星测量辐亮度值，直接或间接建立大气温度廓线与卫星测量辐亮度值间的回归方程，进而反演温度廓线的方法。确定回归方程的方法有最小二乘法、最小方差法、经验正交函数和特征向量展开法等。统计反演法的优点是不需要计算权重函数，计算速度快、计算稳定性强，关键是确定回归系数，并有大量样本用于计算回归系数，不足之处是反演精度不高，有时会出现较大的误差。由于该方法采用了回归技术，迫使反演的温度廓线处于“平均值”附近，从而可以保证解的真实性和稳定性。下面介绍直接线性反演法和约束线性反演法。

(1)直接线性反演法

式(3.3.10)是一个积分方程，待求解的温度廓线包含在积分项中，若将积分项表示成求和项，则得到下述线性方程组。

$$g_i = \sum_{j=1}^{N} A_{ij} f_j, \qquad i = 1,2,\cdots,M \tag{3.3.12}$$

式中，g_i 表示第 i 个通道观测的辐亮度，f_j 表示第 j 层大气的温度值，M 表示共有 M 个通道的离散辐亮度观测值，N 表示大气分成 N 层，A_{ij} 为回归系数。若用向量以及矩阵表示，则式(3.3.12)表示为

$$g = Af \tag{3.3.13}$$

式中，$g = \begin{bmatrix} g_1 \\ g_2 \\ \cdots \\ g_M \end{bmatrix}$，$f = \begin{bmatrix} f_1 \\ f_2 \\ \cdots \\ f_N \end{bmatrix}$，$\boldsymbol{A} = \begin{bmatrix} A_{11} & A_{12} & \cdots & A_{1N} \\ A_{21} & A_{22} & \cdots & A_{2N} \\ \cdots & \cdots & & \cdots \\ A_{M1} & A_{M2} & \cdots & A_{MN} \end{bmatrix}$。

$\boldsymbol{A}$ 是回归系数矩阵($M\times N$)。当 $M=N$，且矩阵 $\boldsymbol{A}$ 的逆 $\mathbf{A}^{-1}$ 存在时，则可由式(3.3.12)直接反演得

$$f = \boldsymbol{A}^{-1} g \tag{3.3.14}$$

如果 $M>N$，即辐亮度观测值个数大于待求温度廓线的层数，导致方程个数多于未知数的个数，系统超定，矩阵 $\mathbf{A}$ 不能求逆，则式(3.3.13)就无法直接求解。如在利用高光谱红外探测仪测量值进行温度廓线反演时，其具有数千个通道辐亮度观测值，而温度廓线的分层不能太多，就造成了超定问题。这时可采用最小二乘法来解决该类问题。

令式(3.3.12)左右两边的差为

$$\varepsilon_i = g_i - \sum_{j=1}^{N} A_{ij} f_j, \qquad i = 1,2,\cdots,M \tag{3.3.15}$$

则最小二乘法的解是使 $\sum_{i=1}^{M} \varepsilon_i^2 = \sum_{i=1}^{M} (g_i - \sum_{j=1}^{N} A_{ij} f_j)^2$ 取最小，将其对 f_k 求导，并设导数等于 0，得

$$\frac{\partial}{\partial f_k} \left[\sum_{i=1}^{M} (g_i - \sum_{j=1}^{N} A_{ij} f_j)^2 \right] = 0, \qquad k = 1,2,\cdots,N \tag{3.3.16}$$

经求导运算得

$$\sum_{i=1}^{M} (g_i - \sum_{j=1}^{N} A_{ij} f_j) A_{ik} = 0, \qquad k = 1,2,\cdots,N \tag{3.3.17}$$

写成矩阵形式，则有

$$\boldsymbol{A}^T \boldsymbol{A} f = \boldsymbol{A}^T g \tag{3.3.18}$$

式中，$\boldsymbol{A}^T$ 是 $\boldsymbol{A}$ 的转置矩阵，即一个($N\times M$)的矩阵。这时，$\boldsymbol{A}^T\boldsymbol{A}$ 是一个($N\times N$)的对

称方阵。由此可得

$$f = (\boldsymbol{A}^T\boldsymbol{A})^{-1}A^Tg \tag{3.3.19}$$

该解即为最小二乘法的解，这时只需要求一个对称方称 $\boldsymbol{A}^T\boldsymbol{A}$ 的逆矩阵。许多研究表明，由于辐射观测误差以及积分项线性化的误差、数值舍入误差等因素的存在，使得上述直接线性反演积分辐射传输方程的方法变得不现实，这样的解也是不稳定的。为了获得稳定的解，可对需求得的解增加一个附加约束条件，如解约束在平均值附近时，测量误差达到最小。这就构成了约束线性反演方法。

(2)约束线性反演法

假设辐亮度测量误差为 ε_i，则其测量值 $\hat{g}_i$ 与真值 g_i 之间的关系式为

$$\hat{g}_i = g_i + \varepsilon_i \tag{3.3.20}$$

构建如式(3.3.21)所示的具有二次约束的函数，则最小二乘法的解即是使其取得最小值。

$$\sum_{i=1}^{M}\varepsilon_i^2 + \gamma\sum_{j=1}^{N}(f_j - \overline{f})^2 \tag{3.3.21}$$

式中，$\overline{f}$ 为平均值，γ 是任意的平滑系数，它确定了解在平均值附近受约束的强烈程度，约束由 f_j 的方差给出。$\overline{f}$ 可利用历史资料统计得到。

$$\overline{f} = \frac{1}{N}\sum_{j=1}^{N}f_j \tag{3.3.22}$$

由最小二乘法确定的解被约束在平均值附近，使测量误差达到最小，因此有

$$\frac{\partial}{\partial f_k}\left[\sum_{i=1}^{M}\left(\sum_{j=1}^{N}A_{ij}f_j - \hat{g}_i\right)^2 + \gamma\sum_{j=1}^{N}(f_j - \overline{f})^2\right] = 0, \qquad k = 1,2,\cdots,N \tag{3.3.23}$$

经求导运算得

$$\sum_{i=1}^{M}\left(\sum_{j=1}^{N}A_{ij}f_j - \hat{g}_i\right)A_{ik} + \gamma(f_k - \overline{f}) = 0, \qquad k = 1,2,\cdots,N \tag{3.3.24}$$

写成矩阵形式为

$$\boldsymbol{A}^T\boldsymbol{A}f - \boldsymbol{A}^T\hat{g} + \gamma\boldsymbol{H}f = 0 \tag{3.3.25}$$

$\boldsymbol{H}$ 是一个$(N \times N)$ 矩阵

$$\boldsymbol{H} = \begin{bmatrix} 1-N^{-1} & -N^{-1} & \cdots & -N^{-1} \\ -N^{-1} & 1-N^{-1} & \cdots & -N^{-1} \\ \cdots & \cdots & & \cdots \\ -N^{-1} & -N^{-1} & \cdots & 1-N^{-1} \end{bmatrix} \tag{3.3.26}$$

于是解为

$$f = (\boldsymbol{A}^T\boldsymbol{A} + \gamma\boldsymbol{H})^{-1}\boldsymbol{A}^T\hat{g} \tag{3.3.27}$$

式(3.3.27)为约束线性反演方程。若历史资料的平均值 $\bar{f}$ 是已知的，则式(3.3.23)可写成如下矩阵形式。

$$\boldsymbol{A}^T\boldsymbol{A}f-\boldsymbol{A}^T\hat{g}+\gamma(f-\bar{f})=0 \tag{3.3.28}$$

则其解为

$$f=(\boldsymbol{A}^T\boldsymbol{A}+\gamma\boldsymbol{I})^{-1}(\boldsymbol{A}^T\hat{g}+\gamma\bar{f}) \tag{3.3.29}$$

式中，$\boldsymbol{I}$ 为 $(N\times N)$ 的单位矩阵。

3.3.2.2 **物理反演法**

物理反演法在从卫星测量的光谱辐亮度值反演温度廓线的过程中需要利用辐射传输方程进行约束。通常首先给出温度廓线的初估解，然后利用快速辐射传输模式，根据初估解计算出光谱辐亮度值，通过对初估值的不断迭代调整，使计算出的光谱辐亮度逼近实际观测值，最后利用反演模式给出最终反演解。该类方法的关键问题是构建一个快速而精确的辐射传输模式、迭代方法以及较好的初估解。

(1)非线性迭代法

由于辐亮度测量值存在误差，只是一个近似值，因此，前述将反演问题简化为线性系统在数学上是不合适的，必须对辐射传输方程采用非线性方法求解。

将辐射传输方程式(3.3.7)改写成如下形式。

$$I_i=B_i(T_s)\tau_i(p_s)+\int_{p_s}^{0}B_i[T(p)]\frac{\partial\tau_i(p)}{\partial\ln p}\mathrm{d}\ln p \tag{3.3.30}$$

式中，i 表示光谱通道，权重函数改用对数气压尺度表示，地面吸收系数 k_s 近似为 1。波数域的普朗克函数为

$$B_i(T)=\frac{av_i^3}{\exp(bv_i/T)-1} \tag{3.3.31}$$

从图 3.8b 可以看出，对于给定的波数，权重函数在不同的气压层取得极大值。由中值定理，实测的辐亮度可以近似表示为

$$I_i-B_i(T_s)\tau_i(P_s)\approx B_i[T(p_i)]\left[\frac{\partial\tau_i(p)}{\partial\ln p}\right]_{p_i}\Delta_i\ln p \tag{3.3.32}$$

式中，p_i 表示第 i 个通道权重函数峰值所在的气压层；$\Delta_i\ln p$ 是第 i 层的对数气压差分，相当于第 i 个通道权重函数的有效宽度。

令 p_i 层的初始估计温度为 $T^*(p_i)$，则期望的辐亮度为

$$I_i^*-B_i(T_s)\tau_i^*(p_s)=B_i[T^*(p_i)]\left[\frac{\partial\tau_i^*(p)}{\partial\ln p}\right]_{p_i}\Delta_i\ln p \tag{3.3.33}$$

将式(3.3.32)与式(3.3.33)两方程相除，并考虑到权重函数随温度的变化比普朗克函数的变化小得多，所以有

$$\frac{I_i-B_i(T_s)\tau_i(p_s)}{I_i^*-B_i(T_s)\tau_i^*(p_s)}\approx\frac{B_i[T(p_i)]}{B_i[T^*(p_i)]} \tag{3.3.34}$$

当地表对上行辐亮度的贡献很小时，上式可近似写为

$$\frac{I_i}{I_i^*} \approx \frac{B_i[T(p_i)]}{B_i[T^*(p_i)]} \tag{3.3.35a}$$

式(3.3.35a)称为松弛方程，这是 Chahine 于 1970 年提出的。此外，Smith 也提出了一种如式(3.3.35b)所示的松弛方程。

$$I_i - I_i^* \approx B_i[T(p_i)] - B_i[T^*(p_i)] \tag{3.3.35b}$$

于是利用松弛方程可对 p_i 层处的温度 $T^{(n)}(p_i)$ 做如下步骤的非线性迭代反演：

①对 $n=0$ 的 $T^{(n)}(p_i)$ 作一初始估计值。

②把 $T^{(n)}(p_i)$ 代入方程(3.3.31)计算出普朗克函数，并用精确的求积公式对每一个探测通道计算出预期的向上辐亮度 $I_i^{(n)}$ 。

③将计算的辐亮度 $I_i^{(n)}$ 与实测资料 $\hat{I}_i$ 进行比较。如果残差 $R_i^{(n)} = |\hat{I}_i - I_i^{(n)}|/\hat{I}_i$ 小于对每个探测通道的预置阈值（比如 10^{-4}），则 $T^{(n)}(p_i)$ 就是解。否则，继续迭代。

④应用松弛方程(3.3.35) M 次，使得对选定的 p_i 气压层的温度值产生一个新的估计值，即强迫温度廓线适合观测的辐亮度。

$$T^{(n+1)}(p_i) = \frac{bv_i}{\ln\{1-[1-\exp(bv_i/T^{(n)}(p_i))]I_i^{(n)}/\hat{I}_i\}} \tag{3.3.36}$$

$$i = 1,2,\cdots,M$$

⑤在每个给定气压层 p_i 的温度值之间进行内插，以求得所期望的温度廓线。

⑥最后，返回步骤②并重复进行，直到残差小于预置的判据时为止。

(2)最小方差法

最小方差法直接利用收集的卫星测量的辐亮度值以及温度廓线，构成足够大的资料集，通过分别计算温度协方差矩阵和辐亮度测量误差协方差矩阵来确定回归系数矩阵，而不必要求收集的温度廓线与实测的辐亮度样本集之间是对应的。

假设待估计的温度与其气候平均值的偏差可以表示为辐亮度的偏差的线性组合，即

$$\hat{T}_j - \overline{T}_j = \sum_{i=j}^{M} D_{ji}(\hat{I}_j - \overline{I}_j), \quad j = 1,2,\cdots,N \tag{3.3.37}$$

式中，j 表示大气层次，$\hat{T}_j$ 是真实温度 T_j 的待估计值，$\hat{I}_j$ 表示实测的辐亮度，$\| D_{ji} \|$ 表示温度回归系数矩阵，又称为预报因子，真实的 T_j 和 I_i 的气候平均值 $\overline{T}_j$ 和 $\overline{I}_i$ 由可获得的温度廓线和辐亮度的统计总体来确定，即

$$\overline{T}_j = \frac{1}{X}\sum_{x=1}^{X} T_{jx} \tag{3.3.38a}$$

$$\overline{I}_i = \frac{1}{X}\sum_{x=1}^{X} I_{ix} \tag{3.3.38b}$$

将式(3.3.37)写成矩阵形式，则有

$$\hat{\boldsymbol{T}}-\overline{\boldsymbol{T}}=\boldsymbol{D}(\hat{\boldsymbol{I}}-\overline{\boldsymbol{I}}) \tag{3.3.39}$$

于是，一旦 $\boldsymbol{D}$ 已知，就可以根据实测的辐亮度向量 $\hat{\boldsymbol{I}}$ 确定待求的温度向量 $\hat{\boldsymbol{T}}$。$\boldsymbol{D}$ 应该是使得估计的温度廓线与真实的温度廓线具有最小平方偏差，即使下式具有最小值。

$$\sum_{x=1}^{X}(T_{jx}-\hat{T}_{jx})^2=\sum_{x=1}^{X}[(T_{jx}-\overline{T}_j)-(\hat{T}_{jx}-\overline{T}_j)]^2,\qquad j=1,2,\cdots,N \tag{3.3.40}$$

将式(3.3.37)代入式(3.3.40)，并对回归系数矩阵 $\boldsymbol{D}$ 求导得

$$\frac{\partial}{\partial D_{jk}}\left\{\sum_{x=1}^{X}[(T_{jx}-\overline{T}_j)-\sum_{i=j}^{M}D_{ji}(\hat{I}_i-\overline{I}_i)]^2\right\}=0 \tag{3.3.41}$$

$$j=1,2,\cdots,N,\quad k=1,2,\cdots,M$$

化简后得

$$\sum_{x=1}^{X}(T_{jx}-\overline{T}_j)(\hat{I}_{kx}-\overline{I}_k)-\sum_{i=1}^{M}D_{ji}\sum_{x=1}^{X}(\hat{I}_{ix}-\overline{I}_i)(\hat{I}_{kx}-\overline{I}_k)=0 \tag{3.3.42}$$

$$j=1,2,\cdots,N,\qquad k=1,2,\cdots,M$$

将其按矩阵形式改写为

$$\sum_{x=1}^{X}(\boldsymbol{T}_x-\overline{\boldsymbol{T}})(\hat{\boldsymbol{I}}_x-\overline{\boldsymbol{I}})^T-\boldsymbol{D}\sum_{x=1}^{X}(\hat{\boldsymbol{I}}_x-\overline{\boldsymbol{I}})(\hat{\boldsymbol{I}}_x-\overline{\boldsymbol{I}})^T=0 \tag{3.3.43}$$

式中，$\boldsymbol{T}$ 是 $N\times1$ 矩阵；$\boldsymbol{I}$ 是 $M\times1$ 矩阵；$\boldsymbol{D}$ 是 $N\times M$ 矩阵。考虑到星载遥感器的辐亮度观测量具有随机误差向量 $\boldsymbol{\varepsilon}$，则观测的辐亮度向量为

$$\hat{\boldsymbol{I}}=\boldsymbol{I}+\boldsymbol{\varepsilon} \tag{3.3.44}$$

式中，$\boldsymbol{I}$ 为真实辐亮度向量。把式(3.3.44)代入式(3.3.43)，并考虑到观测误差向量与温度向量和辐亮度向量无关，则有

$$\sum_{x=1}^{X}(\boldsymbol{T}_x-\overline{\boldsymbol{T}})(\boldsymbol{I}_x-\overline{\boldsymbol{I}})^T-\boldsymbol{D}\sum_{x=1}^{X}(\boldsymbol{I}_x-\overline{\boldsymbol{I}})(\boldsymbol{I}_x-\overline{\boldsymbol{I}})^T+\boldsymbol{\varepsilon}\boldsymbol{\varepsilon}^T=0 \tag{3.3.45}$$

定义任意两个变量的协方差矩阵为

$$C(\boldsymbol{A}_x,\boldsymbol{B}_x)=\frac{1}{X}\sum_{x=1}^{X}\boldsymbol{A}_x\boldsymbol{B}_x^T \tag{3.3.46}$$

则预报因子 $\boldsymbol{D}$ 可以用协方差矩阵表示为

$$\boldsymbol{D}=C(\Delta\boldsymbol{T}_x,\Delta\boldsymbol{I}_x)[C(\Delta\boldsymbol{I}_x,\Delta\boldsymbol{I}_x)+C(\boldsymbol{\varepsilon}_x,\boldsymbol{\varepsilon}_x)]^{-1} \tag{3.3.47}$$

式中，$C(\Delta\boldsymbol{T}_x,\Delta\boldsymbol{I}_x)$，$C(\Delta\boldsymbol{I}_x,\Delta\boldsymbol{I}_x)$，$C(\boldsymbol{\varepsilon}_x,\boldsymbol{\varepsilon}_x)$ 分别表示温度误差与辐亮度偏差的协方差矩阵、辐亮度偏差的协方差矩阵、仪器噪声误差的协方差矩阵，且有

$$\begin{aligned}\Delta \boldsymbol{T}_x &= \boldsymbol{T}_x - \bar{\boldsymbol{T}} \\ \Delta \boldsymbol{I}_x &= \boldsymbol{I}_x - \bar{\boldsymbol{I}}\end{aligned} \tag{3.3.48}$$

协方差矩阵可以通过统计方法构成。通过收集卫星测量的辐亮度值以及相应的温度廓线，构成足够大的资料集，就可以计算出协方差矩阵 $C(\Delta \boldsymbol{T}_x, \Delta \boldsymbol{I}_x)$，$C(\Delta \boldsymbol{I}_x, \Delta \boldsymbol{I}_x)$，而仪器误差的协方差矩阵则 $C(\boldsymbol{\varepsilon}_x, \boldsymbol{\varepsilon}_x)$ 可通过实验与理论估计得到。这样 D 矩阵只需要根据获得的资料集即可完全确定，而不需要权重函数的信息，也不需要求解辐射传输方程，因此，具有较好的计算效率。通常 $\boldsymbol{D}$ 矩阵为 $N \times M$，且 $N > M$，所以，由有限组辐亮度观测值可以推求出更多的温度值。这种统计反演方法成功的关键是获得具有代表性的资料集。通常情况下需要获得大量的卫星测量的辐亮度值及其相应的温度廓线值数据集，但这常常很难满足一一对应关系，从而带来反演误差。为此，可先根据辐射传输方程，建立温度偏差、辐亮度偏差之间的关系。

$$\Delta \boldsymbol{I} = \boldsymbol{A} \Delta \boldsymbol{T} \tag{3.3.49}$$

式中，矩阵元素 $\boldsymbol{A}_{ij}$ 是通过辐射传输方程计算出来的，有如下形式。

$$\boldsymbol{A}_{ij} = \sum_{j=1}^{N} \left[\frac{\partial B_i [T(p)]}{\partial p} K_i(p) \right]_{p_j} \Delta p_j \tag{3.3.50}$$

将式(3.3.49)代入式(3.3.47)，则得

$$\boldsymbol{D} = \boldsymbol{C}_T \boldsymbol{A}^T (\boldsymbol{A} \boldsymbol{C}_T \boldsymbol{A}^T + \boldsymbol{C}_\varepsilon)^{-1} \tag{3.3.51}$$

其中，

$$\begin{aligned} C_T &= \frac{1}{X} \sum_{x=1}^{X} \Delta \boldsymbol{T}_x \Delta \boldsymbol{T}_x^T \\ C_\varepsilon &= \frac{1}{X} \sum_{x=1}^{X} \Delta \boldsymbol{\varepsilon}_x \Delta \boldsymbol{\varepsilon}_x^T \end{aligned} \tag{3.3.52}$$

于是利用式(3.3.39)就可以反演出温度廓线。这种利用权重函数来确定预报因子，同时又利用统计关系进行反演的方法，是一种物理统计法，又称为最小方差法。

3.3.3 水汽密度廓线反演算法

对式(3.3.7)积分项进行分部积分，则得

$$I_{\bar{v}}^{\uparrow}(0) = B_{\bar{v}}[T(0)] + \int_{p_s}^{0} \tau_{\bar{v}}(p) \frac{\partial B_{\bar{v}}(p)}{\partial p} \mathrm{d}p \tag{3.3.53}$$

式中，$T(0)$ 表示大气顶的温度。式(3.3.8)中，光谱透射比 $\tau_{\bar{v}}(p)$ 中包含了吸收气体密度廓线信息，若已知温度廓线，则式(3.3.53)中普朗克函数随气压的导数就已知，则式(3.3.53)仅有的未知量便是吸收气体密度廓线。利用 6.3 μm 水汽吸收带通道的辐亮度观测值可反演水汽密度廓线，同样的，理论上利用某一气体的吸收带通道的辐亮度观测值就可遥感反演该气体的密度廓线。

利用卫星测量的水汽红外吸收通道辐亮度反演水汽密度廓线，要比温度廓线反

演更为复杂。在红外温度廓线反演中，假设大气吸收气体(CO_2)的含量是已知的，且随时间和空间的变化很小，而在水汽密度廓线反演中，则需要已知大气温度廓线，但却是随时间和空间变化的，同时权重函数的峰值高度随水汽廓线的变化而上下摆动，湿度增加，权重函数的峰值高度增加，这在温度廓线的反演中是不存在的，且水汽的时空变化很大，从而导致一组固定的通道辐亮度值并不能适应全球不同地区和季节的水汽密度廓线反演。另外，由于在等温层中，$\frac{\partial B_{\bar{v}}(p)}{\partial p}=0$，这时就无法反演水汽密度廓线信息。

目前水汽密度廓线的红外遥感反演，主要是与温度廓线一起同步反演，首先将辐射传输方程式(3.3.7)线性化处理，然后采用与统计物理反演法相似的方法同时反演温度廓线、水汽密度廓线，甚至臭氧密度廓线等(Seemann et al.，2003)。

3.4 云参数的红外遥感反演

云参数是十分重要的气象参数。利用红外遥感可以反演的云参数主要有云顶高、云顶气压、云顶温度、发射率、云量、云相态、云光学厚度、有效粒子半径等。

3.4.1 红外云检测与分类

云检测是把云像元从观测像元中识别出来，区分像元是否被云覆盖或是晴空，而云分类则是进一步区分其属于哪类云。云检测和分类是开展云参数反演的基础。不同红外通道的辐亮度(或亮温)具有不同的性质，可用于检测不同类型的云，如6.7 μm水汽强吸收通道可用于检测中、高云，8.6 μm 水汽弱吸收通道则可以用于检测低云，而3.75 μm，11 μm，12 μm 等大气红外窗区通道，由于水汽吸收的差异，也可用于云检测。3.75 μm 波段大气衰减弱，可用于检测薄卷云、夜间层状云和雪面上的云，与11 μm 波段一起还可以用于检测夜间层云和雾。11 μm 波段比8.6 μm 波段水汽吸收更弱，水云、裸地和植被接近黑体，云顶亮温一般比地表低，可用于检测云，特别是卷云。12 μm 波段类似11 μm 波段，但水汽吸收比11 μm 波段强，可利用与11 μm 波段的亮温差异检测云。此外，利用 CO_2 吸收带内不同通道权重函数峰值高度的差异也可以进行云检则。

用于云检测的方法很多，主要有阈值法、纹理法、时间空间连续性检测法。阈值法主要采用单通道亮温阈值法或双通道亮温差阈值法。与晴空地表下垫面相比，云通常具有较低的温度，因而若某像元的红外亮温小于预先设定的亮温阈值，则该像元就被判定为有云像元。采用的单通道亮温通常有 T_{11}，$T_{13.9}$，$T_{6.7}$，双通道亮温差通常有 $T_{11}-T_{12}$，$T_{8.6}-T_{11}$，$T_{3.75}-T_{12}$ 等。利用阈值法进行云的判定的关键是确定合理的红外亮温阈值，阈值的大小与地表类型(海洋、陆地)、地表覆盖物(植被、冰、雪等)、大气状态、时间、地点以及观测时的卫星和太阳位置等有关，因此阈值应该是变化的，这就使得问题变得复杂了。为了提高云检测的准确性，需要细化阈值使用条件，如区分白天与黑夜、海洋与陆地等不同情况。

利用纹理法，不仅可以检测出云，还同时可区分出云的类别，一般是针对一定大小的像元矩阵进行的。对静止气象卫星红外云图，通常采用 5×5 的像元矩阵，这基本上与人在地面观测云的范围相当。云的类型不同或厚度不同，云顶表面光滑程度不同，即表现出不同的纹理，云图上呈现出云顶表面光滑，或是呈现多起伏、多斑点和皱纹，或是纤维状。如果云顶表面光滑和均匀，表示云顶高度和厚度相差很小，层云和雾具有这种特征；如果云的纹理多皱纹和斑点，就表明云顶高度不一，积状云具有这种特征；如果云的纹理是纤维状，则这种云一定是卷云。利用纹理法进行云检测，首先需要由像元矩阵块计算像元物理量的一些统计参数，如均方差，然后利用这些参数进行统计分析，确定出不同类型云的阈值参数，最后对像元矩阵进行识别。

由于情况复杂，云检测常会出现误判。为了给出云检测的置信度，可采用 0 和 1 之间的值来表示置信度的大小。如 MODIS 云检测算法的每一步阈值检测中均采用了两个阈值，若观测值小于阈值 α，则确定为高信度云像元，并赋值 0，若观测值大于阈值 β，则确定为高信度晴空，并赋值为 1，若观测值位于两者之间，则通过线性内插赋 0 和 1 之间的值。

在对地基全天空红外云图中的云进行识别时，虽然没有地表污染影响，但仍然受到大气中的水汽、气溶胶等的影响，实时的阈值确定仍很困难。为了提高识别准确性，可以采用纹理与阈值相结合的方法（孙学金等，2011），在分类识别时，一般是对所有像元的云类型进行总体识别，采用图像纹理、结构特征的方法进行分类处理效果会更好（孙学金等，2009b；Liu et al.，2011）。

3.4.2　红外遥感反演云顶温度与云顶高度(气压)

利用红外分裂窗区波段以及 H_2O 的 6.7 μm 红外吸收带、CO_2 的 15 μm 红外吸收带，可以对云顶温度和云顶高度（气压）等进行遥感反演。

3.4.2.1　云顶温度和高度（气压）的红外窗区反演法

在 11 μm 红外分裂窗区，对于不透明的云，卫星观测的上行辐亮度主要来自于云顶的发射辐射，受云顶之上的水汽影响较小，因而该通道的亮度温度可以代表云顶温度，进而利用已知的温度廓线（如数值天气预报温度廓线、探空资料）就可确定云顶高度（气压）。这种直接利用红外窗区亮温和温度廓线确定云顶高度的方法对于不透明的云常会导致估计的云顶高度偏高，这是由于忽略了云顶以上大气消弱影响的缘故。由于云顶以上大气的消弱，会导致估计的云顶温度偏低，云顶越低则出现的偏差越大。对于半透明的云，则由于地表和云下大气水汽辐射的作用，常会导致估计的云顶温度偏高，从而获取的云顶高度偏低，甚至出现较大的偏差，这时可采用双通道的红外分裂窗亮温散点图法来进行估计。

对于 11 μm 和 12 μm 的红外分裂窗，其双通道亮温差 $T_{11}-T_{12}$ 与 11 μm 通道的亮温 T_{11} 之间的关系随云的透过率而变化，如图 3.10 所示。从图中可以看出，当为不透明云时，$T_{11}-T_{12}=0$；当为晴空时，$T_{11}-T_{12}$ 即为地表两通道亮温差 ΔT_s；对于半透明云，则 $T_{11}-T_{12}$ 介于 0 和 ΔT_s。在实际反演不透明云的云顶温度时，将研究区域内的每个像元 $T_{11}-T_{12}$ 和 T_{11} 按照图 3.10 做散点图，对散点分布进行曲线拟合，云顶温度就是这条拟合曲线延伸至不透明端，即 $T_{11}-T_{12}=0$ 对应的亮温。

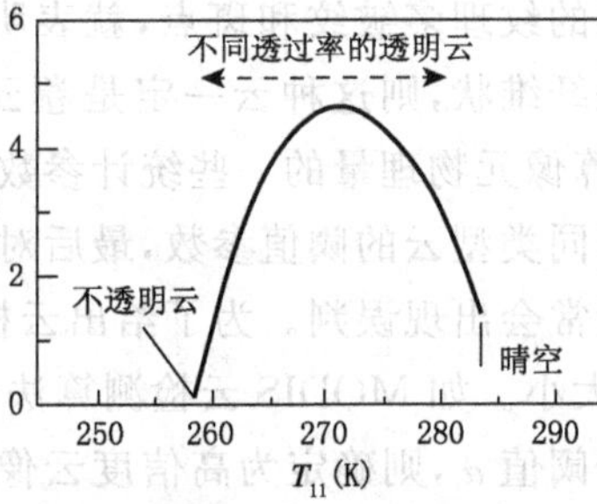

图 3.10　11 μm 和 12 μm 通道亮温差与 11 μm 通道亮温之间的统计关系（李万彪，2014）

3.4.2.2　半透明云云顶高度（气压）、云顶温度和有效云量的 CO_2 切片反演法

云顶气压 CO_2 切片反演法是指利用 15 μm CO_2 吸收带内的足够接近的两个通道在相同视场中观测的辐亮度信息确定云顶气压的方法，它是由 Smith 和 Platt (1978)研究提出的，最适合于高空卷云。对于 15 μm CO_2 带内的足够接近的两个通道，云的发射率近似相等，即 $\varepsilon_1 \approx \varepsilon_2$，因此同一探测视场的有效云量相同。

对于由云层构成的视场，云层位于温度为 T_c 的气压层 P_c 上，令云量为 N，云的发射率为 ε_v，在忽略反射辐射的情况下，卫星观测的单色辐亮度可以写成如下形式。

$$I_v^{\uparrow}=(1-N\varepsilon_v)\left[B_v(T_s)\tau_v(p_s,p_c)+\int_{p_s}^{p_c}B_v(p)\frac{\partial\tau_v(p,p_c)}{\partial p}\mathrm{d}p\right]\tau_v(p_c,0)$$
$$+N\varepsilon_v B_v(T_c)\tau_v(p_c,0)+\int_{p_c}^{0}B_v(p)\frac{\partial\tau_v(p,0)}{\partial p}\mathrm{d}p \tag{3.4.1}$$

式中将云上大气和云下大气进行切片，分别给出对卫星测量的辐亮度的贡献。右边四项分别为地表发射的辐射贡献、云下大气的贡献、云的贡献和云上大气的贡献。

对于单色透过率，有

$$\tau_v(p_s,p_c)\times\tau_v(p_c,0)=\tau_v(p_s,0)$$
$$\tau_v(p,p_c)\times\tau_v(p_c,0)=\tau_v(p,0) \tag{3.4.2}$$

另外，对于晴空视场，$N\varepsilon_v = 0$，于是卫星观测的晴空单色辐亮度为

$$I_v^{dr} = B_v(T_s)\tau_v(p_s,0) + \int_{p_s}^{0} B_v(p)\frac{\partial\tau_v(p,0)}{\partial p}\mathrm{d}p \tag{3.4.3}$$

将有云视场的辐亮度减去晴空视场的辐亮度，则得

$$I_v^{\uparrow} - I_v^{dr} = -N\varepsilon_v B_v(T_s)\tau_v(p_s,p_c) - N\varepsilon_v\int_{p_s}^{p_c} B_v(p)\frac{\partial\tau_v(p,0)}{\partial p}\mathrm{d}p + N\varepsilon_v B_v(T_c)\tau_v(p_c,0) \tag{3.4.4}$$

进行分部积分后，得

$$I_v^{\uparrow} - I_v^{dr} = N\varepsilon_v\int_{p_s}^{p_c}\tau_v(p)\frac{\partial B_v(p)}{\partial p}\mathrm{d}p \tag{3.4.5}$$

对于 15 μm CO_2 带内的足够接近的相同视场的两个通道 v_1 与 v_2（如 13.35 μm 与 13.64 μm），$\varepsilon_1 \approx \varepsilon_2$，$N_1 = N_2$，由此可得

$$\frac{I_1^{\uparrow} - I_1^{dr}}{I_2^{\uparrow} - I_2^{dr}} = \frac{\int_{p_s}^{p_c}\tau_1(p,0)\frac{\partial B_1(p)}{\partial p}\mathrm{d}p}{\int_{p_s}^{p_c}\tau_2(p,0)\frac{\partial B_2(p)}{\partial p}\mathrm{d}p} \tag{3.4.6}$$

于是，如果温度廓线已知，通过计算不同气压 p_c 下式(3.4.6)右边的值，当式(3.4.6)等号两边计算值之差的绝对值最小时，对应的 p_c 即为云顶气压。一旦云顶气压确定下来，则通过已知的温度廓线即可得到云顶温度，进一步地，还可利用红外窗区通道辐亮度资料计算出有效云量。若红外窗区通道的波数为 v_3，则

$$I_3^{\uparrow} = N\varepsilon_3 B_3(T_c) + (1 - N\varepsilon_3)I_3^{dr} \tag{3.4.7}$$

式中，$B_3(T_c)$ 为窗区通道云顶温度为 T_c 的黑体云的辐亮度。因此，有效云量为

$$N' = N\varepsilon_3 = \frac{I_3^{\uparrow} - I_3^{dr}}{B_3(T_c) - I_3^{dr}} \tag{3.4.8}$$

另外，红外窗区通道 11 μm 和 CO_2 13.3 μm 吸收通道对于高云也有近似相同的发射率，同样也可采用与上述 CO_2 切片法类似的方法反演云顶气压（温度）与有效云量。

3.4.3　红外遥感反演卷云光学厚度与温度

卷云在热红外波段一般是透明的，因此在红外辐射传输处理中不能把卷云视为黑体，这也为利用红外波段遥感卷云参数提供了理论基础。

根据式(3.4.1)，在红外窗区波段，充满卷云的视场的卫星观测的单色辐亮度 I_v 可简化表示为

$$I_v = \varepsilon_v B_v(T_c) + (1 - \varepsilon_v)I_{av} \tag{3.4.9}$$

式中，T_c 是卷云的平均有效温度，B_v 是普朗克辐亮度，ε_v 是卷云的红外发射率，I_{av}

表示到达云底的上行辐亮度。式中右边第一项表示卷云发射的辐亮度，而第二项表示云下大气和地表的辐亮度透过卷云的部分。对于两个红外窗区波段，理论上可由两个辐亮度实测值联立求解出 ε_v 和 T_c 。但是，不同波段的发射率不同，实际上有 3 个未知数，且到达云底的上行辐亮度 I_{av} 也未知，因而利用两个红外窗区波段辐亮度实测值反演 ε_v 和 T_c 还需要做一些假设处理。对于卷云的红外发射率，近似地用可见光光学厚度表示为如下形式。

$$\varepsilon_v \approx 1 - \exp(-k_v\tau) \tag{3.4.10}$$

式中，k_v 表示消光系数，两个红外波段之间的消光系数比值可以通过假设一定的冰晶尺度分布函数而事先计算出来，这样两个红外波段的发射率就可以用光学厚度联系起来。另外，到达云底的上行辐亮度可以用附近的晴空像元的辐亮度代替。这样，就可利用两个红外窗区波段的辐亮度观测值确定卷云的光学厚度和温度了。目前，分别利用 3.7 μm 和 11 μm，6.5 μm 和 11 μm 两个红外通道的辐亮度均实现了对卷云光学厚度和温度的反演。卷云光学厚度和温度的反演也可将红外窗区和可见光通道结合起来进行反演。由于冰晶的尺度分布与温度有关，因此一旦确定了卷云的温度，也可进一步估计平均有效冰晶尺度。需要注意的是，这种双通道红外技术要求卷云的光学性质（发射率）在两个波长上有显著的差异。

3.4.4 云相态的红外遥感判别

云相态是指构成云的云滴的相态，主要分为冰晶、水滴、冰晶和水滴混合三种类型。云相态是云的热力学特征之一，决定了云的辐射性质。红外波段的云相态识别，主要是利用水和冰在 8～12.5 μm 波段的吸收系数的差异为理论基础的。

图 3.11 给出了 8～12.5 μm 波段水和冰的折射指数。由图 3.11b 可见，在 8～10 μm 波段，水和冰的折射指数的虚部（即吸收系数）几乎完全相同且数值较小，说明无法利用这一波段有效区分水和冰。而在 10～12 μm 波段，水和冰的折射指数虚部均随波长的增大而增大，且数值不同。在该波段，若含水量相同，则冰粒子比水粒子对辐射有更强的吸收，导致了在相同高度、厚度和粒子大小的情况下，冰云的亮温比水云低。另外，冰在 8～11 μm 波段的折射指数虚部的变化大于水的变化，这也为利用 8.5 μm 和 11 μm 双通道亮温判别云相态提供了依据，一般冰云的 $T_{8.5}-T_{11}$ 大于零，而水云的 $T_{8.5}-T_{11}$ 小于零。利用 8.5 μm，11 μm 和 12 μm 三通道进行云相态识别，则会进一步提高识别的准确性。对于冰云，$T_{8.5}-T_{11}$ 要比 $T_{11}-T_{12}$ 大，而对于水云，则 $T_{8.5}-T_{11}$ 要比 $T_{11}-T_{12}$ 小，这样冰云和水云可在 $T_{8.5}-T_{11}$ 为纵坐标、$T_{11}-T_{12}$ 为横坐标的点聚图上分离出来，冰云位于 45°对角线的上方，而水云位于下方，混合相态云则位于对角线附近。

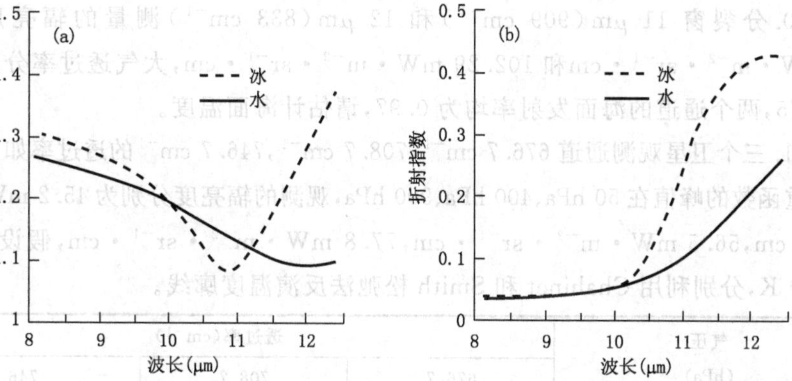

图 3.11　在 8～12.5 μm 波段水(实线)和冰(虚线)的折射指数(a)实部(b)虚部(李万彪,2014)

习　题

1. 大气中水汽、二氧化碳和臭氧的红外吸收带主要分布在哪些波段区间？大气红外窗区在哪个波段区间范围？

2. 上行红外辐射由哪些物理过程决定？下行红外辐射由哪些物理过程决定？

3. 从透过率函数 $\tau_v(p)=\exp[-\frac{1}{g}\int_0^p k_v(p')q(p')\mathrm{d}p']$ 定义出发，推导证明下述关系式成立。

$$\tau_v(p_s,p_c)\times\tau_v(p_c,0)=\tau_v(p_s,0)$$

$$\tau_v(p,p_c)\times\tau_v(p_c,0)=\tau_v(p,0)$$

$$\frac{\partial\tau_v(p)}{\partial p}=-\frac{1}{g}q(p)k_v(p)\tau_v(p)$$

4. 从式(3.4.1)推导出式(3.4.4)。

5. 通常卫星红外云图是指哪个波段通道获得的亮温分布图？其有何作用？

6. 在 CO_2 吸收带中的观测通道的权重函数峰值高度决定于什么因素？权重函数的锐度有什么因素有关？权重函数的锐度对什么因子有影响？

7. 在温度廓线的卫星红外遥感中，观测通道的确定有何原则？

8. 在温度廓线的卫星红外遥感反演中，统计反演法与物理反演法有何不同？约束线性反演法与直接线性法相比有何优点？最小方差法与非线性迭代法相比有何优点？

9. 简述温度廓线的卫星红外遥感反演中，直接线性反演法、约束线性反演法和最小方差法中预报因子的确定方法有何不同。

10. 分裂窗 11 μm(909 cm^{-1})和 12 μm(833 cm^{-1})测量的辐亮度分别为 96 mW·m^{-2}·sr^{-1}·cm和 102.29 mW·m^{-2}·sr^{-1}·cm,大气透过率分别为 0.85 和 0.75,两个通道的海面发射率均为 0.97,请估计海面温度。

11. 三个卫星观测通道 676.7 cm^{-1},708.7 cm^{-1},746.7 cm^{-1}的透过率如下表所示,设权重函数的峰值在 50 hPa、400 hPa、900 hPa,观测的辐亮度分别为 45.2 mW·m^{-2}·sr^{-1}·cm,56.5 mW·m^{-2}·sr^{-1}·cm,77.8 mW·m^{-2}·sr^{-1}·cm,假设地表温度为 280 K,分别利用 Chahinet 和 Smith 松弛法反演温度廓线。

气压 (hPa)	透过率(cm^{-1})		
	676.7	708.7	746.7
10	0.86	0.96	0.98
150	0.05	0.65	0.87
600	0.00	0.09	0.61
1000	0.00	0.00	0.21

12. 利用下行红外辐射与上行红外辐射进行云检测最大的不同在哪里?

13. 为何水汽密度廓线的卫星遥感反演比温度廓线更困难?

14. 举一例说明,如何利用红外窗区通道和水汽红外吸收通道进行云检测。

15. 编程读取一帧红外分裂窗 11 μm 和 12 μm 通道亮温数据,绘制 11 μm 和 12 μm通道亮温差与 11 μm 通道亮温散点图,并拟合它们之间的曲线,估计出云顶温度和地表温度。

16. 利用红外分裂窗区通道反演云顶高度的理论基础是什么?需要注意什么问题?

17. 利用 CO_2 切片法反演云顶高度的理论基础是什么?需要注意什么问题?

18. 利用双通道红外技术反演卷云光学厚度和温度时,两个通道的选择有何要求?为什么?

19. 简述 8～12.5 μm 波段水和冰的折射指数虚部差异特征,并说明如何应用于冰云和水云的区分。

20. 查阅文献,了解同步物理反演法原理和利用高光谱观测资料如何反演温度廓线。

21. 查阅文献,了解红外云检测和云参数反演最新方法。

22. 查阅文献,了解视场部分有云情况下,如何进行温度廓线的卫星红外遥感反演。

参考文献

董超华，李俊，张鹏，2013. 卫星高光谱红外大气遥感原理和应用[M]. 北京：科学出版社.

官莉，2007. 星载红外高光谱资料的应用[M]. 北京：气象出版社.

李万彪，2014. 大气遥感[M]. 北京：北京大学出版社.

孙学金，高太长，翟东力，等，2008. 基于非制冷红外焦平面阵列的全天空红外测云系统[J]. 红外与激光工程，37(5)：761-764.

孙学金，2009a. 云的地基全天空红外遥感研究[D]. 北京：北京大学.

孙学金，刘磊，高太长，等，2009b. 基于 LBP 算法的全天空红外云图的分类研究[J]. 大气科学学报，32(4)：490-497.

孙学金，陈峰，刘磊，等，2011. 纹理与阈值相结合的云识别方法[J]. 解放军理工大学报(自然科学版)，12(4)：397-402.

孙学金，秦超，刘磊，等，2012. 中低云云底高地基遥感的初步研究[J]. 遥感学报，16(1)：166-173.

LIOU K N，2004. 大气辐射导论(第2版)[M]. 郭彩丽，周诗健，译. 北京：气象出版社.

LIU L，SUN X，CHEN F，et al，2011. Cloud classification based on structure features of infrared images[J]. Journal of atmospheric and oceanic technology，28(3)：410-417.

SEEMANN S W，LI J，MENZEL P W，et al，2003. Operational retrieval of atmospheric temperature，moisture，and ozone from MODIS infrared radiances[J]. Journal of applied meteorology，42：1072-1091.

SMITH W L，PLATT C M，1978. Comparison of satellite-deduced cloud heights with indications from radiosonde and ground-based laser measurements[J]. Journal of applied meteorology，17：1796-1802.

第4章　激光大气遥感

自1960年第一台激光器研制成功后，由于激光具有高单色、高准直、高相干、高亮度、短脉冲等特性，使得激光雷达对大气的探测拥有很多其他设备不具备的优点，特别在基于差分吸收原理和拉曼散射原理的大气气体成分的探测以及基于米散射的大气气溶胶探测等方面，激光雷达的能力是其他遥感方式无法比拟的。

激光气象雷达是利用大气气体分子或气溶胶、云粒子对激光的散射、吸收、退偏或多普勒效应探测大气参数的，具有高时空分辨率、能连续监测大气变化的优点。目前用于探测大气的激光波段覆盖紫外到红外波段。由于激光对云和降水的穿透能力差，因而难以测得云和降水区内的信息，因此，激光气象雷达主要用于晴空大气测量。激光气象雷达与毫米波云雷达、微波天气雷达可互为补充，实现对大气的全天候测量。

本章首先简要介绍激光与大气中的分子、气溶胶粒子之间的作用机制，为理解激光气象雷达遥感原理提供基础知识，而后介绍激光气象雷达种类、组成结构与气象雷达方程，最后分别介绍利用激光气象雷达进行气溶胶、云、气体密度、温度、风等参数的遥感原理与反演方法。

4.1　激光与大气的相互作用

4.1.1　大气对激光的散射、荧光与吸收作用

激光在大气介质中传输时，受到原子、分子、气溶胶粒子、云滴等的吸收、散射作用。原子、分子、小尺度气溶胶粒子会对激光产生瑞利(Rayleigh)散射，大尺度气溶胶粒子、云滴等对激光会产生米(Mie)散射。米散射和瑞利散射不会引起散射光的频率变化，称之为弹性散射。当激光频率与原子或分子的固有共振频率一致或在其附近时，将会产生散射频率变化的拉曼(Raman)散射，又称非弹性散射。瑞利散射过程中的散射光子与散射成分之间没有任何明显的能量交换，而拉曼散射过程中的散射光子与散射成分之间则是有大量的能量交换，如图4.1a和图4.1b所示。图中ν_0

是入射光频率，υ_r 是散射光频率，i，m 和 f 表示初能级、中间能级和终能级。拉曼散射分量的频率偏离入射光束的频率，其偏离量对应于该成分的内能，拉曼散射截面通常比瑞利散射截面约小 3 个数量级。当入射频率 υ_0 被调谐到原子和分子的固有共振频率附近或和其固有共振频率一致时，可以预期由于极化张量的共振增强而使拉曼散射截面显著增加。这个过程通常称为共振拉曼散射，它不仅包括精确的共振，还包括接近共振的相互作用，如图 4.1c 所示。共振拉曼散射比普通拉曼散射截面要大 3～6个数量级。

荧光是原子或分子吸收入射辐射激励到受激态之后紧接着会发生光子的自发发射，入射辐射的频率 υ_0 要在原子或分子的某一特定的吸收线上或吸收带内。在图 4.1d 中，受激能级通过回到原来的低能级和不同的低能级的跃迁重发射光子而减少，发射呈现出通常称为共振荧光的一些分立峰。受激的原子和分子也受到碰撞，通过无辐射跃迁，使其再分配至图 4.1e 波状箭头所示的其他受激能级，进一步产生近于连续光谱那样的荧光增宽。由于空气分子的碰撞，各类荧光在大气中一般都要经受猝灭，因而低层大气的荧光强度比高层大气低几个数量级，但是猝灭后的荧光截面通常仍大于瑞利散射截面和普通拉曼散射截面。荧光通常认为是两个单光子过程，而散射则一般认为是双光子过程。散射是一个由频率为 υ_0 的单光子猝灭与另一个频率为 υ_r 的光子产生实际上同时发生的单级作用所描述的双光子过程，而荧光则是一个频率为 υ_0 的单光子的吸收与随之而来的频率为 υ_r 的单光子自发发射的两级相互作用。共振荧光与拉曼散射发出的频率均会发生改变，且与产生共振荧光与拉曼散射的原子或分子种类有关，因而可用这些作用过程来对某种原子或分子进行激光探测。强吸收区域的激发也可同时导致光子发射，其频率等于或者非常接近于激励频率 υ_0，这种过程称为共振散射，如图 4.1f 所示，也是一种双光子过程。

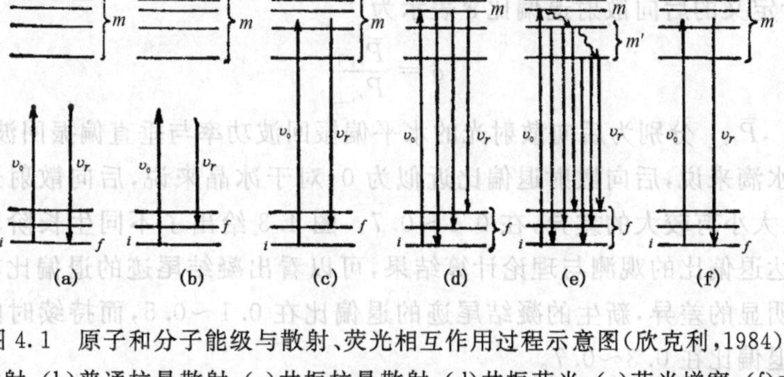

图 4.1　原子和分子能级与散射、荧光相互作用过程示意图（欣克利，1984）

(a)瑞利散射；(b)普通拉曼散射；(c)共振拉曼散射；(d)共振荧光；(e)荧光增宽；(f)共振散射

当激光波长恰与大气中某些分子吸收谱线重合时，激光在大气中传输时还将受到大气分子的强烈吸收。在紫外、可见和红外区，大气的主要吸收气体是水汽、二氧化碳、臭氧和氧，次要吸收气体是一氧化碳、甲烷和氧化氮等。另外，大气湍流对激光传输还会产生强度起伏和光束畸变等现象。

激光与大气物质相互作用产生的散射、发射或吸收频率关系及截面量级如表4.1所示，其中第四栏表示 SO_2 分子在300～400 nm光波范围内相互作用截面的典型数值。

表 4.1　激光与大气相互作用过程的比较(欣克利,1984)

相互作用	过　程	频率关系	截面($cm^2 \cdot sr^{-1}$)	可探测成分
散射	米氏	$\upsilon_0=\upsilon_r$	10^{-26}～10^{-8}	微粒物质
	瑞利(非共振)	$\upsilon_0=\upsilon_r$	10^{-26}	原子和分子
	瑞利(共振)	$\upsilon_0=\upsilon_r$	10^{-23}	原子和分子
	拉曼(非共振)	$\upsilon_0\neq\upsilon_r$	10^{-29}	分子(原子)
	拉曼(共振)	$\upsilon_0\neq\upsilon_r$	10^{-26}	分子(原子)
发射	荧光(猝灭的)	$\upsilon_0=\upsilon_r$	10^{-26}	原子和分子
	荧光(猝灭的)	$\upsilon_0\neq\upsilon_r$	10^{-24}	原子和分子
吸收		$\upsilon_0=\upsilon_r$	10^{-20}	原子和分子

注：υ_0 为激光频率，υ_r 为散射频率

4.1.2　大气对激光的退偏效应

当线偏振的激光入射到大气中的非球形气溶胶粒子、冰晶上时，其后向散射光是由入射激光经过粒子内部多次内反射产生的，这种内反射将使最初的电矢量振动平面产生转动，使得在与原先的振动平面垂直的方向上产生电场强度，从而产生退偏效应，如图4.2所示。假设入射的激光是垂直线偏振的，则退偏效应大小可用式(4.1.1)所定义的后向散射退偏比 δ 表示为

$$\delta=\frac{\overline{P}_{r,\parallel}}{\overline{P}_{r,\perp}} \tag{4.1.1}$$

式中，$\overline{P}_{r,\parallel}$，$\overline{P}_{r,\perp}$ 分别为后向散射光的水平偏振回波功率与垂直偏振回波功率。

对于水滴来说，后向散射退偏比近似为0；对于冰晶来说，后向散射退偏比随冰晶的形状、大小有较大的差异，在0.1～0.7。图4.3给出了不同生长阶段凝结尾迹的激光雷达退偏比的观测与理论计算结果，可以看出凝结尾迹的退偏比在不同生长阶段具有明显的差异，新生的凝结尾迹的退偏比在0.1～0.5，而持续时间较长的凝结尾迹的退偏比在0.3～0.7。

4.1.3　大气对激光的多普勒频移效应

由于气溶胶、气体分子的运动，对入射到其上的激光产生多普勒频移效应，改变

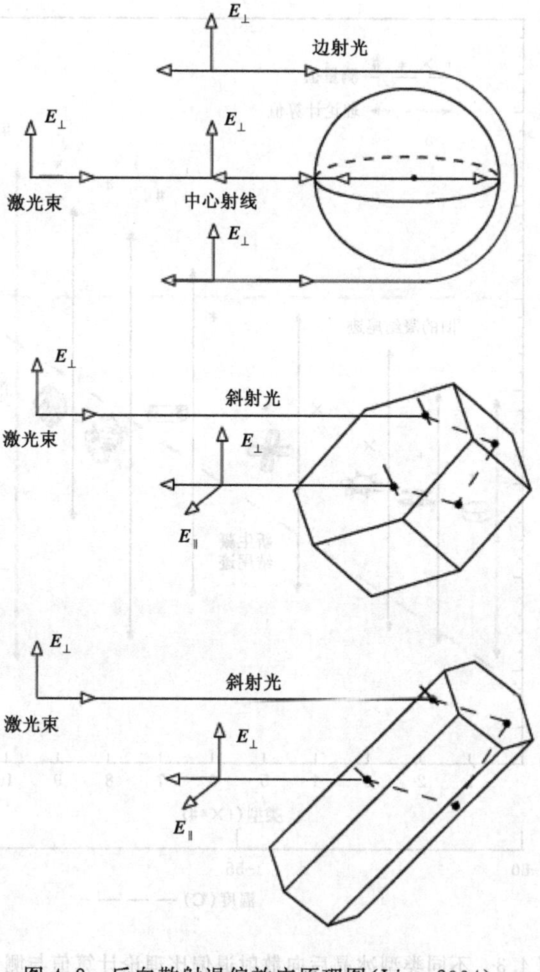

图 4.2　后向散射退偏效应原理图(Liou,2004)

返回的激光回波信号频率,其多普勒频移 Δf 与径向速度分量 V_{LOS} 之间具有式(4.1.2)关系。

$$\Delta f = -\frac{2V_{LOS}}{\lambda} \tag{4.1.2}$$

根据气体分子运动理论,当运动态处于热力学平衡时,气体分子运动速度满足麦克斯韦一玻尔兹曼分布,即速度分量位于区间 V 和 $V+\mathrm{d}V$ 之间的概率 $p(V)$ 为

$$p(V) = \frac{1}{\sqrt{2\pi}\sigma_V}\exp\left(-\frac{V^2}{2\sigma_V^2}\right) \tag{4.1.3}$$

式中,σ_V 为速度标准偏差。

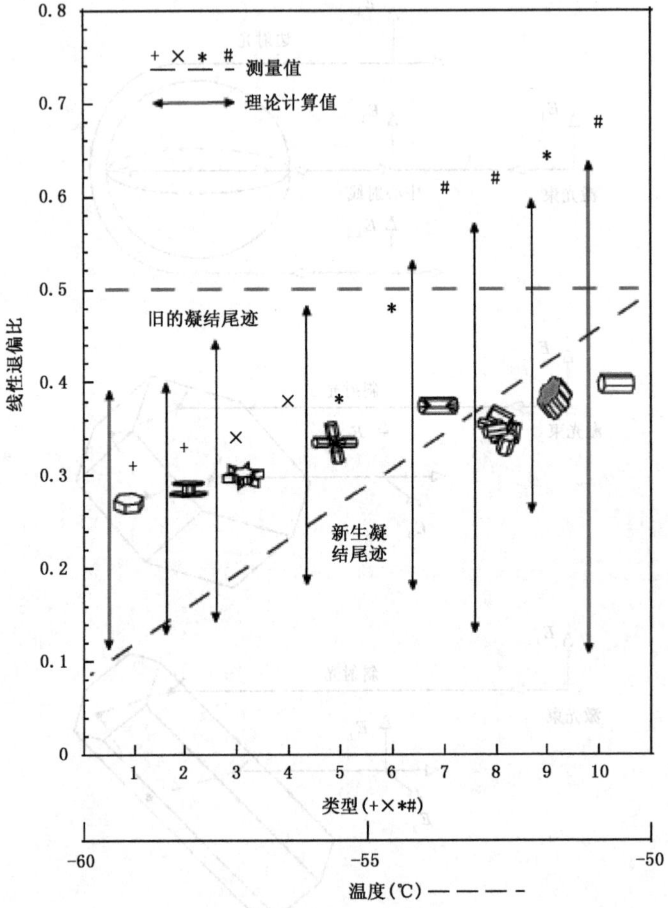

图 4.3　不同类型冰晶后向散射退偏比理论计算值与测量值
(Liou,2004)

$$\sigma_V = \sqrt{\frac{k_B T}{m}} \tag{4.1.4}$$

式中，m 为单个气体分子的质量，对于空气分子来说，$m = \frac{M_{air}}{N_{avo}} = 4.82 \times 10^{-26}$ kg，T 为绝对温度，k_B 为玻尔兹曼常数。因而由于空气分子运动引起的多普勒频移也具有相似的谱分布，即瑞利散射谱分布 $R(f)$ 具有与式(4.1.3)类似的公式。

$$R(f) = \frac{1}{\sqrt{2\pi}\sigma_R} e^{-\frac{(f-f_R)^2}{2\sigma_R^2}} \tag{4.1.5}$$

其中，σ_R 为瑞利散射谱的标准偏差，可用式(4.1.6)表示；f_R 为瑞利散射谱中心频率，其大小与平均运动速度有关，$f_R = f_0 + \Delta\bar{f}$，$f_0$ 为发射激光中心频率，$\Delta\bar{f}$ 为平均多普勒频移。

$$\sigma_R = \frac{2\sigma_v}{\lambda_0} = \frac{2f_0}{c}\sqrt{\frac{k_B T}{M_{air}/N_{avo}}} \tag{4.1.6}$$

式中，λ_0 为发射激光中心波长，c 为光速，N_{avo} 为阿伏加德罗常数；M_{air} 空气分子平均摩尔质量，相关参数值见表 4.2。对于波长为 355 nm 的激光，若气温为 300 K，则瑞利散射谱标准偏差约为 1.65 GHz。

表 4.2 有关常量参数

参数	标记符号	参考值
光速	c	$2.9979\times10^8\ \text{m}\cdot\text{s}^{-1}$
普朗克常数	h	$6.62\times10^{-34}\ \text{J}\cdot\text{s}$
玻尔兹曼常数	k_B	$1.38\times10^{-23}\ \text{J}\cdot\text{K}^{-1}$
阿伏伽德罗常数	N_{avo}	$6\times10^{23}\ \text{mol}^{-1}$
空气分子摩尔质量	M_{air}	$29\times10^{-3}\ \text{kg}\cdot\text{mol}^{-1}$

米散射谱通常与发射激光谱相同，可用高斯公式表示为

$$M(f) = \frac{1}{\sqrt{2\pi}\sigma_M} e^{\frac{(f-f_M)^2}{2\sigma_M^2}} \tag{4.1.7}$$

式中，σ_M 为米散射谱的标准偏差。

$$\sigma_M = \frac{f_{FWHM}}{2\sqrt{2\ln 2}} \tag{4.1.8}$$

式中，f_{FWHM} 为发射激光半高线宽，通常为 50 MHz 左右，米散射谱宽与发射激光谱宽相当。

图 4.4 给出了空气分子与气溶胶对激光的瑞利散射谱和米散射谱分布曲线。从图中可以看出，由于分子热运动速度分布较宽，瑞利散射谱也较宽，但散射强度较小，而米散射谱较窄，但强度较大，叠加在瑞利散射谱之上，形成陡峭的尖峰。

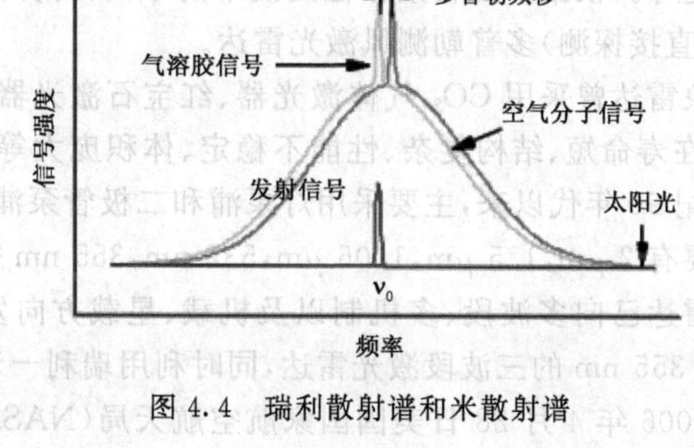

图 4.4 瑞利散射谱和米散射谱

4.2　激光气象雷达

4.2.1　种类与发展现状

从1963年第一台红宝石米散射激光雷达问世以来，已研制了可用于探测气温、气压、湿度、风、气体分子浓度、气溶胶、云等多种大气参数的激光气象雷达。根据激光与大气的相互作用机制，激光气象雷达主要可分为如下7类。

(1)米散射激光气象雷达。利用大气中的气溶胶粒子、云粒子对激光的米散射作用机制来探测30 km以下低空大气中的尘埃、云雾等特性的激光雷达。

(2)瑞利散射激光气象雷达。利用大气中原子、分子对激光的瑞利散射作用机制而工作的激光雷达，主要用于对中高层大气密度、温度等进行探测。

(3)拉曼散射激光气象雷达。利用拉曼散射频率与作用的气体分子种类有关的原理对大气中特定气体分子密度或温度进行探测的激光雷达。又可分为转动拉曼激光雷达与振动拉曼激光雷达。

(4)差分吸收激光气象雷达。利用气体分子对不同波长激光的吸收作用不同探测大气中特定气体浓度或温度的激光雷达，如微量污染气体密度的激光雷达。

(5)共振荧光激光气象雷达。利用在某些特定的激光波长下原子或分子发生共振荧光增强的现象对特定气体浓度或温度进行探测的雷达。由于在低空大气中，原子、分子的密度很大，碰撞十分频繁，容易发生荧光的淬灭效应。因此，共振荧光激光雷达多用于对高层大气探测。

(6)偏振激光气象雷达。利用气溶胶、冰晶对激光的退偏效应，通过探测激光的水平与垂直极化分量而识别气溶胶种类或冰晶的激光雷达。

(7)多普勒测风激光雷达。利用气体分子、气溶胶随风运动而产生的多普勒效应，通过对多普勒频移进行检测而探测大气运动的激光雷达。根据接收处理的散射信号源不同，可分为瑞利散射多普勒测风激光雷达、米散射多普勒测风激光雷达、钠层荧光测风激光雷达等。根据多普勒频移检测技术的不同，可分为相干多普勒测风激光雷达和非相干(直接探测)多普勒测风激光雷达。

早期的激光气象雷达曾采用CO_2气体激光器、红宝石激光器作为激光光源，但由于CO_2激光器存在寿命短、结构复杂、性能不稳定、体积庞大等缺陷，使其发展受到很大限制。20世纪90年代以来，主要采用灯泵浦和二极管泵浦激光器，用于大气遥感的激光波段主要有2 μm，1.5 μm，1.06 μm，532 nm，355 nm等。

目前激光气象雷达已向多波段、多机制以及机载、星载方向发展。如同时发射1064 nm，532 nm和355 nm的三波段激光雷达，同时利用瑞利—米—拉曼散射效应探测的激光雷达。2006年4月28日美国国家航空航天局(NASA)联合Fibertekw

公司、法国国家空间研究中心(CNES)发射的CALIPSO卫星上装载了一台正交偏振云和气溶胶激光雷达(CALIOP),它发射1064 nm和532 nm两个波长的激光,并接收1064 nm和532 nm的两个正交偏振分量。从20世纪80年代开始,美国、欧空局、日本就开始论证和研究星载激光多普勒测风雷达,目前ESA正式启动了全球第一个星载非相干测风激光雷达项目ADM-Aeolus,并于2018年8月发射,该星载激光雷达利用355 nm的激光,采用基于Fizeau干涉仪的Mie多通道技术和基于连续双F-P标准具的Rayleigh双通道技术实现从地面到20 km高度的径向风廓线探测。2000年,美国重启星载测风激光雷达计划,由美国国家航空航天局、美国国家海洋和大气管理局和美国国防部联合开发全球风探测器(GWOS),拟采用2 μm相干和355 nm非相干相结合的探测方法实现全球水平矢量风廓线的探测。

4.2.2 组成结构与工作原理

激光气象雷达通常由五部分组成,如图4.5所示。①激光发射单元,包括激光器和发射光学元件。发射光学元件通常由扩束、整形、激光发射导向元件等组成。发射光学元件除了用来改善发射激光的发散角外,还要保证发射的激光束与接收光学单元的光轴平行或同轴。②接收光学单元,包括一个或者多个接收望远镜,主要功能是收集一定角度范围内的大气后向散射光。③后继光学单元,通常由目镜、分色/分束片、光谱器件等组成,主要功能是抑制天空辐射背景光和分离回波信号光的光谱信息。④信号探测与采集单元,包括光子探测器、放大器、采集器等,主要功能是对激光雷达接收到的大气后向散射光进行光电转换、电信号的放大和数据采集。⑤运行控制单元,包括激光主波控制器、光电倍增管门控制器、主控计算机及激光雷达运行程序、数据处理程序和显示软件等。主要功能是保证激光发射、回波信号探测、数据采集、传送和存储一致有序进行并对数据进行实时处理与显示。

激光器产生一束激光经发射光学元件扩束、整形、导向后射向大气,大气中的分子、气溶胶粒子对其产生散射或荧光,其中一部分后向回波信号进入接收望远镜视场,通过后继光路分离出所需的回波信号光的光谱信息,由光子探测器将光信号转换为电信号,经放大处理后由采集器采集处理成数字信号,然后送入运行控制单元进一步处理,反演生成气象产品并显示。运行控制单元还承担协调整机发射、接收、采集、扫描等工作。

激光气象雷达采用的激光器主要有气体激光器、固体激光器。曾用CO_2激光器作为激光源,输出波长10.6 μm的激光,目前多用掺钕钇铝石榴石(Nd:YAG)固体激光器作为激光源,采用激光二极管泵浦,输出波长1.064 μm激光,进一步地通过分频,输出二倍频532 nm和三倍频355 nm的激光。二极管泵浦激光器无需制冷,泵浦能量耦合效率高,稳定性强,光束质量好,寿命长,结构紧凑。目前也有采用光纤激光器作激光源,产生波长1550 nm激光。激光器主要参数为激光波长、单脉冲能量、脉冲重复频率、脉冲宽度等。激光器和望远镜的光轴彼此平行或同轴，通过大气传输的激光束处于望远镜的视场内。

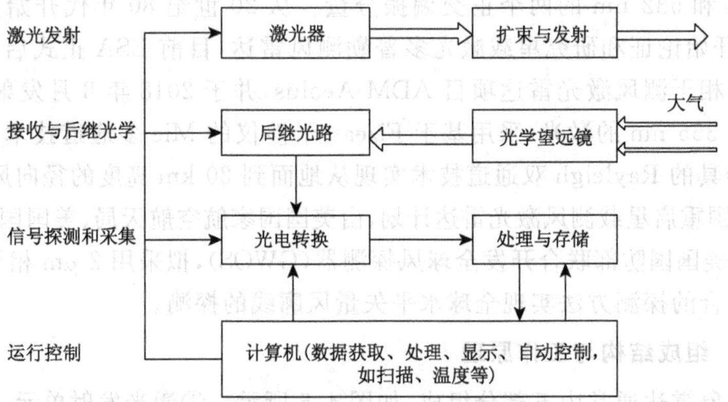

图 4.5 激光气象雷达基本组成框图(王英俭等，2014)

常用的接收望远镜类型有卡塞格林和牛顿反射式。望远镜的口径越大，收集到的大气后向散射光越多，越有利于提高信噪比。不同类型的激光气象雷达，后继光学单元差异较大。

光子探测器一般采用光电倍增管 PMT、雪崩光电二极管 APD 等。PMT 探测器在 532 nm 波长具有比较大的线性动态范围、较低的暗噪声以及合理的量子效率；雪崩光电二极管 APD 探测器在 1064 nm 波长具有相当好的动态范围和量子效率，而 PMT 在此波段量子效率低，但 APD 相较于 PMT 暗噪声会偏大。

图 4.6 所示为星载激光雷达 CALIOP 的发射接收系统示意图，其采用半导体泵浦 Nd:YAG 激光器作为发射源，激光器的重复频率为 20 Hz，发射 1064 nm 和 532 nm双波长，激光输出能量均为 110 mJ；激光束发散角只有 100 μrad，在地球表面形成的光斑直径为 70 m；接收望远镜直径为 1 m，接收系统视场角为 130 μrad。有 3 个接收通道，通过分光、退偏、滤光等光学器件，分别接收 1064 nm 大气后向散射信号强度，以及 532 nm 大气后向散射信号的水平和垂直偏振分量。

4.2.3 激光气象雷达方程

激光气象雷达是利用接收的后向散射回波信号来对大气进行探测的，其接收的回波功率与大气参数之间的相互关系式是开展大气参数反演的出发点，这个关系式称之为激光气象雷达方程。

距离激光器 r 处的单个粒子产生的后向散射回波通量密度为

$$F^s(\pi) = F^i \frac{\sigma_s}{r^2} \cdot \frac{P(\pi)}{4\pi} \tag{4.2.1}$$

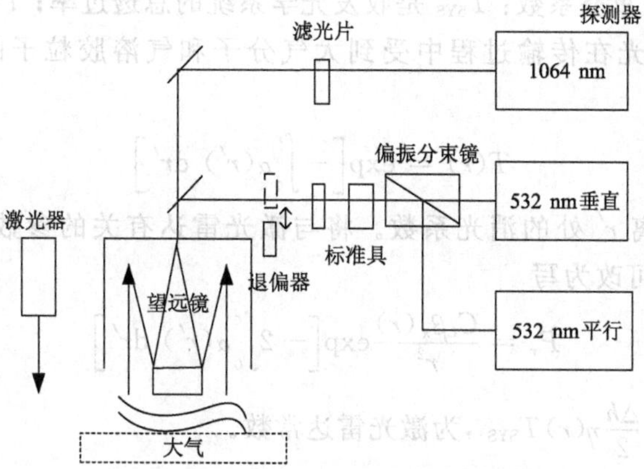

图 4.6　CALIOP 激光雷达发射接收系统示意图

式中，σ_s 为散射截面，$P(\pi)$ 为后向散射相函数，F^i 为入射通量密度，其与发射功率之间的关系为

$$F^i = \frac{P_t}{A_t} \tag{4.2.2}$$

式中，P_t 为激光发射功率，A_t 为在距离 r 处的发射激光剖面面积。若接收器口径面积为 A_r，则接收的单个粒子后向散射回波功率为

$$P_r = F^s(\pi)A_r = \frac{P_t}{A_t}\frac{\sigma_s P(\pi)}{4\pi r^2}A_r \tag{4.2.3}$$

令激光脉冲长度为 Δh，则有效散射体积为 $A_t\Delta h/2$，只有在有效散射体积内的所有粒子产生的后向散射回波才能同时到达接收器，于是在某一时刻接收到的有效照射体积内所有粒子产生的回波功率为

$$\overline{P}_r = A_t\frac{\Delta h}{2}\int_0^\infty P_t\frac{A_r P(\pi)}{A_t 4\pi r^2}N(a)\sigma_s(a)\mathrm{d}a = P_t\frac{P(\pi)}{4\pi r^2}\frac{\Delta h}{2}A_r\beta_s \tag{4.2.4}$$

式中，a 表示产生散射的粒子半径，$N(a)$ 为粒子谱分布，β_s 为散射系数，表示单位体积内所有粒子散射截面之和。

$$\beta_s = \int_0^\infty N(a)\sigma_s(a)\mathrm{d}a \tag{4.2.5}$$

由于后向散射系数 $\beta_\pi = P(\pi)\beta_s$，所以

$$\overline{P}_r = P_t\frac{\beta_\pi A_r}{4\pi r^2}\frac{\Delta h}{2} \tag{4.2.6}$$

考虑到大气的消光作用以及收发光学系统的透过率和几何重叠效应，描述激光气象雷达的普遍方程为

$$\overline{P}_r = P_t\frac{\beta_\pi A_r}{4\pi r^2}\frac{\Delta h}{2}\eta(r)T_{\mathrm{SYS}}T^2(r) \tag{4.2.7}$$

式中，$\eta(r)$ 是几何重叠系数；T_{SYS} 是收发光学系统的总透过率；$T(r)$ 是单程大气透过率，它表明了激光在传输过程中受到大气分子和气溶胶粒子的衰减程度，如式(4.2.8)所示。

$$T(r) = \exp\left[-\int_0^r \alpha(r')\,\mathrm{d}r'\right] \tag{4.2.8}$$

式中，$\alpha(r')$ 为距离 r' 处的消光系数。将与激光雷达有关的参数定义为一个常数 C_L，则式(4.2.7)可改为写

$$\overline{P}_r = \frac{C_L\beta_\pi(r)}{r^2}\exp\left[-2\int_0^r \alpha(r')\,\mathrm{d}r'\right] \tag{4.2.9}$$

式中，$C_L = \frac{P_t A_r}{4\pi}\frac{\Delta h}{2}\eta(r)T_{SYS}$，为激光雷达常数。

几何重叠系数是由于激光雷达采用收发分置的方式而造成的，如图 4.7 所示，激光雷达系统的发射光束与接收望远镜是分置的且视场是轴向平行的，由于发射光束和接收望远镜各有发散角和接收视场，故近距离的回波信号不能完全被接收望远镜接收，可用几何重叠系数 $\eta(r)$ 进行校正。几何重叠系数的物理意义是距离 r 处剖面上能被接收望远镜接收到的光束面积占整个发射光束面积的比值。从图 4.7 可知，当 $r \leqslant R_1$ 时，$\eta(r) = 0$，称为探测盲区，R_1 称为盲区距离，此时接收不到激光大气回波信号；当 $R_1 < r < R_2$ 时，$0 < \eta(r) < 1$，称为过渡区，此时部分激光回波信号进入接收望远镜，激光能量有效利用率随距离的增加逐渐增加；当 $r \geqslant R_2$ 时，$\eta(r) = 1$，称为充满区，激光后向散射能量全部被利用，R_2 称为充满区距离。

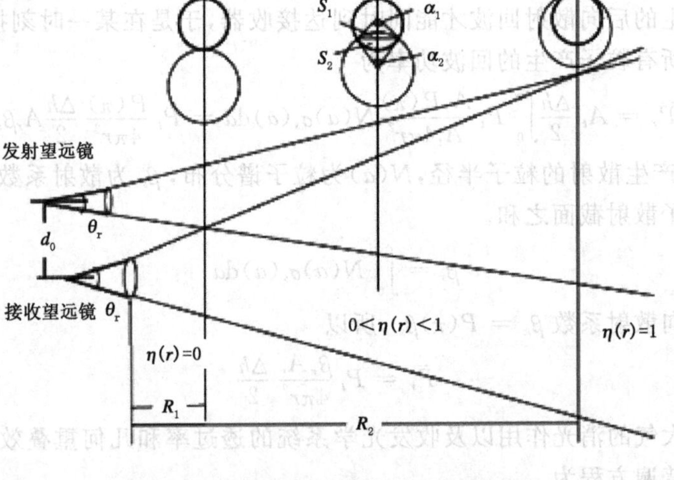

图 4.7 发射与接收光束几何重叠关系图

虽然可以利用几何关系求解几何重叠系数，但由于激光光束的不均匀性及激光雷达系统结构(激光束发散角、接收视场角、滤光片入射角、接收望远镜中的阻碍物和接收望远镜的直径大小，两光轴间距等参数)的不确定性，大大降低了几何方法求解重叠系数的准确性，因此，常常采用实验方法测定几何重叠系数。

由式(4.2.7)和式(4.2.9)可见，激光气象雷达接收到的回波功率除与激光雷达本身的技术参数有关外，还与大气的后向散射系数 $\beta_\pi(r)$ 、消光系数 $\alpha(r)$ 以及距离等有关。后向散射系数、消光系数均与分子和气溶胶粒子的光学特性有关，从方程可见只有在确定了两者之间的关系后，才有可能从该方程中分别求出后向散射系数 $\beta_\pi(r)$ 和消光系数 $\alpha(r)$ 廓线。

4.3 激光遥感气溶胶与云参数

激光与气溶胶粒子和云滴的米散射作用是所有作用机制中最强的，利用激光遥感气溶胶与云是激光遥感最重要的应用。自 20 世纪 60 年代初就开始了利用激光雷达遥感云的研究，21 世纪初又开展了星载气溶胶与云的激光遥感研究，法国与美国于 2006 年 4 月联合发射了第一颗搭载云与气溶胶正交偏振激光雷达(CALIOP)的卫星 CALIPSO。利用米散射激光雷达，可获取消光系数、后向散射系数廓线，并在此基础上进行气溶胶光学厚度、气溶胶种类、云底高、垂直能见度等参数的遥感。Collis 等(1976)在大气均匀分布的假设下，提出了从激光雷达后向散射回波功率求解平均消光系数的反演方法，即所谓斜率法。但由于大气均匀分布假设过于严格，随后，Klett(1981)在假设气溶胶消光系数与后向散射系数之间具有指数比例关系基础上，提出了适用于非均匀大气条件的气溶胶消光系数廓线反演方法。但由于气溶胶消光系数与后向散射系数之间的关系受到许多因子，特别是气溶胶种类的影响，因而气溶胶消光系数反演精度还不高。之后，许多学者对两参数关系的确定进行了大量的研究工作，并对气体分子与气溶胶的影响进行了分离，进一步提高了气溶胶消光系数反演精度。

4.3.1 消光系数廓线反演

4.3.1.1 均匀情况下的大气消光系数廓线反演

激光气象雷达方程式(4.2.9)是利用激光雷达进行遥感反演气象参数的理论基础。式中 $\beta_\pi(r)$ 和 $\alpha(r')$ 分别代表大气(含分子与气溶胶)后向散射系数和消光系数，两者都随距离而变化。为了对式(4.2.9)求解，定义一个回波功率距离平方修正量 $S(r)$ 。

$$S(r) = \ln[r^2 \bar{P}_r(r)] \tag{4.3.1}$$

将其代入式(4.2.9)，对距离求导后得

$$\frac{\mathrm{d}S(r)}{\mathrm{d}r}=\frac{1}{\beta_\pi(r)}\frac{\mathrm{d}\beta_\pi(r)}{\mathrm{d}r}-2\alpha(r) \tag{4.3.2}$$

当大气均匀时，$\beta_\pi(r)$ 与 $\alpha(r)$ 均不随距离而变化，为常数。于是有

$$\frac{\mathrm{d}S(r)}{\mathrm{d}r}=-2\alpha \tag{4.3.3}$$

由此可以得出均匀时的大气消光系数为

$$\alpha=-\frac{1}{2}\frac{\mathrm{d}S(r)}{\mathrm{d}r} \tag{4.3.4}$$

由式(4.3.4)可以看出，消光系数与回波功率随距离变化的斜率成正比。对曲线 $S=S(r)$ 进行最小二乘法拟合，求出曲线的斜率即可得出均匀大气中的消光系数，这种求解消光系数的方法是 Collis 等(1976)首先提出的。在大气非均匀情况下，利用此方法可近似求解出平均消光系数值。此种方法反演出的消光系数包括气溶胶与气体分子的共同作用。

当激光气象雷达进行水平探测时，大气水平均匀的条件一般能满足，此时可利用激光气象雷达进行水平气象能见度的测量。根据气象光学距离(*MOR*)的定义，大气消光系数 α 与 *MOR* 之间的关系为

$$MOR=\frac{3.912}{\alpha} \tag{4.3.5}$$

因此，利用激光气象雷达可在水平均匀假设下确定当时的 *MOR* 值。

4.3.1.2 非均匀情况下的大气消光系数廓线反演

但是，一般情况下大气并不均匀，尤其是激光雷达垂直观测时，大气消光系数和后向散射系数随距离而变化，这时均匀大气假设就不成立。为了反演消光系数，Klett(1981)假设大气消光系数和后向散射系数两者之间满足如下关系。

$$\beta_\pi(r)=B\alpha(r)^k \tag{4.3.6}$$

式中，B 为常数，指数 k 依赖于激光雷达的波长以及大气气溶胶的性质，变化范围一般为 0.7～1.3，典型值为 1，张文煜等(2008)认为对兰州市区而言，k 值取 0.8 或 0.9 较为合理。

将式(4.3.6)代入式(4.3.2)得

$$\frac{\mathrm{d}S(r)}{\mathrm{d}r}=\frac{k}{\alpha(r)}\frac{\mathrm{d}\alpha(r)}{\mathrm{d}r}-2\alpha(r) \tag{4.3.7}$$

此非线性方程的解为

$$\alpha(r)=\frac{\exp[(S(r)-S_0)/k]}{\dfrac{1}{\alpha_0}-\dfrac{2}{k}\displaystyle\int_{r_0}^{r}\exp[(S(r')-S_0)/k]\,\mathrm{d}r'} \tag{4.3.8}$$

式中，S_0 和 α_0 为参考距离 r_0 处的经距离修正后的回波功率以及消光系数。此解从理论上讲，比传统斜率法更合理，应用范围也更加广泛，但实际应用时发现该解很不

稳定，并且经常会产生严重发散的结果。从形式上看，该解是一个比值，由于消光和散射的作用，r_0 以外的回波信号强度会随距离的增大而逐渐减弱，即比值中分子与分母都会逐渐减小。但是由于分母是两个相对大的数的差值，分母随距离增大而减小的趋势会更加明显，比分子更快地趋向于零。这样的结果必然会导致消光系数的解极为不稳定。同时，为了避免计算结果出现奇点或无穷大的情况，α_0 估计值必须非常精确，但此精度即便是对于完全没有噪声的信号来说也无法达到。

通过对式(4.3.8)分析发现，该解为病态结构，将其做一个小的变化，可得到新的稳定的解。

$$\alpha(r)=\frac{\exp[(S(r)-S_c)/k]}{\dfrac{1}{\alpha_c}+\dfrac{2}{k}\int_r^{r_c}\exp[(S(r')-S_c)/k]\,\mathrm{d}r'} \tag{4.3.9}$$

选定一个参考距离 r_c，积分范围由原来的 $r>r_0$ 变为 $r<r_c$，即由前向积分变为后向积分。式(4.3.9)中，$S_c=S(r_c)$，$\alpha_c=\alpha(r_c)$。由于新解分母变成了两项之和，不存在式(4.3.8)解中的问题，因此，新的解很容易保持稳定性，这是由 Klett(1981)首先提出的求解方法。从分母的形式可以看出，该稳定解对参考点处的边界初值 α_c 的精度要求并不高。当光学厚度较大时，相应的 α_c 可以通过两点斜率法做出简单的近似估计。

$$\alpha_c\approx\frac{1}{2}\frac{(S_c-S_0)}{(r_c-r_0)} \tag{4.3.10}$$

模拟计算证明，即使 α_c 的误差达到±50%时，它对计算结果的影响依然很小，因此这样的求解方法可以获得大气消光系数相对精确的稳定解。

4.3.1.3 非均匀情况下气溶胶消光系数廓线反演

当激光在无云大气中传输时，要受到气体分子和气溶胶两部分的同时作用，这时 α 和 β_π 实际都包括两部分的贡献，即气体分子的贡献和气溶胶的贡献。气体分子和气溶胶的消光系数与后向散射系数之间的关系是不完全一样的，因而为了进一步精确求解气溶胶消光系数，Fernald(1984)提出将分子和气溶胶的贡献分开考虑，这样激光气象雷达方程式(4.2.9)可以改写为

$$\overline{P}_r(r)=\frac{C_L}{r^2}[\beta_{\pi m}(r)+\beta_{\pi a}(r)]\exp\left\{-2\int_0^r[\alpha_m(r')+\alpha_a(r')]\mathrm{d}r'\right\} \tag{4.3.11}$$

式中，下标 m 代表分子，a 代表气溶胶。利用式(4.3.1)，将两边取对数求导，并得

$$\frac{\mathrm{d}S(r)}{\mathrm{d}r}=\frac{1}{\beta_{\pi m}(r)+\beta_{\pi a}(r)}\frac{\mathrm{d}[\beta_{\pi m}(r)+\beta_{\pi a}(r)]}{\mathrm{d}r}-2[\alpha_m(r)+\alpha_a(r)] \tag{4.3.12}$$

为了求得气溶胶消光系数或后向散射系数，需要首先确定气体分子、气溶胶的消光系数与后向散射系数之间的关系。对于分子来说，根据瑞利散射理论，对于偏振散

射光，其消光后向散射比为

$$S_m = \frac{\alpha_m}{\beta_{\pi m}} = \frac{8\pi}{3} \tag{4.3.13}$$

令气溶胶的消光后向散射比为

$$S_a = \frac{\alpha_a}{\beta_{\pi a}} \tag{4.3.14}$$

式(4.3.13)和式(4.3.14)中的消光后向散射比，又称激光雷达比。将式(4.3.13)和式(4.3.14)代入式(4.3.12)，则可求解得

$$\alpha_a(r) = -\frac{S_a}{S_m}\alpha_m(r) + \frac{S(r)\exp[2(\frac{S_a}{S_m}-1)\int_r^{r_c}\alpha_m(r')\mathrm{d}r']}{\frac{S(r_c)}{\alpha_a(r_c)+\frac{S_a}{S_m}\alpha_m(r_c)} + 2\int_r^{r_c}\{S(r')\exp[2(\frac{S_a}{S_m}-1)\int_{r'}^{r_c}\alpha_m(r'')\mathrm{d}r'']\}\mathrm{d}r'} \tag{4.3.15a}$$

$$\beta_a(r) = -\beta_m(r) + \frac{S(r)\exp[-2(S_m-S_a)\int_r^{r_c}\beta_m(r')\mathrm{d}r']}{\frac{S(r_c)}{\beta_a(r_c)+\beta_m(r_c)} + 2S_a\int_r^{r_c}\{S(r')\exp[-2(S_m-S_a)\int_{r'}^{r_c}\beta_m(r'')\mathrm{d}r'']\}\mathrm{d}r'} \tag{4.3.15b}$$

式中，$\alpha_a(r_c)$ 和 $\alpha_m(r_c)$ 为参考高度 r_c 处的气溶胶和气体分子消光系数，通常参考点高度 r_c 选择在气溶胶含量较少的高度，如对流层顶附近。

气溶胶的消光后向散射比 S_a 依赖于发射的激光波长、气溶胶的尺度谱分布和折射指数，气溶胶消光后向散射比在 10～100 sr。对于背景期的平流层和对流层气溶胶，S_a 约为 50 sr。

除在吸收线波长处，由于空气分子散射而导致的衰减消光占主导，消光系数近似等于散射系数，则分子消光系数 α_m 可根据瑞利散射理论和单位体积气体分子数按式(4.3.16)计算。

$$\alpha_m = N_g \cdot \sigma_R \tag{4.3.16}$$

式中，N_g 为单位体积的分子数，σ_R 为单个分子的瑞利散射截面，可用式(4.3.17)计算。

$$\sigma_R = \frac{8\pi^3(m_r^2-1)^2}{3\lambda^4 N_g^2} \tag{4.3.17}$$

式中，m_r 为折射率的实部。进一步，由式(4.3.13)，则可计算出空气分子的后向散射系数 $\beta_{\pi m} = 0.119\alpha_m$。

4.3.2 云和气溶胶层的检测

激光雷达云层的检测一般是在反演得到的消光后向散射系数廓线或消光系数廓

线基础上进行的，也可直接利用经距离平方修正后的信号强度进行检测。激光脉冲遇到云层时，由于米散射作用会产生强烈的后向散射信号，从而使得回波信号增强，如图 4.8 所示，在 1～3 km，消光后向散射系数明显比其他高度的值大。利用这一特性，可以确定云层位置与云底高度等信息，若激光信号能穿透云层，则还可确定云顶高度，甚至第二层云底高度。

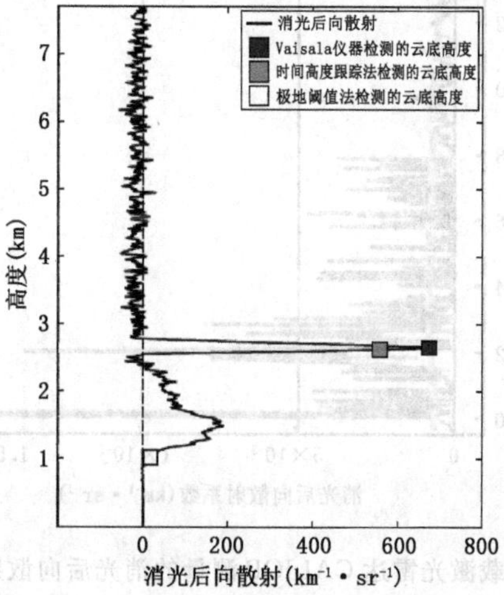

图 4.8　地基激光雷达探测的消光后向散射系数廓线(Tricht et al.,2013)

(1)阈值法

通常采用激光雷达观测的背景信号脉动的标准偏差的倍数或者固定阈值作为云检测的阈值。Tricht 等(2013)在研究北极地区冰云的检测时，认为北极地区背景信号变化很小，因而提出了一个采用绝对消光后向散射系数阈值对极地光学薄冰晶云的检测算法，通过统计分析，指出 $3\times10^{-4}\,sr^{-1}\cdot km^{-1}$可作为检测极地冰晶云的最佳消光后向散射系数阈值。但是由于不同地点、不同时间、不同激光雷达的背景信号差异较大，因而需要根据实际情况动态调整阈值大小，并且可能还要随高度调整。

利用理论计算的晴空大气背景分子消光后向散射系数阈值，也可对气溶胶层或云层进行检测。如图 4.9 所示，红色虚线为洁净大气的消光后向散射系数理论计算值，黑色实线为星载激光雷达 CALIOP 测量的消光后向散射系数廓线，大于背景理论计算值的部分则有可能是云层或气溶胶层。

(2)拐点法

激光在遇到云层后，回波信号会发生从衰减突然变强的突变，激光继续在云中传输，若激光在传输过程中尚未被云体衰减殆尽就会穿过云层。此时若遇第二、第三层云，同样也就能观测到两层、三层云的激光回波信号，由此即可确定各层云的云底高

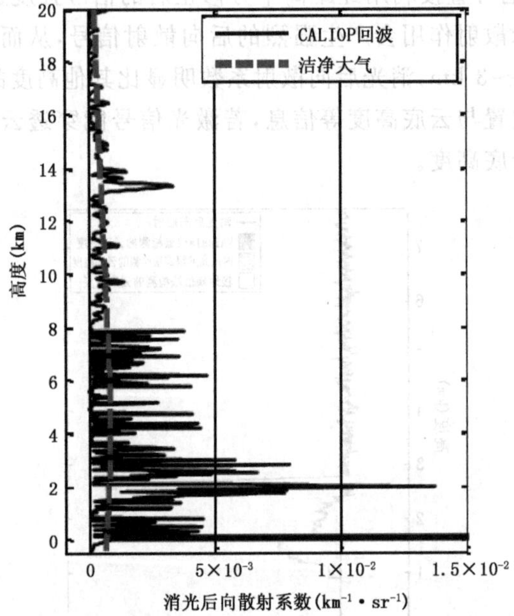

图 4.9 星载激光雷达 CALIOP 测量的消光后向散射系数廓线

度、云顶高度和云层厚度。从激光雷达的回波信号功率曲线观察可知，当信号由衰减突变为增强时，也就是激光雷达距离校正对数回波函数（$\ln[r^2P_r(r)]$）的斜率由负变正时，该点可确定为云底，该点的高度为云底高度。当雷达距离校正对数回波函数的斜率由正变负时，该点可确定为云顶，该点的高度为云顶高度。

通常采用消光后向散射系数的最大值或梯度由负变正时的拐点来确定云底高(Flynn,2004)。为了能适应不同云层情况，Martucci 等(2010)曾提出了同时采用消光后向散射系数最大值和其梯度最大值的时间高度追踪法(THT)来对云底进行连续检测。

4.3.3 云与气溶胶种类的判别

利用激光雷达对云和气溶胶进行分类判别，主要根据它们对不同激光波长的消光、后向散射以及偏振特性的差异来区分的。

4.3.3.1 激光雷达比法

消光系数与后向散射系数的比值，又称为激光雷达比，如式(4.3.14)所定义。气溶胶激光雷达比的取值范围一般在 10～100 sr，利用激光雷达比也可以对气溶胶种类进行区分。Omar 等(2009)给出了 CALIOP 定义的六种气溶胶类型的激光雷达比典型值，如表 4.3 所示。云滴的激光雷达比典型值是 20 sr。

表 4.3　不同类型气溶胶的激光雷达比典型值(Omar et al.,2009)

气溶胶类型	沙尘型	煤烟型	清洁大陆型	污染大陆型	清洁海洋型	污染沙尘型
激光雷达比(sr,532 nm)	40	70	35	70	20	65
激光雷达比(sr,1064 nm)	55	40	30	30	45	30

4.3.3.2　彩色比法

根据散射理论,由于云和气溶胶粒子尺度不同,激光与两种粒子发生作用的物理过程并不相同。由于粒子尺度与激光波长相近,大部分气溶胶粒子对激光波长发生的是米散射,其散射强度依赖于波长的变化,这种散射强度对波长的敏感性用彩色比 χ 或消光彩色比 χ' 来定义。

$$\chi = \frac{\beta_{\lambda_1}}{\beta_{\lambda_2}} \tag{4.3.18a}$$

$$\chi' = \frac{\beta'_{\lambda_1}}{\beta'_{\lambda_2}} \tag{4.3.18b}$$

式中,β_λ 和 β'_λ 分别为后向散射系数与消光后向散射系数,它们之间的关系如式(4.3.19)所示。

$$\beta'_\lambda = \frac{\beta_\lambda}{T_\lambda^2} \tag{4.3.19}$$

式中,T_λ^2 为双程透过率。由于米散射后向散射系数随波长增大而减小,设 $\lambda_1 > \lambda_2$,因而气溶胶的彩色比小于 1。而云粒子由于尺度较大,大部分发生几何光学散射,散射强度与波长依赖性不强,故其雷达彩色比接近于 1,比气溶胶大,由此可按照彩色比区分气溶胶和云。由激光雷达实验 LITE 的统计得到云与气溶胶消光彩色比的临界值为 0.54(Liou,2004)。

图 4.10 为 CALIOP 测量的消光彩色比图。从图中可以看到,在北纬 16°附近高空 8～10 km 区域与南纬 1°附近高空 10～14 km 的消光彩色比为 0.5～0.8,纬度范围在 2°～20°的 0～2 km 的带状区域消光彩色比在 0.5～0.6,其他区域则接近于 0,由此可判断北纬 16°高空 8～10 km 区域与南纬 1°附近高空 10～14 km 区域可能存在云层。

4.3.3.3　退偏比法

根据散射理论,一般球形粒子散射不会改变光的偏振状态,而非球形粒子则会改变光的偏振状态。激光雷达发射的激光是线偏振的,由于接收器带宽原因导致大气分子退偏振信号占比为 0～35%,而不同形状的冰晶造成的退偏比为 30%～50%,同

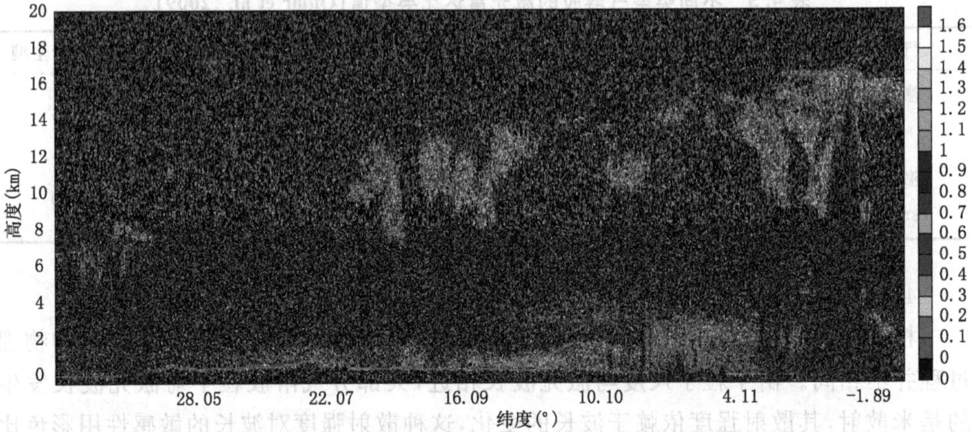

图 4.10　2011 年 1 月 1 日 00 时 41 分 CALIOP 消光彩色比

样沙尘气溶胶也具有较大的退偏比。图 4.11 为实测的退偏比廓线。图中显示了三个退偏比的峰值,其中 9.5 km 高处卷云退偏比最大,峰值为 0.44,7 km 和3.5 km高处沙尘气溶胶的峰值退偏比分别为 0.18 和 0.26,这两层沙尘气溶胶退偏比的差别与它们所包含的沙尘粒子的尺度与形态不同有关。另外,从图中还可以看出,在 3～18 km 的其他高度范围内,退偏比仍然较小,而在 3 km 高度以下的气溶胶的退偏比为 0.1～0.15。

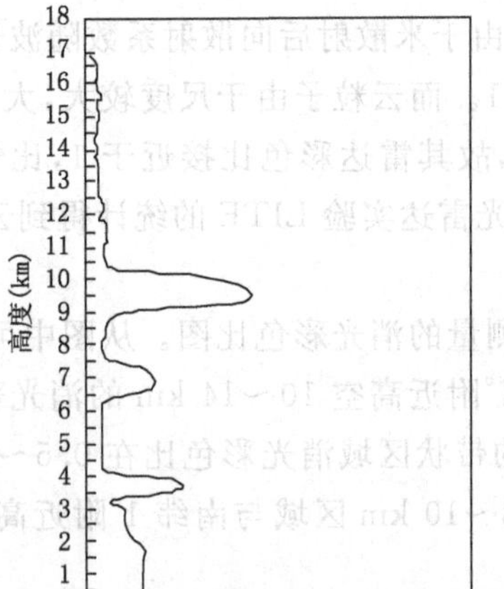

图 4.11　退偏比廓线(刘东等,2003)

由于气溶胶的成分复杂，各地实测的气溶激光雷达比与退偏比差异较大，图 4.12 给出了不同地点实测的气溶胶激光雷达比与退偏比的取值范围，可以看出同一类型的气溶胶的激光雷达比与退偏比均具有一定的取值分布范围。

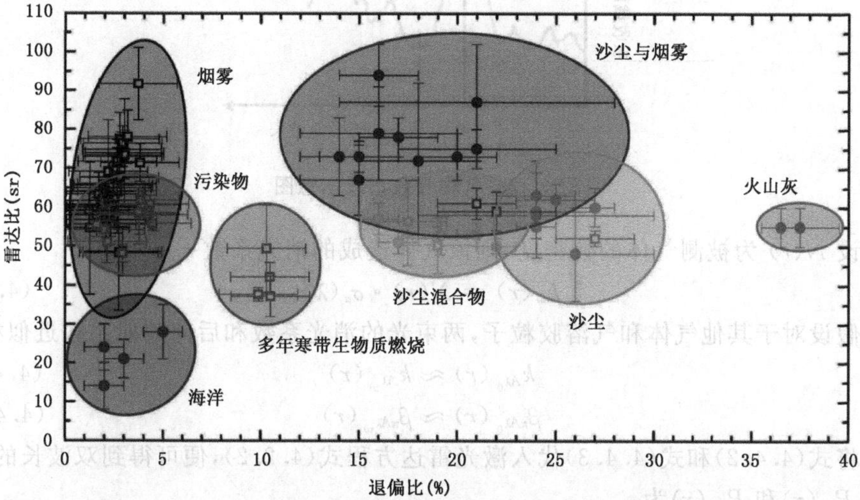

图 4.12　不同类型气溶胶激光雷达比与退偏比分布范围

4.4　激光遥感气体密度

4.4.1　差分吸收遥感气体密度

由于可调谐激光器的发展，利用大气分子对不同波长激光吸收差异的特性测量大气气体成分的浓度、气温和气压的差分吸收法得到发展。利用某种气体对激光的吸收谱线特征，在其强吸收线和弱吸收线上分别发射不同波长的激光，然后测量各自的回波功率，进行差分比较，反演出气象要素的方法，称为差分吸收法。

设某种气体对激光的吸收谱线如图 4.13 所示。λ_0 为强吸收线所在波长，λ_w 为弱吸收线所在波长。

利用可调谐激光器或两台激光器，分别发射两束波长分别为 λ_0 和 λ_w 的激光束。通常 λ_0 和 λ_w 较接近，可以认为除该气体对 λ_0 和 λ_w 的吸收截面 $\sigma_a(\lambda_0)$ 和 $\sigma_a(\lambda_w)$ 不同外，其他气体和气溶胶对两束光的后向散射和消光特性相同。

为讨论方便，将大气总消光系数 $k(r)$ 分为两部分。

$$k(r) = k_G(r) + k_A(r) \tag{4.4.1}$$

式中，$k_G(r)$ 为被测气体吸收造成的消光系数，$k_A(r)$ 为其他成分造成的消光系数。

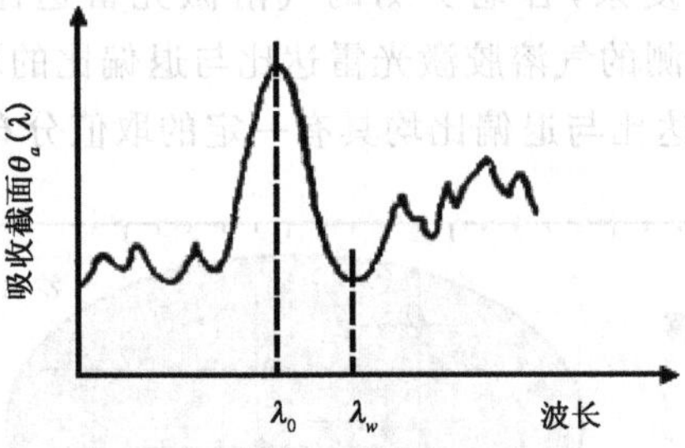

图 4.13　气体吸收谱线示意图

设 $N(r)$ 为被测气体的数密度，则该气体造成的消光系数 $k_G(r)$ 为

$$k_G(r) = N(r) \cdot \sigma_a(\lambda) \tag{4.4.2}$$

假设对于其他气体和气溶胶粒子，两束光的消光系数和后向散射系数近似相等。

$$k_{A\lambda_0}(r) \approx k_{A\lambda_w}(r) \tag{4.4.3a}$$

$$\beta_{\pi A\lambda_0}(r) \approx \beta_{\pi A\lambda_w}(r) \tag{4.4.3b}$$

将式(4.4.2)和式(4.4.3)代入激光雷达方程式(4.2.2)，便可得到双波长的回波功率 $P_{r_0}(r)$和 $P_{r_w}(r)$为

$$\begin{cases} P_{r_0}(r) = \dfrac{C_{A\lambda_0}\beta_{\pi\lambda_0}(r)}{r^2}\mathrm{e}^{-2\int_0^r [k_{A\lambda_0}(r') + N(r')\sigma_a(\lambda_0)]\,\mathrm{d}r'} \\ P_{r_w}(r) = \dfrac{C_{A\lambda_w}\beta_{\pi\lambda_w}(r)}{r^2}\mathrm{e}^{-2\int_0^r [k_{A\lambda_w}(r') + N(r')\sigma_a(\lambda_w)]\,\mathrm{d}r'} \end{cases} \tag{4.4.4}$$

两式相除后两边取对数得

$$\ln\frac{P_{r_0}(r)}{P_{r_w}(r)} = -2\int_0^r [\sigma_a(\lambda_0) - \sigma_a(\lambda_w)] \cdot N(r')\mathrm{d}r' + \ln\frac{C_{A\lambda_0}}{C_{A\lambda_w}} \tag{4.4.5}$$

因 $C_{A\lambda_0}$ 和 $C_{A\lambda_w}$ 为常数，$\sigma_a(\lambda_w)$ 和 $\sigma_a(\lambda_0)$ 可由实验测得，对式(4.4.5)取微分，得

$$\frac{\mathrm{d}}{\mathrm{d}r}\left[\ln\frac{P_{r_0}(r)}{P_{r_w}(r)}\right] = 2[\sigma_a(\lambda_w) - \sigma_a(\lambda_0)] \cdot N(r) \tag{4.4.6}$$

由此，可得到该气体的数密度 $N(r)$ 为

$$N(r) = \frac{\dfrac{\mathrm{d}}{\mathrm{d}r}\left[\ln\dfrac{P_{r_0}(r)}{P_{rw}(r)}\right]}{2[\sigma_a(\lambda_w) - \sigma_a(\lambda_0)]} \tag{4.4.7}$$

对于激光雷达来说，测量的是 r 与 $r+\Delta r$ 之间距离库的平均数密度 $\overline{N}(r)$，则由式(4.4.7)可得

$$\overline{N}(r) = \frac{\ln\left[\dfrac{P_{r_0}(r+\Delta r)}{P_{r_w}(r+\Delta r)} \cdot \dfrac{P_{r_w}(r)}{P_{r_0}(r)}\right]}{2\Delta r[\sigma_a(\lambda_w) - \sigma_a(\lambda_0)]} \tag{4.4.8}$$

根据所需测量的气体种类，应采用不同的波长对，如探测对流层臭氧的差分吸收激光雷达（苑克娥等，2013），可采用波长对 $\lambda_0=288.38$ nm 和 $\lambda_w=299.05$ nm，而探测二氧化硫的差分吸收激光雷达（林金明等，2015），可采用波长对 $\lambda_0=300.05$ nm 和 $\lambda_w=301.5$ nm。

4.4.2 拉曼散射遥感气体密度

利用氮分子的振动拉曼散射信号，可以测量出其分子数密度，进而测量出空气分子数密度。氮分子对 355 nm 激光的振动拉曼散射信号波长为 386.7 nm，对 532 nm 激光的振动拉曼散射信号波长为 607 nm，发射与接收的信号波长不同，因而在利用振动拉曼散射信号进行激光遥感时，需要考虑发射与接收激光信号波长不同引起的透过率的差异，以及拉曼后向散射截面的作用。对氮分子拉曼散射激光雷达，其激光雷达方程为

$$P_r(\lambda_{N_2},z)=\frac{C_{AN_2}\beta_{\pi N_2}(z)}{z^2}T_m(\lambda_{N_2},\lambda_0,z)T_p(\lambda_{N_2},\lambda_0,z)T_{O_3}(\lambda_{N_2},\lambda_0,z) \quad (4.4.9)$$

式中，λ_{N_2}，λ_0 分别为氮分子拉曼散射信号波长与发射波长，$T_m(\lambda_{N_2},\lambda_0,z)$，$T_p(\lambda_{N_2},\lambda_0,z)$，$T_{O_3}(\lambda_{N_2},\lambda_0,z)$ 分别为大气分子、气溶胶粒子以及臭氧的双程透过率，$\beta_{\pi N_2}(z)$ 为氮分子的后向散射系数。

$$T_m(\lambda_{N_2},\lambda_0,z)=\exp\left[-\int_{z_0}^{z}(\alpha_m(\lambda_0,z')+\alpha_m(\lambda_{N_2},z'))\mathrm{d}z'\right] \quad (4.4.10a)$$

$$T_p(\lambda_{N_2},\lambda_0,z)=\exp\left[-\int_{z_0}^{z}(\alpha_p(\lambda_0,z')+\alpha_p(\lambda_{N_2},z'))\mathrm{d}z'\right] \quad (4.4.10b)$$

$$T_{O_3}(\lambda_{N_2},\lambda_0,z)=\exp\left[-\int_{z_0}^{z}(\alpha_{O_3}(\lambda_0,z')+\alpha_{O_3}(\lambda_{N_2},z'))\mathrm{d}z'\right] \quad (4.4.10c)$$

$$\beta_{\pi N_2}(z)=\sigma_{N_2}N_{N_2}(z) \quad (4.4.11)$$

由于氮分子在大气中的体积混合比近似为常数，因此，从式(4.4.9)求得氮分子数密度 $N_{N_2}(z)$ 后，进而求得空气分子数密度。选择一参考高度 z_f，若其空气分子数密度已知 $N(z_f)$，则任一高度的空气分子数密度为

$$N(z)=\frac{\mathrm{P}_r(\lambda_{N_2},z)z^2}{\mathrm{P}_r(\lambda_{N_2},z_f)z_f^2}N(z_f)T_m(\lambda_{N_2},\lambda_0,z_f,z)T_p(\lambda_{N_2},\lambda_0,z_f,z)T_{O_3}(\lambda_{N_2},\lambda_0,z_f,z) \quad (4.4.12)$$

同样可采用拉曼散射原理，测量水汽与其他空气分子数密度。

4.5 激光遥感温度廓线

目前已发展了基于不同作用机制的多种遥感温度廓线的激光雷达，如瑞利散射、

拉曼散射和共振荧光散射激光雷达，可以分别对大气不同高度层温度廓线进行遥感，新型的用于温度廓线遥感的高光谱分辨率激光雷达（HSRL）、差分吸收激光雷达（DIAL）也在发展中。

4.5.1　瑞利散射测温

平流层中上部气溶胶含量很少，激光雷达回波信号主要以分子瑞利散射信号为主，利用瑞利散射信号可对 30～80 km 大气温度进行激光遥感 。根据弹性散射激光雷达方程式(4.2.9)，可推导出分子数密度廓线 $N(z)$ 为

$$N(z)=\frac{C_L P_r(z)(z-z_0)^2}{T^2(z_0,z)} \tag{4.5.1}$$

式中，z_0 为激光雷达所处海拔高度，$T^2(z_0,z)$ 为从 z_0 到 z 高度的双程透过率，$P_r(z)$ 为激光回波信号功率。选择不含气溶胶粒子区的参考高度 z_f，若已知其分子数密度为 $N(z_f)$，则

$$N(z)=\frac{N(z_f)P_r(z)(z-z_0)^2}{P_r(z_f)T^2(z_f,z)(z_f-z_0)^2} \tag{4.5.2}$$

式中，$T^2(z_f,z)$ 是从 z_f 到 z 高度的双程透过率。

将式(4.5.2)代入静力平衡方程

$$\mathrm{d}p(z)=-\rho(z)g(z)\mathrm{d}z=-N(z)Mg(z)\mathrm{d}z \tag{4.5.3}$$

求出气压廓线 $p(z)$，然后利用理想气体状态方程

$$p(z)=kN(z)T(z) \tag{4.5.4}$$

则可推导出温度廓线反演公式

$$T(z)=T(z_f)\frac{N(z_f)}{N(z)}+\frac{M}{k}\int_z^{z_f}g(z')\frac{N(z')}{N(z)}\mathrm{d}z' \tag{4.5.5}$$

式中，k 是玻尔兹曼常数，$k=1.3806\times10^{-23}\,\mathrm{J\cdot K^{-1}}$，$M$ 是大气的平均摩尔分子质量，$M=28.97\,\mathrm{g\cdot mol^{-1}}$。为了提高温度反演精度，一般参考高度要尽可能高，使得向下积分，而不是向上积分，因为向上积分会使误差积累，而向下积分则会使误差减少，其次该处的信噪比不能太低。这两点常是相互矛盾的，这就要注意兼顾到两个方面对反演精度的影响。参考高度的温度和分子数密度通常利用气候模式大气给出。

用于温度遥感的瑞利散射激光波长通常选择在 532 nm 或 355 nm。理论上 355 nm光比 532 nm 光有高约 5 倍的瑞利散射效率，实际上考虑到三倍频的光转换效率和紫外光学元件性能等原因，采用紫外光的增益约为绿色可见光的两倍左右。综合考虑方便和安全等因数，大多数的瑞利散射测温激光雷达都采用波长为 532 nm 的绿色激光（常岐海等，2003；卜令兵等，2010）。

除了采用瑞利散射回波信号强度进行温度廓线的反演外，还可通过瑞利散射光谱宽度与温度的关系来反演温度廓线。

4.5.2 拉曼散射测温

瑞利散射激光雷达通常可以探测 30 km 以上高度的大气温度，但对于 30 km 以下的大气，由于存在气溶胶，受气溶胶粒子散射的影响，难以直接利用瑞利散射信号探测对流层温度廓线。但是由于拉曼散射只与某种特定分子有关，而大气中氮气、氧气分子含量丰富，因而可利用氮分子、氧分子的拉曼散射信号来对温度进行遥感。

利用氮或氧分子的纯转动拉曼(Raman)谱线强度与温度的关系可以测量低层大气的温度分布，同样利用氮分子振动拉曼散射信号，通过测量氮分子密度，进而也可获得对流层大气温度分布。

4.5.2.1　振动拉曼散射测温

利用振动拉曼散射测温的原理，是在对空气密度遥感的基础上(见 4.4.2 节)，再进一步利用空气状态方程和静力学平衡方程计算得到的(见 4.5.1 节)(吴永华等，2002；卜令兵等，2010)，不再进行阐述。利用振动拉曼散射回波可探测对流层中上部大气温度分布，它对光谱分辨率的要求不高，可以弥补瑞利散射激光雷达和转动拉曼激光雷达探测高度上的不足，最大探测高度可达 25～30 km。但是，氮分子拉曼散射较气溶胶和分子的 Mie-Rayleigh 散射信号近似小 3～4 个量级，故对其信号检测能力要求较高。

由于振动拉曼散射信号受气溶胶粒子、臭氧等影响，因而利用其进行温度测量时，需要同时得到气溶胶粒子、臭氧的消光特性，这就使得利用振动拉曼散射信号进行温度测量带来较大的不确定性。

4.5.2.2　转动拉曼散射测温

N_2 或 O_2 的转动谱线强度与温度有关，较低量子阶数的拉曼谱线强度随温度升高而降低，较高量子阶数的拉曼谱线强度随温度升高而升高。若高、低量子回波信号强度以光子数 N_H，N_L 表示，则高低量子转动拉曼散射强度与温度之间有如下关系。

$$\frac{N_L}{N_H} = \exp\left[\frac{A}{T(z)} + B\right] \tag{4.5.6}$$

由式(4.5.6)可得

$$T(z) = \frac{A}{\ln\left(\frac{N_L}{N_H}\right) - B} \tag{4.5.7}$$

由于纯转动拉曼散射不受气溶胶与卷云的影响，因而其更适合于低对流层温度廓线的遥感，测温精度可达到±1 K。由于转动拉曼散射回波较弱，因而必须采用双光栅光谱仪、双窄带干涉滤波技术分别对高低量子数的转动拉曼散射回波信号进行测量(刘玉丽等，2006)。

4.5.3 共振荧光测温

在中层大气 70～120 km 高度存在着钠原子，其对一定频率的激光会产生共振荧光。通过向大气中序列发射三个频率的激光：D_{2a}峰值频率 υ_0 MHz，两个侧翼频率 (υ_0+630) MHz 和 (υ_0-630) MHz，接收机分别接收这三个频率的钠原子共振荧光后向散射回波信号，得到实测信号的温度比和风速比为

$$R_T(T,f)=\frac{N_+ + N_-}{2N_0} \tag{4.5.8}$$

$$R_\upsilon(T,f)=\frac{N_+ - N_-}{2N_0} \tag{4.5.9}$$

式中，N_0，N_+，N_- 分别为 υ_0 MHz，(υ_0+630) MHz，(υ_0-630) MHz 处的实测光子数。由钠原子精确光谱线型，同时考虑激光线型，可计算出不同温度和风速下的理论温度比和风速比。根据实测的温度比与风速比值，从理论温度比与风速比二维校准曲线(图 4.14)，即可查找出相应的温度和风速。

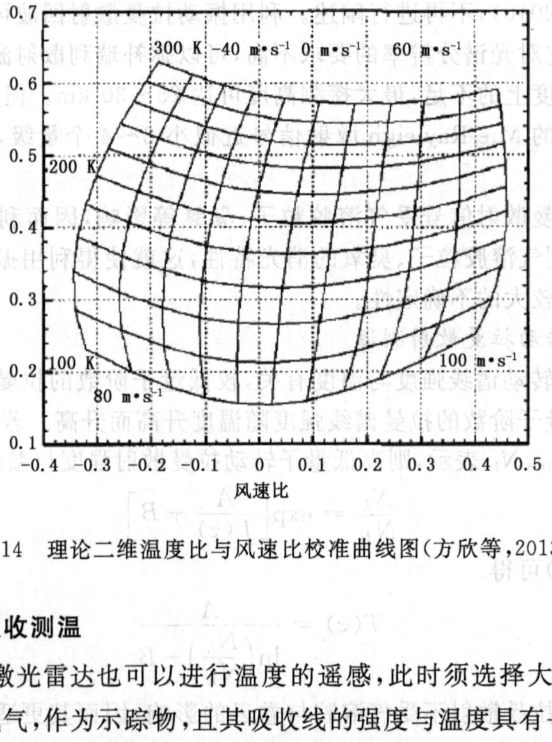

图 4.14　理论二维温度比与风速比校准曲线图(方欣等，2013)

4.5.4　差分吸收测温

利用差分吸收激光雷达也可以进行温度的遥感，此时须选择大气中浓度含量相对固定的气体，如氧气，作为示踪物，且其吸收线的强度与温度具有一定的依赖关系。由式(4.4.7)，可以写出用气压 P 和气温 T 表示的形式。

$$N(P,T)\cdot\Delta\sigma_a(P,T)=\frac{1}{2}\frac{\mathrm{d}}{\mathrm{d}R}\left[\ln\frac{P_{r_0}(r)}{P_{r_w}(r)}\right] \tag{4.5.10}$$

由于氧气的浓度可采用模式计算得到，若选择一对波长，其吸收截面对气压不敏感，只对气温敏感，则可通过式(4.5.10)反演出气温随高度的变化。利用 O_2 的

7600 Å吸收带中心波长可进行测温。

同样地，若选择气体的某吸收线，它的吸收截面只对气压敏感，而对气温不敏感，则通过式(4.5.10)反演出气压随高度的变化，如利用 O_2 吸收带的谷区 7607 Å 和 7632 Å 双波长则可进行气压测量。

4.6 激光遥感风廓线

利用激光技术进行风廓线遥感，具有空间分辨率高、时间分辨率高、测量精度高等优点，目前低对流层风速测量误差小于 $1\ m\cdot s^{-1}$，中高层风速测量误差小于 $3\ m\cdot s^{-1}$，基本满足气象研究与应用需求。

多普勒测风激光雷达通常由激光器、发射接收望远镜、鉴频器、探测器等组成。与普通激光雷达相比，增加了鉴频器，用于检测多普勒频移。根据多普勒频移检测技术的不同，可分为相干探测多普勒测风激光雷达、非相干探测(直接探测)多普勒测风激光雷达两大类。相干式多普勒频移检测，通常可采用外差技术、自差技术、超外差技术，目前的测风激光雷达大多采用外差技术，即将本振光与信号光进行差分处理。非相干式多普勒频移检测，通常采用边缘技术、条纹技术和分子吸收技术，目前这些技术在测风激光雷达中均有采用。

4.6.1　多普勒频移相干检测原理

相干探测基于光混频技术来获得多普勒频移。大气散射回波信号与系统本振光通过光电探测器进行光混频，产生含有目标运动信息的差频信号，若本振光的频率等于发射激光的频率，则差频信号频率等于回波信号的多普勒频移。

假设投射到光电探测器表面的本振光与回波信号的光强分别为

$$E_1(t)=A_1\cos(2\pi f_1 t+\varphi_1) \tag{4.6.1}$$

$$E_2(t)=A_2\cos(2\pi f_2 t+\varphi_2) \tag{4.6.2}$$

式中，A_1,f_1,φ_1 分别为本振光的振幅、频率、相位；A_2,f_2,φ_2 分别为回波信号的振幅、频率、相位。

两路光信号在探测器表面相互作用，光电探测器的输出与入射光强度成正比。

$$I=\alpha(E_1+E_2)^2=\alpha\left[A_1\cos(2\pi f_1 t+\varphi_1)+A_2\cos(2\pi f_2 t+\varphi_2)\right]^2 \tag{4.6.3}$$

式中，α 为光电转换系数，与入射光频率和探测器量子效率相关。将式(4.6.3)变换后得

$$\begin{aligned}I=\alpha\{&A_1^2(t)+A_2^2(t)+A_1A_2\cos[2\pi(f_1-f_2)t+(\varphi_1-\varphi_2)]\\&+A_1A_2\cos[2\pi(f_1+f_2)t+(\varphi_1+\varphi_2)]\}\end{aligned} \tag{4.6.4}$$

式(4.6.4)中，前 2 项为直流分量，可用滤波器滤除，第 4 项为两束光的和频项，

它的频率极高，由于探测器的响应频率有限，光电探测器无法响应，故这部分光波与探测器不发生相互作用；第 3 项为差频项，其差频值相对于光频要低很多，选择合适的探测器带宽，当差频值低于探测器的截止频率时，探测器会有频率值为 (f_1-f_2) 的光电流输出。

$$I=\alpha A_1A_2\cos[2\pi(f_1-f_2)t+(\varphi_1-\varphi_2)] \tag{4.6.5}$$

由式(4.6.5)可知，相干探测可响应差频信号的振幅、频率和相位等信息，可获得与差频成余弦关系的交变电流值，通过对探测信号强度的处理可得到差频 (f_1-f_2)，即目标多普勒频移值。

4.6.2　多普勒频移非相干检测原理

非相干探测，也称为直接探测，是利用回波信号的相对强度来进行多普勒频移的检测，主要技术有边缘技术、条纹技术、分子吸收技术等。边缘技术对基于大气分子的瑞利散射的多普勒频移测量有明显优势，条纹技术则对气溶胶产生的米散射的多普勒频移测量有优势。边缘技术常采用高分辨率的 F-P 标准具或者碘分子滤波器作为鉴频器，其测量灵敏度依赖于分子和气溶胶的后向散射比和风速大小；条纹技术则是利用干涉条纹重心的位移来测量多普勒频移。边缘技术又分单边缘技术和双边缘技术，单边缘技术用一个边缘滤波器作为鉴频器，双边缘技术则使用两个光谱响应曲线相同，曲线中心有一定间隔的边缘滤波器作为鉴频器。

4.6.2.1　边缘技术

边缘技术进行多普勒频移检测时，通常选择具有尖锐透过率曲线的滤波器作鉴频器，这样的滤波器有 F-P 标准具、原子/分子吸收滤波器、Mach-Zehnder 干涉仪等。边缘技术采用的滤波器是一个静态滤波器，需要选择对多普勒频移最敏感的滤波器。

双边缘技术是单边缘技术的改进，其测量灵敏度比单边缘技术提高近一倍。双边缘技术采用两个滤波器作鉴频器，当存在多普勒频移时，大气散射回波信号透过两个鉴频器后的信号发生变化，一个输出信号增大，另一个减小，通过比较两信号间的差异大小可直接得到多普勒频移。F-P 标准具具有陡峭的光谱响应和可调节的特性，成为鉴频器的重要选择之一。

图 4.15 给出了利用两个完全相同、中心以一定间隔分离的 F-P 标准具进行多普勒测量的双边缘技术原理示意图。假设发射激光的频率为 f_0，当入射到两个标准具的回波信号相同时，它们的透射光谱对称地分布在回波信号光谱的两侧(图中实线所示)，发射激光的频率位于两个标准具响应曲线频率的交叉点上，两个标准具的输出信号相等，此时多普勒频移为零，径向风速为零；当两个信号有差异时，大气散射回波信号光谱发生移动(图中虚线所示)，两个标准具的输出信号强度不再相等，一个增大，另一个减小，此时存在多普勒频移，径向风速不为零。

双边缘技术中，可用两个标准具输出信号强度的大小差异来确定多普勒频移。

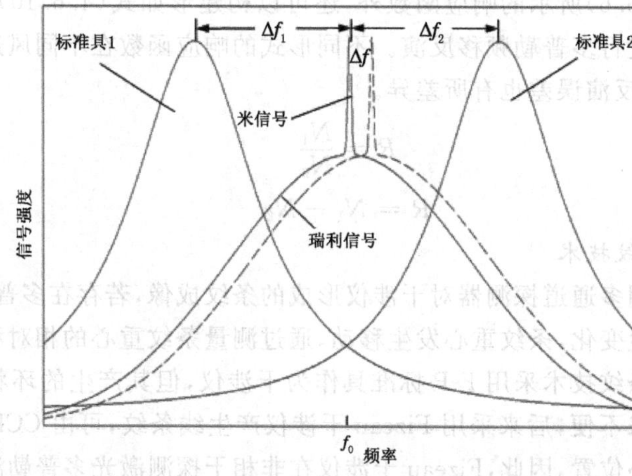

图 4.15 多普勒频移双边缘检测原理图

若两个标准具输出信号强度分别为 N_1 和 N_2，两个标准具输出信号强度的响应函数 R 定义为

$$R = \frac{N_1 - N_2}{N_1 + N_2} \tag{4.6.6}$$

式中，标准具的输出信号强度 N_1 和 N_2 用下式表示。

$$N_i(f) = k_i\left(\frac{\Delta r}{r^2}\right)(F_{p,j}\beta_p + F_{m,i}\beta_m)\exp\{-2\int[\alpha_p(r') + \alpha_m(r')]\mathrm{d}r'\}(i = 1,2) \tag{4.6.7}$$

式中，$i = 1,2$ 分别代表标准具 1 和 2；k_i 为系统常数；Δr 为距离分辨率；r 为接收望远镜与探测大气层之间的距离；$F_{p,i}$ 和 $F_{m,i}$ 分别为粒子(气溶胶/云)和大气分子散射回波信号与标准具透过率函数的卷积；β_p 和 β_m 分别为粒子和大气分子的后向散射系数；α_p 和 α_m 分别为粒子和大气分子的消光系数；$F_{p,i}$ 和 $F_{m,i}$ 用公式表示为

$$\begin{aligned} F_{p,i}(f) &= \int_{-\infty}^{+\infty} T_{FP,i}(f')I_p(f - f')\mathrm{d}f' \\ F_{m,i}(f) &= \int_{-\infty}^{+\infty} T_{FP,i}(f')I_m(f - f')\mathrm{d}f' \end{aligned} \tag{4.6.8}$$

式中，$T_{FP,i}(\upsilon)$ 为标准 i 具的透过率函数；$I_p(\upsilon)$ 和 $I_m(\upsilon)$ 分别为粒子和大气分子的后向散射回波信号光谱分布。

式(4.6.6)中，响应函数 R 是多普勒频移的单值函数，求其反函数 $R^{-1}(f)$ 可确定多普勒频移的大小，由式(4.6.9)计算得到径向风速 V_{LOS} 。

$$V_{LOS} = \frac{\lambda_0}{2}(R^{-1}(f) - R^{-1}(f_0)) \tag{4.6.9}$$

除采用式(4.6.6)所示的响应函数外，还可以构建形如式(4.6.10)、式(4.6.11)所示的响应函数进行多普勒频移反演。不同形式的响应函数在不同风速下的灵敏度不同，引起的风速反演误差也有所差异。

$$R = \frac{N_1}{N_2} \tag{4.6.10}$$

$$R = N_1 - N_2 \tag{4.6.11}$$

4.6.2.2　条纹技术

条纹技术利用多通道探测器对干涉仪形成的条纹成像，若存在多普勒频移，各通道上的能量会发生变化，条纹重心发生移动，通过测量条纹重心的相对移动来检测多普勒频移。最初条纹技术采用 F-P 标准具作为干涉仪，但其产生的环状条纹给条纹重心位置确定带来不便，后来采用 Fizeau 干涉仪产生线条纹，可由 CCD 线列探测器直接确定条纹重心位置，因此，Fizeau 干涉仪在非相干探测激光多普勒测风雷达中得到了很好的应用。

Fizeau 干涉仪由两个高光学质量(反射率很高)的平板组成，它们之间由一微小楔角 α 分开，形成楔形空间。当激光光束以 θ 角入射时，其在通过两个平板间的楔形空间后，沿楔角方向产生干涉条纹，图 4.16 为 Fizeau 干涉仪及干涉条纹重心检测原理示意图。

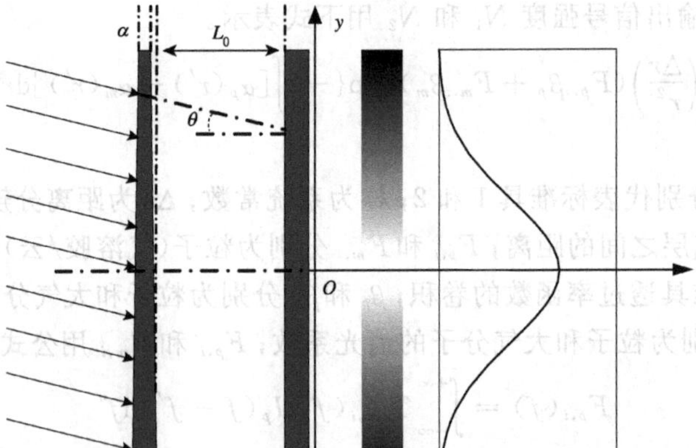

图 4.16　多普勒频移 Fizeau 干涉仪检测原理图

Fizeau 干涉仪的入射角 θ 和楔角 α 都非常小，因此在测量大气散射回波信号的多普勒频移时，所产生的干涉条纹强度分布可近似用 Airy 函数表示。

$$A(\varphi) = \frac{(1-R)^2}{1 - 2R\cos\varphi + R^2} \tag{4.6.12}$$

式中，R 为干涉仪平板内表面的反射率；φ 为相位因子，是入射激光频率 f 和干涉仪

平板间距 L 的函数：$\varphi = 4\pi Lf/c$，平板间距 L 可由图 4.17 的几何关系得到，用公式表示为

$$L = L_0 - \alpha y \tag{4.6.13}$$

式中，L_0 为干涉仪两平板中心的距离。如果频率 f_0 的激光束透过干涉仪后形成的条纹重心位于平板中心间距 L_0 处，接收到频率为 $f_0 + \Delta f$ 的大气散射回波信号形成的干涉条纹重心位于平板间距 L 处，它们之间满足如下关系。

$$L_0 f_0 = L(f_0 + \Delta f) \tag{4.6.14}$$

联立式(4.6.13)和式(4.6.14)可得到干涉条纹的位置。

$$y = \frac{L_0 - L}{\alpha} = \frac{L_0 \Delta f}{\alpha(f_0 + \Delta f)} \tag{4.6.15}$$

与发射激光频率 f_0 相比，多普勒频移 Δf 非常小（$\Delta f \ll f_0$），式(4.6.16)改写为

$$y = \frac{L_0 \Delta f}{\alpha(f_0 + \Delta f)} \approx \frac{L_0}{\alpha f_0}\Delta f \tag{4.6.16}$$

因 L_0 处的 $y = 0$，由多普勒频移 Δf 或径向风速 V_{LOS} 引起的干涉条纹重心位移。

$$\Delta y = y - 0 = \frac{L_0}{\alpha f_0}\Delta f \tag{4.6.17}$$

由式(4.6.17)知，干涉条纹重心的位移 Δy 与多普勒频移 Δf 成正比。

大气散射回波信号包括大气分子（瑞利散射）和粒子（气溶胶/云，米散射）的散射回波信号。通过 Fizeau 干涉仪后的瑞利信号强度分布，可由式(4.6.12)所示的 Airy 函数和瑞利散射信号卷积得到，用公式表示为

$$I_{\mathrm{R}}(f) = I_0\int_{-\infty}^{+\infty} A(f - f')R(f')\mathrm{d}f' \tag{4.6.18}$$

式中，$R(f')$ 为瑞利散射信号光谱分布，见式(4.1.4)。

同样通过 Fizeau 干涉仪后的米散射信号强度分布，用公式表示为

$$I_{\mathrm{M}}(f) = I_0\int_{-\infty}^{+\infty} A(f - f')M(f')\mathrm{d}f' \tag{4.6.19}$$

式中，$M(f')$ 为米散射信号光谱分布，见式(4.1.6)。

条纹技术中，当有多普勒频移存在时，干涉条纹重心会发生移动，可由 CCD 线列探测器检测干涉条纹的重心位移量 Δy，而后根据式(4.6.17)计算得到多普勒频移，进而确定径向速度。

从 CCD 线列探测器各阵列单元探测的信号强度分布确定条纹重心位移，最简单的方法是根据各单元的信号强度通过加权平均的方法进行求取，如式(4.6.20)所示。

$$\Delta y = \frac{\sum_{i=k-m}^{i=k+m} iI_i}{\sum_{i=k-m}^{i=k+m} I_i} \tag{4.6.20}$$

式中，I_i 为CCD线列探测器第 i 单元探测的信号强度，k 为最强信号对应的单元序号。

4.6.3 风廓线反演方法

利用固定方向发射的激光束，只能探测到沿激光束的径向速度廓线，还不是真正的风矢量廓线，若要获得风矢量廓线，一般采用单基地三波束探测法，如图4.17所示，或圆锥扫描VAD法。激光雷达固定仰角 α，一般取 $\alpha=75°$，每隔方位角相同角度发射激光，一般取方位角间隔 $\beta=120°$，发射三束激光。根据径向速度测量原理，对激光束 A_1 测得 A 点径向速度为 V_1，对激光束 A_2 测得 B 点径向速度为 V_2，对激光束 A_3 测得 C 点径向速度为 V_3，通过矢量合成的方法可以得到实际风速 V 以及水平风速 V_h。

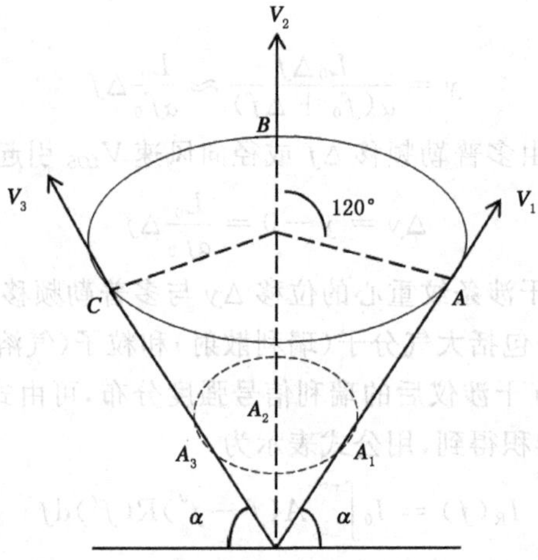

图4.17　三波束探测法示意图

单基地三波束探测法存在其本身的弊端，测量精度不高。合成计算风速 V 时，是在假设所测径向速度分量 V_1,V_2,V_3 所对应的点 A,B,C 处的大气环境及风速相同，即大气水平均匀的情况下求得的。当三波束法测得点的大气环境不相同，或风速有差异时，风速测量准确度就有所下降。同时在激光雷达仰角不变的情况下，所探测大气区域越远，测得径向速度分量的 A、B、C 三点的距离也就越远，因此，风速测量误差逐渐变大，即探测距离越远，误差就越大。

习　题

1.解释下列术语

米散射、瑞利散射、拉曼散射、共振荧光、退偏效应、多普勒效应、激光雷达比、退偏比、彩色比。

2. 激光与大气会产生哪些相互作用？各种作用有何特点？

3. 分子瑞利散射多普勒谱与气溶胶米散射多普勒谱有何不同？

4. 对于 0.55 μm 激光波长来说，计算单个分子的瑞利散射截面、后向散射截面及海平面处的分子衰减系数。

5. 利用激光气象雷达可测量哪些气象要素？按照激光与大气相互作用机制，激光气象雷达可分为哪些种类？

6. 激光气象雷达主要由哪几部分组成，各部分的功能是什么？

7. 推导激光气象雷达方程，并说明它反映了哪些物理量之间的什么关系？

8. 从激光气象雷达回波信号中反演气溶胶消光系数廓线有什么困难？

9. 从激光气象雷达回波信号中如何识别云层的高度位置？

10. 简述气体密度差分吸收遥感原理，说明其有何优缺点。

11. 简述气体密度拉曼散射遥感原理，并说明其有何优缺点。

12. 简述利用瑞利散射信号遥感温度廓线的原理，并说明其有何优缺点。

13. 简述利用拉曼散射信号遥感温度廓线的原理，并说明其有何优缺点。

14. 简述利用共振荧光信号遥感温度廓线的原理，并说明其有何优缺点。

15. 简述激光回波信号多普勒频移的相干检测原理，并说明其有何优缺点。

16. 简述激光回波信号多普勒频移的双边缘检测原理，并说明其有何优缺点。

17. 简述激光回波信号多普勒频移的条纹检测原理，并说明其有何优缺点。

参考文献

卜令兵，郭劲秋，田力，等，2010. 用于大气温度廓线测量的瑞利－拉曼激光雷达[J]. 强激光与粒子，22(7)：1449-1452.

常岐海，杨国韬，将志凌，等，2003. 激光雷达中层大气遥感技术[J]. 光学与光电技术，1(3)：60-63.

方欣，谷升阳，熊建刚，等，2013. 合肥钠测温测风激光雷达与武汉流星雷达水平风场的对比研究[J]. 量子电子学报，30(1)：12-16.

林金明，曹开法，胡顺星，等，2015. 差分吸收激光雷达探测二氧化硫实验研究[J]. 红外与激光工程，44(3)：872-878.

刘玉丽，张寅超，苏嘉，等，2006. 转动拉曼激光雷达探测大气温度的系统设计及模拟计算[J]. 光散射学报，17(4)：347-354.

刘东，戚福弟，金传佳，等，2003. 合肥上空卷云和沙尘气溶胶退偏振比的激光雷达探测[J]. 大气科学，27(6)：1093-1100.

王邦新，沈法，2007. 直接探测多普勒激光雷达的光束扫描和风场测量[J]. 红外与激光工程，36(1)：69-72.

王英俭，胡顺星，周军，等，2014. 激光雷达大气参数测量[M]. 北京：科学出版社.

吴永华，李陶，周军，等，2002. Raman 激光雷达探测对流层中上部大气温度分布[J]. 大气科学，26(5)：702-708.

欣克利 E D，1984. 大气激光监测[M]. 北京：科学出版社.

苑克娥，张世国，胡顺星，等，2013. 对流层低层臭氧的差分吸收激光雷达测量[J]. 强激光与粒子束，25(3)：553-556.

张文煜，王音淇，宋嘉尧，等，2008. 激光雷达反演参数 k 值的研究[J]. 高原气象，27(5)：1083-1087.

LIOU K N，2004. 大气辐射导论(第 2 版)[M]. 郭彩丽，周诗健，译. 北京：气象出版社.

COLLIS R T H，RUSSELL P B，1976. Lidar measurement of particles and gases by elastic backscattering and differential absorption[M]// Laser Monitoring of the Atmosphere. Heidelberg：Springer.

FERNALD F G，1984. Analysis of atmospheric lidar observing：some comments[J]. Applied Optics，23(5)：652-653.

FLYNN C，2004. Vaisala ceilometer (model CT25K) handbook[EB/OL]. http://www.wmo.int/pages/prog/gcos/documents/gruanmanuals/Z_instruments/vceil_handbook.pdf

GARRET T J，ZHAO C，2013. Ground-based remote sensing of thin clouds in the Arctic[J]. Atmospheric measurement techniques，6：1227-1243.

KLETT J D，1981. Stable analytical inversion solution for processing lidar returns[J]. Applied Optics，20(2)：211-220.

MARTUCCI G，MILROY C，O'DOWD C D，2010. Detection of cloud-base height using Jenoptik CHM15K and Vaisala CL31 ceilometers[J]. Journal of atmospheric and oceanic technology，27：305-318.

OMAR A H，WINKERD M，KITTAKA C，et al，2009. The CALIPSO automated aerosol classification and Llidar ratio selection algorithm[J]. Journal of atmospheric and oceanic technology，26：1994-2014.

PAL S R，STEINBRECHT W，CARSWELL A，1992. Automated method for lidar determination of cloud base height and vertical extent[J]. Applied Optics，31(10)：1488-1494.

TRICHT K V，GORODETSKAYS I V，LHERMITTE S，et al，2013. An improved algorithm for cloud base detection by ceilometer over the ice sheets[J]. Atmospheric measurement techniques，6：9819-9855.

第 5 章　微波被动大气遥感

微波最重要的特点是它能够穿透云层、浓雾、雨区，而且可以穿透一定深度的地表，所以利用微波可以全天候、全天时地对大气温度和湿度廓线、地(海)表温度、大气柱的水汽含量、液态水含量、降水强度、土壤湿度以及海面风等进行遥感。本章先简要介绍大气分子、云雨及地表的微波辐射特性以及微波辐射传输方程，而后分别介绍利用大气和地(海)表自身发射的微波辐射遥感反演温湿廓线、云和降水参数以及海面风的原理和方法。

5.1　微波辐射传输基础

5.1.1　大气微波辐射特性

大气中除氧气、水汽和臭氧在微波段有很强吸收外，其他大气成分和气溶胶粒子，在微波段未发现有明显的吸收带，某些微量气体，如 SO_2，NO_2，CO，NO 等虽然对微波也有较强的吸收，但因其含量少，其微波辐射也很微弱。由此可见，在微波波段，大气强吸收带少，谱线结构简单，从而简化了大气微波透过率的计算。图 5.1 所示为垂直大气透射率在微波区随频率和波长变化示意图。从图中可以看出，水汽在 22.235 GHz(1.348 cm)和 183 GHz(0.164 cm)的吸收带占据主导地位，而氧气在 60 GHz(0.5 cm)和 118.75 GHz(0.253 cm)的两个强吸收带占据主导地位。对微波波段而言，其主要窗区位于 35 GHz(8.6 mm，Ka 带)，94 GHz(3.2 mm，W 带)，140 GHz(2.14 mm，F 带)以及 220 GHz(1.36 mm，G 带)等。其中水汽的弱吸收带 22.235 GHz 是遥感大气总水汽含量的重要频段，而水汽强吸收带 183 GHz 是遥感大气湿度廓线的重要频段，60 GHz 的氧气吸收带是遥感大气温度廓线的重要频带。

5.1.2　地表微波辐射特性

地表在红外波段可近似作为黑体，与地表类型无关，但在微波波段，发射率却与地表类型和波长有关，不能作为黑体来处理。

在微波波段，自然地表的发射率 ε_λ 变化大，从 0.4 到 1.0。在陆地上，发射率取

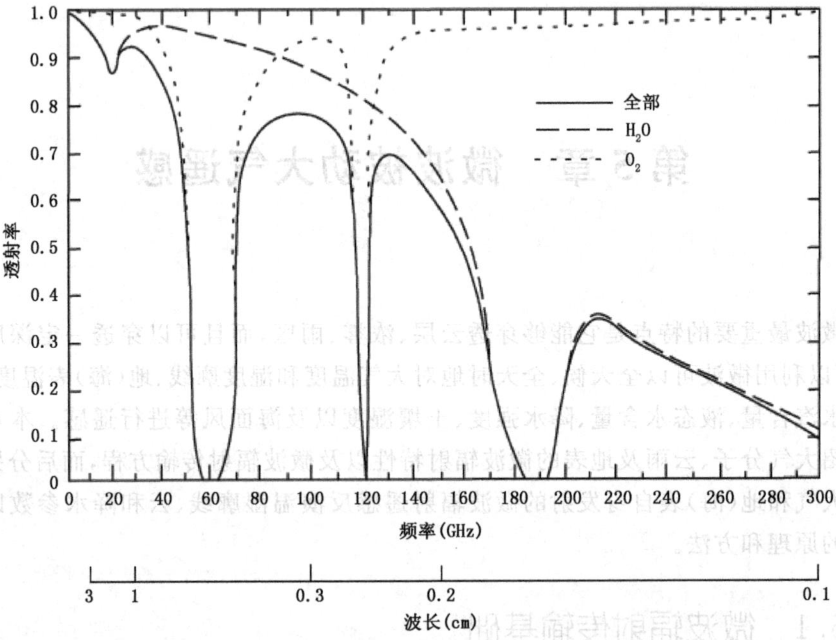

图 5.1 大气透射率在微波区随频率和波长的变化

决于土壤湿度,土壤湿度增加会导致发射率迅速下降。干土壤的发射率为 0.95～0.97,而对于湿的裸土则为 0.80～0.90。海洋表面的发射率一般在 0.4～0.6,随盐度、海表粗糙度、海冰以及海洋泡沫等变化。地表发射率随频率变化,频率越高,发射率值越大。表 5.1 给出了几种不同类型地表在 $\lambda=3.2$ cm 波段的典型发射率。

表 5.1 不同类型地表的 λ=3.2 cm 微波发射率

地表类型	干沙	湿沙	草地	碎石	树林	海面	冰洋
ε_λ	0.93	0.75	0.94	0.88	0.88	0.37	0.90

5.1.3 云雨的微波辐射特性

云滴直径一般小于 100 μm,它们对微波的散射影响通常很小。对于频率低于 60 GHz 的微波辐射,冰的吸收系数是液态水的几百之一,且吸收系数随频率增加而增加(图 5.2)。对于液态云而言,吸收系数可用下述公式计算。

$$k_a^c = \frac{6\pi}{\rho_w \lambda} I_m(-K) \cdot M \tag{5.1.1}$$

式中,$K=\dfrac{m^2-1}{m^2+2}$,m 为水的复折射指数,ρ_w 为水的密度,M 为云水含量,λ 为波长。

由式(5.1.1)可见，在微波波段，云的吸收特性与云水含量有关，与云滴谱无关。这种特性有利于用云的微波辐射强度来探测云水含量。

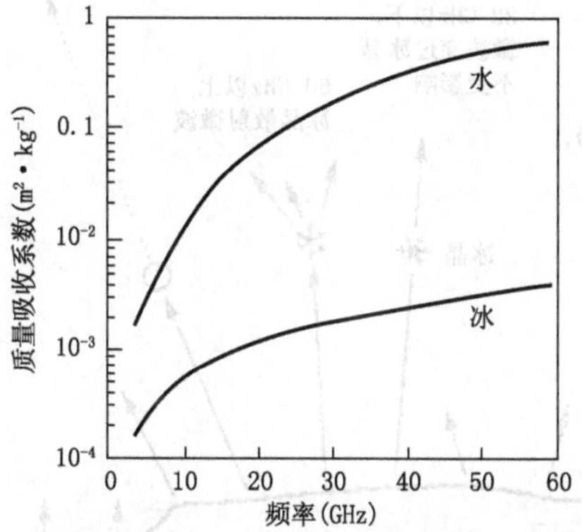

图 5.2 60 GHz 以下微波波段水和冰的质量吸收系数随频率的变化关系

降水粒子(雨、雪、冰雹等)直径大于 100 μm，接近或超过微波波长，需要同时考虑散射和吸收对微波辐射传输的影响。雨的吸收系数 k_a^p 与雨强 I 之间可用经验关系表示。

$$k_a^p = aI^b \tag{5.1.2}$$

式中，a 和 b 是温度和波长的函数。

图 5.3 给出了地表、云和降雨对微波发射、吸收和散射的作用。从图中可以看出，冰晶对于频率高于 60 GHz 的微波辐射具有较强的散射，因此，在降雨云层上有冰晶粒子存在时，卫星上的微波辐射计观测的辐射主要来自于冰晶的散射，且看不到冰晶层下的降雨层。而对 22 GHz 以下的微波辐射，冰晶的散射作用可以略去不计，雨滴具有较高的吸收(发射)，这样冰晶云对这些频率的微波就是透明的，从而对探测冰晶云层下的雨强非常有利。海面具有低的微波发射率和高极化特征，而陆地则具有高发射率和微弱极化特征。云滴、水汽和氧气对于微波辐射只需要考虑吸收作用，而不需要考虑散射作用。雨滴既具有较高的发射率，同时也具有较强的散射作用，但以吸收为主。

5.1.4 微波辐射传输方程

由于微波波长较长，气体分子散射可忽略不计，另外气溶胶粒子的散射、吸收衰减也可忽略不计。因此在晴空大气中，只需考虑大气的微波吸收与发射过程。

设沿 l 方向，频率为 f 的微波谱辐射强度为 $I_f(l)$，大气质量吸收系数为 k_f，则由式(1.7.4)可得微波辐射传输方程为

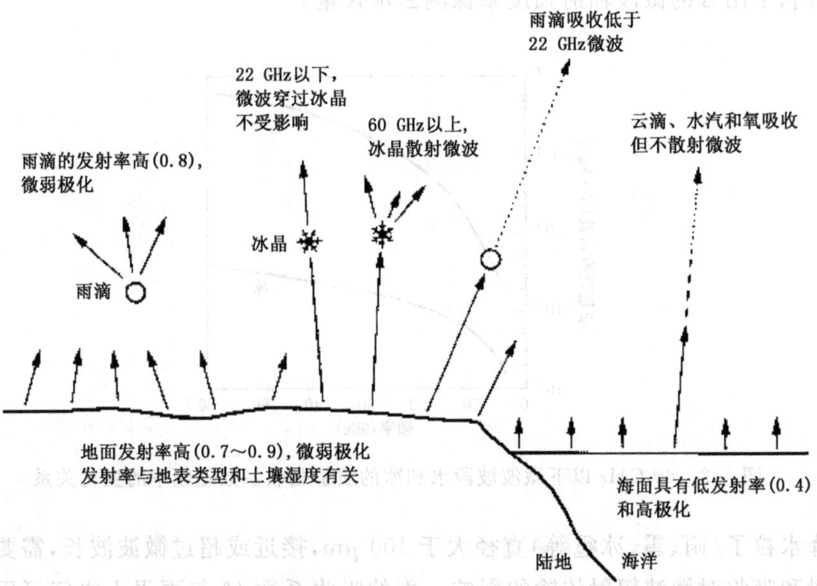

图 5.3　地表、云和降雨对微波发射、吸收和散射的作用(Strangeways,2007)

$$\frac{\mathrm{d}I_f(\boldsymbol{l})}{k_f\rho\mathrm{d}\boldsymbol{l}} = -I_f(\boldsymbol{l}) + J_f(\boldsymbol{l}) \tag{5.1.3}$$

对于微波波段，源函数

$$J_f(\boldsymbol{l}) = B_f(T) \approx \frac{2Kf^2T}{c^2} \tag{5.1.4}$$

引入微波辐射亮温 T_{bf}，$T_{bf} = \frac{c^2}{2Kf^2}I_f$，则式(5.1.3)可写成

$$\frac{\mathrm{d}T_{bf}(\boldsymbol{l})}{\rho\mathrm{d}\ell} = -k_fT_{bf}(\boldsymbol{l}) + k_fT \tag{5.1.5}$$

式(5.1.5)为用亮温表示的微波辐射传输方程。为进一步讨论微波遥感问题，下面分天基(向下探测)和地基(向上探测)遥感两种情况进行讨论。

5.1.4.1　地基微波遥感方程

当考虑由地面向上遥感时，必须研究下行的微波辐射传输过程，这时由式(5.1.5)得

$$-\frac{\mathrm{d}T_{bf}^{\downarrow}(\boldsymbol{l})}{\rho\mathrm{d}\ell} = -k_fT_{bf}^{\downarrow}(\boldsymbol{l}) + k_fT \tag{5.1.6}$$

若假设大气顶微波亮温 $T_{bf}^{\downarrow}(\infty) = 0$，于是，由式(5.1.6)可求解得

$$T_{bf}^{\downarrow}(L)=\int_L^{\infty}\rho k_f T(l)\mathrm{e}^{-\int_L^l \rho k_f dl'}\mathrm{d}l \tag{5.1.7}$$

对地基遥感而言，$L=0$，则

$$T_{bf}^{\downarrow}(0)=\int_0^{\infty}\rho k_f T(l)\mathrm{e}^{-\int_0^l \rho k_f dl'}\mathrm{d}l \tag{5.1.8}$$

式中，$l=z\sec\theta$，若在地面垂直向上探测，$\theta=0, z=l$，则式(5.1.8)变为

$$T_{bf}^{\downarrow}(0)=\int_0^{\infty}\rho k_f T(z)\mathrm{e}^{-\int_0^z \rho k_f dz'}\mathrm{d}z \tag{5.1.9}$$

令大气微波透过率函数

$$\tau_f(0,z)=\mathrm{e}^{-\int_0^z \rho k_f \mathrm{d}z'} \tag{5.1.10}$$

则式(5.1.9)改写为

$$T_{bf}^{\downarrow}(0)=-\int_0^{\infty}T(z)\frac{\partial\tau_f(0,z)}{\partial z}\mathrm{d}z \tag{5.1.11}$$

式(5.1.9)和式(5.1.11)为地基微波遥感方程，表示地面测量的天空微波亮温是由向下的大气发射辐射贡献的。实际上由于太阳和宇宙背景辐射的存在，大气顶微波亮温 $T_{bf}^{\downarrow}(\infty)$ 并不完全等于零，其中宇宙微波背景辐射相当于为 2.725 K 黑体发出的辐射。

5.1.4.2　天基微波遥感方程

当考虑从卫星上对地遥感时，式(5.1.5)改写为

$$\frac{\mathrm{d}T_{bf}^{\uparrow}(l)}{\rho \mathrm{d}l}=-k_f T_{bf}^{\uparrow}(l)+k_f T \tag{5.1.12}$$

假设地表向上的微波辐射亮温为

$$T_{bf}^{\uparrow}(0)=\varepsilon_{fs}T_s+(1-\varepsilon_{fs})T_{bf}^{\downarrow}(0) \tag{5.1.13}$$

式中，ε_{fs} 为自然表面比辐射率，T_s 为表面温度。于是由式(5.1.12)可求解得

$$T_{bf}^{\uparrow}(L)=\mathrm{e}^{-\int_0^L \rho k_f \mathrm{d}l}T_{bf}^{\uparrow}(0)+\int_0^L \rho k_f T(l)\mathrm{e}^{-\int_l^L \rho k_f \mathrm{d}l'}\mathrm{d}(l) \tag{5.1.14}$$

由于卫星高度通常在 700 km 以上，可令 $L\to\infty$，则式(5.1.14)变为

$$\begin{aligned}T_{bf}^{\uparrow}(\infty)=&\varepsilon_{fs}T_s\mathrm{e}^{-\int_0^{\infty}\rho k_f \mathrm{d}l'}+(1-\varepsilon_{fs})\mathrm{e}^{-\int_0^{\infty}\rho k_f \mathrm{d}l}\int_0^{\infty}\rho k_f T(l)\mathrm{e}^{-\int_0^l \rho k_f \mathrm{d}l'}\mathrm{d}(l)\\&+\int_0^{\infty}\rho k_f T(l)\mathrm{e}^{-\int_l^{\infty}\rho k_f \mathrm{d}l'}\mathrm{d}(l)\end{aligned} \tag{5.1.15}$$

式中，$l=z\sec\theta$，当对星下点进行探测时，$\theta=0, z=l$，则式(5.1.15)变为

$$T_{bf}^{\uparrow}(\infty) = \varepsilon_{fs} T_s \mathrm{e}^{-\int_0^{\infty} \rho k_f \mathrm{d}z'} + (1-\varepsilon_{fs}) \mathrm{e}^{-\int_0^{\infty} \rho k_f \mathrm{d}z'} \int_0^{\infty} \rho k_f T(z) \mathrm{e}^{-\int_0^{z} \rho k_f \mathrm{d}z'} \mathrm{d}z + \int_0^{\infty} \rho k_f T(z) \mathrm{e}^{-\int_z^{\infty} \rho k_f \mathrm{d}z'} \mathrm{d}z \tag{5.1.16}$$

令大气微波透过率函数

$$\tau_f(z,\infty) = \mathrm{e}^{-\int_z^{\infty} \rho k_f \mathrm{d}z'} \tag{5.1.17}$$

则式(5.1.16)可改写为

$$T_{bf}^{\uparrow}(\infty) = \varepsilon_{fs} T_s \tau_f(0,\infty) + (1-\varepsilon_{fs}) \tau_f(0,\infty) \int_0^{\infty} T(z) \frac{\partial \tau_f(0,z)}{\partial z} \mathrm{d}z + \int_0^{\infty} T(z) \frac{\partial \tau_f(z,\infty)}{\partial z} \mathrm{d}z \tag{5.1.18}$$

式(5.1.16)和式(5.1.18)为天基(卫星)微波遥感方程。方程左边为卫星上微波辐射计测量的微波辐射亮温,右边第一项为地表发射微波辐射的贡献,第二项为地表反射微波辐射的贡献,第三项为大气向上发射微波辐射的贡献,如图 5.4 所示,图中还给出了由于地面对银河系噪声、宇宙黑体辐射以及太阳辐射的反射所引起的贡献。

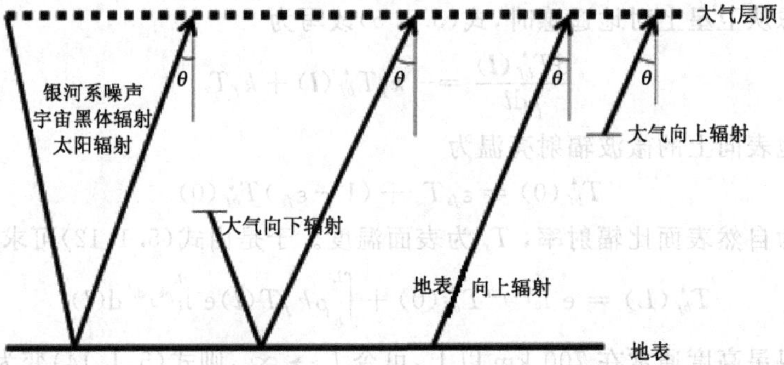

图 5.4 对大气顶晴空微波亮温的贡献因子

5.2 微波被动遥感温湿廓线

微波辐射计是一种多通道探测微波辐射的仪器,用于对大气温度、湿度廓线进行遥感。MSU 是较早应用于 NOAA 业务气象卫星上的一种微波辐射计,后来经发展形成了 AMSU。AMSU 分为 AMSU-A 和 AMSU-B 两个型号,其中 AMSU-A 有 15

个通道，AMSU-B有5个通道。AMSU-A的15个通道分布在23.8 GHz与89 GHz之间，主要用于温度廓线探测，AMSU-B的5个通道分布在89 GHz与183.3 GHz之间，主要用于湿度廓线探测。

5.2.1 卫星微波被动遥感温度廓线

微波遥感温度廓线时，测量通道选择在大气中混合比为已知常数的气体吸收带，如氧气60 GHz吸收带，且通道范围内只有一种气体的吸收。

由于透过率函数

$$\tau_f(0,z)=\frac{\tau_f(0,\infty)}{\tau_f(z,\infty)} \tag{5.2.1}$$

所以

$$\frac{\partial\tau_f(0,z)}{\partial z}=-\frac{\tau_f(0,\infty)}{[\tau_f(z,\infty)]^2}\frac{\partial\tau_f(z,\infty)}{\partial z} \tag{5.2.2}$$

将式(5.2.2)代入式(5.1.18)，并令

$$K_f(z)=[1+(1-\varepsilon_{fs})\cdot\tau_f^2(0,z)]\frac{\partial\tau_f(z,\infty)}{\partial z} \tag{5.2.3}$$

则式(5.1.18)可改写成

$$T_{bf}^{\uparrow}(\infty)=\varepsilon_{fs}T_s\tau_f(0,\infty)+\int_0^{\infty}T(z)K_f(z)\mathrm{d}z \tag{5.2.4}$$

式中，$K_f(z)$ 为卫星微波遥感温度廓线的权重函数。

与红外遥感方程式(3.3.7)相比，可以看出，在微波遥感方程中，因地表不能作为黑体处理，增加了地表发射率 ε_{fs} 未知数，因此，必须首先确定地表发射率 ε_{fs}。这时，可先借助红外窗区通道测出表面温度 T_s，然后利用微波大气窗区通道(如0.8 cm波段)，测得表面亮温 $T_{b0.8}$，便可求出微波窗区通道的发射率 $\varepsilon_{0.8s}$，即

$$\varepsilon_{0.8s}\approx\frac{T_{b0.8}}{T_s} \tag{5.2.5}$$

再利用预先测量得到的不同地表特征在不同频率的比辐射率 ε_{fs} 与 $\varepsilon_{0.8s}$ 的比值 r_f 求出相应观测通道频率的发射率。

$$\varepsilon_{fs}=r_f\varepsilon_{0.8s} \tag{5.2.6}$$

透过率 $\tau_f(0,\infty)$ 和权重函数 $K_f(z)$ 计算时除考虑氧气吸收外，还须考虑水汽的吸收作用。式(5.2.4)与红外遥感方程式(3.3.7)类型相同，均为线性第一类Fredholm积分方程，也可用与红外遥感反演温度类似的方法进行温度廓线的反演。图5.5给出了天基遥感时标准大气状态下氧气5 mm吸收带8个微波通道的权重函数。这批权重函数覆盖了0～20 km的高度范围，用这组通道可以遥感0～20 km高度的温度廓线。

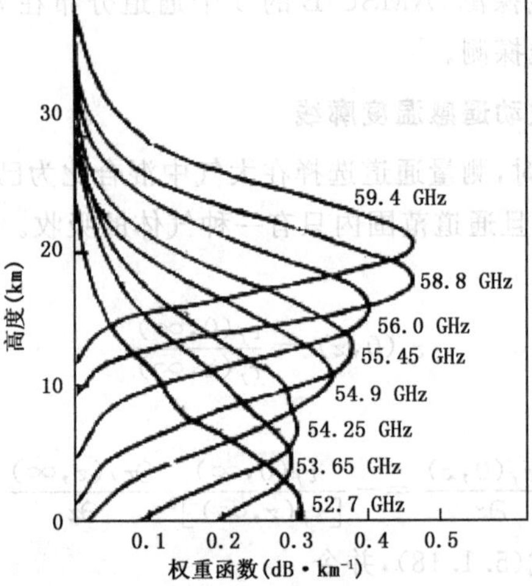

图 5.5 标准大气状态下氧气 5 mm 吸收带 8 通道权重函数

5.2.2 地基微波被动遥感温度廓线

在地面上,用微波辐射计对空遥感时,令

$$K_f(z)=\frac{\partial\tau_f(0,z)}{\partial z} \tag{5.2.7}$$

于是,式(5.1.11)可以写成

$$T_{bf}^{\downarrow}(0)=\int_0^{\infty}T(z)K_f(z)\mathrm{d}z \tag{5.2.8}$$

式中,$K_f(z)$ 是地基遥感的权重函数。需要注意的是,式(5.2.4)和式(5.2.8)虽然都是线性第一类 Fredholm 积分方程,但两者的权重函数有极其不同的形式。地基遥感温度廓线的权重函数总是随高度增加而急剧减小,如图 5.6 所示。这是因为一方面,发自高层的微波辐射比低层微弱,且经过低层愈来愈强的吸收削弱,到达接收器的信号是很微弱的,另一方面,低层大气发射的微波辐射比较强,经过比较短的吸收路径达到接收器,强大的低层信号淹没了微弱的高层信号,使接收器难以区别。地基遥感权重函数的物理特性决定了温度的可测高度限于低层,随高度升高,误差增大。

除了用多通道的微波辐射计向上垂直观测可反演温度廓线外,还可以采用不同天顶角的单通道观测亮温来反演温度廓线。在式(5.1.8)中,$l=z\sec\theta$,则对不同天顶角而言,式(5.1.8)变为

$$T_{bf}^{\downarrow}(0,\theta)=\int_0^{\infty}\rho k_f\sec\theta T(z)\mathrm{e}^{-\int_0^z\rho k_f\sec\theta\mathrm{d}z'}\mathrm{d}z \tag{5.2.9}$$

图 5.7 给出了不同氧气吸收带附近微波通道观测的亮温随天顶角的变化情况。从图中可以看出，亮温从天顶至天边逐渐增大，最后接近于大气温度，但 55 GHz 通道的亮温随天顶角变化不大，这是因为其已接近于氧气 60 GHz 吸收带中心，吸收系数大，低层氧气对高层该通道的辐射强烈吸收，因此，不同天顶角的亮温主要反映的是低层温度信息。

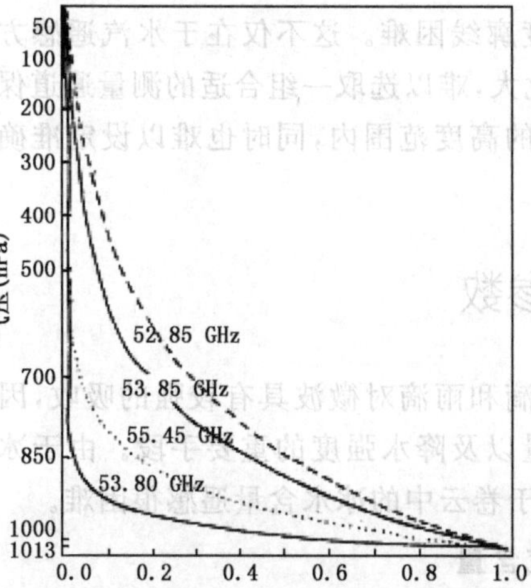

图 5.6 地基遥感温度廓线的权重函数

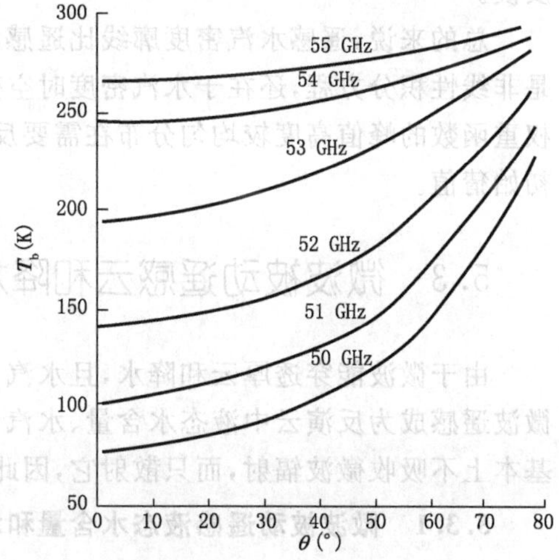

图 5.7 地面向上观测时亮温随天顶角的变化（赵柏林，1987）

德国 RPG-HATPRO 地基微波多通道辐射计是一种采用多通道并行测量技术以及联合使用天顶方向观测和多角度扫描观测模式的微波辐射计，其具有 7 个 K 波段通道（22.24～31.40 GHz）和 7 个 V 波段通道（51.26～58.00 GHz），可遥感温度廓线、湿度廓线和液态水廓线。

5.2.3 微波被动遥感湿度廓线

卫星遥感湿度廓线时，通道中心频率需选在水汽吸收带（22 GHz 和 183 GHz）内。只考虑水汽的吸收，k_f 为水汽的质量吸收系数，则由式（5.1.9）和式（5.1.18）得水汽遥感方程。

$$T_{bf}^{\downarrow}(0) = \int_0^{\infty} \rho_w(z) K_f^{\downarrow}(z) \mathrm{d}z \tag{5.2.10}$$

$$T_{bf}^{\uparrow}(\infty) = \varepsilon_{fs} T_s + \int_0^{\infty} \rho_w(z) K_f^{\uparrow}(z) \mathrm{d}z \tag{5.2.11}$$

式中，

$$K_f^{\downarrow}(z) = T(z) \tau_f(0,z) k_f \tag{5.2.12}$$

$$K_f^{\uparrow}(z) = [T(z)(1+(1-\varepsilon_{fs})\tau_f^2(0,z)) - \varepsilon_{fs}T_s]\tau_f(z,\infty)k_f \quad (5.2.13)$$

式(5.2.10)和式(5.2.11)中未知量为水汽密度廓线 $\rho_w(z)$，由于权重函数 $K_f^{\downarrow}(z)$ 和 $K_f^{\uparrow}(z)$ 与水汽密度有关，这两式为非线性积分方程，只能用其一阶变分线性方程在初值附近求解。通常是令 $\rho_w(z)=\bar{\rho}_w(z)+\delta\rho_w(z)$，且 $\delta\rho_w(z)\ll\bar{\rho}_w(z)$，$\bar{\rho}_w(z)$ 为初始猜值(可取气候平均值)。温度廓线一般是与温度廓线一起进行联合反演。

总的来说，遥感水汽密度廓线比遥感温度廓线困难。这不仅在于水汽遥感方程是非线性积分方程，还在于水汽密度时空变化大，难以选取一组合适的测量通道保证权重函数的峰值高度较均匀分布在需要反演的高度范围内，同时也难以设定准确的初始猜值。

5.3 微波被动遥感云和降水参数

由于微波能穿透厚云和降水，且水汽、云滴和雨滴对微波具有较强的吸收，因而微波遥感成为反演云中液态水含量、水汽含量以及降水强度的重要手段。由于冰晶基本上不吸收微波辐射，而只散射它，因此对于卷云中的冰水含量遥感很困难。

5.3.1 微波被动遥感液态水含量和水汽含量

从图 5.1 可以看出，在频率低于 22 GHz 时，透射率近似等于1，且透射率主要是由于水汽和液态水的吸收造成的，氧气、冰晶的吸收和散射影响很小。所以对于频率低于 22 GHz 的频段，透射率有

$$\tau_f(0,\infty) = \tau_{f\,\mathrm{liquid}} \cdot \tau_{f\,\mathrm{vapour}} \quad (5.3.1)$$

式中，$\tau_{f\,\mathrm{liquid}}$ 为液态水的透射率，$\tau_{f\,\mathrm{vapour}}$ 为水汽的透射率，可近似表示为

$$\tau_{f\,\mathrm{liquid}} \approx \exp\left(-\frac{Q}{Q_0}\right) \approx 1-\frac{Q}{Q_0} \quad (5.3.2)$$

$$\tau_{f\mathrm{vapour}} \approx \exp\left(-\frac{W}{W_0}\right) \approx 1-\frac{W}{W_0} \quad (5.3.3)$$

式中，W 和 Q 分别是水汽路径长度($\mathrm{g\cdot cm^{-2}}$)和液态水路径长度($\mathrm{g\cdot cm^{-2}}$)，为水汽密度和液态水密度沿垂直路径上的积分，W_0 和 Q_0 是和频率有关的常量。

为了反演液态水含量和水汽含量，必须将辐射传输方程转变成与液态水含量和水汽含量显式表示的形成。对于频率低于 22 GHz 的频段，式(5.1.18)可近似简化为

$$T_{bf}^{\uparrow}(\infty) \approx T_s[1-\tau_f^2(0,\infty)(1-\varepsilon_{fs})] \quad (5.3.4)$$

利用式(5.3.2)和式(5.3.3)，并略去含有 W,Q 的二阶项，则得到

$$T_{bf}^{\uparrow}(\infty) = \varepsilon_{sf}T_s + 2\left[\frac{W}{W_0}+\frac{Q}{Q_0}\right](1-\varepsilon_{sf})T_s \quad (5.3.5)$$

假设地表温度和地表发射率为已知常数，则可以从两个通道（通常是 22 GHz 的水汽弱吸收通道与 35 GHz 的窗区通道）的亮温测量值来确定 Q 和 W，即有

$$W = w_0 + w_1 T_{\mathrm{b}f_1} + w_2 T_{\mathrm{b}f_2} \tag{5.3.6a}$$

$$Q = q_0 + q_1 T_{\mathrm{b}f_1} + q_2 T_{\mathrm{b}f_2} \tag{5.3.6b}$$

式中，$T_{\mathrm{b}f_1}$ 和 $T_{\mathrm{b}f_2}$ 为频率 f_1 和 f_2 处的观测亮温。系数 w_i 和 q_i 的值取决于所选的频率和地表的发射率、地表温度和经验参数 W_0 和 Q_0。这些系数可根据一组已知的亮温以及液态水含量和水汽含量，采用统计方法来确定。

5.3.2　微波被动遥感降雨强度

雨滴对微波辐射具有散射和吸收作用。从卫星上利用微波辐射遥感地面降雨强度有两种途径：一种是基于雨滴的微波发射效应，另一种是基于雨滴对微波的散射效应。雨滴的发射可以使得微波辐射增加，而雨滴、冰晶粒子的散射则使得微波辐射减小。在海洋上，水的发射率小且稳定，因此，使用低频通道（＜22 GHz）通过降雨发射的微波辐射，可以进行降雨识别和降雨强度反演。在陆地上，地表发射率大，因此，水凝物发射的微波辐射不能从地表发射的辐射中分离出来，此时，上层冰晶粒子的散射导致高频（＞60 GHz）波段辐射减小，从而可以用来监测降雨。在陆地上，通道的设计要保证地表背景辐射不影响降雨的反演。图 5.8 给出了不同微波频率下卫星星下点观测时，亮温随降雨强度的变化关系。从图上可以看出，在陆地上空，亮温随降雨强度的增加而下降，频率越高，影响越大。在海洋上空，由于海表面发射率较低，因

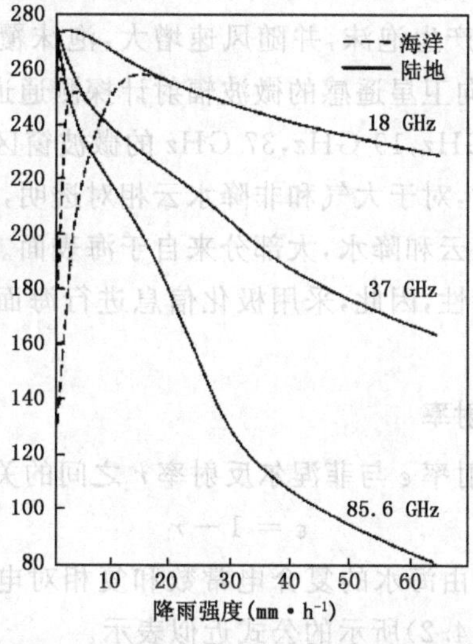

图 5.8　不同微波频率下卫星星下点观测时亮温与降雨强度的关系

(Spencer et al.,1989)

此，亮温最初是随降雨强度的增加而增大的。

降雨强度的微波被动遥感反演通常采用统计分析建立如式(5.3.7)所示的卫星观测亮温 T_{bf} 与地面降雨强度 R 之间的回归关系式进行。地面探测降雨强度可采用雷达和雨量计。由于雷达和卫星同样可对降水进行连续观测，且二者均为面降水观测，在时间和空间上容易匹配，所以在利用经验方法反演降雨强度时，多用雷达和卫星对同一降水区进行同步观测，然后利用雷达反射率因子与降雨强度之间的经验关系(即 *Z-R* 关系)得到地面降雨强度，通过统计分析，得出如式(5.3.7)所示的亮温与降雨强度之间的回归关系式。

$$T_{bf} \approx b + cR^d \tag{5.3.7}$$

式中，b，c 和 d 是与大气和地表状况有关的系数。理论上，$d=0.84$。

随着微波辐射传输模式和云微物理模式的发展，人们可以对不同水凝物垂直分布状态下的微波辐射传输进行模拟，构建地面降雨强度与单(多)通道亮温之间的关系，实现降雨强度的物理反演，还可以进一步地开展水凝物垂直廓线的反演。

5.4 微波被动遥感海面风

微波被动遥感海面风是基于微波辐射计测量的海面亮温随海面发射率变化，而发射率的变化又随风速、风向变化。平静海面具有低发射率和低亮温，风导致海面粗糙度和泡沫增加，海面粗糙度增加，发射率增加，发射更多能量，亮温增大。在风速超过 7 m·s^{-1}时，海表面会产生泡沫，并随风速增大，泡沫覆盖率增加，亮温进一步增大。用于海面上风速、风向卫星遥感的微波辐射计探测通道通常位于 6～37 GHz 的低频波段，如 7 GHz，11 GHz，19 GHz，37 GHz 的微波窗区通道。在这些波段，具有相对少的大气吸收和散射，对于大气和非降水云相对透明，星载微波辐射计接收的辐射中，少部分来自于水汽、云和降水，大部分来自于海表面。此外，由于海表面在微波波段具有比较强的极化特性，因此，采用极化信息进行海面风速、风向遥感已成为主要发展方向。

5.4.1 海面微波发射率

对于平静海表面，发射率 ε 与菲涅尔反射率 r 之间的关系如下。

$$\varepsilon = 1 - r \tag{5.4.1}$$

式中，r 是菲涅尔反射率，由海水的复介电常数和复相对电容率决定，与海水温度和盐度有关，可采用如式(5.4.2)所示的公式近似表示。

$$r_{H,V} = (a_1 t_s + a_2 t_s^2 + a_3 t_s \cos\Theta + a_4 \cos\Theta + a_5 t_s \cos 2\Theta + a_6 \cos 2\Theta + a_7)/T_s \tag{5.4.2}$$

式中，$\Theta=(t_s+a_8)/a_9$，t_s 是海水摄氏温度，$t_s=T_s-273.15$。

对于粗糙海面，海面发射率不能简单地从菲涅耳反射率计算，而需要考虑与风有关的海面粗糙度的影响。由于风的作用，海洋表面产生波浪和泡沫，因为波浪的倾斜和幅度是与风向、风速有关的，因此，海面发射率既与风速有关，还与风向有关，这也为利用海面发射的微波辐射进行风向、风速遥感提供了理论基础。如果以 ε_0 表示平静海面发射率，$\Delta\varepsilon_{wf}$ 表示由于波浪和泡沫共同影响增加的发射率，那么粗糙海面的发射率可以写成

$$\varepsilon=\varepsilon_0+\Delta\varepsilon_{wf} \tag{5.4.3}$$

而

$$\Delta\varepsilon_{wf}=(1-f)\varepsilon_w+f\varepsilon_f \tag{5.4.4}$$

式中，f 表示视场内泡沫覆盖的百分比，ε_w 表示波浪诱导的发射率，ε_f 表示泡沫发射率。

在海面风速小于 7 m/s 时，海面无泡沫。无泡沫情况下，粗糙海面可看成是小尺度波浪在大尺度波浪上的叠加，海面发射率随风速的增加而增加，可采用如式(5.4.5)所示的拟合公式近似表示，风向引起的发射率变化是相对风向角 φ_w 的函数。

$$\varepsilon_w=a_1+a_2w+a_3w^2 \tag{5.4.5}$$

当风速大于 7 m·s^{-1}时，泡沫覆盖率随风速增加而增大，可用如式(5.4.6)所示的 Monahan 模式表示(Monahan，1986)。通常泡沫的发射率 ε_f 可近似为 1。

$$f=1.95^{-5}w^{2.56} \tag{5.4.6}$$

总之，粗糙海面发射率受海水介电常数、海浪谱以及海面泡沫影响。

5.4.2　Stokes 参数与极化亮温

电磁波的偏振结构是由电场强度的振动和电场强度两个分量之间的相位差来表征的。对于一椭圆偏振简谐波，电场矢量 $\boldsymbol{E}$ 可表示为

$$\boldsymbol{E}=\boldsymbol{l}a_l\cos(\omega t+\delta_l)+\boldsymbol{r}a_r\cos(\omega t+\delta_r) \tag{5.4.7}$$

式中，$\boldsymbol{l}$ 和 $\boldsymbol{r}$ 分别表示与参考平面平行和垂直的单位矢量，a_l 和 a_r 分别是 $\boldsymbol{l}$ 和 $\boldsymbol{r}$ 方向上的电矢量振幅，$\omega=2\pi f$ 是电矢量的角频率，t 为时间，δ_l、δ_r 分别是 $\boldsymbol{l}$ 和 $\boldsymbol{r}$ 方向电矢量的初始相位。

Stokes 参数定义为

$$\begin{cases} I=a_l^2+a_r^2 \\ Q=a_l^2-a_r^2 \\ U=2a_la_r\cos\delta \\ V=2a_la_r\sin\delta \end{cases} \tag{5.4.8}$$

式中，相位差 $\delta=\delta_r-\delta_l$，且假设简波的振幅和相位都是恒定的。实际的电磁波是由

许多简谐波一个接一个极快地演替而形成的，在一个极短的瞬间，一个探测器接收到数以万计的简谐波。因此，这时的 Stokes 参数可以表示成如下形式的系综平均。

$$\begin{cases} I = \langle a_l^2 \rangle + \langle a_r^2 \rangle = I_h + I_v \\ Q = \langle a_l^2 \rangle - \langle a_r^2 \rangle = I_h - I_v \\ U = 2\langle a_l a_r \cos\delta \rangle = 2\mathrm{Re}\langle a_r a_l^* \rangle \\ V = 2\langle a_l a_r \sin\delta \rangle = 2\mathrm{Im}\langle a_r a_l^* \rangle \end{cases} \tag{5.4.9}$$

式中，$\langle\ \rangle$ 表示系综平均，是指一个极短时间间隔 (t_1, t_2) 内的平均。

实际上，对于 t 时刻在 $\boldsymbol{r}$ 方向若引进一个关于 $\boldsymbol{l}$ 方向的时滞 ε 且与正 $\boldsymbol{l}$ 方向夹角为 Ψ 的方向的电场强度分量（图 5.9）可以表示成如下形式。

$$E(t;\Psi,\varepsilon) = a_l\cos\Psi\cos\omega t + a_r\cos(\delta+\varepsilon)\sin\Psi\cos\omega t \tag{5.4.10}$$

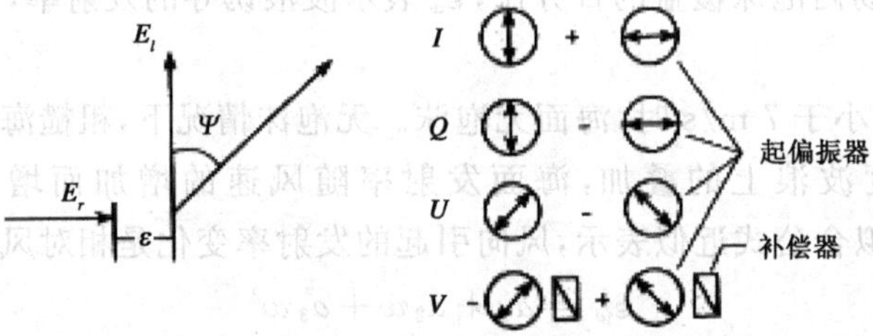

图 5.9　按时滞 ε 和偏振角 Ψ 表征电场强度的方法（Liou，2004）

相应地，在一个极短时间间隔 (t_1, t_2) 内测量的平均强度为

$$I(\Psi,\varepsilon) = \langle E(t;\Psi,\varepsilon)E^*(t;\Psi,\varepsilon)\rangle = \langle a_l^2\rangle\cos^2\Psi + \langle a_r^2\rangle\sin^2\Psi + \frac{1}{2}\langle 2a_l a_r\cos\delta\rangle\cos\varepsilon\sin2\Psi - \frac{1}{2}\langle 2a_l a_r\sin\delta\rangle\sin\varepsilon\sin2\Psi \tag{5.4.11}$$

利用式(5.4.14)，则上式可改写成

$$I(\Psi,\varepsilon) = \frac{1}{2}\left[I + Q\cos2\Psi + (U\cos\varepsilon - V\sin\varepsilon)\sin2\Psi\right] \tag{5.4.12}$$

这样 Stokes 参数可以用特殊时滞和偏振角的平均强度测量量表示成如下形式。

$$\begin{aligned} I &= I(0°,0) + I(90°,0) \\ Q &= I(0°,0) - I(90°,0) \\ U &= I(45°,0) - I(135°,0) \\ V &= -\left[I(45°,90°) - I(135°,90°)\right] \end{aligned} \tag{5.4.13}$$

$I(0°,0)$，$I(90°,0)$，$I(45°,0)$，$I(135°,0)$，$I(45°,90°)$，$I(135°,90°)$ 分别表示水平线极化强度、垂直线极化强度、+45°线极化强度和−45°线极化强度以及右旋极化强度和左旋极化强度，均可以采用一个起偏器和一个玻片分别进行测量，如图 5.9 所示。式(5.4.13)是 Stokes 参数用可测参量计算的表示式。

Stokes 极化亮温定义为

$$\begin{bmatrix} T_{Bv} \\ T_{Bh} \\ T_3 \\ T_4 \end{bmatrix} = \frac{1}{C} \begin{bmatrix} I_v \\ I_h \\ U \\ V \end{bmatrix} \tag{5.4.14}$$

则

$$T_3 = T_{45} - T_{-45} \tag{5.4.15a}$$

$$T_4 = T_L - T_R \tag{5.4.15b}$$

式中，C 为比例系数，T_{Bv} 和 T_{Bh} 分别为垂直极化亮温和水平极化亮温，T_3 和 T_4 分别称为第三和第四 Stokes 极化亮温。T_{45} 和 T_{-45} 分别表示＋45°线极化亮温和－45°线极化亮温，T_L 和 T_R 分别表示左旋和右旋圆极化亮温，它们之间的关系见图 5.10。

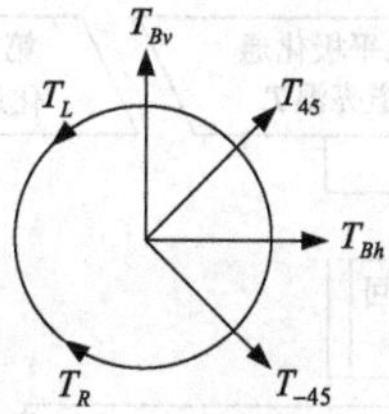

图 5.10　垂直极化水平极化、±45°线极化、左右旋圆极化亮温

5.4.3　全极化微波辐射计遥感反演海面风场

传统的微波辐射计只能对目标微波辐射的垂直和水平两种极化状态进行测量，即每个频率上只有垂直极化和水平极化两个亮温测量结果，由此只能得到海面风速的信息，不能确定海面风向。全极化微波辐射计与传统微波辐射计不同在于它能够对目标微波辐射的垂直极化、水平极化、＋45°极化、－45°极化、左旋圆极化和右旋圆极化六种极化状态进行测量，得到对应于 Stokes 参数的 4 个亮温测量结果，能够在反演海面风速的同时进行海面风向的反演。全极化微波辐射计的出现为被动微波遥感海面风矢量开辟了新的领域。

对于风生海面，海面发射率（或亮温）不仅与极化方式有关，也与海面风速和海面风向有关。海面风速的增大将引起海面泡沫覆盖率的增加，在本质上引起海面发射率的增大。大量的实验表明，海面垂直极化发射率和水平极化发射率是海面相对风向角的偶函数，第三和第四 Stokes 发射率是海面相对风向角的奇函数。

对于星载全极化微波辐射计而言，其测量的极化亮温不仅与海面风速、风向有关，还与海面温度、大气水汽含量和液态水含量等有关。因此，在反演海面风速、风向时，一般采用同步反演的方法同时反演海面风速、风向，以及海面温度、大气水汽含量和液态水含量等参数。图 5.11 所示给出了一种在无降水条件下，反演海面风速、风向的流程。首先利用统计方法反演大气水汽含量、云中液态水含量、海面温度和海面风速 4 个物理量，然后利用全极化微波辐射传输正演模型、物理统计方法进行海面风向反演，采用中值滤波等方法去除风向模糊。统计算法是从辐射计实测亮温和浮标等现场测量参数推导出经验关系式，如多元线性回归算法或 D 矩阵算法，可以对除海面风向外的环境参数进行反演，作为海面风向反演的基础。物理统计法与统计算法的不同之处，在于回归时使用辐射传输正演模型来计算仿真亮温，如基于物理统计的最大似然估计法（maximum likelihood estimate，MLE），可用来进行海面风向反演，也可同时进行海面风向和风速的联合反演。物理反演算法直接利用辐射传输方程计算环境参数，其本质是非线性方程组的求解问题，反演的准确性及效率取决于辐射传输模式的准确构建和方程组解法的有效性。

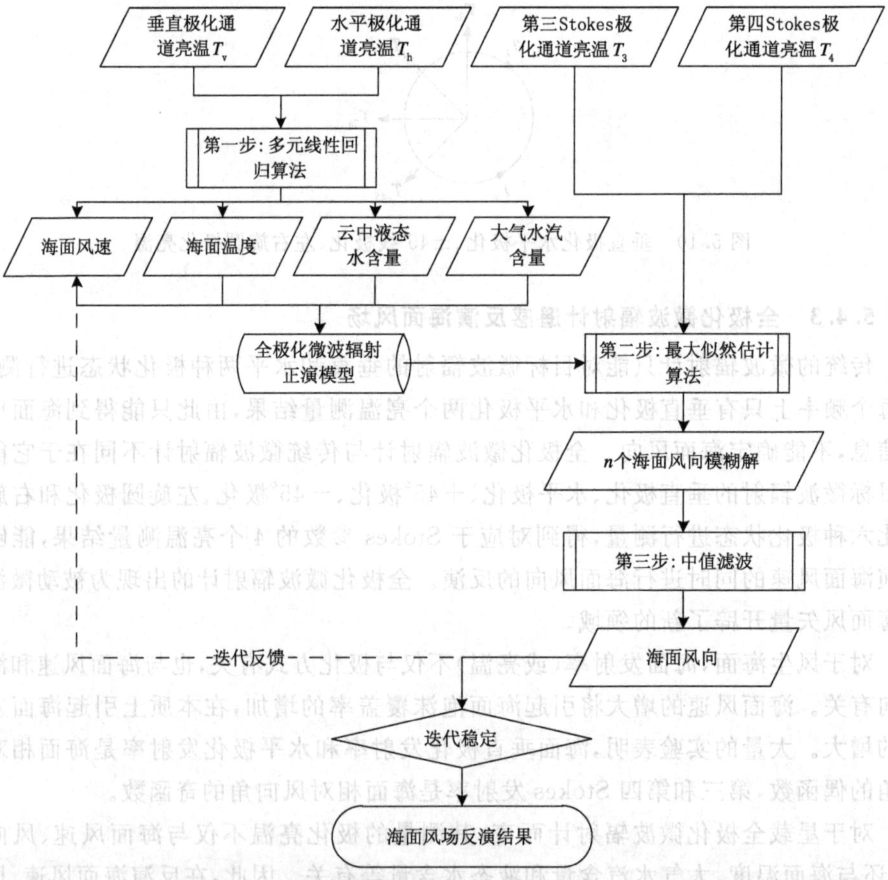

图 5.11　无降水条件下海面风场反演算法流程图

5.4.3.1 海面风速反演

通常，微波亮温与海面风速之间的关系严格来讲并不是线性的，而是非线性的。如果两者之间的非线性不是很强，且又有足够多的观测资料和与之匹配的实测资料，则可以采用多元回归的方法，直接建立以反演量为因变量的线性回归方程进行统计反演。具体方法见第 4 章。多元统计回归解的误差主要来源于回归系数矩阵，而它又取决于回归样本，因此，在应用过程中回归样本可按不同的扫描角度以及表面温度等进行分类统计。

对于星载微波辐射计 SSM/I，马萨诸塞大学在 D 矩阵方法的基础上发展形成了反演海面风速的 SSM/I-GSW 算法、SSM/I-GSWP 算法等。式(5.4.16)给出了 SSM/I-GSW 算法

$$WIND\_SSM/I = [D_0 \quad D_1 \quad D_2 \quad D_3 \quad D_4] \cdot \begin{bmatrix} 1 \\ T_B(19.4V) \\ T_B(22.2V) \\ T_B(37V) \\ T_B(37H) \end{bmatrix} \tag{5.4.16}$$

式中，T_B 是对应频率和极化状态下 SSM/I 测量的亮温，D_i 是对应亮温的系数，使用线性回归方法和实测数据获得。

Petty(1993)提出的 SSM/I-GSWP 风速反演算法是一个两步的准线性统计模型，它是对 SSM/I-GSW 算法的一个改进。第一步，基于高空探测资料获得的现场水汽数据和 SSM/I 测量亮温，建立水汽 WV 反演方程

$$\begin{aligned} WV = {} & 174.1 + 4.638\ln[300 - T_B(19.4V)] \\ & - 61.76\ln[300 - T_B(22V)] + 19.58\ln[300 - T_B(37V)] \end{aligned} \tag{5.4.17}$$

第二步，基于浮标获得的风数据、高空探测资料获得的现场水汽数据和 SSM/I 测量亮温，使用二阶多项式曲线拟合，获得了浮标风速与 SSM/I-GSW 风速之间的剩余误差。该剩余误差认为是水汽带来的校正项 W_{COR}，可表达为

$$W_{COR} = -2.13 + 0.2198WV - 0.4008 \times 10^{-2}(WV)^2 \tag{5.4.18}$$

最后，对 SSM/I-GSW 风速进行水汽校正。

$$W_{GSWP} = W_{GSW} - W_{COR} \tag{5.4.19}$$

式中，W_{GSW} 是 SSM/I-GSW 算法获得的风速，W_{GSWP} 是 SSM/I-GSWP 算法获得的风速，W_{COR} 是水汽引起的剩余误差，在风速小于 15 m·s^{-1} 条件下该算法反演准确度可达到 2 m·s^{-1}。

5.4.3.2 海面风向反演

最大似然估计法 MLE 用于海面风场反演是1984年由 Pierson 提出的。全极化微波辐射计接收到的亮温由亮温真实值矩阵 $\boldsymbol{T}_{\mathrm{B}}^{0}$ 和随机测量噪声矩阵 $\boldsymbol{\varepsilon}^{*}$ 两部分组成。

$$\boldsymbol{T}_{\mathrm{B}}^{*}=\boldsymbol{T}_{\mathrm{B}}^{0}+\boldsymbol{\varepsilon}^{*} \tag{5.4.20}$$

另外,全极化微波辐射正演模型对 $\boldsymbol{T}_{\mathrm{B}}^{0}$ 的模拟也存在误差,记为模式误差 $\boldsymbol{\varepsilon}^{M}$,则有

$$\boldsymbol{T}_{\mathrm{B}}^{0}=\boldsymbol{T}_{\mathrm{B}}^{M}+\boldsymbol{\varepsilon}^{M} \tag{5.4.21}$$

卫星测量的随机噪声是辐射计带宽、积分时间、接收机噪声和稳定性等的函数,它满足均值为0的高斯分布,方差是辐射计设计参数的函数。模式误差包括由于各种变量引起的微波热辐射扰动和模式局限性带来的影响,也可以看作一个均值为0并且方差依赖于真实风矢量和辐射计参数的高斯正态分布随机变量。对于给定的风矢量,卫星测量值 $\boldsymbol{T}_{\mathrm{B}}^{*}$ 相对于模式预测值 $\boldsymbol{T}_{\mathrm{B}}^{M}$ 之间的残差 $\boldsymbol{R}$ 可以定义为

$$\boldsymbol{R}=\boldsymbol{T}_{\mathrm{B}}^{*}-\boldsymbol{T}_{\mathrm{B}}^{M}=\boldsymbol{\varepsilon}^{*}+\boldsymbol{\varepsilon}^{M} \tag{5.4.22}$$

由于仪器噪声和模式误差相互独立,显然残差也满足高斯分布。假设某个地面单元内有 N 个近似同时间、同地点的亮温测量值,所有这些测量值对应于一个未知的风矢量 (w,φ),而每个测量值所对应的总体误差是相互独立的,那么这些误差的联合条件概率密度函数可写为

$$p(\boldsymbol{R}_1,\cdots,\boldsymbol{R}_N \mid (w,\varphi))=\frac{1}{(2\pi)^N}\prod_{i=1}^{N}\exp\left(-\frac{\boldsymbol{R}_i^2}{2}\right) \tag{5.4.23}$$

联合概率密度函数取最大值对应于真实的海面风矢量,因此又称为最大似然函数。对最大似然函数两边取自然对数,得到最大似然估计风矢量反演的目标函数。

$$J_{\mathrm{MLE}}(w,\varphi)=\sum_{i=1}^{N}\boldsymbol{R}_i^2=\sum_{i=1}^{N}(\boldsymbol{T}_{\mathrm{B}}^{*}-\boldsymbol{T}_{\mathrm{B}}^{M})^2\Delta T_i^{-2} \tag{5.4.24}$$

式中,ΔT_i^{-2} 表示仪器和模型误差的总方差。MLE 风场反演实际上是寻找合适的风矢量(风速、风向),使目标函数 $J_{\mathrm{MLE}}(w,\varphi)$ 取得极小值。

在理想情况下,真实解应该对应于具有最小目标函数值的模糊解。但受噪声和模型函数形式的制约,使真实解出现不确定性,目标函数一般存在2～4个局部极小值,每个局部极小值对应的风速、风向为一个模糊解。模糊解中只有一个为真实解,其他的伪解需要进行模糊去除。若将风向模糊解按最大似然估计的目标函数值从小到大进行排列,一般而言,风向的真实解位于排列后的第1或第2风向解中。

海面风向去模糊可采用中值滤波、双视观测及辅助背景场约束等方法。中值滤波法是海面风向去模糊比较常用的方法。中值滤波技术1974年被首次使用于时间序列数据滤波处理,随后应用于图像增强处理方面。目前为止,中值滤波是一种最有

效的解决风向模糊问题的方法。对于含 N 个数值的数据序列，中值定义为将数据序列按大小排序后第 $(N+1)/2$ 个数据（N 为奇数），也就是说数据序列中大于中值和小于中值的数据量相同。对于方向等圆周数据序列或矢量数据序列，中值不能采用上述简单定义方法，数据序列排列结果不固定将导致中值选取出现模糊情况。相应地，对以“方向”为代表的圆周数据序列而言，中值 θ 可定义为使半圆 $(\theta,\theta+180°)$ 和半圆 $(\theta-180°,\theta)$ 上分布数据量相等的中心值，但这种定义方法不利于计算，且同样会出现中值选取模糊。为此，Mardia 基于平均偏差最小，提出了另外一种定义圆中值的方法。对于圆数据序列 $a(1),a(2),\cdots,a(N)$，圆中值 $a(m)$ 使函数 $S(m)$ 取得最小值。

$$S(m)=\sum_{i=1}^{N}\left|a(m)-a(i)\right|,1\leqslant m\leqslant N \tag{5.4.25}$$

实际上风向序列是来源于滤波窗口内二维坐标点上的圆数据序列，此时目标函数 $S(m)$ 为

$$S(m)=\sum_{\substack{m=i-h\\m\neq i}}^{i+h}\sum_{\substack{n=j-h\\n\neq j}}^{j+h}\left|a_{i,j}^{k}-a_{m,n}\right| \tag{5.4.26}$$

式中，$a_{i,j}^{k}$ 表示位于 $(h\times h)$ 滤波窗口中心的风向模糊解，上标 k 表示风向模糊解的秩，下标 (i,j) 位于滤波窗口中心。$a_{m,n}$ 表示滤波窗口内除中心点外的其他风向解。

习 题

1. 水汽、氧气有哪些主要的微波吸收带？大气微波窗区主要有哪些？
2. 冰和水、云和降雨、陆地和海面的微波吸收（辐射）特性有何异同点？
3. 晴空大气中微波辐射传输有何特点？
4. 写出地基、天基微波遥感方程，并说明其中各项的物理含义。
5. 温度廓线的卫星微波遥感通道一般选择在什么波段？与红外遥感相比，有何异同点和优缺点？
6. 利用卫星微波遥感云中液态水含量和水汽含量，遥感通道一般应选择在什么波段？为什么？
7. 利用卫星微波遥感降雨强度，遥感通道一般应选择在什么波段？为什么？
8. 利用卫星微波遥感海面风场，遥感通道一般应选择在什么波段？为什么？
9. 海面发射率有何特性？
10. 写出 Stokes 参数的定义式，并说明其物理含义。
11. 写出 Stokes 参数用可测参量计算的表示式，并说明其物理含义。Stokes 第三和第四极化亮温如何测量？
12. 从式(5.4.16)推导式(5.4.17)。

13. Stokes 第三和第四极化亮温与海面风向之间有何关系？

14. 为何在海面风向反演中会出现模糊问题？如何去模糊？

参考文献

赵柏林，张霭琛，1987. 大气探测原理[M]. 北京：气象出版社.

LIOU K N，2004. 大气辐射导论(第 2 版)[M]. 郭彩丽，周诗健，译. 北京：气象出版社.

MONAHAN E C，1986. White caps and the passive remote sensing of the ocean surface[J]. International Journal of Remote Sensing，7(5)：627-642.

PETTY G W，1993. A comparison of SSM/I algorithms for the estimation of surface wind[C]// DMSP SSM/I Algorithm Symposium，June 8－10，1993，Monterrey，Canada.

SPENCER R W，GOODMAN H M，HOOD R E，1989. Precipitation retrieval over land and ocean with SSM/I. Part I：identification and characteristics of the scattering signal[J]. Journal of atmospheric and oceanic technology，2：653-678.

STRANGEWAYS I，2007. Precipitation：theory，measurement and distribution[M]. Cambridge：Cambridge University Press.

第6章　微波主动遥感云和降水

云和降水是重要的天气现象，大部分的灾害性天气，如暴雨、雷暴、冰雹、台风、龙卷等都与云和降水过程相联系。利用发射的微波来探测云和降水区的位置、强弱分布及其变化等的雷达常称为天气雷达。本章主要介绍利用天气雷达探测云和降水的原理、技术和方法。

6.1　云和降水粒子的物理特性

6.1.1　粒子大小和滴谱分布

根据研究，云滴半径一般在1～100 μm。凡大于70 μm的已可称之为毛毛雨或小雨滴了。小于1 μm的云滴易于蒸发，不易发现。

以 r_R，r_m，N，W，V，相和 Cl^- 分别表示云滴半径范围、平均半径、数密度、含水量、云中能见度、云滴的相态、氯离子浓度，则各种云的微物理特征如表6.1所示。图中所示数值只是一些平均值，个别云的值可以与此有较大出入。

表6.1　云的微物理特性(王鹏飞等，1989)

云状	层云	层积云	淡积云	浓积云	积雨云	雨层云	高层云	高积云	卷云	卷层云	卷积云
r_R(μm)	1～40		1～20 2～40	1～30 3～100		3～80	1～40	4～20	半径在50～250 μm如为片状，厚为10～20 μm，如为粒状，长度约为半径的1～5倍		
r_m(μm)	4～10		2～5 4～6	4～10	6～15	4～10	4～10	6～8			
N(个·cm^{-3})	250～1500	250～800	500 200	350 200	350 100	80～350			0.1～1.0		
W(g·m^{-3})	0.4～0.8		0.1～0.2 0.4	0.2～0.3 1.70	0.25 2.00	0.2～0.4 1.00	0.2 0.50	0.2 0.5	0.02	0.01～0.1	
V(m)	50～60	40～90	50～100 30～70	30～100 20～70	15～100	70～100					

续表

云状	层云	层积云	淡积云	浓积云	积雨云	雨层云	高层云	高积云	卷云	卷层云	卷积云
相	一般为水相,很冷时,可为冰相		水相	水相	上部冰相,底部水相	顶部冰相,底部水相	顶冰相底水相	主要水相,也可冰相	冰相		
Cl^-	每 1000 ml 云水中含 1～10 mg						每 1000 ml 云水中含 0.1～1 mg				

备注:表中如有上、下分列两项数值,上一值表示云下部值,下一值表示云上部值。

而雨滴的半径一般都在 0.05～3 mm,其中以 0.7～0.9 mm 范围内的最多。表 6.2 给出了各种降水物的半径范围。

半径约 3.5 mm 的最大雨滴,仅在降雨强度达 100 mm/h 以上时才出现,因此是罕见的。一般雨滴半径大于 100 μm,最大为 1～2 mm。当雨滴半径达 2.5～3 mm 时,就容易在下降过程中破裂。雨滴谱中一般是小半径的水滴多于大半径。总的趋势是半径愈大,个数愈少。降水滴谱在云下将受碰并、破裂、蒸发等影响。由于破裂及蒸发的影响可使大水滴变小,由于大水滴并合小水滴,也能减少小水滴。

为了保证足够强的回波用于信号处理,根据云和降水粒子的大小分布,一般采用毫米波段的雷达来探测云,称之为云雷达;而采用厘米波段雷达来探测降水以及将要降水前的云,称之为天气雷达,有时也称测雨雷达。

表 6.2　各种降水物的半径范围(王鹏飞等,1989)

名称		半径范围
雨	毛毛雨	50～250 μm(0.05～0.25 mm)
	连绵雨	300～2000 μm(0.3～2.0 mm)
	阵雨	1500～3500 μm(1.5～3.5 mm)
雪	星体雪及其小晶组合	0.5～4.0 mm
	大雪片、雪花	2.5～10 mm
其他固体降水	冰粒	0.5～1.5 mm
	米雪	<0.5 mm
	霰	1～2.5 mm
	小雹	1～2.5 mm
	大雹	2.5～50 mm 以上

6.1.2　粒子形状和相态

云和降水是由大量的液态水滴或固态的冰晶所构成的。温度在摄氏零度以上的暖云由水滴所组成。温度小于 0 ℃的冷云,当温度不太低时,可以有未冻结的过冷水滴和冰晶同时存在,称为混合云。随着温度的降低,过冷水所占比重越来越小,到

-35℃～-40℃时，云基本上全由冰晶所组成(王永生等，1987)。

习惯上把线尺度小于 300 μm 的冰粒子称为冰晶，大于此值的称为雪晶。冰晶的结晶形态大多数情况下是非球形的，常见的形状有六角柱、六角盘状、子弹状、六枝雪花、圆霰及复合黏连体等形状。冰云粒子形状与云中温度、湿度和冻结核关系很大，可能与云中的湍流活动也有一定的关系。

对降雪样品的观测发现，雪片常常是由许多个冰晶粘连在一起的聚合物。在雪晶表面上，也常常观测到许多冻结的小水滴。霰粒就是由这种大量冻结的过冷水滴所组成的，它已经完全失去了那种整齐的结晶结构的外形。这说明冰晶的增长过程除了有水汽凝华作用以外，还有冰晶间的互相粘连和冰晶碰撞冻结过冷水滴等过程。

深厚的层状云和积雨云既非纯水云，又非纯冰云。这样的云按温度和高度自上而下可分为三层：上部温度在-25℃～-30℃以下的层，基本由冰晶组成，如卷云和积云砧；中间是温度在 0℃以下的混合云，冰晶和过冷水同时存在；下部是温度在 0℃以上的水云。对层状云而言，在这些层次里常可夹入几层无云的空间。如果实际云体只有上层，在高空为卷云，在近地面则为冰雾，一般无降水。如云只有上、中两层，可以生成雪片或霰。若仅有中、下两层，可以生成毛毛雨或在对流云中则可生成小阵雨。三层都具备的云可生成较强的降水，强对流云还可能生成霰和冰雹。

冰雹是在强对流云中生成的固态降水物。它多出现在夏季中纬度的内陆区。按尺寸和结构可将雹块分成三类。第一类为霰(软雹)：白色、透明，直径大约为 6 mm 的圆球形或锥形的冰粒。它们基本上是由各自冻结的小云滴集合在一起而成的，密度小，容易压碎。它们在与坚硬表面相碰时会破碎。第二类为冰丸(小雹、冰粒)：透明或半透明的冰，直径几毫米，呈球形、椭球形、锥形或无规则形，可以是冻结雨滴，也可以是霰外面包一层薄冰壳，这层冰可以是捕获小滴冻结而成，或是霰部分融化再冻结而成。第三类为冰雹：直径在 5 mm 以上的冰球、冰块，曾测得直径达 138 mm 的雹块。形状多样，有球、椭球、锥形、扁圆和无规则等，大小不一。由坚实冰构成的雹，密度和冰相近，而霰的密度可小到 0.3 g·cm^{-3}。冰雹几乎完全是由透明的冰，或由透明与不透明互相交错的冰层所组成的。从其剖面可以看出，雹块有明暗相间的多层结构，曾观测到多达 28 层的冰雹。在雹块中心有构成雹的初始胚胎，它们可以是霰、小雹或冻滴。雹在有强上升气流的强对流风暴系统中生成。雹块所特有的多层的冰结构，反映了云中的气流、温度和高的过冷水含量的分布，说明了雹块在淞附过冷水时释放潜热量和热传导的状况。

云中的冰晶、雪花和冰雹等，在下落过程中通过 0℃层后融化或与过冷水滴碰并，便成为冰水混合物。当冰粒下降表面开始融化时，或者当冰雹与大量的过冷水滴相碰而来不及立即冻结时，可以看成是外包水膜的冰水混合物；多孔海绵状冰雹、雪花和雪团下降过程中融化以及在冰球融化的后期，可以看作是冰水均匀混合物。

云中的冰晶、雪花和冰雹等，在全部融化之后，由于表面张力作用，通常液态的小云滴和小水滴可以看作球形，随着尺寸越来越大，在下落过程中由于空气阻力的作用，粒子逐步呈扁平形状，如图 6.1 所示。为了探测云和降水粒子的形状、相态等信息，发展了双偏振雷达技术。

图 6.1 粒子形状随大小的变化(单位:mm)

6.2 天气雷达

6.2.1 天气雷达种类

全球的天气雷达不仅数量多，而且在技术体制等方面也存在多种形式。

按照所采用的总体技术体制，天气雷达可分为普通模拟天气雷达、普通数字化天气雷达、多普勒天气雷达和双线偏振多普勒天气雷达。而根据发射波的相干性，多普勒天气雷达又可分为全相干多普勒天气雷达和自相干多普勒天气雷达。全相干天气雷达发射的各脉冲信号间具有确定的相位关系，从而可以和脉冲回波信号进行比较，检测出多普勒频移。自相干多普勒天气雷达发射的各脉冲信号间没有确定的相位关系，但接收系统采用了锁相技术和相干振荡器，使得每个发射脉冲及其相应回波脉冲之间的相位能够进行比较，从而提取出多普勒频移信息，这种雷达也称为半相干雷达。

按照雷达发射波的波长，天气雷达可分为 X 波段天气雷达(3.2 cm 附近)、C 波段天气雷达(5.4 cm 附近)和 S 波段天气雷达(10.7 cm 附近)，目前已发展了 Ka，W 波段的毫米波云雷达。按照发射波形式，天气雷达又可分为脉冲波天气雷达和连续波天气雷达。按照发射机技术，天气雷达又可分为磁控管天气雷达、速调管天气雷达和全固态天气雷达。

按照天线技术，天气雷达又可分为抛物面天线天气雷达和相控阵天线天气雷达，前者也称作机械扫描天气雷达，后者也可称作电扫描天气雷达。

按照观测平台，天气雷达又可分为地基天气雷达、机载天气雷达和星载天气雷达。

虽然不同天气雷达在技术上存在差异，外观上也形态不一，但是如从功能模块上来划分雷达各组成部分的话，还是差不多的。

6.2.2 天气雷达的发展

天气雷达大致经历了四个发展阶段,这四个阶段的划分是以气象业务中使用的雷达技术体制为原则。考虑到科研的超前性,各种天气雷达新技术的出现时间,一般总是要早一些。

20 世纪 50 年代以前,天气雷达主要是由军用的警戒雷达进行适当地改装而成的。第二次世界大战后,雷达技术得到了快速发展,但在使用过程中,经常发现有气象云雨目标造成的雷达回波。对于军用空情警戒雷达而言,气象云雨目标的回波是干扰回波,而气象学家却想到可以利用这种回波来发现云雨目标的位置及强弱性质。因此,对军用空情警戒雷达进行改装,主要根据气象目标的特点,对接收处理与显示部分进行适当的改装,如美国国家天气局用的 WSR-1 和 WSR-3,几乎都是由 ASR 系列雷达改装的。英国生产的 Decca41 和 Decca43 等也是改装自军用雷达。我国也曾在 50 年代末引进 Decca41 雷达用于监测天气。当时雷达选用的波长主要采用 X 波段,少量 S 波段,性能与军用的警戒雷达差不多。

20 世纪 50 年代中期,开始根据气象探测的需求,专门设计用于监测强天气和估测降水的雷达,并命名为天气雷达。1957 年美国天气局设计生产了 S 波段 WSR-57 天气雷达,主要是在波长选择和信号接收处理上作了较多的考虑,对回波信号强度测量和图像显示方面作了不同于军用的要求,以适应气象目标探测要求,用于监测大范围降水和定量估测降水。该时期的雷达属于模拟信号接收和模拟图像显示的雷达,观测资料的存储采用对显示器上显示的回波进行照相的方式,资料处理主要是事后的人工整理和分析。我国在 20 世纪 60 年代末 70 年代初也自行研制成功 X 波段 711 型天气雷达,以后又陆续研制成功 X 波段 712、C 波段 713、S 波段 714 等不同型号的天气雷达,技术水平与国外这个时期的产品相当。

20 世纪 70 年代以后,随着数字技术和计算机技术的发展和使用,计算机速度的加快,使天气雷达信号与数据图像处理能力增强,天气雷达资料的定量处理达到实时性要求,天气雷达与计算机技术结合,出现数字化天气雷达系统。典型产品有美国 WSR-74 天气雷达系统。同时也将数字技术与计算机技术用于对原有的模拟天气雷达进行改造,使其具有数字化处理功能。我国在改革开放之后,随着对外交流和计算机技术的引进,开始研究天气雷达资料的数字化处理问题,80 年代中期我国出现了数字化天气雷达改装与应用研究的高潮,进行了一些模拟天气雷达的数字化改造工作。

多普勒天气雷达出现于 20 世纪 70 年代,但直到 20 世纪 90 年代才开始业务布网使用。刚开始出现的多普勒天气雷达,主要是科研性质的,数量不多且集中在大学与科研机构,进行一些观测科研试验。由于多普勒天气雷达信息丰富、数据量大,因此,受到回波资料处理速度慢与结果难以直观显示两大问题的困扰。直到 70 年代中期以后，计算机速度明显提高且出现彩色显示器，多普勒天气雷达回波的实时处理与实时显示问题才得以解决。美国的雷达气象研究人员开展了大量的观测与研究工作，组织了多普勒天气雷达和普通天气雷达的联合观测试验（JDOP），试验结果令人鼓舞，从而进一步明确了多普勒天气雷达的优越性。1982 年美国天气局、运输部、国防部等部门联合开始招标研制下一代多普勒天气雷达（NEXRAD）。美国于 1988 年完成下一代多普勒天气雷达（NEXRAD）的研制、测试、考核工作，正式定名为 WSR-88D。在美国国会通过预算后，于 1990 年开始全面更换布设新一代多普勒天气雷达，到 1996 年结束，总计布设 166 部 WSR-88D，分布于美国本土、海外以及教育训练基地。WSR-88D 不仅有更强的探测能力，较好地定量估测降水的性能，还具有获取风场信息的功能，有丰富的应用处理软件，可为用户提供多种监测和预警产品。美国国家海洋与大气管理局在雷达布设完成后的观测统计表明，WSR-88D 明显改善了对冰雹、龙卷风等强风暴天气的监测准确率，提前了预警警报发布时间。

我国也十分重视多普勒天气雷达技术的发展。1986 年从美国引进两部多普勒天气雷达，20 世纪 80 年代末研制成功中频锁相技术的多普勒天气雷达，1997 年上海市气象局引进一部 WSR-88D，20 世纪 90 年代后期研制成功全相参技术的多普勒天气雷达，到 20 世纪末我国已具备 X，C，S 三个波段多普勒天气雷达的研制生产能力，并已开始装备气象、民航、军队等部门。在 21 世纪初，中国气象局开始实施新一代多普勒天气雷达的业务布网工作，计划布设 158 部，其中 C 波段 71 部，S 波段 87 部。

经过近一个世纪的发展，目前约有 1000 部以上的天气雷达布设在世界各地，已经成为气象部门最重要的探测和监测手段之一。

除了在地面上布置天气雷达外，目前已将其装载在卫星上，形成了星载天气雷达。1997 年 11 月 27 日，美国国家航空航天局（NASA）和日本宇宙航空研究开发机构（NASDA）发射了共同研制的热带降雨测量任务（TRMM）卫星，其上装载有降水雷达（PR），工作频率为 13.796 GHz 和 13.802 GHz，可提供三维降雨分布，以及陆地、海面上的定量降雨数据。2006 年 4 月，美国 NASA 发射了第一个载有毫米波云廓线雷达（CPR）的 Cloudsat 卫星，工作频率为 94 GHz。

6.2.3 天气雷达的组成与工作原理

6.2.3.1 天气雷达的组成与功能

按照功能框图划分，天气雷达一般由天线馈线分系统、伺服分系统、发射分系统、接收分系统、信号处理分系统、监控分系统、通信分系统、数据处理与显示分系统、电源分系统等组成，如图 6.2 所示。

发射分系统的主要功能是周期性地产生时间上短促而峰值功率强大的高频振荡电磁波，经过天线馈线分系统后再发射出去。发射分系统是间歇性工作的，在短暂的工作时间中产生电磁波并发射出去，然后休息直到进入下一个周期。这种间歇性工

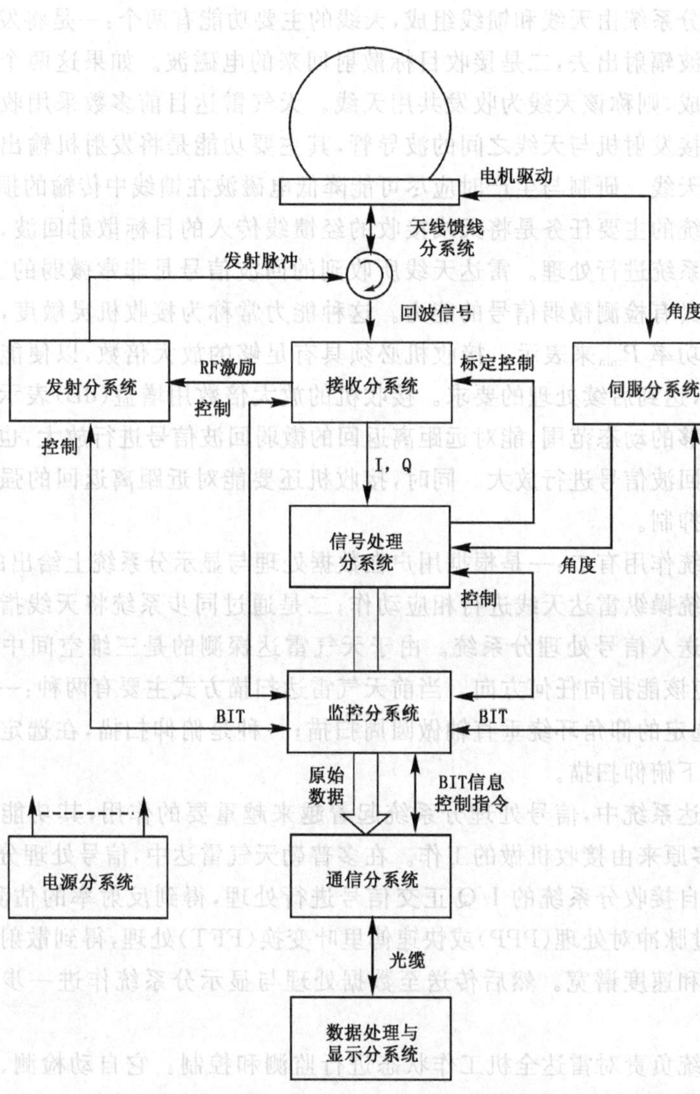

图 6.2　天气雷达组成框图

作方式类似人的脉搏跳动，所以常把这种发射称为脉冲发射，这种雷达称为脉冲波雷达。天气雷达发射波通常为极化波，即场强在各方向分布不均匀（光学中称此现象为偏振，无线电学中称为极化，目前常混用）。如果电矢量只在一个平面内振动，称为线极化波；如果电矢量振动的轨迹为圆，称圆极化波；如果电矢量振动的轨迹为椭圆，称椭圆极化波。目前的天气雷达大多只发射水平线极化波，并接收水平线极化波和垂直线极化波。

天线馈线分系统由天线和馈线组成，天线的主要功能有两个：一是将发射机经馈线送来的电磁波辐射出去，二是接收目标散射回来的电磁波。如果这两个功能由同一个天线来完成，则称该天线为收发共用天线。天气雷达目前多数采用收发共用天线。馈线为连接发射机与天线之间的波导管，其主要功能是将发射机输出的高频振荡电磁波送往天线。研制与生产时应尽可能降低电磁波在馈线中传输的损耗。

接收分系统的主要任务是将天线接收的经馈线传入的目标散射回波，放大后送往信号处理分系统进行处理。雷达天线所收到的回波信号是非常微弱的。所以，雷达接收机必须具有检测微弱信号的能力。这种能力常称为接收机灵敏度，它用接收机的最小可辨功率 P_{min} 来表示。接收机必须具有足够的放大倍数，以便能够放大微弱的回波信号，达到后续处理的要求。接收机的放大倍数用增益(dB)表示。接收机也必须要有足够的动态范围，能对远距离返回的微弱回波信号进行放大，也能够对近距离返回的强回波信号进行放大。同时，接收机还要能对近距离返回的强的地杂波或干扰波进行抑制。

伺服分系统作用有二：一是根据用户在数据处理与显示分系统上给出的命令，通过天线传动系统操纵雷达天线进行相应动作；二是通过同步系统将天线指向的方位角和仰角数据送入信号处理分系统。由于天气雷达探测的是三维空间中的气象目标，所以天线应该能指向任何方向。当前天气雷达扫描方式主要有两种：一种是旋转扫描，天线以选定的仰角环绕垂直轴做圆周扫描；一种是俯仰扫描，在选定的方位上天线不断做上下俯仰扫描。

在现代雷达系统中，信号处理分系统起着越来越重要的作用，其功能也越来越强，承担了很多原来由接收机做的工作。在多普勒天气雷达中，信号处理分系统的主要功能是对来自接收分系统的 I/Q 正交信号进行处理，得到反射率的估测值，即回波强度；并通过脉冲对处理(PPP)或快速傅里叶变换(FFT)处理，得到散射粒子群的平均径向速度和速度谱宽。然后传送至数据处理与显示分系统作进一步的处理并显示。

监控分系统负责对雷达全机工作状态进行监测和控制。它自动检测、搜集雷达各分系统的故障信息，送往数据处理与显示分系统。由数据处理与显示分系统发出对其他各分系统的操作控制指令和工作参数设置指令，传送到监控分系统，由监控分系统分析和处理后，转发至各相应的分系统，完成相应的控制操作和工作参数设置。雷达操作人员在终端显示器上能实时监视雷达工作状态、工作参数和故障情况。

数据处理与显示分系统，一般来说是一个功能强大的处理软件包，可以完成对整个雷达的控制、操纵、信号采集、数据处理、产品生成与分发。数据处理与显示分系统对于信号处理分系统送来的雷达探测的气象目标回波的原始数据进行采集、处理，形成原始数据文件，并进一步处理制作出各种气象产品，在终端显示器上显示。通过服务器和通信网络，还可以将原始数据和气象产品传送给其他用户。

6.2.3.2　基本工作原理

天气雷达的基本工作原理与一般的雷达相同。它间歇性地向空中发射电磁波（称为探测脉冲），然后接收被气象目标散射回来的电磁波，并根据接收波的返回时间、来向、强度、相位、极化等信息，确定气象目标的空间位置和特性。在天气雷达探测中，目标的空间位置是采用球坐标表示的，即用目标离雷达站的距离 r、相对于雷达站的仰角 α 和方位角 θ 来表示的（图 6.3）。

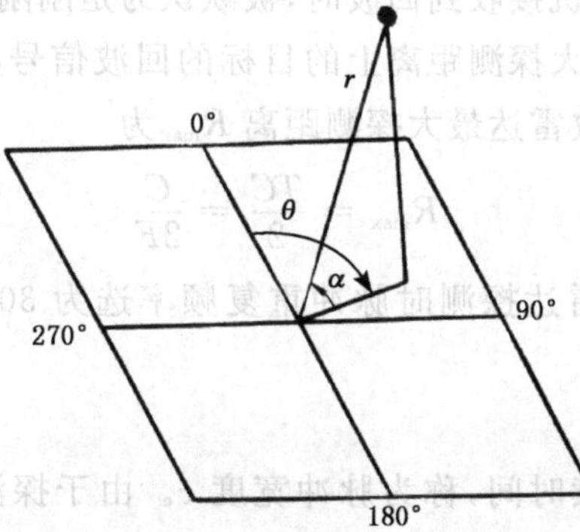

图 6.3　目标位置的确定

目标离雷达的距离 r 是根据电磁波的传输速度，以及雷达发射出探测脉冲与收到回波信号之间的时间间隔 Δt 来确定的。电磁波在大气中的传输速度与在真空中稍有不同，但对测距精度的影响很小，故仍可取 $C=3\times10^8\ \mathrm{m\cdot s^{-1}}$。因此

$$r=\frac{1}{2}C\Delta t \tag{6.2.1}$$

目标的方位角和仰角的测定是依靠天线的方向性来实现的。天气雷达的天线具有很强的方向性，它能将探测脉冲的能量集中地向某一方向发射，然后接收来自该方向的回波信号。根据这一原理，当雷达接收到回波时，就认为雷达天线所指的方位角和仰角就是目标相对于雷达的方位角和仰角。

与确定降水区的位置相比，如何确定降水的性质要复杂得多，这些将在后面逐步介绍。

6.2.4　天气雷达的主要技术参数

6.2.4.1　波长

发射分系统产生的高频振荡电磁波的波长，一般用 λ 表示。也可用电磁波的频率 f 来表示。它是决定天气雷达性能的一个很重要的参数，因为同一目标对不同波长的电磁波的散射和衰减特性有很大的差别，所以不同用途的天气雷达往往具有不

同的波长。天气雷达通常使用的波长是厘米波，习惯上划分为不同的波段，第二次世界大战时为了保密起见曾用不同的英文字母表示，这种表示法一直沿用至今。目前天气雷达一般采用 X 波段，C 波段和 S 波段，K 波段主要用来探测非降水的云。

6.2.4.2 脉冲重复频率与脉冲重复周期

每秒钟发射的脉冲数目，称为脉冲重复频率，用 F 表示。两个相邻脉冲之间的时间间隔，称为脉冲重复周期，用 T 表示。F 与 T 互为倒数关系。脉冲重复周期决定了雷达的最大探测距离，因为雷达周期性发射出去的脉冲波都是一样的，所以在发射机休息期间，雷达接收机接收到回波时，被默认为是刚刚发射出去的脉冲被云雨目标散射造成的，即位于最大探测距离上的目标的回波信号必须在下一个探测脉冲发射之前回到雷达天线。故雷达最大探测距离 R_{max} 为

$$R_{max} = \frac{TC}{2} = \frac{C}{2F} \tag{6.2.2}$$

如某型多普勒天气雷达探测时脉冲重复频率选为 300 Hz，则最大探测距离为 500 km。

6.2.4.3 脉冲宽度

探测脉冲的振荡持续时间，称为脉冲宽度 τ。由于探测脉冲具有一定的持续时间，因而它在大气中传输时也有一定的空间长度 h。

$$h = \tau C \tag{6.2.3}$$

当探测脉冲通过点目标时（如飞机），它所产生的回波信号具有同样的振荡持续时间 τ，使得雷达接收机收到的回波信号也具有相应的持续时间。

为精确地测定降水区的大小和内部结构，天气雷达通常采用较窄的脉冲宽度。脉冲宽度一般为 1 μs 或 2 μs。有的天气雷达为了适应探测不同距离目标的需要，设置了几种脉冲宽度。在探测近目标时采用较窄的脉冲宽度；在探测远目标时，为了增大回波信号的强度，采用较宽的脉冲宽度。

6.2.4.4 发射功率

发射机发出的脉冲，其峰值功率称为发射功率。为了增大天气雷达的探测能力，其发射功率常常很大。目前 S 波段的雷达一般为 500 kW 左右。不过发射机的平均发射功率并不大，因为在脉冲间歇期间并不发射能量，所以雷达的平均功率一般只在数十瓦至数百瓦之间。平均功率计算方法为

$$\overline{P}_t = \frac{\tau P_t}{T} \tag{6.2.4}$$

6.2.4.5 波束宽度

如果天线辐射出去的电磁波能量在空间各个方向均匀分布，则称该种天线为全向天线。如果天线辐射出去的电磁波能量在空间各个方向分布不均匀，并在某个方

向能量最强，则称该种天线为定向天线。

描述天线辐射的电磁波能量在空间的分布图，称为天线方向图。天线方向图应该是一个以天线位置为原点的立体图，为便于理解，一般采用过原点的纵切剖面(垂直面)和横切剖面(水平面)来表示。图 6.4 为纵切剖面示意图，以天线的指向为 0°，天线的背面为 180°。曲线上各点与坐标原点的连线长度，代表该方向辐射能流密度的大小，通常以最大辐射能流密度进行归一化后绘制。图中在最大发射方向上的波瓣称为主波瓣，侧面的称为旁瓣或副瓣，相反方向的称为尾瓣。当旁瓣较多时，从最接近主瓣的开始依次称为第一旁瓣、第二旁瓣等。

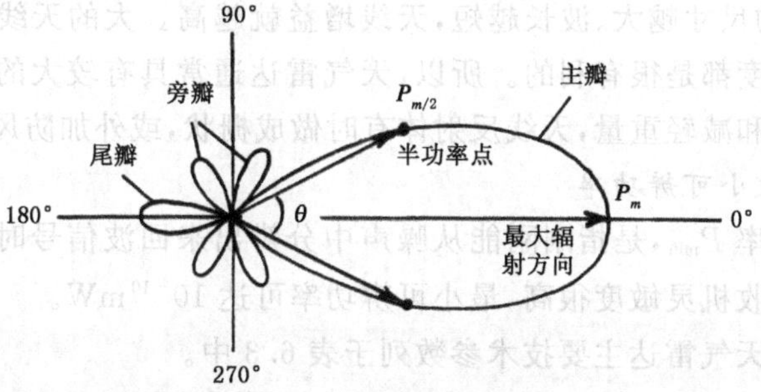

图 6.4　天线方向图

在天线方向图上，两个半功率点方向的夹角，称为波束宽度。通常所说的波束宽度，指的是天线主瓣的宽度，它是天线的一个重要技术参数。在水平面上的波束宽度用 θ 表示；在垂直面上的波束宽度用 φ 表示。波束宽度越小，角度的分辨率越高，探测精度也越高。天气雷达天线的波束宽度，通常为 1°左右。

6.2.4.6　天线增益

辐射总功率相同时，定向天线在最大辐射方向的能流密度与各向均匀辐射的天线的能流密度之比，称为天线增益，用 G 表示。增益 G 与波束宽度 θ,φ 有下述关系。

$$G=\frac{\pi^2}{\theta\varphi} \tag{6.2.5}$$

天线增益通常很大，一般用分贝数来表示。天气雷达的天线增益一般达 40 dB 以上。

6.2.4.7　天线有效面积

天线的有效面积，指天线反射体能有效地接收回波信号的口径面积。回波的能流密度 S_s 乘以天线的有效面积 A_e，即为天线所收到的总回波功率 P_r，即

$$P_r=S_s\cdot A_e \tag{6.2.6}$$

天线的有效面积通常小于几何面积，最大只能等于天线的几何面积。圆抛物面

天线的有效面积 A_e 和几何面积 A_P 之间有如下关系。

$$A_e=\frac{2}{3}A_p \tag{6.2.7}$$

天线有效面积和天线增益之间有如下关系。

$$A_e=\frac{G}{4\pi}\lambda^2 \tag{6.2.8}$$

或

$$G=\frac{8\pi}{3\lambda^2}A_p \tag{6.2.9}$$

可见，天线的尺寸越大、波长越短，天线增益就越高。大的天线增益对于提高雷达探测能力和精度都是很有利的。所以，天气雷达通常具有较大的天线。为了增强天线的抗风性能和减轻重量，天线反射体有时做成栅状，或外加防风罩。

6.2.4.8 最小可辨功率

最小可辨功率 P_{min}，是指刚刚能从噪声中分辨出来回波信号时的回波功率。现代天气雷达的接收机灵敏度很高，最小可辨功率可达 10^{-10} mW。

国内外部分天气雷达主要技术参数列于表 6.3 中。

表 6.3 部分天气雷达主要技术参数

型号	波长 (cm)	天线直径 (m)	天线增益 (dB)	波束宽度 (°)	峰值功率 (kW)	脉冲宽度 (μS)	脉冲重复频率 (Hz)	最小可辨功率 (dBm)
711	3.2	1.5	38	1.5	75	1	400	−96
713	5.6	3.7	38	1.2	250	2	200	−107
714	10.7	4.0	36	2	600	1.3	200	−107
CINRAD/C	5.66	4.5	43	1	250	1.0/2.5	300～450/300～1300	−107
CINRAD/S	10.3	8.54	45	0.99	650	1.57/4.70	300～450/300～1300	−107
WSR-88D	10.71	8.53	45	1	1000	1.57/4.50	318～452/318～1403	−113

6.3 电磁波在大气中的传输理论

主动微波遥感是通过发射电磁波来探测目标物性质的，因此，了解电磁波在大气中的传输过程对于理解探测结果是十分必要的。

6.3.1 电磁波在大气中的散射

雷达探测云和降水的前提，是目标物对雷达发射的电磁波的散射。这些散射波中的一部分被雷达接收机接收，成为雷达回波，雷达根据接收回波的来向、强度、相位、极化等信息，判断目标物所在位置及其性质。因此，气象目标对雷达电磁波的散射理论是雷达探测最基础的理论，参见第 1 章。

大气中能够散射雷达电磁波的主要物质是大气分子、气溶胶粒子、云和降水粒子。云和降水是天气雷达的主要探测对象，由于自然界状况千变万化，云和降水粒子的大小、相态、几何形状等因时因地而不同，对雷达波的散射也就不同，因此散射理论必须分别讨论。

6.3.1.1　单相态小球形粒子的散射

云滴和小雨滴可看成是单相态小球形粒子，其对于厘米雷达波的散射，可以认为基本满足瑞利假设的条件。对于天气雷达常用的波段，在温度 0～20℃时，水的 $|K|^2$ 值变化不大，约为 0.93；冰的复折射指数几乎和波长无关，在所有的温度下，冰的 $|K|^2$ 都等于 0.197。因此，根据瑞利散射公式，小冰球的后向散射截面大约只有同样大小的小水球的 1/5。正是这个原因，雷达不容易探测到冰晶云。

6.3.1.2　单相态大球形粒子的散射

对于大雨滴或采用比较短波长的雷达波探测降水时，就不能满足瑞利散射的条件，这时要采用米散射公式处理。表 6.4 给出了现用气象雷达工作波长采用瑞利公式不必引入订正的水滴最大直径。

表 6.4　采用瑞利近似时的水滴临界大小

λ(cm)	10	5.5	3.2	0.86
D(mm)	4.0	2.2	1.2	0.34

因此，一般厘米波天气雷达探测云滴，瑞利公式是完全适用的。当采用 5.5 cm 和 10 cm 波长雷达时，瑞利公式对绝大多数的雨滴也适用。

6.3.1.3　冰水混合球形粒子的散射

云中的冰晶、雪花和冰雹等，在下落过程中通过 0℃层后融化或与过冷水滴碰并，便成为冰水混合球。它一般有两种：一种是外包水膜冰球，另一种是冰水均匀混合球。当冰粒下降表面开始融化时，或者当冰雹与大量的过冷水滴相碰而来不及立即冻结时，便成为外包水膜的冰球；多孔海绵状冰雹、雪花、雪团下降过程中融化以及在冰球融化的后期，可以看作是冰水均匀混合球。

图 6.5 给出的是在瑞利散射条件下，融化冰球的后向散射截面与融化程度的关系。图中纵坐标 σ_m/σ_n 是部分融化时后向散射截面与全部融化成水球时后向散射截面之比。图中曲线 1 是表示的是冰水均匀混合球情况，横坐标是融化部分的质量和总质量之比，曲线 2 则是冰球外包水膜同心球的情况，相应的横坐标是融化半径与总半径之比。比较图 6.5 中的两条曲线可知，冰水均匀混合球 σ_m 值随融化水量的增加而增加要比外包水膜冰球慢得多。

对于大的冰水混合球，则应该用米散射公式计算，结果比较复杂，感兴趣的读者可参阅张培昌等(2001)。

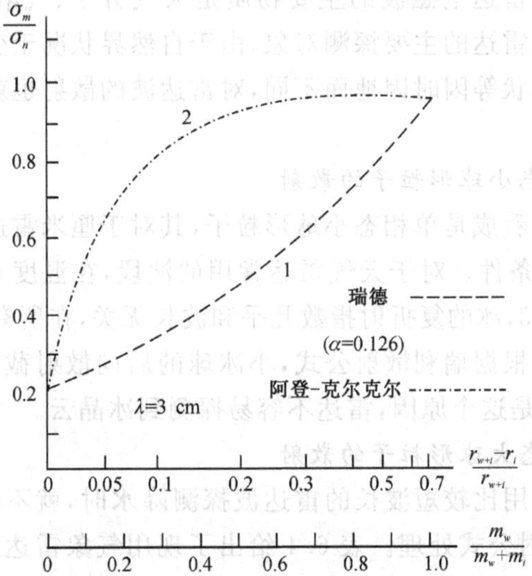

图 6.5　融化冰球的后向散射截面与融化程度的关系

6.3.1.4　非球形粒子的散射

大水滴、冰粒、冰雹、雪花、冰晶等通常不是呈球形的。非球形粒子的散射波，除了具有与入射波极化方向一致的平行极化分量以外，还有正交极化分量，这种现象称为退极化现象。将正交极化信号强度(P_c)与平行极化信号强度(P_p)的比值，称为退极化比或退偏振比，用百分数表示，也可以用分贝数(dB)表示，即

$$D_p = 10\lg \frac{P_C}{P_p} \tag{6.3.10}$$

图 6.6 表示的是任意取向的水和冰的非球形粒子群的退偏振比。图中纵坐标是以百分数表示的退偏振比，横坐标是轴长比。由图可见，退偏振比都小于100%。对于扁椭球体和长椭球体的水滴，轴长比分别接近 0.1 和 10 时，退偏振比分别为 10% 和 30%。对于冰粒，退偏振比相对比较小，在轴长比分别为 0.1 和 10 时，退偏振比为 3%。这是冰的介电常数较小的缘故。可以推测，低密度雪的退偏振比可以忽略。

显然，如果雷达既能够发射和接收在一个平面里极化的能量，又能够接收垂直于发射波极化平面的正交极化能量，在计算出退偏振比后，便能够了解粒子的非球形程度，这就是雷达的偏振测量技术。假设散射粒子是椭球体，曾经有人估计出雪的有效轴长比是 0.4，而融化区(亮带)粒子的轴长比是 0.5，雨的轴长比是 0.75。此时一般采用后向散射矩阵 S 来描述水凝物粒子的后向散射特性。对于单个散射粒子，入射

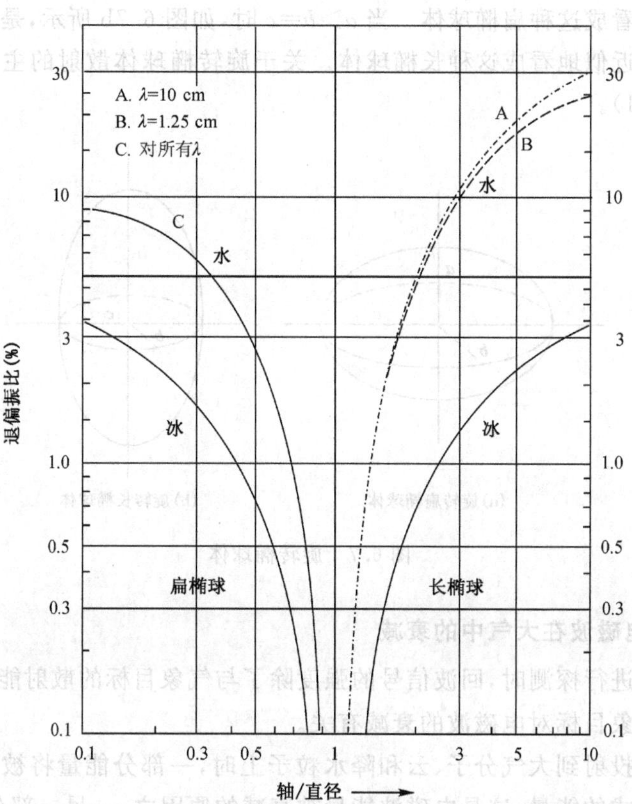

图 6.6　任意取向的水和冰的非球形粒子群的退偏振比

电场和散射电场的关系可以表示为

$$\begin{bmatrix} E_h \\ E_v \end{bmatrix}^b = \begin{bmatrix} s_{hh} & s_{hv} \\ s_{vh} & s_{vv} \end{bmatrix} \begin{bmatrix} E_h \\ E_v \end{bmatrix}^i \tag{6.3.11}$$

式中，

$$S = \begin{bmatrix} s_{hh} & s_{hv} \\ s_{vh} & s_{vv} \end{bmatrix} \tag{6.3.12}$$

式(6.3.12)即为后向散射矩阵，式中下标 h 和 v 分别表示水平和垂直线偏振。散射矩阵元素中第一个下标表示后向散射场偏振状态，第二个下标是指入射电场偏振状态。

非球形粒子的散射很复杂，目前只是对于有对称轴的非球形粒子开展了一些研究，其中最简单的是旋转椭球体，如图 6.7 所示。旋转椭球体有 a,b,c 三个轴，其中有两个相等，如 $b=c$，称为对称轴或直径，另一个绕其旋转的轴(如 a)称为旋转轴，也称主轴。当 $a<b=c$ 时，如图 6.7a 所示，是扁旋转椭球体。圆片状的冰晶、扁的大雨

滴可以近似地看成这种扁椭球体。当 $a>b=c$ 时，如图 6.7b 所示，是长旋转椭球体。柱状冰晶可以近似地看成这种长椭球体。关于旋转椭球体散射的主要结论，可参阅张培昌等(2001)。

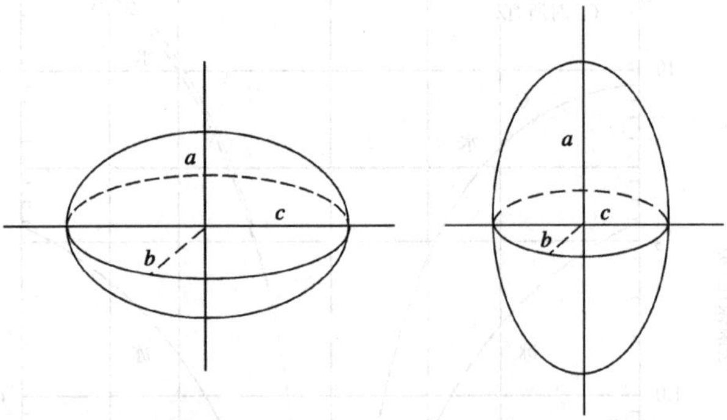

(a)旋转扁椭球体　　(b)旋转长椭球体

图 6.7　旋转椭球体

6.3.2　电磁波在大气中的衰减

天气雷达进行探测时，回波信号的强度除了与气象目标的散射能力有关外，还与传输路径上气象目标对电磁波的衰减有关。

当电磁波投射到大气分子、云和降水粒子上时，一部分能量将被粒子吸收，变成热能或其他形式的能量，这是电磁波能量被衰减的原因之一；另一部分能量将被粒子散射，使往前传输的电磁波能量受到削弱，这也是传输过程中电磁波能量被衰减的一个原因。因此衰减是吸收和散射两种作用的总和。

一般用衰减系数来描述目标物对电磁波衰减的强弱，其定义是：雷达波功率在目标物中传输单位距离后，由于目标物衰减的作用所减少掉的分贝数，即

$$k=-10\lg\frac{P_r}{P_{r0}} \tag{6.3.13}$$

式中，P_{r0} 为无衰减时雷达波传输单位距离后的功率，P_r 为有衰减时雷达波传输单位距离后的功率，k 为衰减系数，其量纲为分贝/单位距离。

6.3.2.1　大气气体分子对雷达波的衰减

大气中气体分子对雷达波的衰减主要是由于吸收引起的，散射可以忽略不计。吸收雷达波的大气气体主要是水汽和氧气。水汽在厘米和毫米波区域有吸收线。已经发现水分子偶极矩的共振带的中心波长为 1.35 cm，所以水汽对波长为 1.35 cm 的电磁波吸收最强。另一簇谱线的中心接近 0.2 cm。氧气的吸收主要表现为大量以接近 0.5 cm 为中心的窄线。由于气压加宽效应，这些线趋于合并成一个带。图

6.8 给出了水汽和氧气衰减系数与波长(或频率)的关系。其中水汽的吸收曲线适用于平均水汽密度为 7.75 g · m^{-3} 的情况。氧气的吸收曲线是在温度 20℃和一个大气压的情况下得到的。

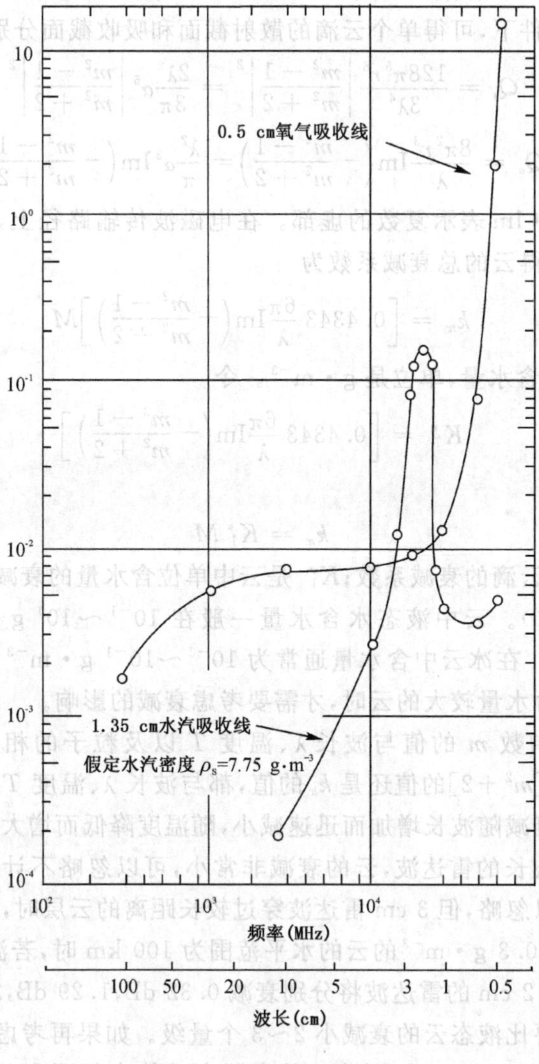

图 6.8　水汽和氧气的衰减系数与波长的关系

氧气和水汽的吸收衰减，总的趋势是随着电磁波波长的减小而增大。水汽的衰减系数与水汽密度、气压成正比，并随温度降低而缓慢增加。

6.3.2.2　云滴对雷达电磁波的衰减

云滴的半径小于 100 μm，对于现用的天气雷达波长来说，均满足 $\alpha \ll 1$ 的条件，因此，在讨论和计算云对雷达电磁波的衰减时，可以使用瑞利散射公式。

参照式(6.3.4)散射截面的定义，可定义吸收截面和衰减截面。根据电磁场理论，在瑞利散射条件下，可得单个云滴的散射截面和吸收截面分别为

$$Q_s = \frac{128\pi^5 r^6}{3\lambda^4}\left|\frac{m^2-1}{m^2+2}\right|^2 = \frac{2\lambda^2}{3\pi}\alpha^6\left|\frac{m^2-1}{m^2+2}\right|^2 \tag{6.3.14}$$

$$Q_a = \frac{8\pi^2 r^3}{\lambda}\mathrm{Im}\left(-\frac{m^2-1}{m^2+2}\right) = \frac{\lambda^2}{\pi}\alpha^3\mathrm{Im}\left(-\frac{m^2-1}{m^2+2}\right) \tag{6.3.15}$$

式(6.3.15)中 Im 表示复数的虚部。在电磁波传输路径上，云区中有许多个云粒子，一般可推导得云的总衰减系数为

$$k_{tc} = \left[0.4343\,\frac{6\pi}{\lambda}\mathrm{Im}\left(-\frac{m^2-1}{m^2+2}\right)\right]M \tag{6.3.16}$$

式中，M 表示云的含水量，单位是 $\mathrm{g\cdot m^{-3}}$。令

$$K_1^* = \left[0.4343\,\frac{6\pi}{\lambda}\mathrm{Im}\left(-\frac{m^2-1}{m^2+2}\right)\right] \tag{6.3.17}$$

则

$$k_{tc} = K_1^* M \tag{6.3.18}$$

式中，k_{tc} 即为液态云滴的衰减系数；K_1^* 是云中单位含水量的衰减系数，量纲为 $(\mathrm{dB\cdot km^{-1}})\cdot(\mathrm{g\cdot m^{-3}})$。云中液态水含水量一般在 $10^{-1}\sim10^{0}\ \mathrm{g\cdot m^{-3}}$，积雨云可达 $10^{0}\sim10^{1}\ \mathrm{g\cdot m^{-3}}$。在冰云中含水量通常为 $10^{-2}\sim10^{-1}\ \mathrm{g\cdot m^{-3}}$。因此，当存在大片由液态水组成的含水量较大的云时，才需要考虑衰减的影响。

由于复折射指数 m 的值与波长 λ、温度 T 以及粒子的相态有关，因此，不论 $Im[-(m^2-1)]/[m^2+2]$ 的值还是 k_{tc} 的值，都与波长 λ、温度 T 以及粒子的相态有关。液态云滴的衰减随波长增加而迅速减小，随温度降低而增大。

对于 10 cm 波长的雷达波，云的衰减非常小，可以忽略不计。5 cm 雷达波受云的衰减一般也可以忽略，但 3 cm 雷达波穿过较长距离的云层时，要考虑衰减的影响。例如，当含水量为 0.3 $\mathrm{g\cdot m^{-3}}$ 的云的水平范围为 100 km 时，若温度为 20℃，则波长为 10 cm，5 cm，3.2 cm 的雷达波将分别衰减 0.32 dB，1.29 dB，2.90 dB。

冰云的衰减要比液态云的衰减小 2～3 个量级。如果再考虑到冰晶云的含水量通常只有 0.1～0.01 $\mathrm{g\cdot m^{-3}}$，则冰云的实际衰减值小得更多，完全可以忽略不计。冰云衰减小的原因是冰的介电常数小的缘故。

6.3.2.3　雨对雷达电磁波的衰减

雨滴的半径一般大于 100 μm，大的雨滴半径甚至可大于 0.3 cm，比云滴大得多，因此，在计算 Q_t，Q_s，Q_a 时一般不能用瑞利近似公式，而必须用米散射的关系式。

用米散射理论的关系式计算衰减截面很复杂，实际应用时为了避免复杂计算，雨的衰减系数 k_t 可用下述经验关系计算。

$$k_{tr} = K_2 I^{\gamma} \tag{6.3.20}$$

式中，I 为降水强度，K_2 和 γ 都是与波长和温度有关的系数，并且因雨滴谱不同而有差异。

随着波长的增加，雨对雷达波的衰减迅速减小。当波长等于10 cm时，甚至雨强达到100 mm · h^{-1}，衰减系数也只有0.03 dB · km^{-1}。但是波长为3 cm时，衰减相当严重，往返穿过距离为100 km，雨强为10 mm · h^{-1}的降水区，回波信号的衰减可达30 dB。波长为5.7 cm的雷达波，在上述情况下，回波信号的衰减则超过6 dB。

衰减系数还因雨滴谱的不同而有所差异。实际上雨滴谱不但与降水的性质有关，还与各地的地理环境有一定关系。因此，如果需要作精确的计算，还应根据当地的实测资料统计出适合本地的经验数据，供实际应用。

最后应该指出，由于雨滴谱和降水强度在雷达波束所经过的路径上往往并不相同，因此，要做精确计算时，必须分距离段进行考虑。

6.3.2.4 雪对雷达波的衰减

雪片的形状比较复杂，要进行精确的理论计算比较困难。所以对雪的研究，只能将其形状加以简化。如果雪是干的，而且密度较小，这时形状因子起的作用很小，可以作为球形粒子来处理。若这种球的直径比波长小得多，就可以应用瑞利近似公式来计算它的衰减系数。也可以通过对实测资料的分析，找出雪的衰减系数 k_{ts} 和降水强度之间的经验关系。

在0℃时干雪散射引起的衰减可以表示为

$$k_{ts(s)} = 3.5 \times 10^{-2} \frac{I^2}{\lambda^4} \tag{6.3.20}$$

在0℃时干雪吸收引起的衰减可以表示为

$$k_{ts(a)} = 2.2 \times 10^{-3} \frac{I}{\lambda} \tag{6.3.21}$$

将式(6.3.21)和式(6.3.22)相加，就获得干雪在0℃时的衰减系数 k_{ts} 为

$$k_{ts} = 3.5 \times 10^{-2} \frac{I^2}{\lambda^4} + 2.2 \times 10^{-3} \frac{I}{\lambda} \tag{6.3.22}$$

对10 cm波长的雷达波，干雪的衰减完全可以忽略；比10 cm短的波长，降水强度和距离较大时，衰减值就不能简单忽略不计。但它仍比雨的衰减要小。

如果干雪降到0℃以上的气层时，就会变成湿雪。湿雪的衰减要比干雪大。原因是湿雪外面包有一层水膜或者成为冰水均匀混合体，并且这时形状因子的影响不容忽视。正如前面指出的，包有一薄层水膜的小冰球粒子，其雷达截面近似与同样体积的小水球相等。另外，雪片可以看作是扁椭球，其轴长比最小可以小于0.1。这

时，如果把干雪看作扁的干冰粒，其衰减截面将为同体积球形冰粒的1.5倍。如果把湿雪看成扁的水椭球，其衰减截面将为同体积水球粒子的10倍左右。因此，湿雪的衰减要比干雪大得多。

6.3.2.5　冰雹对雷达波的衰减

冰雹对雷达波的衰减比云、雨要严重得多。由于冰雹的尺度较大，因此，冰雹的衰减必须用米散射理论公式来计算。

对于一块冰雹云或者是一个冰雹区引起的衰减，由于冰雹的形状比雨滴更不规则，复折射指数也不易确定，所以衰减系数的精确计算是困难的。

根据已知的或者假定的冰球的组成、折射指数以及粒子大小的分布，应用米散射公式计算出衰减系数的近似值列在了表6.5中。从表中可以看出，冰雹对3 cm雷达波的衰减相当严重，在有些情况下，双程衰减可以达到8 dB·km^{-1}。对5 cm波长的雷达波，衰减也很大。

表6.5　冰雹的单程衰减系数(dB·km^{-1})

分布	D_{max} (cm)	波长3.21 cm				波长5.5 cm				波长10.0 cm			
		水膜厚度(cm)											
		0	0.01	0.05	0.10	0	0.01	0.05	0.10	0	0.01	0.05	0.10
Ⅰ	0.97	0.12	0.91	1.68	1.50	0.015	0.19	0.56	0.94	0.002	0.051	0.058	0.080
Ⅱ	1.93	1.21	3.01	3.72	3.49	0.18	0.79	2.48	2.30	0.017	0.15	0.34	0.89
Ⅲ	2.89	1.66	3.46	4.03	3.79	0.33	1.12	2.82	2.60	0.034	0.19	0.60	1.18

综上所述，冰雹对雷达波的衰减比起其他降水粒子要严重得多。因此，当雷达波束通过冰雹云以后，会受到比较严重的衰减，雹云后面的云雨回波往往会“变”得很弱，甚至探测不到，造成回波范围和强度分布的失真。特别严重时，还会在雹云远离雷达的一侧出现“V形缺口”。

6.3.3　电磁波在大气中的折射

电磁波在真空中是以约3×10^8 m·s^{-1}的速度直线传输的。但是在大气中，由于气象要素的不均匀分布，电磁波会出现明显的曲线传输现象。这种现象称为电磁波在大气中的折射。

6.3.3.1　球面分层大气中的折射定律

折射现象是由于电磁波在不均匀介质中传输速度不同引起的。如图6.9所示。

根据折射定律，在平面分层介质中，入射角和折射角的大小与折射指数之间的定量关系为

$$\frac{\sin i}{\sin r}=\frac{n_2}{n_1} \tag{6.3.23}$$

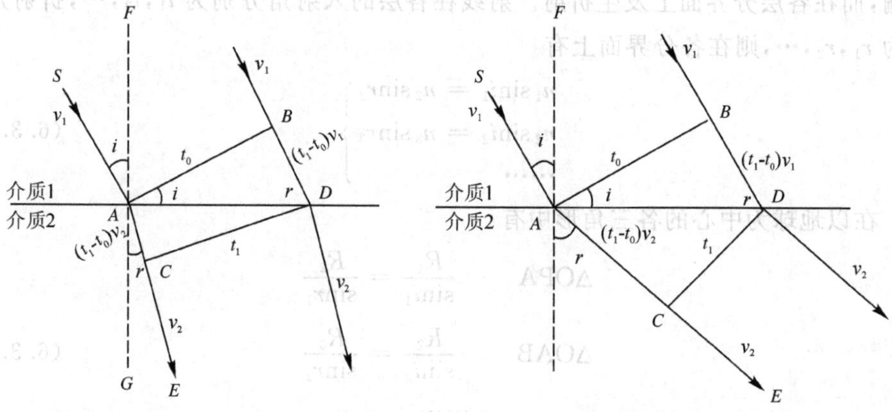

(a) $v_1>v_2$　　　　(b) $v_1<v_2$

图 6.9　电磁波的折射示意图

图 6.10　球面分层大气中雷达射线的折射

然而，地球大气是一个球面。球面分层大气中的折射定律与上式略有不同。如图 6.10 所示，设大气为球面分层，折射指数仅为高度的函数，把大气分为一层层足够薄的同心球层，各层的折射指数分别为 $n_1, n_2, \cdots$。电磁波射线在每一层中均呈直线传输，而在各层分界面上发生折射。射线在各层的入射角分别为 $i_1, i_2, \cdots$，折射角分别为 $r_1, r_2, \cdots$，则在各分界面上有

$$\left.\begin{array}{l} n_1 \sin i_1 = n_2 \sin r_2 \\ n_2 \sin i_2 = n_3 \sin r_3 \\ \cdots\cdots \end{array}\right\} \tag{6.3.24}$$

在以地球为中心的各三角形中有

$$\begin{array}{ll} \Delta \mathrm{OPA} & \dfrac{R_1}{\sin i_1} = \dfrac{R_2}{\sin r_1} \\ \Delta \mathrm{OAB} & \dfrac{R_2}{\sin i_2} = \dfrac{R_3}{\sin r_2} \\ & \cdots\cdots \end{array} \tag{6.3.25}$$

将式(6.3.25)代入式(6.3.24)，有

$$\begin{array}{l} n_1 R_1 \sin r_1 = n_2 R_2 \sin r_2 \\ n_2 R_2 \sin r_2 = n_3 R_3 \sin r_3 \\ \cdots\cdots \end{array} \tag{6.3.26}$$

一般而言，就有

$$nR \sin r = \text{常数} \tag{6.3.27}$$

由于 $\varphi + r = \frac{\pi}{2}$，所以式(6.3.27)也可写为

$$nR \cos\varphi = \text{常数} \tag{6.3.28}$$

式中，R 为地球中心到各大气薄层之间的距离，φ 为射线与各大气薄层的夹角。这就是球面分层大气中的射线轨迹方程，常称斯涅尔(Snell's)定律。

6.3.3.2 大气折射指数的分布与雷达波射线曲率之间的关系

若电磁波波长在 2～3 m 时，大气折射指数与气象因子温度、气压、湿度之间的关系式为

$$N = (n-1)10^6 = \frac{77.6}{T}\left(P + \frac{4810e}{T}\right) \tag{6.3.29}$$

式中，T 是绝对温度，P 为大气压，e 为水汽压。$N=(n-1)10^6$，称为折射指数的 N 单位。

我们设想大气由许多厚度为 $\mathrm{d}h$ 的平行薄层构成，下面一层空气的折射指数为 n，上面一层的折射指数为 $n+\mathrm{d}n$，i 为电磁波的入射角，$i+\mathrm{d}i$ 为电磁波的折射角，$\overline{MM'}$，$\overline{M'M''}$ 是电磁波的射线。因 $\mathrm{d}h$ 很小，$\overline{MM'} \approx \widehat{MM'}$，$\overline{M'M''} \approx \widehat{M'M''}$，都用 $\mathrm{d}s$ 表示。见图 6.11。

在数学中，关于曲率 K 的定义为

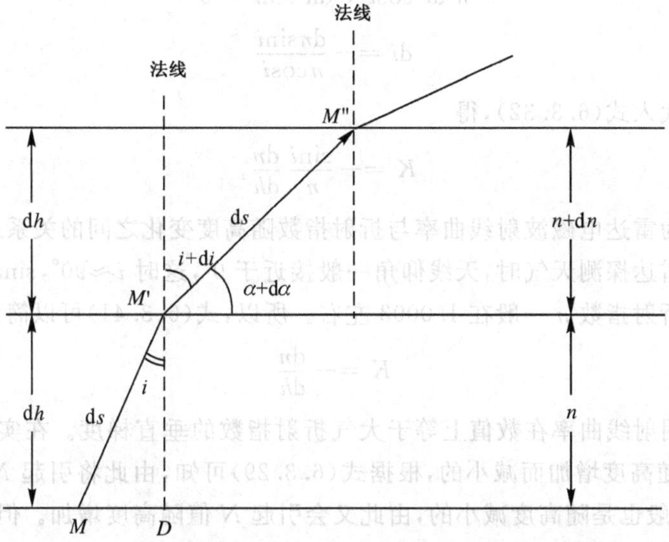

图 6.11　大气折射指数 n 的垂直分布和射线曲率的关系

$$K = \frac{\mathrm{d}\alpha}{\mathrm{d}s} \tag{6.3.30}$$

式(6.3.30)同时表明，$K>0$ 时，曲线凹向法线的正向，$K<0$ 时，曲线凹向法线的负向。为了讨论问题的方便，我们定义绝对曲率 K 为

$$K = \frac{\mathrm{d}i}{\mathrm{d}s} \tag{6.3.31}$$

由于 $\alpha = \frac{\pi}{2} - i$，$\alpha + \mathrm{d}\alpha = \frac{\pi}{2} - (i + \mathrm{d}i)$，则有

$$\mathrm{d}\alpha = - \mathrm{d}i$$

可见式(6.3.31)仅与式(6.3.30)差一个负号，表明按式(6.3.31)定义曲率，$K>0$ 时，曲线凹向法线的负向，$K<0$ 时，曲线凹向法线的正向。在 $\Delta MM'D$ 中有

$$\frac{\mathrm{d}h}{\cos i} = \mathrm{d}s$$

代入式(6.3.31)有

$$K = \frac{\mathrm{d}i}{\mathrm{d}h}\cos i \tag{6.3.32}$$

另外，由式(6.3.24)有

$$n \sin i = (n + \mathrm{d}n)\sin(i + \mathrm{d}i)$$

展开并略去二阶小量，同时考虑到当 $\mathrm{d}i$ 很小时，$\sin\mathrm{d}i \approx \mathrm{d}i$，$\cos\mathrm{d}i \approx 1$，可得

$$n\,\mathrm{d}i\,\cos i + \mathrm{d}n\,\sin i = 0$$

$$\mathrm{d}i = -\frac{\mathrm{d}n\sin i}{n\cos i}$$

把上式代入式(6.3.32)，得

$$K = -\frac{\sin i}{n}\frac{\mathrm{d}n}{\mathrm{d}h} \tag{6.3.33}$$

上式即为雷达电磁波射线曲率与折射指数随高度变化之间的关系式。

考虑到雷达探测天气时，天线仰角一般接近于0°，这时 $i \approx 90°$，$\sin i \approx 1$。同时近地面的大气折射指数 n 一般在1.0003左右。所以，式(6.3.41)可以简化为

$$K = -\frac{\mathrm{d}n}{\mathrm{d}h} \tag{6.3.34}$$

上式说明射线曲率在数值上等于大气折射指数的垂直梯度。在实际大气中，一般 P，e 都是随高度增加而减小的，根据式(6.3.29)可知，由此将引起 N 值随高度减小；而气温一般也是随高度减小的，由此又会引起 N 值随高度增加。但是，由于气压随高度呈指数减小，而温度随高度呈线性减小，两者综合的结果，前者的影响大。所以，在一般情况下，大气折射指数是随高度减小的。当 $(\mathrm{d}n/\mathrm{d}h) < 0$ 时，$K > 0$，根据式(6.3.32)的定义可知，射线将向下弯曲偏向地球表面。当 $(\mathrm{d}n/\mathrm{d}h) > 0$ 时，$K < 0$，则射线将向上翘起偏离地球表面。

当然，大气温、压、湿的垂直分布以及水平分布，不同的时候往往会出现复杂的情况，因此，射线的路径也会相应出现各种复杂的情况，进而影响到雷达探测的结果。

6.3.3.3　大气折射指数随高度变化的几种形式

前面已经指出大气折射指数的垂直梯度 $\mathrm{d}n/\mathrm{d}h$ 随温、压、湿在垂直方向的变化而变化，在实际大气中通常有以下五种情况（图6.12）。

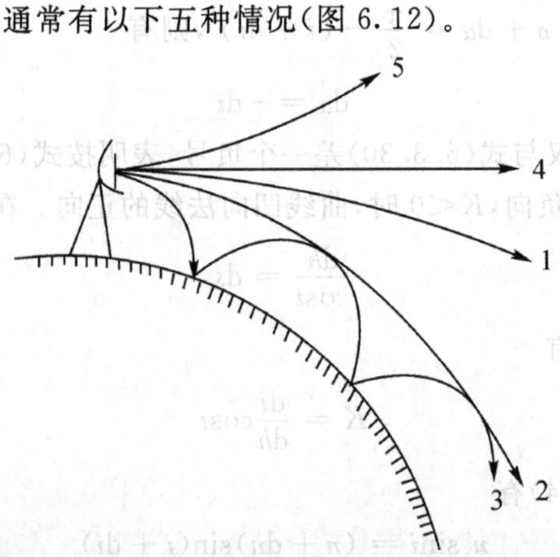

图6.12　五种折射的射线传输路径

(1)标准大气折射

标准大气折射代表的是中纬度对流层大气折射的一般情况。国际上和我国都对标准大气做了规定,如表 6.6 所示。其中各高度的 N 单位值是根据表中给出的各高度上的温度、气压、湿度值应用式(6.3.29)计算得到的。

表 6.6　标准大气条件下各气象要素值和折射指数值

高度(m)	温度(℃)	气压(hPa)	水汽压(hPa)	N
0	15.0	1013	10.2	318
150	14.0	995	9.6	312
300	13.0	977	9.0	306
500	11.0	955	8.3	299
1000	8.5	894	6.7	278
1500	5.2	845	5.3	261

从表 6.6 还可以计算出

$$\left.\begin{aligned}&\frac{\mathrm{d}n}{\mathrm{d}h}=-4\times10^{-8}\,\mathrm{m}^{-1}\\&\frac{\mathrm{d}N}{\mathrm{d}h}=\frac{\mathrm{d}n}{\mathrm{d}h}\times10^{6}=-4\times10^{-2}\,\mathrm{m}^{-1}\\&K=-\frac{\mathrm{d}n}{\mathrm{d}h}=4\times10^{-8}\,\mathrm{m}^{-1}>0\end{aligned}\right\}\tag{6.3.35}$$

因为 $K>0$,所以射线传输路径不是直线,而是微微向下弯曲的,但 K 值比地球曲率要小,因此,在标准大气情况下,传输路径的曲率在直线和地球曲率之间。如图 6.13 中曲线 1 所示。

(2)临界折射

射线相对于地球表面的相对曲率等于零时,即射线的绝对曲率与地球表面的绝对曲率相同时的折射称为临界折射。此时,电磁波将环绕地表面在一定高度上传输而不与地面接触。这时有

$$\left.\begin{aligned}&\frac{\mathrm{d}n}{\mathrm{d}h}=\left(-\frac{1}{R_m}\right)=-15.7\times10^{-8}\,\mathrm{m}^{-1}\\&\frac{\mathrm{d}N}{\mathrm{d}h}=\frac{\mathrm{d}n}{\mathrm{d}h}\times10^{6}=-15.7\times10^{-2}\,\mathrm{m}^{-1}\end{aligned}\right\}\tag{6.3.36}$$

上述结果给出了产生临界折射时,N 和 n 的垂直分布应满足的条件。对于 $\mathrm{d}n/\mathrm{d}h=0$,可以做这样理解,即在临界折射时,若把地球展成平面,则 n 值不随高度变化;若把射线看作直线,则它的等效地球半径 $R'_m\to\infty$,即这时地球表面也展成平面。简言之,若雷达作水平探测,那么雷达射线将沿地球球面传输,其探测将不受地

球球面弯曲的影响。如图 6.12 中曲线 2 所示。

(3)超折射

雷达波射线的绝对曲率 K 大于地球曲率时的折射，称为超折射，这时

$$\left.\begin{aligned}\frac{dn}{dh} &< -15.7\times10^{-8}\,m^{-1}\\ \frac{dN}{dh} &< -15.7\times10^{-2}\,m^{-1}\end{aligned}\right\} \tag{6.3.37}$$

式(6.3.37)就是产生超折射所必须满足的 n,N 的垂直分布条件。这是由于射线的绝对曲率 K 大于地球表面的绝对曲率，故射线将弯向地面，经地面反射后进入大气继续向前传输，又被大气折射弯向地面，这种过程多次重复，使射线在地面和某一大气层之间辗转地向前传输。因这种情况和波导管中微波的传输相似，所以又称为大气波导传输。使电磁波产生超折射的大气层称为大气波导层。按射线定义，超折射犹如光的折射超过临界折射时会发生全反射一样，超折射也是一种反射现象。如图 6.12 中曲线 3 所示。

由于超折射现象的存在会导致雷达射线明显地向下弯，使原来雷达波探测不到的目标物在雷达荧光屏上显示出来，增加了雷达探测的极限距离，这是好的一面。但是，由于这种现象存在，会增加超折射地物回波和雷达探测误差，特别是测高误差。因此在实际工作中最好能知道为了避开超折射层应具有的雷达临界发射仰角。

将式(6.3.29)中各物理量对高度 h 求偏导数可得

$$\frac{\partial n}{\partial h}10^6 = \frac{A}{T}\frac{\partial P}{\partial h} - \frac{A}{T^2}\left(P + 2\frac{B_e}{T}\right)\frac{\partial T}{\partial h} + \frac{AB}{T^2}\frac{\partial e}{\partial h} \tag{6.3.38}$$

由式(6.3.38)可知，要形成超折射，就要求该式等号右边各项综合起来满足

$$\frac{\partial n}{\partial h}10^6 < -15.7\times10^{-2}\,m^{-1}$$

通常在实际大气中总有 $\partial P/\partial h < 0$，若出现 $\partial T/\partial h > 0$ 和 $\partial e/\partial h < 0$，则该式等号右边三项均为负值，有利于满足产生超折射所要求的条件，即逆温愈显著、水汽压 e 随高度减少愈迅速，愈易形成超折射。

以上讨论了标准大气折射、临界折射和超折射三种情况，由于它们都满足 $K>0$ 这个条件，所以统称为正折射。它们的共同点是 n 随高度的增加而减小，射线向地面方向弯曲，但弯曲程度不同。超折射时弯曲最大，临界折射时射线的曲率与地面曲率相同，标准大气时的曲率在直线和地表面曲率之间。

(4)零折射

射线传输路径绝对曲率等于零时的折射称为零折射，这时

$$\left.K = 0,\quad \frac{dn}{dh} = 0\right\} \tag{6.3.39}$$

这时的大气是均质的，在实际大气中不大可能经常发生这种现象。如图 6.12 中曲线 4 所示。

(5)负折射

当射线传输路径的绝对曲率小于零时的折射称为负折射，这时

$$\left.\begin{aligned}\frac{\mathrm{d}n}{\mathrm{d}h} &= -K > 0 \\ \frac{\mathrm{d}N}{\mathrm{d}h} &= \frac{\mathrm{d}n}{\mathrm{d}h}10^6 > 0\end{aligned}\right\} \tag{6.3.40}$$

式(6.3.40)是产生负折射所必须满足的 n,N 的垂直分布条件。由于 $K<0$ 和 $\mathrm{d}n/\mathrm{d}h>0$，故利用折射定律可知，这时射线是向上弯曲的。射线向上弯曲的现象会使雷达可探测的极限距离减小，原来在雷达显示屏上可看到的地物回波就会探测不到。因此，在雷达探测中必须引起注意，以防出现差错。

形成负折射所必须满足的气象条件也可以从分析式(6.3.38)得到，因为在实际大气中，总是 $\partial P/\partial h<0$，故只有在

$$\frac{\partial e}{\partial h} > 0$$

以及

$$\gamma = -\frac{\partial T}{\partial h} > \gamma_d$$

即湿度随高度增加而增加，温度随高度增加的递减率 γ 比干绝热递减率 γ_d 还要大时，才满足产生负折射的条件。当冷空气移到暖水域上空时或者移到盛夏沙漠上空时，就有可能形成这种负折射现象。如图 6.12 中曲线 5 所示。

6.3.4　雷达测高公式

在天气雷达探测中，回波的高度是以发生标准大气折射形式时射线的传输路径来计算的，以下做简要推导。

先不考虑地表弯曲和大气折射的作用，视地表为平面，雷达波束成直线传输，则如图 6.13(a)所示，测高公式应为

$$H = h + R\sin\delta \tag{6.3.41}$$

式中，H 为目标高度，h 为天线高度，R 为目标的斜距，δ 为雷达观测的仰角。

现在考虑地表为球面弯曲，但仍视雷达波束成直线传输，则如图 6.13(b)所示。目标 B 的高度 H 为线段 BE。在直角三角形△OBD 中有

$$(R_m + H)^2 = (R_m + h + R\sin\delta)^2 + (R\cos\delta)^2$$

将上式展开、化简并注意到 $H \ll R_m$ 及 $h \ll R_m$，可略去小项，可得尚未考虑大气折射时的测高公式

$$H = h + R\sin\delta + \frac{R^2}{2R_m} \tag{6.3.42}$$

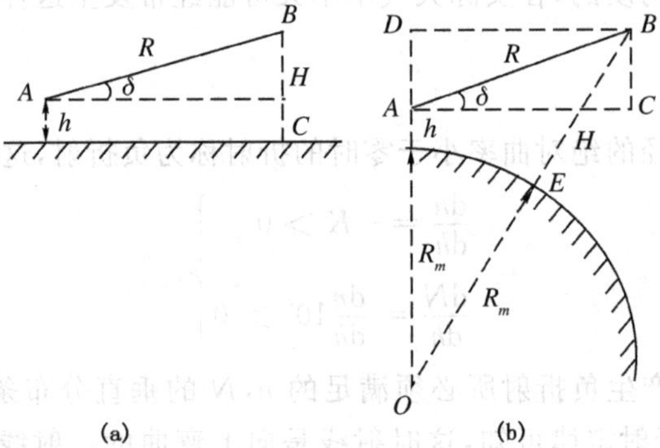

图 6.13　测高示意图

比较式(6.3.41)和式(6.3.42)式可知，考虑了地表曲率以后，公式右边增加了第三项，一般称它为“地曲补偿项”。

最后，再考虑地表为球面弯曲，大气有折射的情况。此时，在图 6.13b 中 AB 将不是一条直线，而是微微向下弯曲的。大气折射造成雷达波在地球表面曲线传输的现象给实际绘图、计算和分析工作带来了不便。为此，希望在计算时，能把雷达射线画成直线，而又不影响各种计算的结果。为了满足这个要求，就要想办法使射线与地球表面之间的相对曲率保持不变。即如果原来射线是向地表弯曲的，现在要把它画成直线，就必须设想地表要相应地向上抬起，使得在不同水平距离上射线与地表之间的距离保持和原来一样。这个设想的地球表面对应的就是一个等效地球半径，用 R'_m 表示。

如图 6.14 所示，若以 R_n 表示实际射线的曲率半径，则实际射线的绝对曲率为

$$K = \frac{1}{R_n}$$

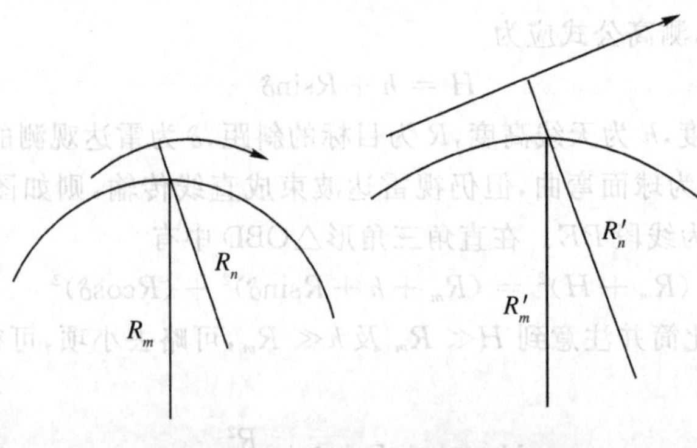

图 6.14　引入等效地球半径示意图

而实际地球表面的绝对曲率为 $1/R_m$，其中 R_m 为实际地球半径。这样，实际射线与实际地球表面的相对曲率为 $(1/R_m)-(1/R_n)$。若用 R'_m 表示等效条件下的地球表面曲率半径，R'_n 表示等效条件下的射线曲率半径，则在等效条件下的相对曲率为 $(1/R'_m)-(1/R'_n)$。现在要求实际情况下和等效条件下的相对曲率保持不变，则应有

$$\frac{1}{R_m}-\frac{1}{R_n}=\frac{1}{R'_m}-\frac{1}{R'_n}$$

同时，等效条件下要求射线画成直线，于是应有 $R'_n=\infty$，即 $1/R'_n=0$；另据式(6.3.34)有

$$\frac{1}{R'_m}=\frac{1}{R_m}+\frac{\mathrm{d}n}{\mathrm{d}h} \tag{6.3.43}$$

故可得等效地球半径 R'_m 为

$$R'_m=\frac{R_m}{1+R_m\dfrac{\mathrm{d}n}{\mathrm{d}h}} \tag{6.3.44}$$

由上式可见，等效地球半径的大小与大气折射指数的垂直梯度有关。若 $(\mathrm{d}n/\mathrm{d}h)<0$，亦即实际射线向地表弯曲，式(6.3.44)中的分母将小于1，于是等效地球半径将大于实际地球半径。可以算得，在标准大气情况下，$\dfrac{\mathrm{d}n}{\mathrm{d}h}=-4\times10^{-8}\mathrm{m}^{-1}$，代入式(6.3.44)可得 $R'_m=\dfrac{4}{3}R_m=8500\ \mathrm{km}$。引入 R'_m 后，在有关问题的计算中就可以用 R'_m 来代替实际的地球半径，从而把电磁波的射线按直线传输来处理。

将式(6.3.42)中的地球半径 R_m 换成等效地球半径 R_m' 就可以了。于是有

$$H=h+R\sin\delta+\frac{R^2}{2R'_m} \tag{6.3.45}$$

这就是既考虑了地表曲率又考虑了大气折射的测高公式。其中等效地球半径 R'_m 由式(6.3.44)计算，因大气折射指数垂直分布的不同而异。

前面已经给出，在标准大气条件下，等效地球半径是实际地球半径的 4/3 倍，即 8500 km，于是可得标准大气情况下的测高公式为

$$H=h+R\sin\delta+\frac{R^2}{17000} \tag{6.3.46}$$

式中，H,h,R 都是以 km 为单位的。

根据式(6.3.46)可以制作出如图 6.15 所示的高度查算图。从图中可以看出，雷达即使采用 0°探测仰角，所给出的结果也不是一个平面上的天气情况，在距离天线 50 km 处，雷达波束高出地面已达 147 m。

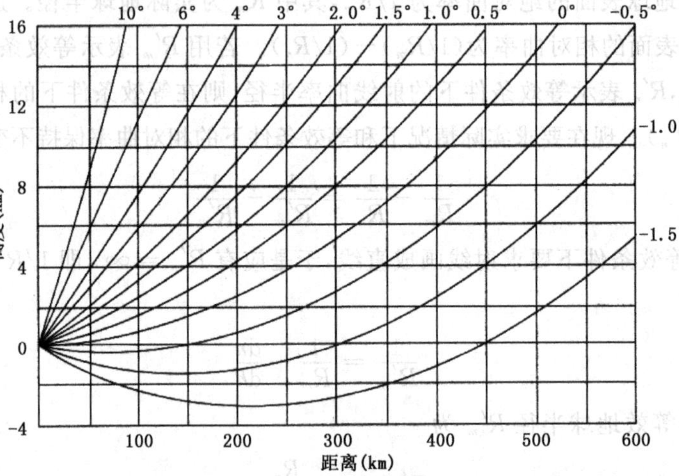

图 6.15 高度查算图(适用于标准大气条件)

6.4 雷达气象方程

雷达气象方程是描述天气雷达接收到的回波功率与哪些因子有关的表达式。天气雷达作为雷达家族中的一种,它也服从雷达探测的基本规律,为此,我们将从一般的雷达方程说起,再进一步讨论雷达气象方程。

6.4.1 单个目标的雷达方程

设雷达的发射功率为 P_t,又假设雷达天线各向同性地向外辐射,那么,在距离 R 处雷达波的能流密度为

$$S=\frac{P_t}{4\pi R^2} \tag{6.4.1}$$

实际上,一般雷达都采用具有高度方向性的辐射天线,它使大部分能量集中在一个很窄的波束范围内朝一定的方向发射出去。根据天线增益 G 的定义,则在定向天线最大辐射方向上距离 R 处的能流密度为

$$S_{\max}=G\cdot S=\frac{P_tG}{4\pi R^2} \tag{6.4.2}$$

若 R 处目标的后向散射截面为 σ,则目标散射到天线处的后向散射能流密度为

$$S_s(\pi)=\frac{P_t}{(4\pi R^2)^2}G\cdot\sigma \tag{6.4.3}$$

若天线的有效截面积为 A_e,则天线接收到来自目标的散射功率 P_r 应为

$$P_r = S_s(\pi)A_e = \frac{P_t G\sigma A_e}{(4\pi R^2)^2} \tag{6.4.4}$$

从天线理论可知

$$A_e = \frac{\lambda^2}{4\pi}G \tag{6.4.5}$$

式中,λ 是雷达的波长。将上式代入前式即得

$$P_r = \frac{P_t G^2 \sigma\lambda^2}{(4\pi)^3 R^4} \tag{6.4.6}$$

这是一般的雷达方程,适用于飞机、舰船、单个雨滴等任何一种单个目标。由式(6.4.6)可见,雷达回波功率的大小取决于雷达参数(发射功率 P_t,天线增益 G,波长 λ)、目标的雷达截面 σ 和目标离雷达的距离 R。

6.4.2　有效照射深度与有效照射体积

天气雷达探测云和降水等气象目标时,回波功率是云和降水粒子群散射的总和。那么,究竟是由多少个粒子散射的总和呢?为此,需要先引入有效照射深度和有效照射体积的概念,然后才能在单个目标雷达方程的基础上,导出适用于云和降水等粒子群的雷达气象方程。

雷达发出的探测脉冲具有一定的持续时间,即脉冲宽度 τ,在空间的电磁波列就有一定的长度,即脉冲长度 $h=\tau c$,c 为电磁波的传输速度。位于雷达波束和探测脉冲长度范围内的所有云和降水粒子,都可以同时被雷达波同时所照射。但是,并不是所有粒子产生的回波都能同时回到雷达天线。离天线距离相等的那些粒子可以同时被探测脉冲照射,能同时产生回波,并同时回到雷达天线。与天线距离不相等的粒子的回波信号也有可能有一部分能同时回到雷达天线。这是因为探测脉冲具有一定的宽度 τ,因而在它通过每一个粒子时,每个粒子产生的回波信号都将持续 τ 时间。这样距离不太远的两个粒子,虽然它们开始产生回波的时间并不相同,但是在各自持续的 τ 时间内,仍有可能有一部分回波信号能够同时回到雷达天线。可以证明,在每一瞬间,径向距离为 R 到 $R+(h/2)$ 范围内的那些粒子产生的回波信号,可以同时回到雷达天线。

图 6.16 表示在雷达脉冲照射下,有 A,B 两个粒子,A 粒子离开雷达的距离为 R_1,B 粒子离开雷达的距离为 R_2。

取天线开始发射脉冲的时间为时间的起点,那么,天线收到脉冲波前沿在 A 粒子产生的回波的时间为 $t_1=2R_1/c$;天线收到脉冲波前沿在 B 粒子产生的回波的时间为 $t_2=2R_2/c$,天线收到脉冲波后沿在 A 粒子产生的回波的时间为 $t_3=(2R_1/c)+\tau$。若脉冲波前沿在 B 粒子产生的回波恰好和脉冲波后沿在 A 粒子产生的回波一起回到雷达天线,则应有

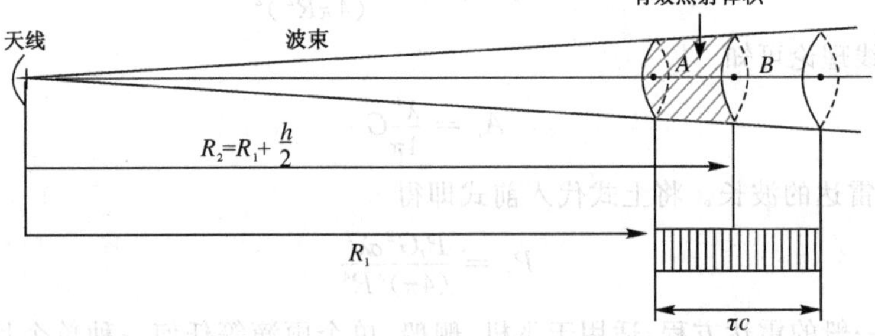

图 6.16　有效照射深度示意图

$$t_2 = t_3 \tag{6.4.7}$$

即

$$\frac{2R_2}{c} = \frac{2R_1}{c} + \tau \tag{6.4.8}$$

于是有

$$R_2 - R_1 = \frac{c\tau}{2} = \frac{h}{2} \tag{6.4.9}$$

上式说明，在每一瞬间有 $R_2-R_1=h/2$ 径向范围内的粒子的回波能够一起回到雷达天线，这个在径向方向的空间长度 $h/2$，就称为雷达的有效照射深度。对于脉冲宽度 $\tau=1\ \mu\text{s}$ 的天气雷达，有效照射深度就是 $h/2=\tau c/2=150$ m；对于脉冲宽度 $\tau=2\ \mu\text{s}$ 的天气雷达，有效照射深度就是 $h/2=\tau c/2=300$ m。

知道了波束的有效照射深度后，根据波束的几何形状，可以进一步求出波束的有效照射体积。有效照射体积的含义是，在这个体积内的云和降水粒子产生的回波可以同时回到雷达天线。根据以上分析，有效照射体积应该是在径向上长度为有效照射深度的一段波束，参见图 6.16。

如果雷达发射波束的水平波瓣宽度为 θ 和垂直波瓣宽度为 ϕ，则距离雷达天线 R 处波束的横截面积是一个椭圆，面积为 $\pi[R(\theta/2)R(\phi/2)]$，所以有效照射体积近似为

$$V = \pi\left(R\,\frac{\theta}{2}\right)\left(R\,\frac{\phi}{2}\right)\frac{h}{2} \tag{6.4.10}$$

6.4.3　雷达气象方程

根据前面的讨论可知，雷达发射电磁波束以后，每一瞬间接收到的云雨回波都是由有效照射体积内所有的云和降水粒子的散射回波共同组成的。因此，将单个目标的雷达方程式(6.4.6)中的雷达截面 σ 换成有效照射体积中所有云和降水粒子的后向散射截面的总和，就可以得到

$$P_r = \frac{P_t G^2 \lambda^2}{(4\pi)^3 R^4} \sum_{i=1}^{N} \sigma_i \tag{6.4.11}$$

式中，N 是波束有效照射体中所有产生的辐射能量能同时返回天线处的云及降水粒子的总数。

假设在有效照射体积中所有云和降水粒子谱均匀分布，任何一个单位体积都可以作代表，则上式也可以写成

$$P_r = \frac{P_t G^2 \lambda^2}{(4\pi)^3 R^4} V \sum_{\text{单位体积}} \sigma_i \tag{6.4.12}$$

式中，V 为雷达的有效照射体积，$\sum\limits_{\text{单位体积}} \sigma_i$ 为单位体积内云和降水粒子后向散射截面的总和。将式(6.4.10)代入式(6.4.12)，经整理后则有

$$P_r = \frac{P_t G^2 \lambda^2 h\theta\phi}{512\pi^2 R^2} \sum_{\text{单位体积}} \sigma_i \tag{6.4.13}$$

这就是一般的雷达气象方程。

6.4.4 雷达气象方程的修正

前节得出的雷达气象方程，有的因子考虑得不够细致，有的还没有考虑到。因此，需要做进一步完善。

6.4.4.1 有关天线增益 G 的修正

在实际应用中发现，用式(6.4.13)来计算气象目标的平均回波功率，普遍高于实验得到的结果，主要是在推导时假定了天线波束宽度范围内各个方向的电磁波辐射能流密度都和最大辐射方向一样，而实际上天线波束的能量分布如图 6.17 所示，除了最大辐射方向以外，其他方向的辐射能流密度都要比最大辐射方向小。偏离最大辐射方向的云和降水，得到的辐射能量必然小于 G 倍。在式(6.4.11)中一概乘以 G，必然导致算得的回波功率偏高。另外，在推导有效照射体积时，只计算了波束宽度(即波束两个半功率点夹角)范围内的体积，实际上在两个半功率点以外，也有部分能量辐射出去，并散射回来。忽略了这一部分，也会带来计算结果的误差。

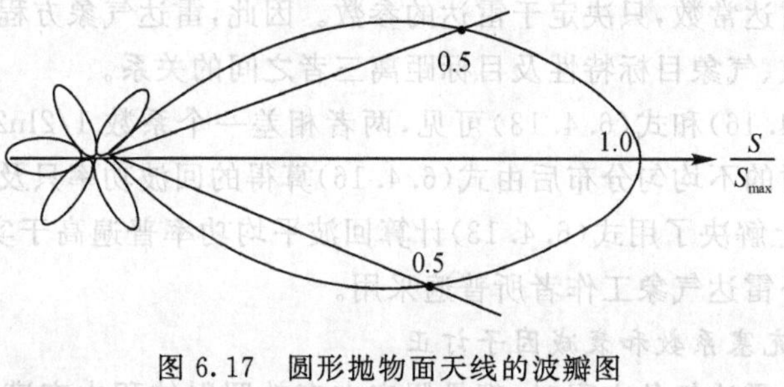

图 6.17 圆形抛物面天线的波瓣图

在上述分析的基础上，考虑到天线辐射的不均匀分布，在表述距离天线 R 处的目标得到的辐射能流密度时，就不能简单地一律乘以一个天线增益 G，而应该利用天线方向图函数来修正。于是在 R 距离处，偏离天线主轴 θ,ϕ 角的面积元 $\mathrm{d}s$ 上的功率应该表示为

$$\mathrm{d}P_i = \frac{P_t}{4\pi R^2}\mathrm{d}s \cdot G\left|f(\theta,\phi)\right|^2 \tag{6.4.14}$$

这里 $|f(\theta,\phi)|$ 为天线方向图函数，表示为

$$|f(\theta,\phi)| = \frac{|E(\theta,\phi)|}{|E(0,0)|} \tag{6.4.15}$$

式中，$E(0,0)$ 是天线主轴方向(也就是最大辐射方向)上的电场强度振幅值，$E(\theta,\phi)$ 是与波束轴线水平和垂直方向的夹角分别为 θ 和 φ 处的电场强度振幅值。所以，天线方向图函数 $|f(\theta,\phi)|$ 就是天线辐射的电场强度随偏离主轴方向而变化的振幅比值，是个无量纲数，在数值上恒有 $|f(\theta,\phi)| \leqslant 1$ 。由于能流密度正比于 E 的平方，所以式(6.4.14)乘的是 $|f(\theta,\phi)|^2$ 。

根据天线互易定理，在天线方向图中，发射能力最大的方向也是接收能力最大的方向，反之亦然。因此，在求气象目标的回波功率时，还应该再乘以一个方向图函数的平方，即乘以 $|f(\theta,\phi)|^4$ 。

为了精确求算回波功率，应该对 $|f(\theta,\phi)|^4$ 进行积分，经过数学演算(张培昌等，2000)，考虑天线辐射不均匀分布后的雷达气象方程为

$$P_r = \frac{P_t G^2 \lambda^2 h\theta\phi}{1024(\ln 2)\pi R^2}\sum_{\text{单位体积}}\sigma_i \tag{6.4.16}$$

如果令

$$C_{\mathrm{R}} = \frac{P_t G^2 \lambda h\theta\phi}{1024(\ln 2)\pi^2} \tag{6.4.17}$$

则雷达气象方程可以简写成

$$P_r = \frac{C_{\mathrm{R}}}{R^2}\sum_{\text{单位体积}}\sigma_i \tag{6.4.18}$$

式中，C_{R} 称为雷达常数，只决定于雷达的参数。因此，雷达气象方程建立了雷达回波功率与雷达参数、气象目标特性及目标距离三者之间的关系。

比较式(6.4.16)和式(6.4.13)可见，两者相差一个系数 $1/2\ln 2 = 0.72$ 。可见考虑了天线辐射的不均匀分布后由式(6.4.16)算得的回波功率只及式(6.4.13)算得的 72%。基本上解决了用式(6.4.13)计算回波平均功率普遍高于实验结果的问题，该方程被国内外雷达气象工作者所普遍采用。

6.4.4.2　充塞系数和衰减因子订正

在前面推导雷达气象方程时，都是假定在有效照射体积内充满着云和降水粒子

的。然而实际探测时，这个假定并不能完全满足。如图 6.18 所示，雷达以一定的仰角发射电磁波探测 A,B,C 三个云和降水区，在波束通过 A 区时，云和降水可以充满有效照射体积；通过 B 区时，只能部分充满；通过 C 区时，有效照射体积内没有云和降水粒子存在。显然，这三种情况下雷达接收到的回波功率是不同的。

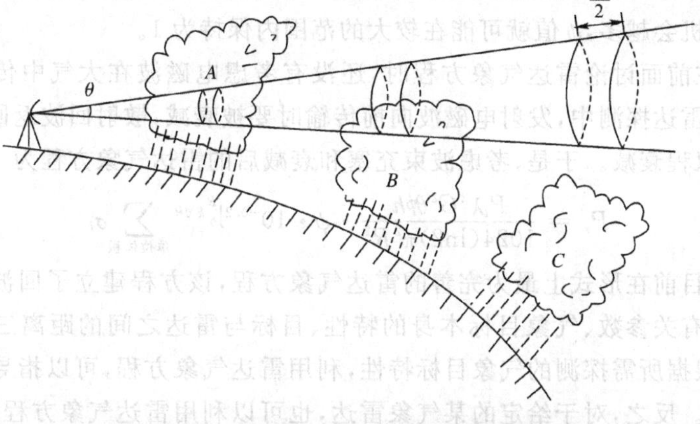

图 6.18　波束被云和降水充塞的不同情况

习惯上把云和降水粒子充满有效照射体积的程度，称为充塞程度。充塞程度是用有效照射体积中云和降水占的体积除以有效照射体积来表示，称为充塞系数 ψ。由于在径向方向上，一般来说，云和降水区的大小比脉冲长度大得多；在波束的水平切向方向上，气象雷达的水平波束宽度并不宽，而云和降水区的范围一般又比较大。所以，除了在云和降水区的首尾端或两侧边缘，一般来说，在水平方向上有效照射体积都能被充满。而在垂直方向上，因为云和降水的垂直伸展相对来说是有限的，在距离雷达较远一点的地方，就常常会出现云和降水不能充满有效照射体积的情况。垂直方向的充塞系数可以表示成

$$\psi = \frac{H_t - H_b}{R\phi} \tag{6.4.19}$$

式中，H_t 和 H_b 分别是波束内云和降水的上界高度和下界高度，R 是雷达站到被测目标之间的距离，ϕ 是以弧度为单位的波束垂直宽度，$R\phi$ 则是波束在垂直方向的线宽度。

由图 6.22 和式(6.4.19)可以看出：

(1)当云和降水的高度以及波束垂直宽度 ϕ 一定时，波束的垂直充塞系数与距离 R 有关。距离 R 小时，波束的线宽度 $R\phi$ 也小，波束容易被充满，ψ 值就大，一般可接近或达到 1；当距离增大时，$R\phi$ 变大，ψ 值就可能小于 1。由于地球曲率和大气折射的影响，ψ 值在远距离处甚至会等于 0。

(2)对于同样高度的云和降水,在同样的距离 R 处,波束窄,$R\phi$ 小,容易被充满,ψ 值就大;反之,就不易被充满,ψ 值就小。

(3)由图 6.22 可见,ψ 值的大小还与云和降水的顶高以及天线的仰角有关。云和降水的顶越高,越能在远距离上使 ψ 等于 1。一般测雨雷达能探测到 300 km 附近的对流云降水,对流云发展的高度较高也是一个原因。天线的仰角越低,波束被云和降水充满的机会越多,ψ 值就可能在较大的范围内保持为 1。

另外,在前面讨论雷达气象方程时,还没有考虑电磁波在大气中传输引起的衰减。在天气雷达探测中,发射电磁波向前传输时要被衰减,散射回波返回时也要被衰减,因此是双程衰减。于是,考虑波束充塞和衰减后的雷达气象方程为

$$P_r = \frac{P_t \lambda^2 G^2 \theta\phi h}{1024(\ln 2)\pi^2 R^2} \cdot \psi \cdot 10^{-0.2\int_0^R k\,\mathrm{d}R} \sum_{\text{单位体积}} \sigma_i \tag{6.4.20}$$

这就是目前在形式上最为完善的雷达气象方程,该方程建立了回波功率大小与气象雷达的有关参数、气象目标本身的特性、目标与雷达之间的距离三者之间的关系。因此,根据所需探测的气象目标特性,利用雷达气象方程,可以指导气象雷达的设计与研制。反之,对于给定的某气象雷达,也可以利用雷达气象方程,分析其对气象目标的探测性能。在实际探测工作中,雷达气象方程也是测定目标强弱和准确判定气象目标特性的依据。

6.5 天气雷达回波信号处理

6.5.1 回波强度信号处理

6.5.1.1 云和降水强度的雷达度量

在(6.4.13)式中,称单位体积中云和降水粒子后向散射截面的总和为气象目标的反射率,用 η 表示,常用单位是 $\mathrm{cm}^2 \cdot \mathrm{m}^{-3}$,即

$$\eta = \sum_{\text{单位体积}} \sigma_i \tag{6.5.1}$$

我们知道,在满足瑞利散射条件时,σ 可以写为

$$\sigma = \frac{\pi^5}{\lambda^4} |K|^2 D^6$$

式中,$|K|$ 为与介电常数有关的项,D 为云和降水粒子的直径。于是有

$$\eta = \sum_{\text{单位体积}} \sigma_i = \frac{\pi^5}{\lambda^4} |K|^2 \sum_{\text{单位体积}} D_i^6 \tag{6.5.2}$$

在上式中,将单位体积中云和降水粒子直径六次方的总和,称为气象目标的反射率因子,用 Z 表示,常用的单位为 $\mathrm{mm}^6 \cdot \mathrm{m}^{-3}$,即

$$Z = \sum_{\text{单位体积}} D_i^6 \tag{6.5.3}$$

于是式(6.4.20)可写成

$$P_r = \frac{\pi^3 P_t G^2 \theta\phi h}{1024(\ln 2)\lambda^2} \cdot \frac{|K|^2 Z}{R^2} \cdot \psi \cdot 10^{-0.2\int_0^R k\,\mathrm{d}R} \tag{6.5.4}$$

天气雷达测量的是回波信号的强弱，即回波功率，而用户需要的是云雨区的强度，这两者正是通过雷达气象方程联系在一起的。当回波功率(P_r)和距离(R)已知时，利用雷达气象方程，可计算出反射率因子，即

$$Z = \frac{R^2 P_r}{C} \tag{6.5.5}$$

式中，$C = \frac{\pi^3 P_t G^2 h\theta\varphi}{1024(\ln 2)\lambda^2} \cdot |K|^2 \cdot \psi \cdot 10^{-0.2}\int_0^R k\mathrm{d}R$

由于反射率因子 Z 的变化区间很大，甚至可跨越几个数量级，为方便起见，人们常用 dBZ 来说明反射率因子的大小，即

$$\mathrm{dBZ} = 10\lg \frac{Z}{Z_0} \quad (Z_0 = 1\ \mathrm{mm}^6 \cdot \mathrm{m}^{-3}) \tag{6.5.6}$$

6.5.1.2　回波信号的涨落

云和降水目标是很多个粒子在空间中呈弥散分布的，天气雷达探测时，由于大气中几乎总是存在空气的湍流运动，粒子随之做无规则运动，彼此间相互位置随机变化，粒子群的合成散射波强度等于各个粒子散射波强度的代数和，从而造成合成散射波的涨落脉动变化，称回波涨落现象。

造成降水回波强度涨落现象的原因，除了雷达系统本身的不稳定以及大气折射率的变化外，主要是在大气湍流、风切变等的作用下，降水粒子之间随机的相对运动造成的。

若同时存在 N 个粒子，合成回波的场强应为

$$E(t) = \sum_{i=1}^{N} E_i \cos(\omega t - kR_i) = \sum_{i=1}^{N} E_i \cos(\omega t - \varphi_i) \tag{6.5.7}$$

式中，$\varphi_i = (2\pi/\lambda)R_i$ 是第 i 个粒子的回波相位。可见，只要存在粒子之间无规则的相对运动，各个粒子产生的回波的相位就处于无规则的变动中，它们同时到达雷达天线的回波将时而互相迭加，时而相互抵消，粒子群的合成回波就呈现出脉动状态，回波强度存在上下涨落现象。

回波幅度的涨落变化，使得某一时刻对回波强度的一次测量不具有代表性，影响了回波强度定量测量的准确性，为此要对一段时间的回波功率测量值进行平均处理。

6.5.1.3　平均次数的确定

在实际测量中，只能用有限次取样来估计涨落回波的平均值，但这样的平均值仍

有涨落现象，如图 6.19 所示，因此，它还是一个随机变量。为此，我们需要了解这种有限次平均值服从怎样的分布规律及信度区间，即测量精度和平均次数之间的关系。

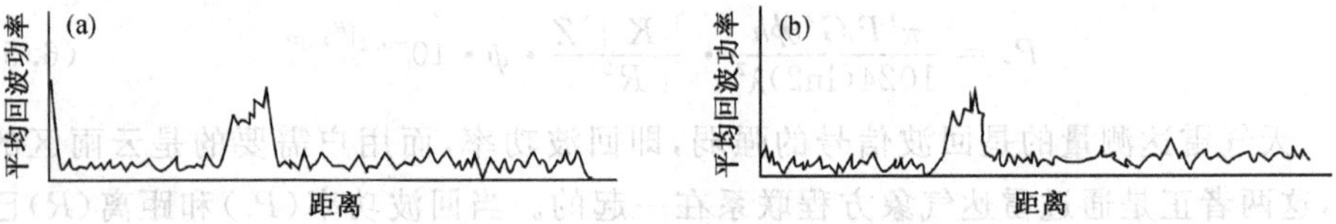

图 6.19　经平均后的回波功率涨落情况

(a)取 16 次平均；(b)取 32 次平均

令 $J_K = \sum_{i=1}^{K} A_i^2/K$ 为 K 次取样的回波功率平均值。在假设样本 $A_1, A_2, \cdots, A_K$ 是 K 个相互独立的随机变量(即上文中的电场幅度 E)，且各自服从瑞利分布的前提下，Marshall 等人导出了 K 次回波功率平均值 J_k 的概率分布为

$$P(J_K)\mathrm{d}J_K = \frac{K^K}{(\overline{A^2})^K(K-1)!} J_K^{K-1} \exp\left(\frac{KJ_K}{\overline{A^2}}\right)\mathrm{d}J_K \tag{6.5.8}$$

图 6.20 给出了不同平均次数下 J_K 的概率分布。由图可见，随着平均次数 K 的增大，J_K 的分布曲线变窄，这和均方差随平均次数增加而减小是一致的。当 $K \geqslant 10$ 时，分布曲线以 $\overline{A^2}$ 为中心呈对称形式，近似于正态分布。

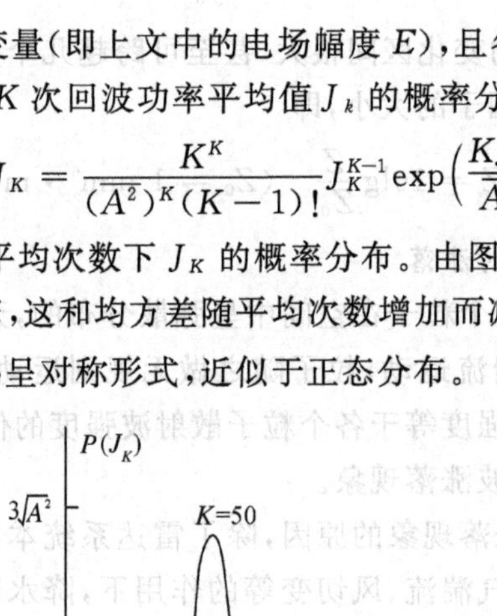

图 6.20　$P(J_K)$的分布曲线

这样，根据正态分布的性质可得

$$P(|J_K - \overline{A^2}| < \sigma_K) = 68.3\% \tag{6.5.9}$$

$$P(|J_K - \overline{A^2}| < 1.96\sigma_K) = 95\% \tag{6.5.10}$$

$$P(|J_K - \overline{A^2}| < 3\sigma_K) = 99.7\% \tag{6.5.11}$$

一般，把 95%的信度区间作为某一物理量的测量误差范围，因此，可以得到 J_K 的 95%的信度区间为

$$\overline{A^2}\left(1-\frac{1.96}{\sqrt{K}}\right) \leqslant J_K \leqslant \overline{A^2}\left(1+\frac{1.96}{\sqrt{K}}\right) \tag{6.5.12}$$

式(6.5.12)表明，平均次数 K 越大，95%的信度区间越小，即 J_K 的测量误差越小，表 6.7 为用式(6.5.12)算出的各种平均次数下 J_K 的测量误差范围，即 95%的信度区间。

表 6.7　J_k 的 95%的信度区间和 K 的关系

K	16	25	36	49	64
信度区间(95%)	$\pm 0.49\,\overline{A^2}$	$\pm 0.39\,\overline{A^2}$	$\pm 0.33\,\overline{A^2}$	$\pm 0.28\,\overline{A^2}$	$\pm 0.25\,\overline{A^2}$

于是可根据设计的精度要求，用式(6.5.12)或表 6.7 去选择独立取样次数进行平均，或者根据已设计的视频积分器的平均次数来估计 J_K 的误差。

6.5.1.4　平均方式

平均方式有两种，即距离平均和方位平均。

距离平均就是把沿着距离方向分布的回波信号强度进行平均。通常是把需要平均的距离范围划分成若干个相等的区间，即距离单元，这个距离单元的大小根据对测量精度的要求而定，然后凭借雷达信号处理系统产生的相应宽度的距离门波，实现由近及远逐个对每一距离单元范围内的回波强度信号进行平均。例如，某雷达设计需要视频积分的距离范围是 10～200 km，距离单元的大小是 1 km，距离门波的宽度也是 1 km。这就是说，把 10～200 km 的距离范围划分成为 190 个距离单元。积分电路依靠由近及远逐次出现的 1 km 宽的距离门波，对每 1 km 范围的回波强度信号进行平均。

至于在每一个距离单元(如例中的 1 km)范围内，有多少个样本参与平均，即 K_r 等于多少，对于数字化天气雷达来说，决定于视频回波强度信号模/数转换时，在一个距离单元内采样多少次。

方位平均是把沿方位角方向上分布的回波强度信号进行平均(仰角平均也一样，不再另述)。同样，是把 360°划分成若干个方位单元，对天线扫过每一个方位单元的过程中所获得的各个方位单元的回波强度信号进行平均。例如，有的雷达以 2°为一个方位单元，那么，整个圆周将分成 180 个方位单元。

实际上，距离平均和方位平均是同时进行的。每个距离单元总是和一个方位单元相对应并组成一个面积单元。这个面积单元便称为积分库。在平面位置显示器上相应的积分库的分布如图 6.21 所示。可以想象当每个积分库中都以一定的亮度或者一定的色彩显示平均以后的回波强度信号，就可以得到一幅经过平均处理后的回

波强度分布图像。

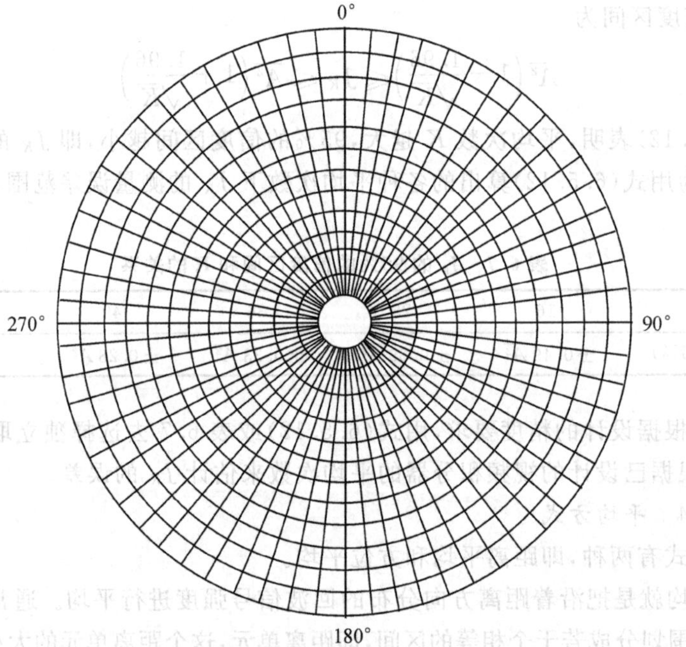

图 6.21 平面位置显示器上积分库分布示意图

这里需要指出的是，在每一个方位单元 ΔD 里究竟有多少个样本参与平均，即 K_D 等于多少，与雷达的脉冲重复频率、天线的转速以及天线的波束宽度有关，可以表示为

$$K_D = \frac{\Delta D}{\omega} f_p \tag{6.5.13}$$

式中，ΔD 为方位单元的大小，ω 为天线转动角速度，f_p 为雷达发射脉冲的重复频率。显然，如果方位单元 ΔD 取为一定值，那么，天线转速愈快，参与平均的样本数 K_D 越少。为了避免由于转速不同引起参与平均的样本数的变化导致积分精度的差异，有的雷达在设计时就规定每若干个脉冲平均一次，这样处理的结果，意味着积分库在方位方向上的宽度是随天线转速改变的。

对于数字化雷达，如采用的是距离—方位积分式的数字视频积分器（简称DVIP），则总的等效平均取样次数 N_e 应为

$$N_e = K_{re} \cdot K_{De} \tag{6.5.14}$$

式中，K_{re} 为积分库距离单元内容与平均的等效样本数，K_{De} 积分库方位单元内容与平均的等效样本数。

6.5.2　回波多普勒信号处理

6.5.2.1　多普勒频率与多普勒速度

1842 年奥地利物理学家多普勒(J. Doppler)首先从运动着的声源中发现了多普勒效应,即当声源和观测者做相对运动时,观测者接收到的声波频率和声源的频率不同,其频率的变化量和相对运动速度的大小有关。这种现象称为多普勒效应,由这种相对运动造成的频率变化称为多普勒频移,频率变化量称为多普勒频率。

在天气雷达发射一个个脉冲波进行探测的过程中,随风移动的降水粒子为运动目标,多普勒频移表现为降水粒子对相继脉冲波散射的回波信号之间有相位变化。假设多普勒雷达与目标之间的距离为 r,则从雷达波发射到散射波返回天线所经过的距离为 $2r$,这个距离用雷达波长来度量,相当于 $\frac{2r}{\lambda}$ 个波长。用相位来衡量,相当于 $\frac{4\pi r}{\lambda}$ 个弧度。若电磁波发射时初始相位为 φ_0,那么电磁波被散射回到天线时的相位应是(用减法表示相位滞后)

$$\varphi = \varphi_0 - \frac{4\pi r}{\lambda} \tag{6.5.15}$$

假如气象目标物相对于雷达没有径向运动,或者固定不动,则雷达与目标物之间的径向距离 r 是固定的,于是相邻探测脉冲的回波信号之间的相位不变。若气象目标物有径向运动,假设在相邻探测脉冲的时间间隔 T 内,目标物在径向方向移动了 Δr 距离,则根据式(6.5.15),将造成两次回波的相位变化为

$$\Delta\varphi = -\frac{4\pi\Delta r}{\lambda} \tag{6.5.16}$$

式(6.5.16)表示的相位变化量是在一个脉冲重复周期内改变的,因此相位的时间变化率为

$$\frac{\Delta\varphi}{T} = -\frac{4\pi\Delta r}{\lambda T} \tag{6.5.17}$$

相位的时间变化率即为角频率 ω,它和频率 f_D 之间的关系为 $\omega = 2\pi f_D$,代入式(6.5.17)可得

$$f_D = \frac{2\Delta r}{\lambda T} \tag{6.5.18}$$

式中,f_D 是由于目标物的径向运动而引起的雷达回波信号的频率与发射频率之间的变化量,称为多普勒频率,式(6.5.18)表明当目标远离雷达运动时,Δr 为正,产生的多普勒频率为负,即回波信号频率低于发射频率,反之亦然。

由于脉冲重复周期一般为毫秒量级,因此在式(6.5.18)中可令

$$V_r = -\frac{\Delta r}{T} \tag{6.5.19}$$

式中，V_r 为目标物在雷达径向上的运动分速度，并规定朝天线运动的速度为正，称为多普勒速度。

于是，式(6.5.18)改写为

$$f_D = \frac{2V_r}{\lambda} \tag{6.5.20}$$

图 6.22 所示为多普勒天气雷达在均匀风场时所测得的多普勒速度 PPI 分布图，常用暖色调表示为移开雷达方向的多普勒速度(负)，用冷色调表示朝向雷达方向的多普勒速度(正)。

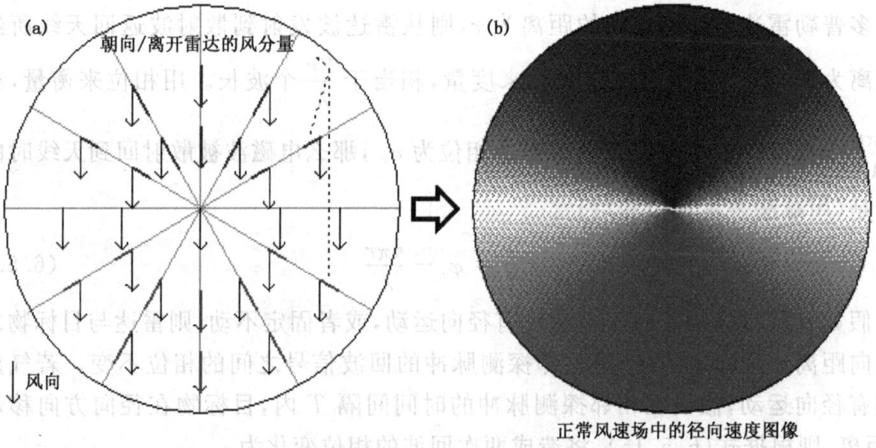

图 6.22　均匀速度场(a)时的多普勒速度 PPI 分布(b)

6.5.2.2　傅里叶变换法

我们知道，多普勒天气雷达探测的是云雨等弥散的降水目标物，它返回的回波信号是雷达有效照射体积内很多降水粒子综合后向散射的结果，每个散射粒子都会造成一个多普勒频率，如果把散射体积内所有散射粒子所对应的多普勒频率统计后画在一张横坐标为多普勒频率，纵坐标为回波信号强度的图上，这就是多普勒频谱。在实际探测时我们无法测定每个粒子产生的多普勒频率，但是可以对时域回波信号进行频谱分析，就可以提取回波信号的多普勒频谱，进而获得回波功率谱。

雷达回波信号频谱分析的数学基础是傅里叶变换。1965 年由 Corley 提出了计算功率谱的直接法(周期图法)，该法是首先将数据(也可先进行加权处理)进行周期延拓，然后对其做傅里叶变换，再对结果取幅度的平方便得到信号的功率谱密度估值。

对每一被宽度为 T_0 的波门所截取的一段回波信号，在时段 $\left[-\frac{T}{2}, T_0-\frac{T}{2}\right]$ 内，

此回波信号可表示为

$$E(t)=\int_{-\infty}^{\infty}F(f)\mathrm{e}^{-i2\pi ft}\mathrm{d}f \tag{6.5.21}$$

其对应的变换为

$$F(f)=\int_{-\infty}^{\infty}E(t)\mathrm{e}^{-i2\pi ft}\mathrm{d}t \tag{6.5.22}$$

因此，在 T_0 时段内的平均回波功率 $\overline{P}_r$ 可表示为

$$\overline{P}_r=\frac{1}{T_0}\int_{-\frac{T}{2}}^{T_0-\frac{T}{2}}E(t)\cdot E^*(t)\mathrm{d}t \tag{6.5.23}$$

式中，* 表示共轭。将(6.5.21)式代入可得

$$\overline{P}_r=\frac{1}{T_0}\int_{-\infty}^{\infty}|F(f)|^2\mathrm{d}f \tag{6.5.24}$$

令 $S(f)=\frac{1}{T_0}|F(f)|^2$，称之为多普勒功率谱密度，则式(6.5.24)变为

$$\overline{P}_r=\int_{-\infty}^{\infty}S(f)\mathrm{d}f \tag{6.5.25}$$

由于多普勒频率 f_D 与粒子径向速度 V_r 具有唯一的确定关系 $f_\mathrm{D}=2V_r/\lambda$，所以，多普勒速度谱密度与多普勒功率谱密度 $S(f)$ 有如下关系。

$$S(V)\mathrm{d}V=S(f)\mathrm{d}f \tag{6.5.26}$$

因此，式(6.5.25)可表示为

$$\overline{P}_r=\int_{-\infty}^{\infty}S(V)\mathrm{d}V \tag{6.5.27}$$

由此，可得平均多普勒频移 $\overline{f}_\mathrm{D}$ 为

$$\overline{f}_\mathrm{D}=\frac{\int_{-\infty}^{\infty}f\cdot S(f)\mathrm{d}f}{\int_{-\infty}^{\infty}S(f)\mathrm{d}f} \tag{6.5.28}$$

而频谱方差 σ_f^2 为

$$\sigma_f^2=\frac{\int_{-\infty}^{\infty}(f-\overline{f}_\mathrm{D})^2S(f)\mathrm{d}f}{\int_{-\infty}^{\infty}S(f)\mathrm{d}f} \tag{6.5.29}$$

平均多普勒速度 $\overline{V}_r$ 为

$$\overline{V}_r=\frac{\int_{-\infty}^{\infty}VS(V)\mathrm{d}V}{\int_{-\infty}^{\infty}S(V)\mathrm{d}V} \tag{6.5.30}$$

平均多普勒速度谱宽为

$$\sigma_V = [\frac{1}{\overline{P_r}}\int_{-\infty}^{\infty}(V-\overline{V_r})^2 S(V)\mathrm{d}V]^{\frac{1}{2}} \tag{6.5.31}$$

回波功率一般称为多普勒速度谱的零阶矩，平均多普勒速度称为一阶矩，多普勒速度谱宽称为二阶矩。由于存在噪声，实际在计算平均回波功率时，首先要确定噪声电平，功率谱值高于噪声电平的被认为是信号，低于噪声电平的认为是噪声，对整个功率谱上高于噪声电平的部分进行积分，才可以计算出回波功率、平均多普勒速度和速度谱宽等各阶矩。对低于噪声电平的部分进行积分，便得到噪声功率，可计算出信噪比。

6.5.2.3　脉冲对处理法

由于 FFT 方法对回波信号进行多普勒速度谱分析，比较费时，若不需知道整个谱的详细结构，而主要感兴趣的是多普勒速度谱的零阶矩（回波功率）、一阶矩（平均多普勒速度）和二阶矩（多普勒速度谱宽），则可以用脉冲对处理（Pulse Pair Processing，简称为 PPP）方法。该方法是在假定雷达有效照射体积内每一个粒子的径向速度脉动具有偶函数概率分布的前提下，可以不对回波信号进行谱分析，而是采用相继的两个回波信号取样值进行成对地处理，直接得到平均多普勒速度和速度谱宽。

上已述及，余弦型的回波信号若用复数形式表示的话，则比较容易取得两脉冲信号之间的相位关系。设 S_j 和 S_{j+1} 是一系列回波信号中相继取样的两个信号值，两信号之间的时间间隔为 T，则由一个复信号与另一个信号的复共轭的乘积可求得它们的相位差为

$$\Phi_{j+1} - \Phi_j = s_{j+1}s_j^* = \arctan(\frac{y_{j+1}x_j - x_{j+1}y_j}{x_{j+1}x_j + y_{j+1}y_j}) \tag{6.5.32}$$

设一系列回波信号的总数为 N，则根据自相关函数的定义，有

$$R(T) = \frac{1}{N}\sum_{j=0}^{N-1} s_{j+1}s_j^* \tag{6.5.33}$$

代人复信号表示式，上式改写为

$$R(T) = \frac{1}{N}\sum_{j=0}^{N-1}[(x_{j+1}x_j + y_{j+1}y_j) + i(y_{j+1}x_j - x_{j+1}y_j)] \tag{6.5.34}$$

式中，

$$\frac{1}{N}\sum_{j=0}^{N-1}(x_{j+1}x_j + y_{j+1}y_j) = \mathrm{Re}[R(T)] \tag{6.5.35}$$

为复数的实部，其虚部为

$$\frac{1}{N}\sum_{j=0}^{N-1}(y_{j+1}x_j - x_{j+1}y_j) = \mathrm{Im}[R(T)] \tag{6.5.36}$$

这些回波信号的平均相位角差为

$$\overline{\Delta\Phi} = \overline{\Phi_{j+1}} - \overline{\Phi_j} = \arctan\left[\frac{\mathrm{Im}R(T)}{\mathrm{Re}R(T)}\right] \tag{6.5.37}$$

式中，$\overline{\Delta\Phi}$ 就是取样间隔为 T 的相继两个回波信号的平均相位差。因为 $\overline{\Delta\Phi}/T = \overline{\omega_D} = 2\pi\overline{f}_D$，所以

$$\overline{f}_D = \frac{1}{2\pi T}\overline{\Delta\Phi} = \frac{1}{2\pi T}\arctan\left[\frac{\mathrm{Im}R(T)}{\mathrm{Re}R(T)}\right] \tag{6.5.38}$$

在进一步假定每个粒子的径向速度脉动具有同样的高斯正态分布条件下，则可以得到回波信号中的多普勒频谱的方差为

$$\sigma_f^2 = \frac{2}{(2\pi T)^2}\left[1 - \frac{|R(T)|}{R(0)}\right] \tag{6.5.39}$$

式中，$R(0)$ 就是回波功率，σ_f^2 的推导过程这里不做介绍。

由式(6.5.38)和式(6.5.39)不难得到平均多普勒速度 V_r 和速度谱宽 σ_v，它们为

$$\overline{V_r} = \frac{\lambda}{4\pi T}\arctan\left[\frac{\mathrm{Im}R(T)}{\mathrm{Re}R(T)}\right] \tag{6.5.40}$$

$$\sigma_v^2 = \frac{2\lambda^2}{(4\pi T)^2}\left[1 - \frac{R(T)}{R(0)}\right] \tag{6.5.41}$$

从上面的简单推导可以看到，采用 PPP 处理方法提取 $\overline{V_r}$ 和 σ_v^2 时，要求信号采用复数形式表示，同时也要求信号不是对数形式，信号放大时必须是线性放大器。为此，多普勒天气雷达在信号处理中将回波信号分成两路，除一路送入对数放大器以求取回波功率外，另一路输送到线性放大器放大后，再送入相位检波器检波。相位检波器也有两路，一路直接对信号进行相位检波，输出实部(称为 I 支路)；另一路则先经过 90°的移相器，再对信号进行相位检波，输出虚部(称为 Q 支路)，这两路输出共同组成复数形式的回波信号，就可对其做 PPP 方法处理了。

根据上面的介绍可以看出，在理论上，若不考虑成本和计算时间，则 FFT 方法应比 PPP 方法好。但从日常业务使用来说，PPP 方法比 FFT 方法要方便得多，处理的速度要快得多，而且，降水回波的频谱大部分是接近高斯正态分布的，所以用 PPP 方法还是较好的。

6.5.3　回波极化信号处理

6.5.3.1　极化散射矩阵

水凝物粒子的后向散射特性是雷达偏振技术中最重要的特性，由后向散射矩阵 S 来描述，它把天线入射电场(或发射波)E^i 与后向散射电场(或接收波)E^b 联系在一起。对于单个散射粒子，入射电场和散射电场的关系可以表示为

$$\begin{bmatrix} E_H \\ E_V \end{bmatrix}^b = \begin{bmatrix} S_{HH} & S_{HV} \\ S_{VH} & S_{VV} \end{bmatrix}\begin{bmatrix} E_H \\ E_V \end{bmatrix}^i \tag{6.5.42}$$

式中

$$S=\begin{bmatrix} S_{HH} & S_{HV} \\ S_{VH} & S_{VV} \end{bmatrix} \tag{6.5.43}$$

为后向散射矩阵，式中，下标 H,V 分别表示水平、垂直线偏振。散射矩阵元素中第一个下标表示后向散射场偏振状态，第二个下标是指入射电场偏振状态。

对于同时发射方式的双线偏振雷达，H_i 表示第 i 个水平偏振回波电信号，V_i 表示第 i 个垂直偏振回波电信号，M 为用于处理的回波个数，则

$$S_{HH}=\frac{1}{M}\sum_{i=1}^{M}H_i^* H_i \quad , \quad S_{VV}=\frac{1}{M}\sum_{i=1}^{M}V_i^* V_i \tag{6.5.44}$$

$$S_{HV}=\frac{1}{M}\sum_{i=1}^{M}H_i^* V_i \quad , \quad S_{VH}=\frac{1}{M}\sum_{i=1}^{M}V_i^* H_i \tag{6.5.45}$$

式中，$*$ 表示复数的共轭。

6.5.3.2 水平和垂直反射率因子

水平反射率因子定义为

$$Z_{HH}=(4\lambda^4/\pi^4 \mid K\mid^2)\langle \mid S_{HH}\mid^2 \rangle \tag{6.5.46}$$

式中，λ 是雷达波长，$|K|$ 为介电常数项 $|(m^2-1)/(m^2+2)|$。

垂直反射率因子的定义为

$$Z_{VV}=(4\lambda^4/\pi^4 \mid K\mid^2)\langle \mid S_{VV}\mid^2 \rangle \tag{6.5.47}$$

6.5.3.3 差分反射率因子

差分反射率因子 Z_{DR} 可以从雷达水平和垂直反射率因子计算得到

$$Z_{DR}=10\lg\frac{Z_{HH}}{Z_{VV}} \tag{6.5.48}$$

若 Z_{DR} 的值越大，表示 Z_{HH} 值较 Z_{VV} 的值大，也就是雷达所观测到水平极化回波比垂直极化回波值大。当雨滴直径越大的时候，水滴的形状会变成较为扁平，也就是说当 Z_{DR} 的值越大（>1.0）代表所观测的粒子是水平尺寸较大而垂直尺寸较小的粒子。

6.5.3.4 差分传输相移常数

对于同时发射同时接收的双线偏振雷达系统，双程差分传输相位 Φ_{DP} 可用下式计算。

$$\Phi_{DP}=\mathrm{arctg}\left(\sum_{i=1}^{M}H_i V_i^*\right) \tag{6.5.49}$$

式中，arctg 为复数的幅角，$*$ 表示复数的共轭，H_i 和 V_i 分别为水平和垂直极化信号的复数采样值。Φ_{DP} 是由于雷达电磁波在非球形降水粒子区中传输时，水平偏振与垂直偏振的传输常数不同造成的相位差，故 Φ_{DP} 与传输距离有关。定义单位距离的改变量为差分传输相移常数 K_{DP}。

$$K_{DP}=\frac{\Phi_{DP}(r_2)-\Phi_{DP}(r_1)}{2(r_2-r_1)} \tag{6.5.50}$$

式中，r_1 和 r_2 分别是降水区中 1,2 两点离雷达的距离。K_{DP} 的单位为°·km^{-1}。

6.5.3.5　零滞后相关系数

相关系数 $\rho_{HV}(0)$ 为水平偏振回波信号与垂直偏振回波信号互相关系数的幅度值，表示为

$$\rho_{HV}(0)=\frac{|(S_{VV}S_{HH}^{*})|}{\sqrt{(|S_{HH}|^2)(|S_{VV}|^2)}} \tag{6.5.51}$$

对水滴粒子，相关系数值比较高；但若是不规则粒子或者空气分子，相关系数就会很低。它对估计冰雹大小、提高降雨量的估计精度以及探测空中水凝结物融化层都有重要作用。

6.5.3.6　线性退偏振比

对于单发双收方式的偏振天气雷达，雷达有两个接收通道，一个用来发射和接收水平线偏振波，另一个用来接收降水粒子在水平偏振波照射下由于粒子形状非球形而同时产生的垂直偏振分量，则可以同时得到 Z_{HH} 和 Z_{HV} 值，两者之比以分贝(dB)表示，称为线性退偏振比 L_{DR}，即

$$L_{DR}=10\lg\left(\frac{Z_{HV}}{Z_{HH}}\right) \tag{6.5.52}$$

6.6　天气雷达定量遥感云和降水参数

6.6.1　垂直积分液态水含量

垂直累积液态含水量(VIL)产品是首先利用式(6.6.1)将体扫资料中所有观测仰角的回波强度基数据 Z 转换成单位体积内所有雨滴的质量 M，然后对垂直柱体中所有观测仰角的数据按式(6.6.2)积分求和，便得到 VIL 值。

$$M=3.44\times10^{-3}Z^{4/7} \tag{6.6.1}$$

$$VIL=\sum_{i=1}^{N-1}\left(\frac{M_i+M_{i+1}}{2}\right)\Delta h_i \tag{6.6.2}$$

式中，Mi 为第 i 个观测仰角在垂直柱中的雨水密度，Δh_i 为第 i 个仰角和第(i+1)个仰角在垂直柱中的高度差，N 为体积扫描的仰角总数。VIL 产品表示某体扫时刻雷达观测区域的垂直方向上有多少重量的水，单位为 kg·m^{-2}。

VIL 产品是判别强降水及其降水潜力，识别强对流天气造成的暴雨、暴雪和冰雹等灾害性天气的有效工具之一。超级单体风暴一般都具有较大的 VIL，当降雹开始时，VIL 会迅速减小，因此有助于识别强灾害性天气。美国对 WSR-88D 多普勒雷

达产品应用情况调查表明，VIL 是业务中应用次数最多的产品之一。

6.6.2 降雨量

降雨量产品生成原理是利用雨强 R 与雷达反射率因子 Z 之间的关系式(6.6.3)式，将每次体扫后的反射率因子基数据 Z 计算出相应的雨强分布 R，然后对一小时内所有体扫观测得到的雨强按式(6.6.4)进行累加，便得到降雨量。

$$Z = AR^b \tag{6.6.3}$$

$$P = \frac{1}{2}(R_i + R_{i+1})\Delta t_i \tag{6.6.4}$$

式中，P 为累积降雨量，R_i 为用第 i 次体扫观测的反射率因子 Z 所计算的雨强，Δt 为第 i 次和第($i+1$)次体扫探测之间的时间间隔，P 的单位为 mm。

普通多普勒天气雷达定量测量降水时，主要采用 Z-R 关系，用反射率因子来计算雨强。由于这一关系式随雨滴谱变化较明显，普适性较差，而且关系式是在假定雨滴是球形的情况下导得的，忽略了大雨滴非球形带来的影响，故其测雨精度不高。如冰雹的出现使 Z 值增大，就会过高估计降水量。

采用双偏振多普勒天气雷达后，可以获得更多的回波信息。理论研究及实验均证明，采用 Z_{DR}，K_{DP} 等偏振量建立降雨量计算方程，由于这些物理量对雨滴谱变化相对来说较不敏感，又考虑了雨滴非球形的影响，所以可提高测雨精度。

对于双线偏振多普勒雷达一般采用

$$R(K_{DP}) = a_2 K_{DP}^{b_2} \tag{6.6.5}$$

$$R(K_{DK}, Z_{DR}) = a_3 K_{DP}^{b_3} Z_{DR} \tag{6.6.6}$$

式中，α_2，α_3，b_2，b_3 为常系数。

一般认为，由于 $R(Z)$ 关系式只利用了一个反射率因子 Z 来定量测量降雨量，受雨滴谱影响较大，会造成小雨时高估降雨量，而大雨时又会低估降雨量，导致定量测量降雨精度低，误差较大；$R(K_{DP}, Z_{DR})$ 联合了差分反射率因子 Z_{DR} 和差分传输相移常数 K_{DP}，能较好地适应雨滴谱的变化；$R(K_{DP})$ 方法由于 K_{DP} 对雨滴谱变化不敏感，因此估测降雨量的精度较高，尤其是在强降雨时，计算精度更好。

6.6.3 风场

多普勒天气雷达获取的径向速度分布数据，在某些假定条件下，通过反演可以获取某高度平面上的平均风向风速、二维风场、三维风场等。其中除 20 世纪 60 年代初期 Lhermitte 和 Atlas 等人提出的用单部多普勒天气雷达测量风场的速度-方向显示(velocity-azimuth-display，VAD)技术比较成熟外，其余大部分方法还处在研究或试验试用阶段，尚达不到业务使用要求。

若各高度上的风场水平均匀，即风向风速不随方位角而变化，此时，若把雷达做旋转扫描探测到的不同方位上的多普勒速度显示在以雷达方位为横坐标、速度为纵坐标的图上，则将是一个正弦变化曲线。这时从该曲线上读出的多普勒速度最大值即为风速（假定雷达观测仰角为零度），而该曲线上多普勒速度最小值所在方位便为风向。这种将多普勒天气雷达测得的同距离圈上多普勒速度值点绘在以方位为横坐标、多普勒速度为纵坐标的图上（图 6.23b），从而可查得该距离圈所在高度的风向、风速的方法称为速度—方位显示技术，简称 VAD 技术。

推广到更一般情况：当天线以某一固定仰角 α 作方位旋转扫描时，雷达测出的多普勒速度不但和所在高度上的水平速度 V_h 和垂直速度 V_f 有关，还和雷达的方位角和仰角有关，如图 6.23 所示。

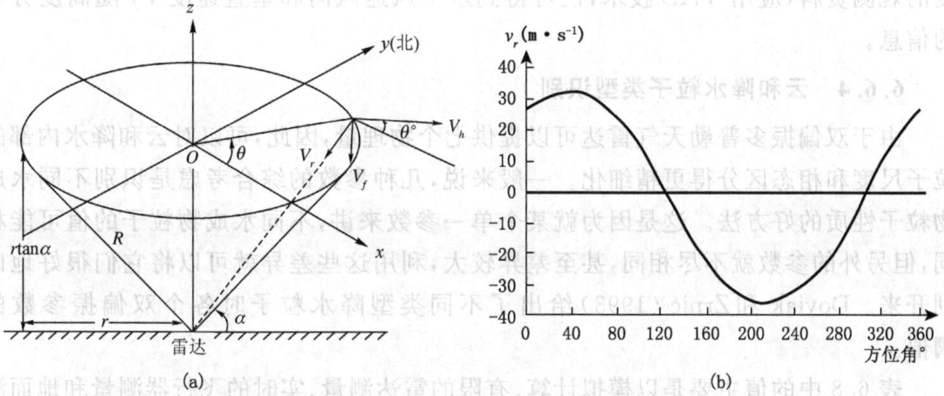

图 6.23　圆锥扫描示意图(a)及相应的径向速度随方位角的变化(b)

以正东为 X 轴正向，正北为 Y 轴正向，向上为 Z 轴正向。令水平风向和 X 轴的夹角为 θ_0，则雷达测得的某方位角上的 $V_r(\theta)$ 可表示为

$$V_r(\theta) = V_h(\theta)\cos\alpha\cos(\theta-\theta_0) + V_f(\theta)\sin\alpha \tag{6.6.7}$$

若风场均匀，则 V_h，V_f 和 θ_0 为常量，不随方位角而变化。由上式可知，某一固定距离圈上的多普勒速度 $V_r(\theta)$ 将按余弦方式变化，并且叠加了一个常数 $V_f\sin\alpha$。

当雷达天线指向风的来向时，$\theta=\theta_0+\pi$，所以这时的多普勒速度 V_{r1} 为

$$V_{r1} = -V_h\cos\alpha + V_f\sin\alpha \tag{6.6.8}$$

显然，V_{r1} 朝向雷达方向，为余弦变化中的最小值。

当天线指向水平风的下风方向时，$\theta=\theta_0$，这时的多普勒速度 V_{r2} 远离雷达方向，为最大值。

$$V_{r2} = V_h\cos\alpha + V_f\sin\alpha \tag{6.6.9}$$

比较上面两式，可得探测高度上的水平风速 V_h 为

$$V_h = \frac{V_{r2}-V_{r1}}{2\cos\alpha} \tag{6.6.10}$$

水平风的风向就是多普勒速度最小值时天线指向的方位角。

垂直速度也可由式(6.6.8)和式(6.6.9)解出，为

$$V_f = \frac{V_{r1} + V_{r2}}{2\sin\alpha} \tag{6.6.11}$$

以上就是风场均匀时一般意义上的 VAD 技术的基本思想。即将多普勒天气雷达测得的同距离圈上多普勒速度值点绘在以方位为横坐标、多普勒速度为纵坐标的图上，这时从图上直接读出多普勒速度的最大、最小值，利用式(6.6.10)便可以求得该距离圈所对应高度上的风速，而多普勒速度最小值所在方位便是风向。

考虑到 PPI 上不同的距离圈对应不同的高度，因此，对不同距离圈上多普勒速度的观测资料，应用 VAD 技术，便可得到水平风速风向和垂直速度 V_f 随高度分布的信息。

6.6.4 云和降水粒子类型识别

由于双偏振多普勒天气雷达可以提供七个物理量，因此，可以对云和降水内部的粒子尺度和相态区分得更精细化。一般来说，几种参数的综合考虑是识别不同水成物粒子性质的好方法。这是因为就某个单一参数来讲，不同水成物粒子的值可能相同，但另外的参数就不尽相同，甚至差异较大，利用这些差异就可以将它们很好地区别开来。Doviak 和 Zrnić (1993)给出了不同类型降水粒子时各个双偏振参数的阈值。

表 6.8 中的值主要是以模拟计算、有限的雷达测量、实时的飞行器测量和地面测量综合比较得出的，许多降水粒子类型识别算法都是基于这些阈值。在表 6.8 中可

表 6.8 不同降水粒子时各种偏振雷达参量取值的范围

	Z_H(dBZ)	Z_{DR}(dB)	ρ_{HV}	K_{DP}(°·km^{-1})	L_{DR}(dB)
毛毛雨	<25	0	>0.99	0	<−34
雨　滴	25～60	0.5～4	>0.97	0～10	−34～−27
干　雪	<35	0～0.5	>0.99	0～0.5	<−34
密雪晶	<25	0～5	>0.95	0～1	−34～−25
湿　雪	<45	0～3	0.8～0.95	0～2	−18～−13
干软雹	40～50	−0.5～1	>0.99	−0.5～0.5	<−30
湿软雹	40～55	−0.5～3	>0.99	−0.5～2	−25～−20
湿雹(<2 cm)	50～60	−0.5～0.5	>0.95	−0.5～0.5	<−20
湿雹(>2 cm)	55～70	<−0.5	>0.96	−1～1	−15～−10
雨夹雹	50～70	−1～1	>0.9	0～10	−20～−10

以看到不同种粒子的双偏振参数的阈值不是独有的，而是相互交迭的。所以目前一般采用模糊逻辑方法来识别降水粒子大小和相态，图 6.24 为模糊逻辑识别方法流程图。

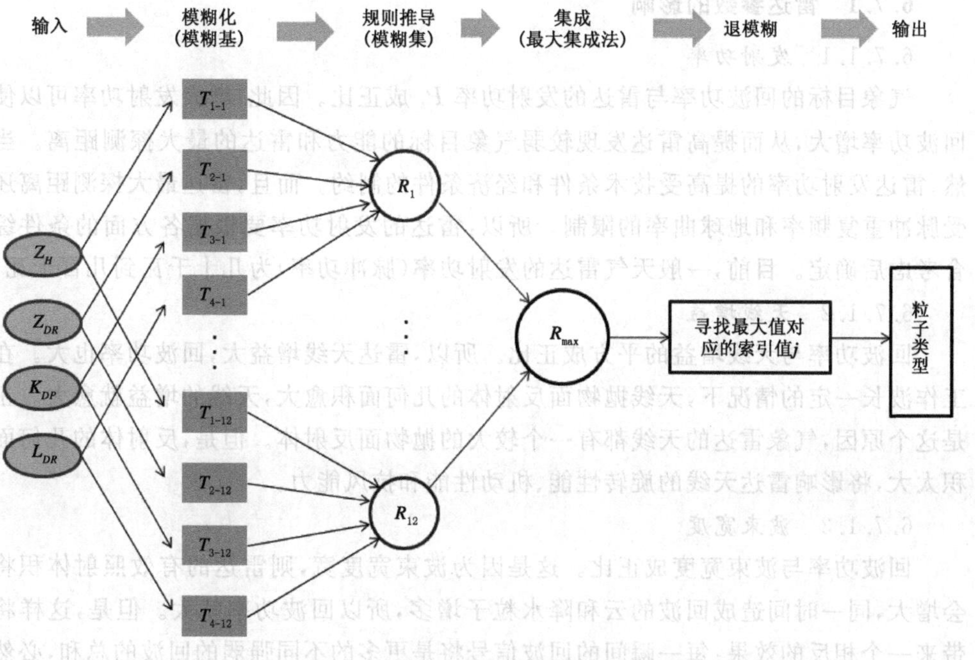

图 6.24　模糊逻辑识别方法流程图

从图 6.24 可见，模糊逻辑识别方法主要分为三步。

(1)成员函数构造及模糊化：构造成员函数，并利用雷达测值(Z_H，Z_{DR}，K_{DP}，L_{DR}等)计算成员函数值，根据成员函数属于每个模糊集(雨、冰雹、雪等)的程度进行模糊化。模糊化使每个输入相对于每个模糊集的值界于 0 到 1 之间。

(2)集合化：对模糊化的结果乘以一个进行判别决定的权重，对模糊化权重后的结果进行求和，得到每个模糊集的单独值。

(3)退模糊：具有最大值的模糊集被认为是给定(Z_H，Z_{DR}，K_{DP}，L_{DR}等)值的粒子类型。

每个成员函数的形式主要是从已做过的研究以及模拟得到的。该算法成员函数的形式及权重可以调整，其精确程度主要取决于选取的成员函数贴近客观事实的程度。

6.7 影响天气雷达探测效能的因子

6.7.1 雷达参数的影响

6.7.1.1 发射功率

气象目标的回波功率与雷达的发射功率 P_t 成正比。因此，增大发射功率可以使回波功率增大，从而提高雷达发现较弱气象目标的能力和雷达的最大探测距离。当然，雷达发射功率的提高受技术条件和经济条件的制约。而且，雷达最大探测距离还受脉冲重复频率和地球曲率的限制。所以，雷达的发射功率要根据各方面的条件综合考虑后确定。目前，一般天气雷达的发射功率(脉冲功率)为几十千瓦到几百千瓦。

6.7.1.2 天线增益

回波功率与天线增益的平方成正比。所以，雷达天线增益大，回波功率也大。在工作波长一定的情况下，天线抛物面反射体的几何面积愈大，天线的增益就愈大。正是这个原因，气象雷达的天线都有一个较大的抛物面反射体。但是，反射体的几何面积太大，将影响雷达天线的旋转性能、机动性能和抗风能力。

6.7.1.3 波束宽度

回波功率与波束宽度成正比。这是因为波束宽度宽，则雷达的有效照射体积将会增大，同一时间造成回波的云和降水粒子增多，所以回波功率就大。但是，这样将带来一个相反的效果：每一瞬间的回波信号将是更多的不同强弱的回波的总和，必然淡化了回波的极大值和极小值，模糊了回波强度分布的细微结构，同时，也会降低雷达的角分辨率。所以设计气象雷达时，一般都是在综合考虑各方面因素的前提下尽可能使波束宽度窄一些，这时辐射能量将更集中，雷达的角分辨率将会提高，并且探测天气时雷达波束也更容易被充满。

6.7.1.4 脉冲长度

回波功率与脉冲长度成正比，也是源于脉冲长度长，有效照射体积就大，参与同一瞬间回到雷达天线的回波的云和降水粒子就多，回波功率就大。但是，脉冲长度长，会降低雷达的距离分辨能力，不易探测到气象目标的细微结构，而且还会增大雷达的盲区。后者的原因是天线发射脉冲时，天线的收发开关与发射机接通。因此，前半个脉冲长度 $h/2$ 范围内产生的回波回到雷达天线时，正好是后半个脉冲向外发射的时间，雷达是无法接收的。这个离雷达站 $h/2$ 的距离称为雷达的盲区。如果某一型号的雷达，脉冲宽度为 1 μs，那么，脉冲长度 h 为 300 m，盲区则为 150 m。显然，脉冲长度越长，雷达的盲区会越大。为了解决这个问题，有的雷达设计成脉冲长度是可调的，在探测近距离降水时采用短脉冲(例如 1 μs)，探测远距离降水时采用长脉冲(例如 4 μs)。

6.7.1.5　雷达的工作波长

表面上看回波功率与波长的平方成正比,实际上 G,θ,ϕ 等因子都和波长 λ 有关,在瑞利散射条件下云和降水粒子的后向散射截面与波长的四次方成反比。所以,在其他条件相同的情况下,波长越短,回波越强,越能探测到弱的气象目标。反过来说,在具有同样的探测能力和探测精度的情况下,波长短的雷达可以采用较小的发射功率和天线面积。但是,另一方面,波长愈短,电磁波的衰减愈严重,这将大大地影响雷达的探测距离和精度。所以,在选择气象雷达的波长时,要根据探测对象、探测目的以及当地的降水情况全面考虑。

目前,专门用来探测和研究非降水云的雷达通常采用毫米波(如 8.6 mm 和 1.25 cm);探测降水的雷达通常采用厘米波。其中在降水强度较小的高纬度地区或车载的机动天气雷达,通常采用 3.2 cm 波长;在降水强度较大的低纬度地区,特别是为探测台风以及降水区内部结构的雷达,通常采用 10 cm 的波长。5.6 cm 波长的雷达兼顾了 3.2 cm 和 10 cm 波长雷达的优点,也为一些国家所采用。

6.7.1.6　脉冲重复周期

由奈奎斯特(Nyquist)取样定理可知,若要在雷达回波中检测到最高多普勒频率分量 $f_{d\max}$,则至少必须在时域上每隔 $1/2f_{d\max}$ 取样一次,而雷达回波的取样间隔由雷达脉冲重复周期 T 确定,即

$$T=\frac{1}{2f_{d\max}} \tag{6.7.1}$$

于是

$$f_{d\max}=\frac{1}{2T}=\frac{F}{2} \tag{6.7.2}$$

$f_{d\max}$ 称为最大不模糊频率。由式(6.5.20)知 $V_r=\lambda f_d/2$,故有

$$V_{r\max}=\frac{\lambda}{2}f_{d\max}=\frac{\lambda}{4T}=\frac{\lambda}{4}F \tag{6.7.3}$$

式中,$V_{r\max}$ 称为最大不模糊速度。

与常规天气雷达一样,多普勒天气雷达的脉冲发射的重复周期还决定了雷达最大不模糊距离 $R_{\max}$,有

$$R_{\max}=\frac{1}{2}TC=\frac{1}{2}\cdot\frac{C}{F} \tag{6.7.4}$$

由式(6.7.4)和式(6.7.3),消去 F,有

$$V_{\max}=\frac{\lambda}{8}\cdot\frac{C}{R_{\max}} \tag{6.7.5}$$

由式(6.7.5)可以看到,当雷达波长 λ 确定之后,最大测速范围与最大探测距离

是互相制约的。若要求多普勒天气雷达测速的范围大，则必然会使雷达的测距范围小，两者难以兼顾。例如，10 cm 多普勒天气雷达，若要求最大不模糊速度 V_{max} = 200 m · s^{-1}，则最大不模糊距离仅 18.7 km。表 6.7 给出了几种常用多普勒天气雷达的最大不模糊速度、最大不模糊距离与雷达波长间的关系，其中括号内为雷达脉冲重复频率 F 的数值。图 6.25 为多普勒天气雷达探测的径向速度分布，从中可见，在距离 90 km 以外，方位 270°到 300°之间，出现的断断续续的深蓝色区域即为速度模糊区，真实的多普勒速度应为正值，且大于 15 m · s^{-1}。

表 6.9　最大不模糊速度、最大不模糊距离与雷达波长关系

最大不模糊速度 ＼ 最大不模糊距离 ＼ 波长	50 km (3000 Hz)	100 km (1500 Hz)	150 km (1000 Hz)	200 km (750 Hz)
3.2 cm	±24 m · s^{-1}	±12 m · s^{-1}	±8 m · s^{-1}	±6 m · s^{-1}
5.6 cm	±42 m · s^{-1}	±21 m · s^{-1}	±14 m · s^{-1}	±10.5 m · s^{-1}
10.7 cm	±80 m · s^{-1}	±40 m · s^{-1}	±27 m · s^{-1}	±20 m · s^{-1}

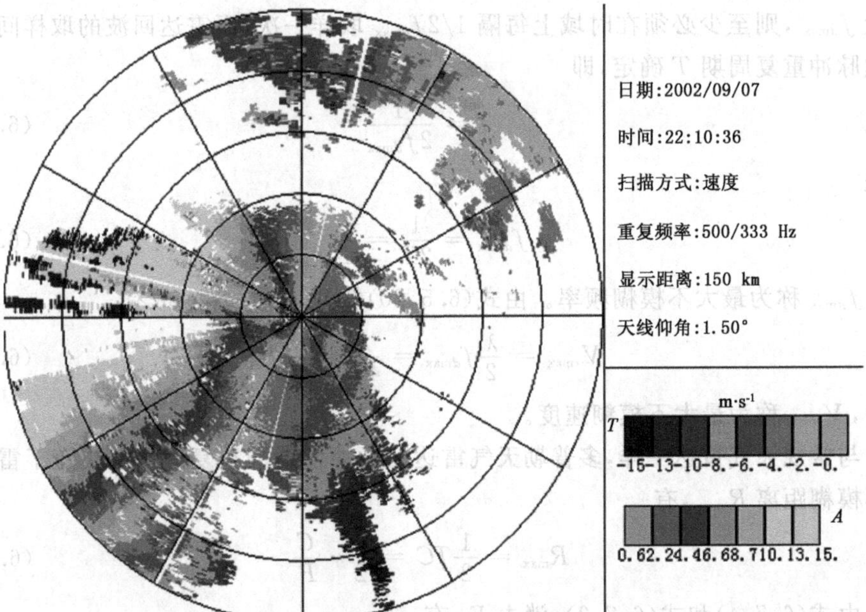

图 6.25　多普勒天气雷达探测的径向速度分布图

目前解决测速模糊的方法有两种，一是采用硬件的方法，即采用双脉冲重复频率方法扩展多普勒雷达可测速范围；另一种是采用软件的方法，即在数据处理系统中设置模糊速度判别及退速度模糊的程序。

所谓双脉冲重复频率扩展法，就是交替发射两种脉冲重复频率 F_1 和 F_2，并且每种脉冲重复频率都发射 M 个脉冲，利用这两个脉冲重复频率的速度差，就能确定真实的速度，这样不模糊速度的范围扩大了，而最大探测距离基本上没有变化。

定义标准化多普勒速度

$$\theta = \pi \frac{V_r}{V_{r\max}} \tag{6.7.6}$$

则 θ 取值范围为$(-\pi,\pi)$。对于两种脉冲重复频率 F_1 和 F_2，其标准化多普勒速度差

$$\Delta\theta = \theta_2 - \theta_1 = \pi V_r \left(\frac{1}{V_{r\max 2}} - \frac{1}{V_{r\max 1}}\right) \tag{6.7.7}$$

在 $(-\pi,\pi)$ 范围内，与其对应的最大不模糊速度按定义可得

$$V_{r\max}^{*} = V_{r\max 1}\left(\frac{V_{r\max 1}}{V_{r\max 2}} - 1\right)^{-1} = \frac{\lambda}{4T^{*}} \tag{6.7.8}$$

式中，$T^{*} = T_2 - T_1$，T_1, T_2 分别是与 F_1, F_2 对应的脉冲重复周期。于是利用标准化多普勒速度的定义可计算出实际多普勒速度

$$V = V_{r\max}^{*} \frac{\Delta\theta}{\pi} \tag{6.7.9}$$

若 $\frac{V_{r\max 1}}{V_{r\max 2}} = 1.2$，则最大不模糊速度 $V_{r\max}^{*}$ 将扩展为 $V_{r\max 1}$ 的 5 倍。这样，首先由两种脉冲重复频率 F_1 和 F_2 测量的多普勒速度利用式(6.7.6)计算出各自的标准化多普勒速度以及利用式(6.7.8)计算出标准化多普勒速度差对应的最大不模糊速度 $V_{r\max}^{*}$，然后利用式(6.7.9)就可以计算出实际多普勒速度了。

6.7.2　雷达阵地的影响

当雷达探测的仰角比较低时，雷达站周围的山脉、高大建筑物都可能反射雷达电磁波，形成地物回波。为了了解地物回波的分布，一般在雷达站建设好后用光学经纬仪测量天气雷达的地物遮蔽角图，如图 6.26 所示。由里向外每圈遮蔽角递增 0.5°。

6.7.3　大气衰减的影响

利用式(6.4.12)，可以定量分析由于云雨区对电磁波的衰减对雷达回波造成的影响。图 6.27a 给出了一种假设的降水分布，中心点降水强度为 100 mm·h^{-1}，降水强度自中心向四周均匀递减，等降水强度线是圆对称的。以降水区位于雷达的东面为例，计算得到 10 cm，3 cm 波长的雷达在考虑了雨的衰减作用以后观测的降水强度

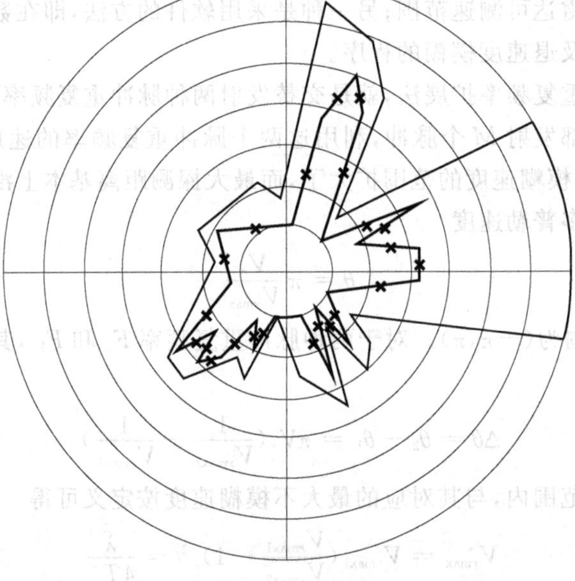

图 6.26　地物遮蔽角图

分布，分别如图 6.27b～c 所示。可见，10 cm 雷达探测到的雨区分布与原图分布差别不大；而 3 cm 雷达探测到的结果与原图相比却有很大的畸变，回波的面积小于实际降水区，在远离雷达的一侧区域减少，回波的强中心偏移到靠近雷达的位置，而且中心的回波强度降低。这种回波与实际降水区之间存在的失真就是由于衰减作用引起的变化，在分析雷达回波时必须加以注意。

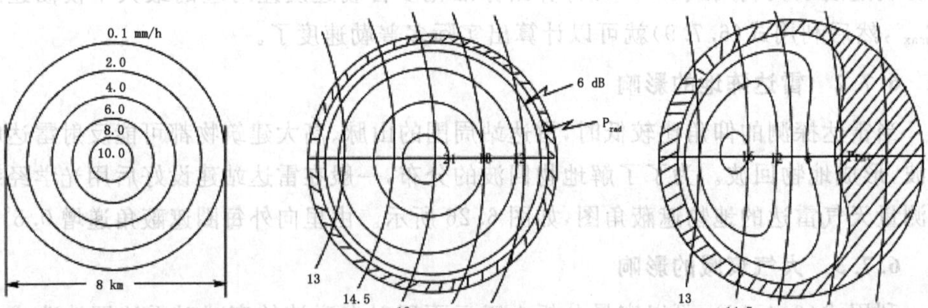

(a)假设的降水分布　(b)10 cm雷达的回波　(c)3 cm雷达的回波

图 6.27　衰减对雷达探测结果的影响(张培昌等，2001)

中国气象局气象科学研究院在 1975 年夏开展了 3 cm 波长和 5 cm 波长雷达的对比观测。图 6.28a 是 5 cm 雷达的回波图,在测站南面距离由近到远可以看到三条雨带;图 6.28b 是 3 cm 雷达的回波图,由于 3 cm 雷达波通过前两条雨带时受到强烈衰减,远距离处的第三条雨带大部分回波被衰减得很弱,难以检测到,所以只探测到第三条雨带的强中心部分,已经难以判断出它是一条比较长的雨带。

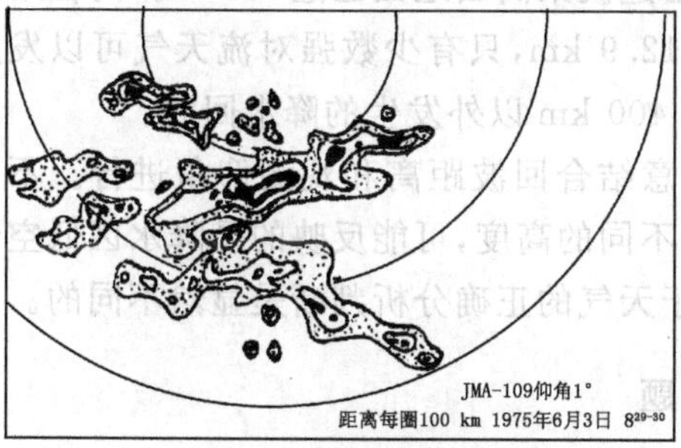

(a)5 cm雷达的观测记录

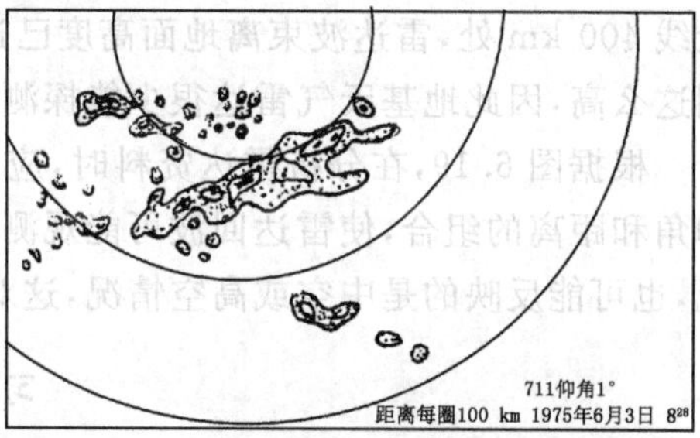

(b)3 cm雷达的观测记录

图 6.28 不同波长雷达对比观测的回波结果(陈良栋,1991)

6.7.4 大气折射的影响

由于超折射现象的存在会导致雷达射线明显地向下弯,使原来雷达波探测不到的目标物在雷达荧光屏上显示出来,增加了雷达探测的极限距离,这是好的一面。但是由于这种现象存在,会增加超折射地物回波和雷达探测误差,特别是测高误差。

6.7.5 探测距离的影响

从雷达气象方程可见,回波强度与探测距离的平方成反比。气象目标的回波功率随距离的增加而减小,由于雷达只能显示回波功率大于最小可测功率的信号,所以同一个气象目标若处在不同的距离时,在雷达显示器上的回波强度和尺度等也将发生变化。当目标移近时,回波强度增强,尺度变大,容易误认为云和降水发展加强了;当目标远离时,回波强度减弱,尺度缩小,容易误认为云和降水减弱消散了。

对一条回波带或一个回波群来说,随着距离远近的不同,回波排列的紧密程度也不同。回波带(或群)远时,只有少数强回波的强中心才能显示出来,雷达显示器上回波稀少,带(或群)的特征不明显;在距离近时,较弱的回波也都能显示出来,形成排列紧密的回波带(或群)。

因此,距离对雷达探测的影响有:距离越远,回波信号越弱,越难以探测到弱降水区;距离越远,衰减越大,既难以探测到弱降水区,也使测量误差增大;距离越远,雷达波束空间尺寸越大,波束越难以被降水区充满,会造成回波强度计算误差;距离越远,雷达波束离地面越高，越难以探测到中低空降水。

距离越远，雷达波束空间尺寸越大，有效照射体积内就可能难以充满云和降水粒子，参见图 6.18。另一方面，距离越远，雷达波束离地面越高。在天气雷达探测中，回波的高度是以发生标准折射形式时雷达波的传输路径来计算的，根据图 6.15 给出的雷达在不同观测仰角时，波束在不同距离处离地面的高度，可以看出，雷达采用 0.5°的探测仰角时，在距离天线 50 km 处，雷达波束高出地面已达 583 m。而在距离天线 400 km 处，雷达波束离地面高度已达 12.9 km，只有少数强对流天气可以发展到这么高，因此地基天气雷达很少能探测到 400 km 以外发生的降水回波。

根据图 6.19，在分析雷达资料时，应注意结合回波距离和观测仰角进行。不同仰角和距离的组合，使雷达回波可能观测自不同的高度，可能反映的是降水区低空情况，也可能反映的是中空或高空情况，这对于天气的正确分析判断是显然不同的。

习　题

1. 比较解释下列各组术语

(1)反射率因子、反射率；

(2)衰减系数、充塞系数；

(3)水平反射率因子、垂直反射率因子；

(4)差分反射率因子、差分传输相移常数、线性退偏比；

(5)垂直积分液态水含量、降雨量；

(6)有效照射深度、有效照射体积。

2. 试说明天气雷达常用的电磁波波段及其主要用途。

3. 试说明电磁波折射与大气折射率垂直梯度之间的关系。

4. 什么是粒子的后向散射截面？试分别说明单相态球形粒子瑞利散射与米散射特点。

5. 简要说明天气雷达组成及其工作原理。

6. 分析天气雷达主要技术参数与雷达探测性能之间的关系。

7. 某气象台现有一部多普勒天气雷达，工作波长 10.3 cm，脉冲宽度 1.57 μs，脉冲重复频率 318 Hz。(1)计算该雷达的最小作用距离。(2)若多普勒频移为 60 Hz，则目标的径向速度应为多少？(3)推导最大不模糊速度与最大不模糊距离的关系。(4)若要求最大不模糊速度为 20 $m \cdot s^{-1}$，则最大不模糊距离应是多少？

8. 推导雷达气象方程。

9. 试说明反演大气风场的 VAD 方法。

10. 大气衰减会对回波产生什么样的影响？

11. 大气折射会对天气雷达探测产生什么样的影响？

参考文献

王鹏飞，李子华，1989. 微观云物理学[M]. 北京：气象出版社.

王永生，等，1987. 大气物理学[M]. 北京：气象出版社.

张培昌，王振会，1995. 大气微波遥感基础[M]. 北京：气象出版社.

张培昌，杜秉玉，戴铁丕，2001. 雷达气象学[M]. 北京：气象出版社.

DOVIAK R J, ZRNIĆ D S, 1993. Doppler Radar and Weather Observations [M]. 2nd ed. San Diego: Academic Press.

第 7 章　微波主动遥感晴空风廓线

风廓线是指某观测点上空风随高度的变化曲线。气象业务工作中通常是通过跟踪气球，测出其在单位时间内飘移的水平距离来计算得到的，气球一边随风水平飘移、一边不断上升，从而给出不同高度上的风。这种方法必须对气球进行连续的空间定位，得到气球在不同时刻的方位角、仰角和距离或高度的数据，才能计算出风向、风速值。由于气球随风飘移，观测的是一个区域的平均风，而不是单点上空垂直方向上同一时刻的风廓线。20 世纪 60 年代开始研究雷达无球测风技术，目前已广泛应用于大气科学研究、天气预报、大气污染监测和航天航空等领域。本章主要介绍利用大气湍流对电磁波的散射作用进行风廓线遥感的原理、技术与方法。

7.1　风廓线雷达

7.1.1　风廓线雷达种类

风廓线雷达(wind profiling radar)又称风廓线仪(wind profiler)，是一种新型的测风雷达，能够无人值守 24 h 连续提供大气水平风、垂直气流、大气折射率结构常数等气象要素随高度的分布，具有时空分辨率高、连续性和实时性好的特点，是进行高空气象探测的重要设备，是当前常规气球测风体制的重要补充，是开展天气预报和气象保障的新手段。

风廓线雷达的研究始于 20 世纪 60 年代，美国是最早开始风廓线雷达研究的国家。表 7.1 为较早出现的一些研究晴空大气的相干脉冲雷达系统(马振骅，1986)。

表 7.1　早期部分风廓线雷达的主要参数

设备名称	安装位置	频率(MHz)	波长(m)	功率孔径积(W·m²)	波束宽度(°)	天线结构	探测高度范围(km)
Jicamarca	秘鲁	49.9	6.01	2.0×10^{10}	1.0	偶极子阵列	≤100
Arecibo	波多黎各	430	0.75	7.0×10^{9}	0.17	馈源转动	≤30
SOUSY	德国	53.5	5.61	1.3×10^{8}	10	八木天线阵	

续表

设备名称	安装位置	频率(MHz)	波长(m)	功率孔径积($W \cdot m^2$)	波束宽度(°)	天线结构	探测高度范围(km)
Chatanika	美国	1290	0.23	2.6×10^7	0.6	可操纵圆盘	≤25
Millstone	美国	1290	0.23	2.6×10^7	0.6	可操纵圆盘	≤25
Sunset	美国	40.5	7.36	9.0×10^6	5×9	偶极子阵列	≤30
Platteville	美国	49.9	6.01	5.0×10^6	3×3	偶极子阵列	≤20
Wallops	美国	430	0.75	3.1×10^6	2.9	可操纵圆盘	
Poker Flat	美国	49.9	6.01	5.1×10^9	1.5	偶极子阵列	≤100

在几十年的发展过程中，风廓线雷达的名称和分类有多种。早期依据探测高度一般分为两类，即 MST(Mesosphere Stratosphere Troposphere) 风廓线雷达和 ST (Stratosphere Troposphere)风廓线雷达。MST 雷达主要用来探测中层、平流层和对流层的风廓线，也有的文献中称 MST 雷达为 MU(Middle and Upper)雷达，而 ST 雷达则用于探测平流层和对流层的风廓线。按发射频率又分为 UHF(Ultra High Frequency)雷达和 VHF(Very High Frequency)雷达。目前比较统一的分类为：平流层风廓线雷达、对流层风廓线雷达和边界层风廓线雷达，其中对流层风廓线雷达根据最高探测高度又可分为对流层（Ⅰ型，12～16 km）和低对流层（Ⅱ型，6～8 km）。表 7.2 给出了各型风廓线雷达的大致的指标情况。

表 7.2　风廓线雷达分类和主要指标

	边界层风廓线雷达	对流层风廓线雷达	平流层风廓线雷达
工作频率(MHz)	900～1300	400～500	50～90
发射功率(kW)	≤5	≤40	≤500
天线尺寸(m×m)	≤3×3	≤12×12	≤100×100
高度范围(km)	0.05～3	0.25～16	1～30
高度分辨力(m)	50	250	1000
雨雪影响	大	有影响	小
可移动性	好	可以移动	差

7.1.2　风廓线雷达的组成

按照功能框图划分，风廓线雷达的组成与天气雷达相差不大，也是由天线馈线分系统、发射分系统、接收分系统、监控分系统、信号处理分系统、数据处理与显示终端分系统、电源分系统和附属设备等部分组成，如图 7.1 所示。

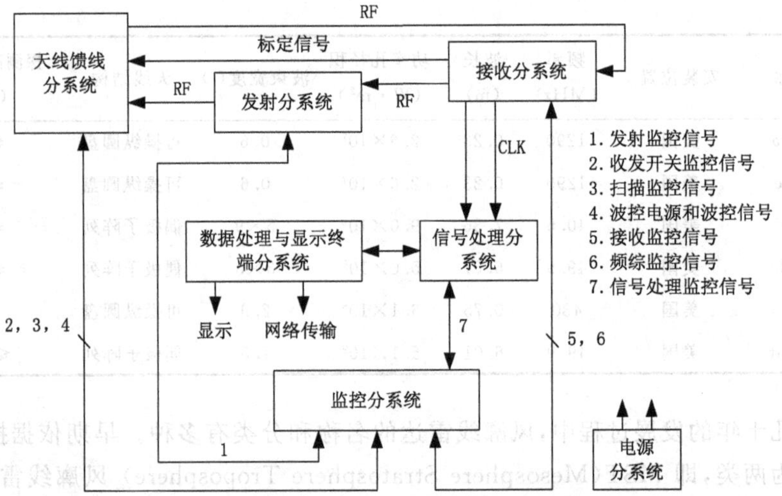

图 7.1　风廓线雷达系统组成框图

除了具体器件差别外，风廓线雷达与天气雷达的主要差别是天线不一样，目前天气雷达一般采用机械扫描方式，驱动天线整体旋转。而风廓线雷达一般采用相控阵电扫描技术，天线阵面保持不动，波束的指向由移相器控制。在天线阵列的每组辐射单元后面，接有一个电控移相器，通过控制移相器的移相量，改变各个辐射单元的馈电相位，从而改变天线阵面上的相位分布。不同的相位分布，在空中合成不同指向的波束，如图 7.2 所示。移相器偏移量的多少由监控分系统送出的波控码控制，在波控码的控制下，各辐射单元按一定的分配规律，把发射分系统送来的大功率脉冲信号向外辐射，在空间形成不同指向的波束。同时，天线分系统把各移相器及辐射单元的工作状态反馈到监控分系统。

经接收部分对回波信号放大、变频、滤波及数字化等一系列处理后，从中提取目标物散射强度和运动速度等信息。监控分系统上的状态监视器有自动通道增益/扫描电路，通过多组差分信号在线监测天线、波控、发射、接收、电源等分系统或电路的运行状态和故障，从而实现对各分机/模块的状态监测，在出现问题时报警。

信号处理分系统中的时序信号组件生成各种有严格时序关系的雷达时序/控制信号，送往各分系统，执行发射、扫描、接收和信号检测任务；A/D 转换卡完成 I/Q 视频信号的高速采样；DSP 卡完成脉冲压缩、时域积累、FFT 变换、非相干积累（谱平均）、谱参数估计，生成功率谱文件和矩参数文件、运行日志记录文件，送往数据处理分系统。

数据处理分系统完成风廓线的计算及显示。

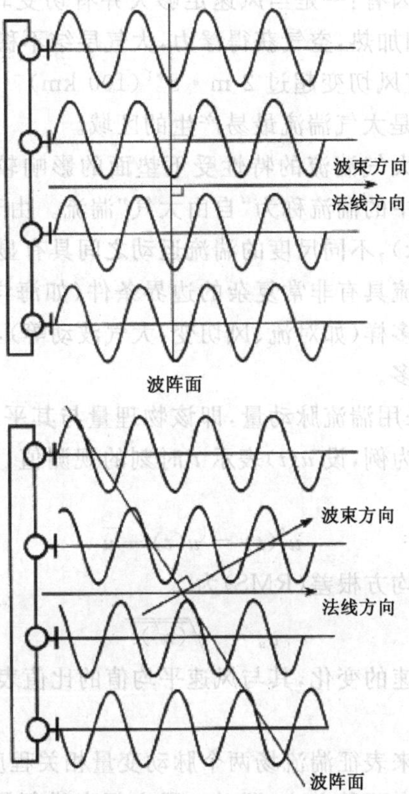

图 7.2　线阵天线激励相位对波束指向的影响示意图

7.2　风廓线雷达回波原理

风廓线雷达利用的是大气湍流对雷达电磁波的散射作用来进行探测的，本节首先介绍一下湍流知识，然后介绍湍流散射理论，最后给出雷达回波功率与湍流强度参量之间的关系式。

7.2.1　湍流简介

湍流是一种宏观尺度上无序的非确定性的流体运动。湍流的最主要特征是运动的不规则性，各种物理量是时间和空间的随机函数。根据“频谱分析法”，湍流是大小尺度不同的众多湍涡综合作用的结果，湍涡仍包含大量分子，每个湍涡运动特征是大量分子运动在宏观尺度上的平均结果，因此，湍流运动仍是一种宏观的流体运动，仍可假设满足流体力学的 Navier-Stokes 方程。

造成大气湍流的原因有：一是当风速足够大并有切变时，产生切变不稳定，导致湍流；二是白天地面太阳加热，空气获得浮力，大气层结不稳定，扰动发展成湍流。一般认为，急流区域内垂直风切变超过 2 m·s^{-1}(100 km)$^{-1}$，水平风切变超过 6 m·s^{-1}(100 km)$^{-1}$的地方，是大气湍流最易产生的区域。

出现在近地面层的大气湍流的特性受下垫面的影响较大，称为"边界层"湍流。而将离地面较高的大气中的湍流称为"自由大气"湍流。由于大气湍流的尺度非常宽广(从几毫米到上百千米)，不同尺度的湍流运动之间具有显著的非线性效应(即存在相互作用)，同时大气湍流具有非常复杂的边界条件(如海洋、高山、冰雪、森林、城市等)，产生的原因又多种多样(如对流、风切变、大气波动等)，因此，大气湍流运动比一般的流体湍流要复杂得多。

研究湍流时，通常采用湍流脉动量，即该物理量与其平均值之差来研究，它代表了湍流的涨落。以风速为例，设 $u(t)$表示 t 时刻的观测值，$\bar{u}$ 表示平均值，则其脉动量为

$$u'(t) = u(t) - \bar{u} \tag{7.2.1}$$

风速脉动量的统计均方根差(RMS)为

$$\sigma_u = \sqrt{\overline{(u')^2}} \tag{7.2.2}$$

σ_u 可以用来表示风速的变化，其与风速平均值的比值表示湍流强度，而其平方值表示湍流能量。

湍流相关函数是用来表征湍流场两个脉动变量相关程度的统计数学表示式。在湍流场的观测与研究上有两种方法，即对一段空间点进行同时观测的欧拉方法和固定空间点进行连续观测的拉格朗日方法。因此，以速度为例，欧拉空间相关函数定义为

$$f(r) = \overline{u'(x_0)u'(x_0 + r)} \tag{7.2.3}$$

式(7.2.3)为速度相关函数，速度方向相同叫自相关，速度方向不同叫互相关。

而欧拉空间相关系数定义为

$$R(r) = \frac{\overline{u'(x_0)u'(x_0 + r)}}{\overline{u'^2}} \tag{7.2.4}$$

拉格朗日时间相关函数为

$$f(\tau) = \overline{u'(t)u'(t + \tau)} \tag{7.2.5}$$

而拉格朗日相关系数定义为

$$R(\tau) = \frac{\overline{u'(t)u'(t + \tau)}}{\overline{u'^2}} \tag{7.2.6}$$

式(7.2.6)表示两个流体微团速度脉动之间的相关，它与式(7.2.4)表示的空间两点位置上流体微团速度脉动之间的相关，在含义上是不相同的。

若湍流尺度大，则两点容易落入同一湍涡中，相关系数就大。而小尺度湍流，总使得 $u'(x_0)$ 与 $u'(x_0+r)$ 不相关，故相关系数小。因此，相关系数可以反映湍流的尺度和结构。

由于相关函数主要反映大湍涡的特征，大湍涡必然造成 $u'(x_0)$ 和 $u'(x_0+r)$ 的差别小，而小湍涡几乎使两者不相关，因此用相关函数来研究局地均匀各向同性湍流就不太合适。于是柯尔摩格罗夫就提出用湍流的某个物理量在空间两点的差的统计量来描述，并称其为结构函数。

以速度为例，若假定沿 X 轴观测，A，B 两点间距为 r，则速度的结构函数为

$$D(r)=\overline{[u'(x_0+r)-u'(x_0)]^2} \tag{7.2.7}$$

柯尔摩格罗夫指出，在湍流介质中由于不同位置上其速度的平均场并不是常数，因此湍流的速度场不是严格均匀的，但是两个不同位置上的速度差在很大的空间范围内几乎都是均匀的。在数学上，把这样的过程称为时间上的平稳增量随机过程，或空间上的局地均匀随机过程。在这种情况下，相关函数与结构函数有一一对应的关系。

将式(7.2.7)展开，就得到结构函数和相关系数的关系式为

$$D(r)=2\overline{u'^2}(1-R(r)) \tag{7.2.8}$$

由于相关系数与湍流能谱互为傅氏变换，可以导得结构函数与能谱之间的关系为

$$D(r)=2\int_0^{\infty}E(k)(1-\cos(kr))\mathrm{d}k \tag{7.2.9}$$

对于惯性子区湍流，柯尔摩格罗夫用量纲分析的方法得出：在湍流惯性区内两点间的结构常数只与两点间的距离 r 的 2/3 次方有关，与两点的位置和相对方向无关，这就是著名的"2/3"定律，即

$$D(r)=C_V^2 r^{\frac{2}{3}} \tag{7.2.10}$$

式中，C_V^2 是依赖湍流耗散率，称为结构常数。

7.2.2　湍流散射理论

风廓线雷达是利用大气中的湍流运动造成的大气折射率的不均匀结构对雷达电磁波的散射进行探测的，因此湍流散射理论是理解风廓线雷达回波功率大小的理论基础。

7.2.2.1　大气折射率结构常数

对于波长超过 1 cm 的电磁波，大气折射率 n 与波长的关系不密切，其表达式为

$$n-1=\frac{77.6}{T}\left(P+\frac{4810e}{T}\right)\cdot 10^{-6} \tag{7.2.11}$$

由此，可导得大气折射率结构函数为

$$D_n(r) = a^2 D_T(r) + b^2 D_e(r) - 2abD_{Te}(r) \tag{7.2.12}$$

式中，a，b 为系数。$D_e(r)$是水汽结构函数，定义为

$$D_e(r) = \overline{[e'(x_0 + r) - e'(x_0)]^2} \tag{7.2.13}$$

$D_{Te}(r)$是温湿结构函数，定义为

$$D_{Te}(r) = \overline{[e'(x_0 + r) - e'(x_0)][T'(x_0 + r) - T'(x_0)]} \tag{7.2.14}$$

对局地均匀各向同性湍流，依据式(7.2.10)和式(7.2.12)，则大气折射率结构常数 C_n^2 有如下关系式。

$$C_n^2 = a^2 C_T^2 + b^2 C_e^2 - 2abC_{Te}^2 \tag{7.2.15}$$

式中，C_T^2 为温度结构常数，C_e^2 为湿度结构常数，C_{Te}^2 为温湿结构常数，a，b 为系数，其大小与天气状态有关。C_n^2 随气候条件和季节的起伏非常大，冬季和夏季最大可以有几个数量级的差别，即使在同一天里，其变化也是比较大的。夏季测到的 C_n^2 值可以增加一个量级。当海洋性气团控制时，低层大气中 C_n^2 值将有更大幅度的增加，可达 $10^{-12} \sim 10^{-13} m^{-\frac{2}{3}}$。通常，对于热带海洋气团 $a^2 = 2.24 \times 10^{-12}$，$b^2 = 17.8 \times 10^{-12}$，$2ab = 12.6 \times 10^{-12}$。对于暖性大陆气团有 $a^2 = 1.25 \times 10^{-12}$，$b^2 = 16.2 \times 10^{-12}$，$2ab = 9.01 \times 10^{-12}$。Doviak(1984)根据在美国科罗拉多州冬半年测出的资料得出 C_n^2 值随高度的变化可用下式来表示：

$$C_n^2 = 3.9 \times 10^{-15} \mathrm{e}^{-\frac{H}{2000}} \tag{7.2.16}$$

式中，H 为高度(单位：m)。

7.2.2.2　大气折射率脉动的谱密度

在均匀各向同性湍流条件下，由结构函数与相关函数的定义，可以导出折射率结构函数 $D_n(r)$与其相关函数 $R_n(r)$之间的关系。

$$D_n(r) = 2[R_n(0) - R_n(r)] \tag{7.2.17}$$

相关函数 $R_n(r)$的谱展开为

$$R_n(r) = \frac{4\pi}{r}\int_0^\infty k\Phi_n(k)\sin(kr)\mathrm{d}k \tag{7.2.18}$$

式中，$k=2\pi/l$ 为波数，l 为湍涡尺度。因此，折射率结构函数 $D_n(r)$的谱展开为

$$D_n(r) = 8\pi\int_0^\infty k^2\Phi_n(k)\left(1 - \frac{\sin(kr)}{kr}\right)\mathrm{d}k \tag{7.2.19}$$

其逆变换为

$$\Phi_n(k) = \frac{1}{4\pi^2 k^2}\int_0^\infty \frac{\sin(kr)}{kr}\frac{\mathrm{d}}{\mathrm{d}r}\left(\frac{r^2 D_n(r)}{kr}\right)\mathrm{d}r \tag{7.2.20}$$

$\Phi_n(k)$的物理意义是大气折射率脉动的谱密度。

在湍流惯性子区内，折射率结构函数满足 2/3 定律，即

$$D_n(r) = C_n^2 r^{\frac{2}{3}} \tag{7.2.21}$$

将式(7.2.21)代入式(7.2.20)中,得

$$\Phi_n(k) = 0.033 C_n^2 k^{-\frac{11}{3}} \tag{7.2.22}$$

式(7.2.22)只在惯性子区尺度范围内成立,在黏性区,由于黏性耗散作用显著,湍流能谱随波数的衰减要超过 $k^{-11/3}$。而在含能涡区,大尺度湍流起作用,尚无普遍公式。根据外尺度 L_0 和内尺度 l_0 的含义,可以给出大气折射率脉动的谱分布如图 7.3 所示。

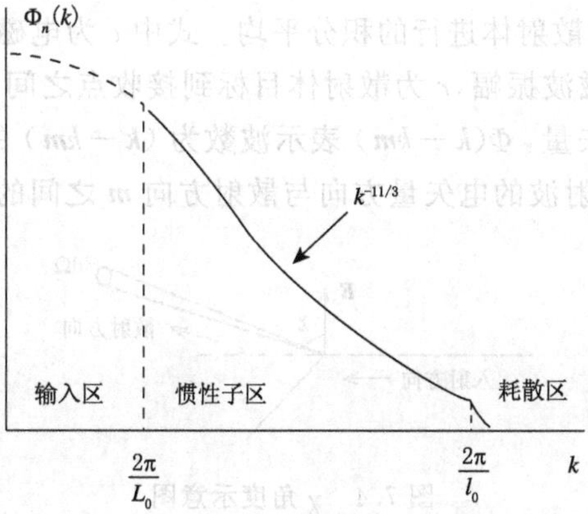

图 7.3 大气折射率脉动的谱密度

7.2.2.3 湍流散射理论

Tatarski 应用柯尔摩格罗夫的局地各向同性湍流概念导出了电磁波在湍流介质中散射的公式,结果与实验极为符合,因此他的理论被许多科学家用来解释晴空回波现象。简要介绍如下(张培昌等,1995)。

微波在大气湍流中的传播可以当作视线传播,当电磁波入射到湍流上时,由于介质折射指数的起伏,引起波的振幅和相位的起伏,对风廓线雷达探测大气而言,可以采用平面波的弱起伏理论来处理,因此,可以采用单次散射近似。

对中层以下晴空大气来说,其导电性与磁性可忽略,湍流大气中的电磁波传播依然满足 Maxwell 方程组。假定大气湍流介质的介电常数只是空间 r 的函数,与时间无关,因此散射波将保持单一频率传播,不考虑散射波的频率起伏或频谱变化。因此 Maxwell 方程组简化为

$$\nabla \times \boldsymbol{E} = ik\boldsymbol{H} \tag{7.2.23}$$

$$\nabla \times \boldsymbol{H} = -ik\varepsilon\boldsymbol{E} \tag{7.2.24}$$

$$\nabla \cdot \varepsilon\boldsymbol{E} = 0 \tag{7.2.25}$$

式中,$k=2\pi/\lambda$ 为电磁波波数,ε 为介电常数。此时,波传播特性依赖于大气介质的介

电常数,大气的介电常数与折射率 n 的关系为

$$\varepsilon = n^2 \tag{7.2.36}$$

在入射电磁波为单色平面波的情况下,忽略湍流引起的电磁波的能量耗散,在均匀折射率起伏场的条件下,采用小扰动法,通过对传播方程求解,可以求得与入射电矢量成 χ 角的散射方向 $\boldsymbol{m}$ 的散射波平均能流密度的表达式为

$$\overline{S_m} = \frac{ck^4VA_0^2\sin^2\chi}{4r^2}\Phi(\boldsymbol{k}-k\boldsymbol{m}) \tag{7.2.27}$$

该式为平均能流密度表达式。平均的含义是指在 $\boldsymbol{m}$ 方向由于折射率脉动造成随机起伏的能流密度 S_m 对散射体进行的积分平均。式中 c 为电磁波传播速度,V 为散射体体积,A_0 为入射电磁波振幅,r 为散射体目标到接收点之间的距离,$\boldsymbol{m} = \boldsymbol{r}/r$ 表示指向散射方向的单位矢量,$\Phi(\boldsymbol{k}-k\boldsymbol{m})$ 表示波数为 $(\boldsymbol{k}-k\boldsymbol{m})$ 的折射率起伏的三维空间谱密度函数,χ 为入射波的电矢量方向与散射方向 $\boldsymbol{m}$ 之间的夹角,如图 7.4 所示。

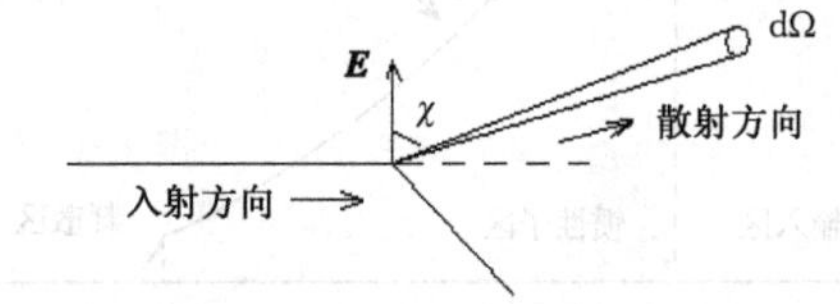

图 7.4 χ 角度示意图

根据式(7.2.27),进一步可以推导得到内含折射率随机起伏的散射体 V,向 $\boldsymbol{m}$ 方向的立体角元 $\mathrm{d}\Omega$ 内散射能量的有效散射截面元公式

$$\mathrm{d}\sigma = 2\pi k^4V\sin^2\chi\cdot\Phi(\boldsymbol{k}-k\boldsymbol{m})\mathrm{d}\Omega \tag{7.2.28}$$

雷达探测时,接收到的散射波是后向散射波,故有 $k\boldsymbol{m} = -\boldsymbol{k}$,且 $\chi=\pi/2$,则由式(7.2.28)可以给出后向有效散射截面元公式

$$\mathrm{d}\sigma = 2\pi k^4V\Phi(2\boldsymbol{k})\mathrm{d}\Omega \tag{7.2.29}$$

当湍流为各向同性时,$\Phi(2\boldsymbol{k})$ 与波矢量 $\boldsymbol{k}$ 的方向无关,于是上式可写成

$$\mathrm{d}\sigma = 2\pi k^4V\Phi(2k)\mathrm{d}\Omega \tag{7.2.30}$$

雷达反射率 η 定义为单位体积内的后向散射截面值之和,则由式(7.2.30)沿球面积分得

$$\eta = \frac{\pi^2}{2}k^4\Phi(k) \tag{7.2.31}$$

显然,此时 k 与雷达波长 λ 之间的关系为 $k=4\pi/\lambda$。

将式(7.2.22)代入式(7.2.31)可得

$$\eta = 0.39C_n^2\lambda^{-\frac{1}{3}} \tag{7.2.32}$$

式(7.2.32)表明,折射率起伏的大气对电磁波的反射率正比于大气折射率结构

常数，且与雷达波长的 −1/3 次幂成正比。

7.2.2.4　Bragg 散射条件

依据式(7.2.27)，$\boldsymbol{m}$ 方向的散射波平均能流密度只与波数为 $(\boldsymbol{k}-k\boldsymbol{m})$ 的折射率起伏的三维空间谱密度有关，而与此波数 $(\boldsymbol{k}-k\boldsymbol{m})$ 相对应的折射率不均匀尺度为

$$l(\theta)=\frac{2\pi}{|\boldsymbol{k}-k\boldsymbol{m}|}=\frac{\lambda}{2\sin(\theta/2)} \tag{7.2.33}$$

θ 为 $\boldsymbol{m}$ 散射方向与入射波方向的夹角，如图 7.5 所示。

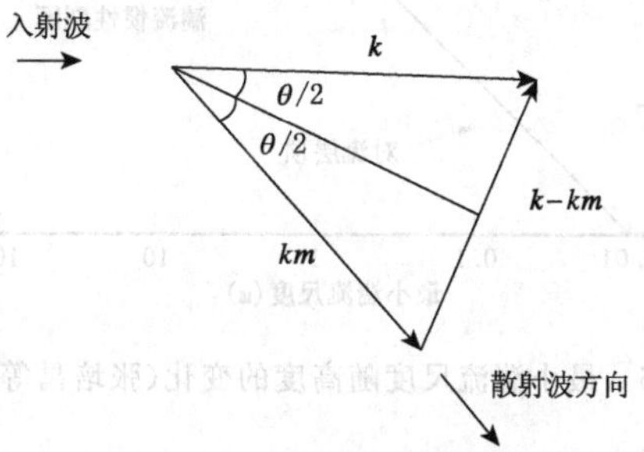

图 7.5　散射角示意图

式(7.2.33)说明，对于给定角度 θ 上的散射，只取决于折射率不均匀性的一个狭窄谱段，而谱中其余尺度的湍流对结果的影响很小。对于后向散射 $\theta=\pi$，则由式(7.2.33)可得 $l(\pi)=\lambda/2$，即对后向散射有效的湍流尺度为雷达波长之半，这就是湍流散射的 Bragg 条件。

因此，对于波长为 λ 的雷达，只有尺度相当于其波长 1/2 的湍涡，其对后向散射才起主要作用。当雷达接收到足够强的后向散射能量时，就可能显示出晴空回波。

根据湍流理论，大气中湍流内尺度的量级为 $l_0\sim(\gamma^3/\varepsilon)^{1/4}$，其中 γ 为大气黏性系数，ε 为湍流能量耗散率。Balsley 等根据标准大气中的 γ 值和不同高度上可能存在的典型 ε 值，采用 $l_0=5.92(\gamma^3/\varepsilon)^{1/4}$，计算出了大气层在 100 km 以下各高度上的最小湍流尺度随高度的分布图，如图 7.6 所示。从图中可以看出，在对流层下部，湍流内尺度约 1 cm；在 70～80 km 的大气中层，湍流内尺度可达几米。

根据惯性子区的定义和 Bragg 散射条件，在选择风廓线雷达波长时应大于所需探测高度区间内的湍流内尺度，因此，探测边界层的风廓线雷达可以选择厘米波，探测对流层宜选用分米波雷达，探测平流层及其以上时宜选用分米波至米波的雷达。

7.2.3　雷达探测方程

当大气湍流介质充满雷达照射体积时，借助于一般气象雷达方程的推导思想，可得风廓线雷达回波功率表达式为

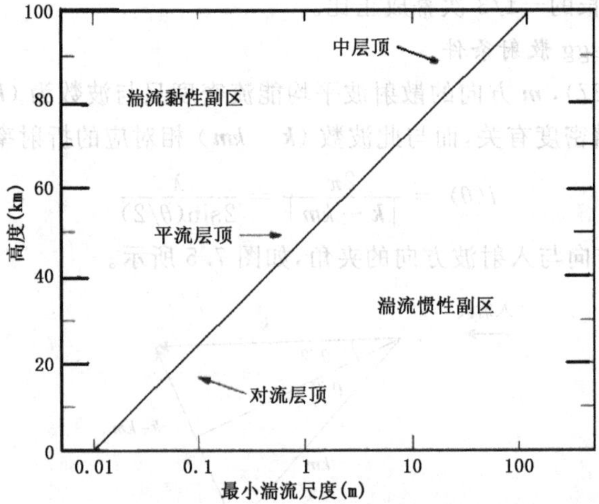

图 7.6　最小湍流尺度随高度的变化(张培昌等,1995)

$$P_r = \frac{\alpha^2 P_t A_e \Delta r}{4\pi r^2}\eta \tag{7.2.34}$$

式中,P_t 为发射功率,A_e 为天线有效面积,r 为距离,Δr 为距离分辨力,α 为馈线传输效率,η 为反射率。

将式(7.2.32)代入可得

$$P_r = \frac{0.39 C_n^2 \lambda^{-\frac{1}{3}} \alpha^2 P_t A_e \Delta r}{4\pi r^2} \tag{7.2.35}$$

根据前面讨论的湍流散射 Bragg 条件,只有尺度为雷达波长之半的那种湍流气块,才会在后向方向上形成强的散射,因此必须根据所要探测的高度范围,来选择雷达波的波长。换言之,探测高度上主要湍流块的尺度决定了雷达的波长。

根据图 7.6,边界层风廓线雷达探测高度 3～5 km,波长约 0.2 m(1280 MHz);对流层风廓线雷达探测高度 8～16 km,波长约 0.6 m(445 MHz);中层雷达探测高度 70～80 km,波长约 5～7 m(40～50 MHz)。

由于晴空大气的 C_n^2 一般较小,为了能够接收到微弱的晴空回波,根据式(7.2.35),风廓线雷达一般应具有较大的雷达孔径功率积 $P_t A_e$,由于采用较长波长,为了达到天线增益要求,天线面积一般较大。在阵列天线情况下,天线的有效面积 A_e 是天线阵的实际面积 A 与波束指向天顶角 γ 的余弦的乘积。波束越偏离垂直方向,天线有效面积越小。

7.3　风廓线雷达回波信号与数据处理

7.3.1　回波信号特点

7.3.1.1　回波信号弱

在 5000 m 高度以下，η 一般为 $10^{-14}\sim10^{-16}\,m^{-1}$，而降水粒子对 10 cm 波长雷达的反射率一般为 $10^{-11}\sim10^{-8}\,m^{-1}$，因此湍流散射回波信号一般比降雨回波信号要弱得多，只有大功率高灵敏的雷达才能探测到它们引起的晴空回波，或者在距雷达很近时才能被探测到。

7.3.1.2　干扰因素多

由于回波信号弱，所以风廓线雷达探测时易受外界影响。雷达探测时的各种影响可以分为干扰、杂波、噪声，有时也统称为噪声。

雷达信号中的噪声按来源分，有内部噪声和外部噪声。外部噪声有天电干扰和人为干扰等，人为释放的干扰在气象雷达探测中一般不予讨论。内部噪声主要是机器产生的热噪声，如由导体中电子的热震动引起的热噪声存在于所有电子器件和传输介质中，它是温度变化的结果，但不受频率变化的影响。热噪声在所有频谱中以相同的形态分布，是不能够消除的。对雷达测量而言，天线热噪声影响最大。

按噪声性质又可分为白噪声和有色噪声两种，电路等产生的热噪声在时间上是连续的，振幅和相位是随机的，噪声的功率谱密度与频率无关，这种噪声称为白噪声。天线热噪声并非真正的白噪声，但在接收机通频带内可近似为白噪声。

热噪声在很宽的频率范围内具有均匀的功率谱密度，通常可以认为它们是高斯白噪声。高斯白噪声是指它的幅度分布服从高斯分布，而它的功率谱密度又是均匀分布的。所谓高斯白噪声中的高斯是指概率分布是正态函数，而白噪声是指它的一阶矩为常数、二阶矩不相关。

理想的白噪声具有无限带宽，因而其能量是无限大，这在现实世界是不可能存在的。实际上，研究工作中常常将有限带宽的平整信号视为白噪声，因为这样可以在数学分析上更加方便。一般来说，只要一个噪声过程所具有的频谱宽度远远大于它所作用系统的带宽，并且在该带宽中其频谱密度基本上可以作为常数来考虑，就可以把它作为白噪声来处理。相对地，其他不具有这一性质的噪声信号被称为有色噪声。

实际工作中常常遇到的噪声和干扰(如各类杂波干扰等)是有色噪声，其频谱较窄。另外，由于雷达工作不稳定等原因，雷达回波信号频谱中则会出现较多的随机分量，从而使雷达回波信号多呈现奇异性和非平稳特性。

在气象雷达探测中所遇到的杂波，主要是地杂波的影响。地杂波通常是由于雷达附近的静止目标的散射信号进入雷达天线旁瓣造成的，地杂波产生的多普勒功率谱常常在零频附近，且能量常常比湍流回波信号能量高出几个数量级，当杂波谱和湍流信号谱交叠时，就会淹没湍流信号，使有用的气象回波信号淹没在杂波之中。

地杂波相对于湍流信号是缓慢变化的，有很长的相关时间，并且能量很大，而噪声是不相关的随机信息。因此，为获得真实的风场信息，可根据不同信号的特征，研究如何有效去除或抑制风廓线雷达信号中的噪声和地杂波。

7.3.2 提高回波信噪比的方法

7.3.2.1 相干平均处理

相干平均也叫相参积累、检波前积累，即在回波信号包络检波前完成，此时回波脉冲之间有着严格的相位关系。将 M 个回波脉冲相互累加时，由于相邻周期的中频回波信号按严格的相位关系同相相加，因此，累加结果使信号电压提高为原来的 M 倍，相应的功率提高为原来的 M^2 倍。而噪声是随机的，相邻脉冲间的噪声满足统计独立条件，积累的效果是平均功率相加而使总噪声功率提高为原来的 M 倍，因此，相干平均的结果使输出信噪比改善了 M 倍。

在实际工作中，由于探测目标的运动造成回波信号的起伏变化，这将明显破坏相邻回波信号之间的相位相干性，使相干平均后信噪比改善的收益小于 M 倍，回波的起伏越大，信噪比改善收益越小。

风廓线雷达探测的湍流目标的运动比汽车、飞机等要小得多，比降雨粒子的运动也要小，而且风廓线雷达是指向一个固定方向进行驻留探测的，不是边扫描边探测，因此，回波信号起伏小，采用相干平均后信噪比改善收益大，可以提高雷达对目标信号的检测能力，所以目前风廓线雷达信号处理中都要采用较大的相干平均数（M 值）。但是，M 值不能无限大，必须受以下因素的约束。

(1)受信号带宽的限制。M 次平均后信号的带宽将变窄为 M 分之一，最大测速范围将变小。为了不丢失多普勒信息，M 的选择要保证合成信号的带宽要比回波信号中所包含的最大多普勒频移要大。

经过 M 次平均后，最大多普勒速度 V_M 为

$$V_M=\frac{\lambda}{4MT} \tag{7.3.1}$$

于是

$$M\leqslant\frac{\lambda}{(4V_MT)} \tag{7.3.2}$$

(2)受独立取样时间的约束。波长为 λ(cm)的雷达，在与谱宽为 1 m·s^{-1} 相当的湍流中，介质移动 λ 距离后，有效照射体积内湍涡做完全无关的重新排列所需要的时间，即为独立取样时间。计算式为

$$\tau_{0.01} = 1.71\lambda \times 10^{-3}\ (\mathrm{s}) \tag{7.3.3}$$

为了保证平均是相干的，M 个连续回波信号的总采样时间应小于独立取样时间，即

$$M \leqslant \tau_{0.01} \times f_{\mathrm{rep}} \tag{7.3.4}$$

式中，f_{rep}为脉冲重复频率，可以根据最大探测高度的要求来确定。因此，利用图 7.6，根据探测高度范围内湍流尺度统计值确定雷达波长 λ 后，M 值就由式(7.3.2)和式(7.3.4)共同决定，M 取两者中的小值。

7.3.2.2　增加 FFT 点数

风廓线雷达是多普勒体制的雷达，是通过提取回波信号的相位变化来探测目标运动信息的，因此回波信号谱分析必须在检波前进行，增加 FFT 点数，也就增加了回波信号样本数，可以提高信噪比。

事实上，前已述及，风廓线雷达是指向一个固定方向进行驻留探测的，增加 FFT 点数也就是增加了波束对目标的"照射"时间，根据"照射"雷达方程(Skolnik，2003)和多脉冲雷达方程，都说明回波功率与照射时间成正比。

从数学的角度来说，频谱分析的基础是傅氏变换，而傅氏变换的数学式就是对区间的积分累加，而且是在检波前进行的累加，也属于相干积累，FFT 点数增加 N 倍，理论上也可以提高信噪比 N 倍。

但是，FFT 点数的增加，不仅要占用更多的内存资源，而且会极大地增加计算量。因此，风廓线雷达中采用的 FFT 点数应适度。对来自同样距离处的一长串连续的回波脉冲，先进行分段相干平均后，得到新的信号序列，再做 FFT 处理。

7.3.2.3　谱平均处理

一次 FFT 处理后可以得到一条谱。重复上述相干平均和 FFT 处理过程，可以依次得到 P 个功率谱密度分布。对这 P 个功率谱密度函数在每一个对应频率处进行功率谱密度值平均，即为谱平均。

$$\overline{S(f_i)} = \frac{1}{P}\sum_{j=1}^{P} S_j(f_i) \tag{7.3.5}$$

谱平均也称非相干平均、检波后积累。非相干平均也可以改善信噪比，但是达不到 P 倍。这是因为包络检波具有非线性作用，信号加噪声通过检波器时，这种非线性作用会使它们结合在一起，不能再认为信号与噪声是两个完全独立的实体，从而造成信噪比的损失。非相干平均后的信噪比改善在 P 和 $\sqrt{P}$ 之间，当谱平均数 P 很大时，信噪比的改善趋近于 $\sqrt{P}$ 倍。

当然，谱平均次数也不能很大，否则会降低雷达探测的时间分辨率。

7.3.3　信号处理流程

雷达的信号处理分系统从接收机得到正交的 I，Q 视频信号后，依次对 I，Q 信号

进行滤波、时域平均、加窗处理、FFT 谱分析、频域滤波、谱平均等处理。其流程如图 7.7 所示。

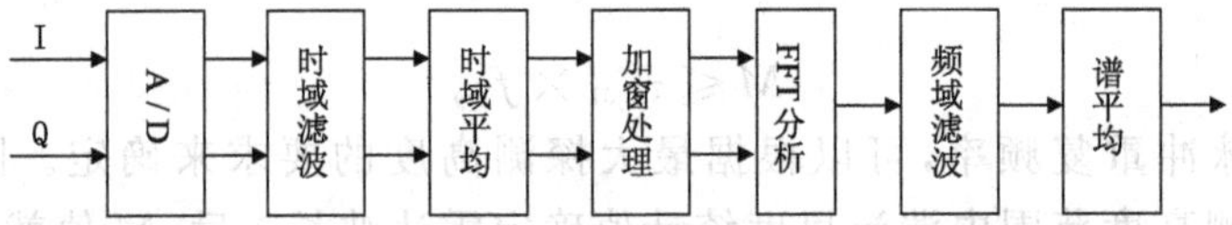

图 7.7 风廓线雷达信号处理流程图

7.3.3.1 A/D 转换

A/D 转换完成 I,Q 视频信号的数字采样。信号处理系统在进行处理之前,首先需要对从 A/D 变换器送来的数据进行信号是否饱和判别,如果信号已经饱和,则需要加大中频或高频接收机中的衰减器衰减量,确保送到信号处理的数据不在处理之前被饱和。

7.3.3.2 时域滤波

在实际测量过程中信号回波除了探测距离范围内有用信号外,还包含该距离范围之外的气象回波、飞机回波等干扰信号造成的二次距离折叠回波,降雨回波和飞机回波强度一般要远强于湍流回波。远处干扰的存在一方面对近处回波形成干扰,不利于有用信号检测,另一方面增加了信号动态范围,因此,在对有用信号处理前,首先需要对远处干扰回波进行有效的抑制工作。

从发射脉冲的角度看,远处回波和近处有用回波在频率轴上是分开的,即属于两个不同的发射脉冲造成的回波,为了不影响后续信号滤波及信号检测,时域滤波器应设计成线性相位滤波器。

7.3.3.3 时域平均

时域平均又称相干平均,在独立取样时间对风廓线雷达连续测量的回波信号进行时域平均,可以提高回波信噪比。

7.3.3.4 谱分析

对时域平均后的信号加窗处理,并将 I,Q 信号组合成复信号,再进行谱分析。频谱分析一般采用的是 FFT 分析。目前一般对信号处理提出的径向速度测量精度要求为 0.2 $m \cdot s^{-1}$,折算到多普勒频率约为 1.6 Hz,此即为多普勒频谱上的谱线间隔要求。然后必须根据信号的有效带宽 $\Delta\omega$ 来确定 FFT 点数,即 FFT 点数要大于有效带宽与多普勒频谱间隔之比值。

7.3.3.5 频域滤波

进行频域滤波的主要目的是消除地杂回波。地物回波频谱主要位于零频附近,它同湍流回波的频谱常常相互重叠,不过湍流回波一方面速度比较大,另一方面谱宽比较宽,而地物回波仅仅位于零频附近一个相当窄的范围内。为了能够对地物回波进行有效抑制，同时尽量保留气象回波，则要求滤波器的矩形系数比较好，同时，滤波器凹口宽度要比较小。

7.3.3.6　谱平均

将波束驻留期间得到的若干个信号谱进行平均处理，可以提高信号信噪比。谱平均处理在 FFT 运算完，并做求模运算之后进行。

7.3.4　数据处理流程

对信号处理部分输出的回波功率谱进行目标检测，在得到谱的各阶矩之后，就可以求风廓线，然后再进行质量控制后输出显示，主要流程如图 7.8 所示。

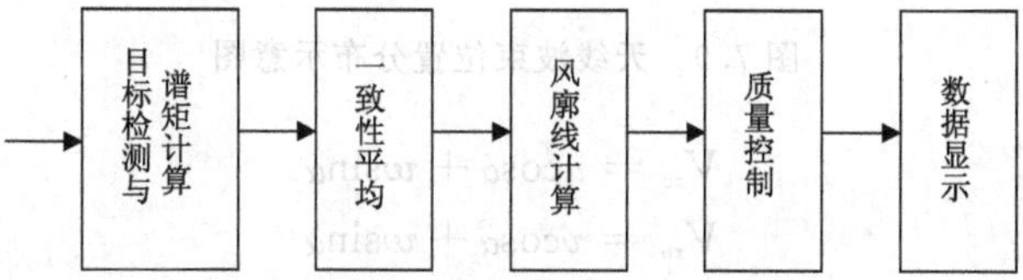

图 7.8　风廓线雷达数据处理流程图

7.3.4.1　目标检测与谱矩计算

从整个回波信号功率谱上识别出哪个峰是信号谱峰，在确定出噪声电平的基础上，通过对高出噪声电平以上的信号谱进行累加，可计算出一阶矩(即多普勒速度)、二阶矩(即多普勒速度谱宽)和信噪比。

7.3.4.2　一致性平均

对同一指向波束在同一距离门处多次测量的多普勒速度进行的平均处理。一致性平均方法是去除飞机、汽车等短时间存在的孤立干扰的简单、实用、有效的方法。

7.3.4.3　风廓线计算

风廓线雷达通过依次发射三个(或五个)指向的波束，其中一个为垂直指向(以下简称中波束)，另两个(或四个)为方位正交的倾斜指向，分别测出各波束指向的多普勒速度，在风场水平均一假设前提下，利用在同一高度处探测的多普勒速度，联合反演出该高度处风的 u,v,w 三个分量。

风廓线雷达通常采用相控阵电扫描天线，顺序产生五个波束，除中波束外，还有偏离天顶的东、南、西、北四个斜波束，其天线波束位置分布见图 7.9。

实际工作中，风廓线雷达可以采用三个波束完成测风，也可以采用五个波束来测风。以偏东、偏北和天顶方向三波束测风为例，设斜波束的仰角为 α，雷达在偏东、偏北和中波束指向测得的径向速度分别为 V_{re}，V_{rn} 和 V_{rz}，以 u 和 v 分别代表东方向和北方向上的风速分量，w 为垂直气流速度，u 以向东为正，v 以向北为正，w 以向上为正，各波束测得的径向速度以远离雷达为正，则可得如下方程式。

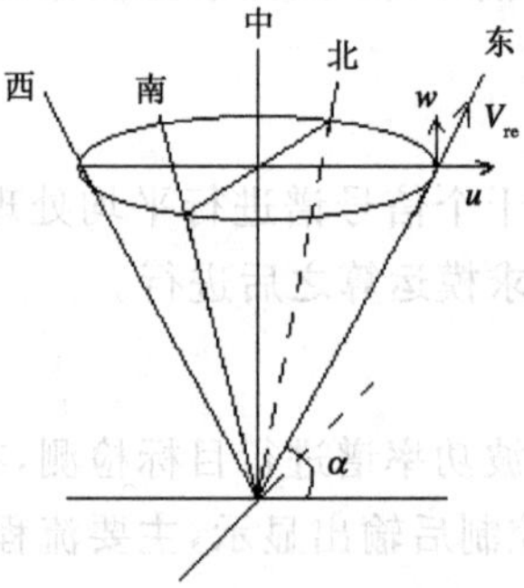

图 7.9　天线波束位置分布示意图

$$V_{re} = u\cos\alpha + w\sin\alpha \tag{7.3.6a}$$

$$V_{rn} = v\cos\alpha + w\sin\alpha \tag{7.3.6b}$$

$$V_{rz} = w \tag{7.3.6c}$$

通过解上述方程式，可以得到风向 V 和风速 β 为

$$\begin{cases} V = \sqrt{u^2 + v^2} \\ \beta = \arctan(u/v) \end{cases} \tag{7.3.7}$$

斜波束仰角的取值范围通常在 60°～75°。以仰角 75°为例，可以算得不同波束之间的距离随高度的变化，如表 7.3 所示。

表 7.3　波束之间的空间距离随高度的变化（仰角 75°）

高度（km）	0.1	0.5	1	2	3	5	7	10	12
斜波束和中波束间的距离（m）	25	127	253	506	759	1265	1771	2530	3036
方位正交的两个斜波束间的距离（m）	36	180	358	716	1073	1789	2505	3578	4294
方位成 180°的两个斜波束间的距离（m）	50	254	506	1012	1518	2530	3542	5060	6072

在用风廓线雷达测风时，有一个重要前提假定，就是要求空气运动至少要在波束取样的空间范围内是“水平分层均匀”的，即风廓线雷达各波束指向在同一个探测高度位置处的风向、风速应相同。从表 7.3 可见，风廓线雷达测量所要求的“大气水平分层均匀”的空间范围随测量高度的升高而增大，这在应用风廓线雷达资料时需要注意。

7.3.4.4　风廓线质量控制

采用风切变检查、连续性检查、二维中值性检查等手段，对计算得到的风廓线数据的可信程度进行判断和标注。数据显示时，对判断可疑和无效的数据可以不显示，也可以采用不同的颜色予以显示说明。

7.3.5　风廓线雷达产品

7.3.5.1　水平风矢量廓线时间演变图

图 7.10 为风廓线雷达观测到的锋面过境时水平风廓线时间演变图。从图中既可以分析风随高度的变化情况，也可以分析同一高度不同时间的变化情况，若将不同时刻的风廓线看成是天气系统上游不同水平距离的风廓线，则可以分析风在水平方向的分布情况。因此，利用风廓线时间演变图可以分析天气系统的演变，为短时天气预报提供重要信息。该图中 00 时至 16 时，1200 m 高度以下总的来说都是南到西南风，而在 13 时至 16 时 500 m 以下低空风速小风向有点乱，这应该是锋面逐渐移近本站时，造成空气的挤压升温在风场上的表现。17 时锋面移到本站，从第一高度150 m 开始都为明显的西风，风速达到 8 m · s^{-1}，18 时以后低层开始逐步转变为西北风，且风向转变的高度随时间逐渐升高，至次日 10 时西北偏北风的大气层厚度达到 3000 m 高度(其中次日 10 时至 15 时风廓线雷达故障)。

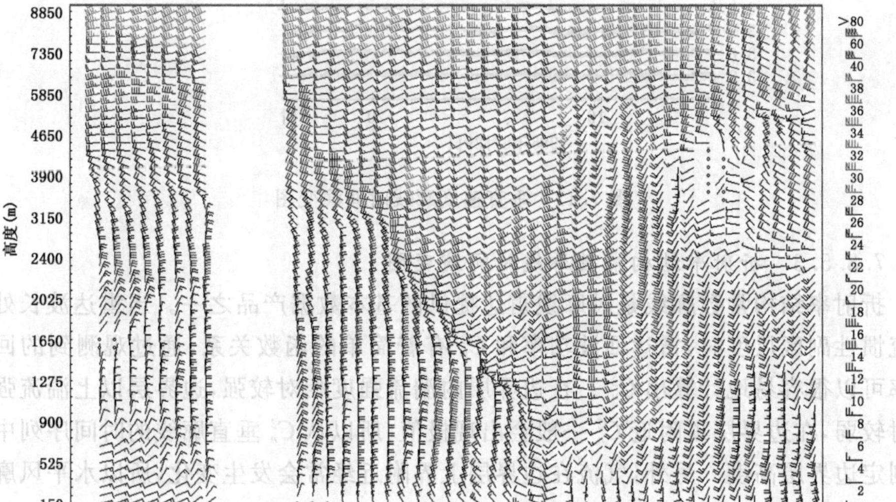

图 7.10　水平风矢量廓线时间演变图

7.3.5.2　垂直速度廓线时间演变图

图 7.11 是垂直风速的高度—时间序列图，图中横坐标为时间，纵坐标为高度，曲线表示垂直风速。从中可以清楚地观察到重力波的波形。雷达为 ST 雷达(平流层—对流层风廓线雷达)，位于美国堪萨斯州的利伯勒尔(Liberal)。大气波动的观测是一项很困难的事情。因为一般观测手段的时间分辨率很难满足要求。然而，高

时空分辨率的风廓线雷达可以观测出几分钟到几十小时为周期的重力内波、半天到一天为周期的大气潮汐波以及几天为周期的行星大气波。

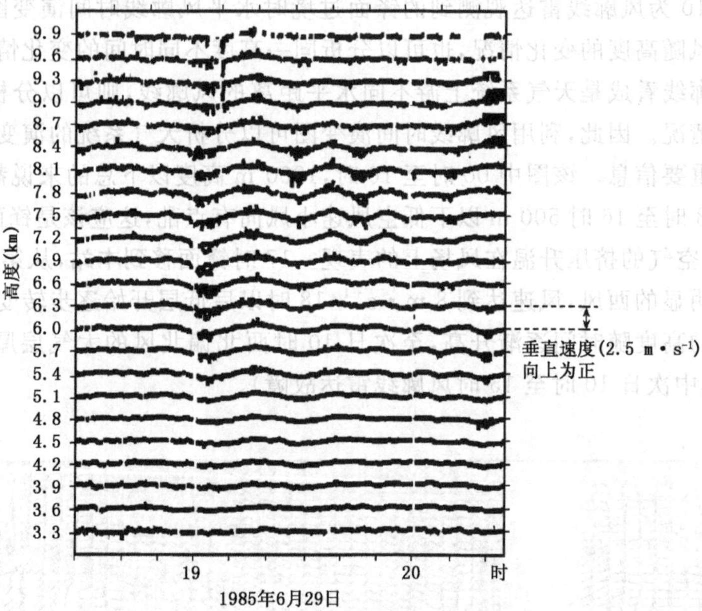

图 7.11　垂直速度廓线时间演变图

7.3.5.3　折射率结构常数廓线时间演变图

折射率结构常数廓线是风廓线雷达提供的基本数据产品之一。当雷达波长处于湍流惯性副区尺度时，雷达回波功率和 C_n^2 有着简单的函数关系，通过观测到的回波功率可以很容易地计算出 C_n^2 。在边界层内湍流强度相对较强，边界层以上湍流强度相对较弱，在边界层顶附近 C_n^2 一般会出现极值，所以从 C_n^2 垂直廓线的时间序列中可以判定边界层高度。另外，气流在边界层上界附近经常会发生变化，所以水平风廓线的时间序列资料也可以帮助判定边界层高度。

图 7.12 是实测的折射率结构常数 C_n^2 廓线时间演变图，C_n^2 的大小以色彩表示，由蓝到红 C_n^2 逐渐增大。可见，C_n^2 的高度—时间演变图可以清楚地反映出湍流强度随高度和时间的变化情况，从中即可容易地分析出边界层高度等信息。

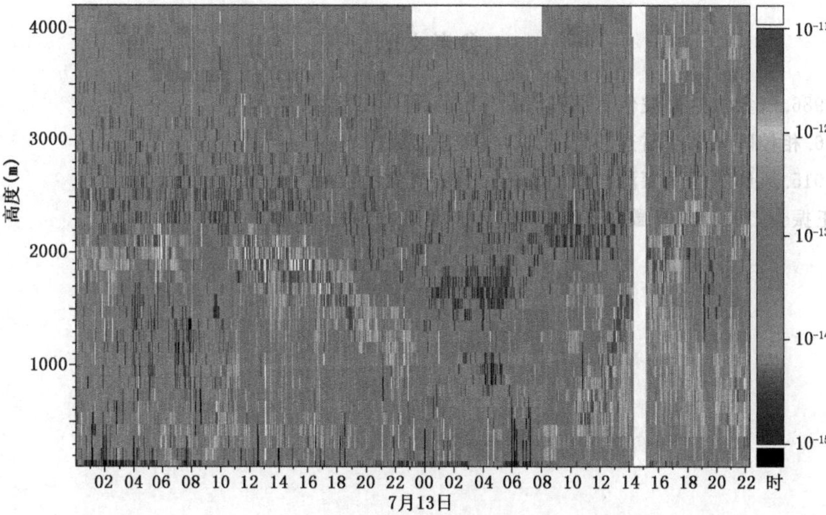

图 7.12　折射率结构常数廓线时间演变图

习　题

1. 比较解释下列各组概念

(1)折射率结构函数、折射率结构常数；

(2)相干平均处理、谱平均处理；

(3)时域滤波、频域滤波；

(4)时域平均、谱平均；

(5)水平风矢量廓线、垂直速度廓线；

(6)湍流内尺度、外尺度。

2. 风廓线雷达一般由哪几部分组成？各部分主要功能是什么？

3. 风廓线雷达的波束指向是如何控制的？简述其原理。

4. 风廓线雷达是利用什么散射机制的回波信号进行测量的？这种回波信号有何特点？

5. 何谓 Bragg 散射条件？其对风廓线雷达设计有何指导意义？

6. 大气中湍流内尺度随高度有何变化特点？

7. 在湍流惯性子区内，湍流能谱有何规律？

8. 边界层、对流层、平流层风廓线雷达有何不同点？

9. 提高风廓线雷达回波信噪比的方法有哪些？

10. 大气折射率结构常数值量级是多大？有何变化特点？

11.晴空湍流散射反射率与什么因子有关？其有何特点？

参考文献

马振骅，1986. 气象雷达回波信息原理[M]. 北京：科学出版社.
何平，2006. 相控阵风廓线雷达[M]. 北京：气象出版社.
胡明宝，2015. 风廓线雷达探测与应用[M]. 北京：气象出版社.
张培昌，王振会，1995. 大气微波遥感基础[M]. 北京：气象出版社.

第 8 章　微波主动遥感海面风

海面风是海洋学和气象学的重要物理参数，常规的获取海面风场的方法主要是利用安装在船舶、海上浮标及沿岸和岛屿气象台站的测风系统，这种方式获取的海面风场资料时空分辨率参差不齐，难以满足气象学、海洋学研究以及海上业务发展的需要。遥感技术，尤其是卫星遥感技术的发展为获取大面积海面风场信息提供了新的手段。利用微波辐射计被动遥感海面风场，虽然能给出大面积的海面风场信息，但空间分辨率仍然较低。利用人工发射的微波辐射主动遥感海面风场，为进一步提高海面风场空间分辨率和测量准确性提供了重要手段。微波散射计、高度计和合成孔径雷达是主要的测量海面风场的星载主动遥感器，随着 GNSS 的发展，利用 GNSS 海面反射信号遥感海面风场的技术也迅速发展起来。高频地波雷达是测量近岸海面风场、海洋表面浪场和海洋浅表流场的重要探测设备。本章首先介绍电磁波与风驱动下各向异性海表面之间的散射理论，然后分别介绍利用散射计、高度计、合成孔径雷达、GNSS 和高频地波雷达等进行海面风场遥感的原理与反演方法。

8.1　海面散射理论

电磁波在海面的散射理论是建立在电磁波的扰动理论研究基础之上的，目前的研究认为可以用两尺度散射模型来描述粗糙海面的散射特征。该模型认为，卫星向下观测天底附近入射角小于 15°时，镜面散射占主导，即散射反射能量来自向着接收天线的镜面状的波小面贡献；而在大入射角时，Bragg 散射为主导，即投射到海面的电磁波信号与海洋波浪谱中的某一波长的波浪相匹配时，产生共振 Bragg 散射，向接收天线反射能量。

8.1.1　镜面反射

镜面反射是海面上许多像镜子似的小平面的反射产生的，这些小平面的尺度应大于被反射的电磁波的波长。对于主动遥感器来说，只能接收观测入射角 $\theta=0°$的像镜子似的小平面反射的电磁波，若入射角不为零，则散射回波不能返回遥感器。

根据物理光学，镜面反射产生的标准化雷达后向散射截面(NRCS)σ_0 可从电磁场方程出发推导获得

$$\sigma_0(U_{10},\theta,\varphi)=\pi\sec^4\theta f(\zeta_x,\zeta_y)\rho(\theta_{\mathrm{local}}=0) \tag{8.1.1}$$

式中，U_{10}是海面上 10 m 高度的风速，θ 是雷达波束相对于平均海表面的入射角，φ 是观测的方位角，为雷达波束在海面上的投影与风向的夹角，$\rho(\theta_{\mathrm{local}}=0)$代表在垂直入射条件下海一气界面的菲涅尔反射率，$\theta_{\mathrm{local}}$是雷达波束相对于局地反射小平面的入射角，$f(\zeta_x,\zeta_y)$是海面斜率的联合概率密度函数，$\zeta_x$ 和 ζ_y 分别代表垂直雷达波束的反射小平面在 x 方向和在 y 方向的斜率。如果定义 x 轴沿着逆风方向，那么 y 方向就为侧风方向，x 方向的海面斜率 ζ_x 和 y 方向的海面斜率 ζ_y 与入射角和方位角的关系是

$$\zeta_x=\tan\theta\cos\varphi \tag{8.1.2a}$$

$$\zeta_y=\tan\theta\sin\varphi \tag{8.1.2b}$$

海面斜率的概率密度函数 $f(\zeta_x,\zeta_y)$可采用高斯分布表示为

$$f(\zeta_x,\zeta_y)=\frac{1}{2\pi\sigma_u\sigma_c}\exp\left[-\frac{1}{2}\left(\frac{\zeta_x^2}{\sigma_u^2}+\frac{\zeta_y^2}{\sigma_c^2}\right)\right] \tag{8.1.3}$$

式中，ζ_x 和 ζ_y 分别是逆风和侧风的斜率分量，σ_u^2 和 σ_c^2 分别是逆风和侧风的均方斜率(MSS)分量。

根据瑞利判据，当满足以下条件时，一个表面可以认为是光滑表面。

$$h\cos\theta_i<\lambda/8 \tag{8.1.4}$$

式中，h 是粗糙面上起伏的高度，λ 是入射电磁波波长，θ_i 为入射角。更严格地，可采用 Peake 和 Oliver 的下列条件作为光滑表面的判据。

$$h_k\cos\theta_i<\lambda/25 \tag{8.1.5}$$

式中，h_k 为表面不规则体的高度的标准偏差。满足式(8.1.5)条件的海面为镜面反射体，其反射角与入射角相等。

8.1.2　布拉格共振散射

雷达发射的电磁波与海表面波之间产生布拉格共振散射的条件是

$$\lambda_{\mathrm{radar}}=2\lambda_{\mathrm{water}}\sin\theta \tag{8.1.6a}$$

或

$$k_{\mathrm{radar}}=2k\sin\theta \tag{8.1.6b}$$

式中，λ_{radar}是电磁波波长，λ_{water}是海表面波波长，θ 是入射角，即雷达波束与垂直方向的夹角，k 是海面波浪的波数。图 8.1 给出了雷达发射的电磁波与海表面波之间产生布拉格共振散射条件的示意图。当 $2\lambda_{\mathrm{water}}\sin\theta=2\,\overline{AB}\sin\theta=2\,\overline{BC}=\lambda_{\mathrm{radar}}$ 时，从海面上后向散射的电磁波具有相同的相位，其相遇可产生布拉格共振散射。

根据电磁波散射理论，在一阶近似条件下，由布拉格共振散射产生的标准化雷达

后向散射截面 σ_0 是

$$\sigma_0(U_{10},\theta,\varphi) = 16k_R^4 \left| g(\theta) \right|^2 \Psi(2k_R\sin\theta,\varphi) \tag{8.1.7}$$

式中，k_R 是雷达波波数，$g(\theta)$ 是与极化状态有关的加权因子，$\Psi(2k_R\sin\theta,\varphi)$ 是在极坐标下重力毛细波的波数谱。

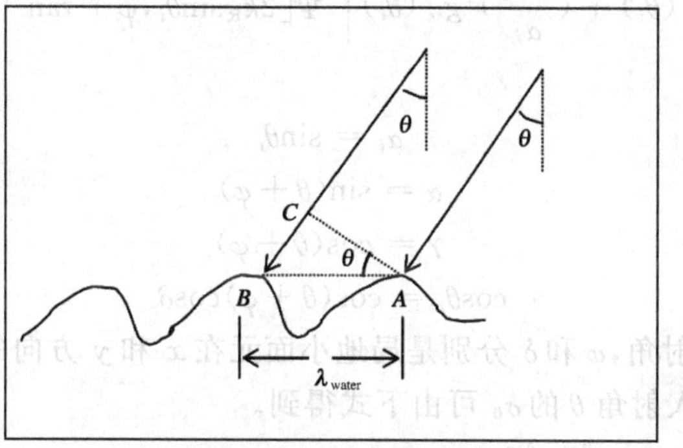

图 8.1 布拉格共振散射条件示意图

8.1.3 两尺度散射模型

考虑到海面上长波和短波这两个尺度波浪的客观存在，可将海面散射假设为由两个尺度的波浪共同作用的组合表面散射模型，又称为二尺度散射模型，如图 8.2 所示。二尺度散射模型假设海面小的不规则的短波长波纹叠加在较长、较大波浪上，先计算出局地小面元上重力毛细波的布拉格散射贡献，再利用海面斜率的概率密度函数对各个局地小面元积分。在局地小面元布拉格散射的计算中，还须考虑长波的倾斜引起的局地入射角和极化状态的改变。

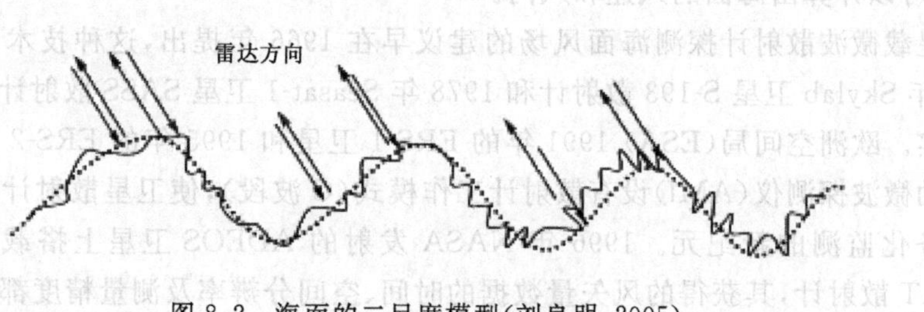

图 8.2 海面的二尺度模型(刘良明，2005)

(图中虚线表示波长较长的大起伏波浪，实线表示小的不规则短波浪)

对应于入射角 θ_i 的局地小面元上，标准化雷达后向散射截面 σ_0 在垂直极化状态下是

$\sigma_0^{vv}(\theta_i) =$

$$16\pi k_R^4 \left| \left(\frac{\alpha\cos\delta}{\alpha_i}\right)^2 g_{vv}(\theta_i) + \left(\frac{\sin\delta}{\alpha_i}\right)^2 g_{hh}(\theta_i) \right|^2 \Psi\left[2k_R\sin\theta_i, \varphi + \tan^{-1}\left(\frac{\gamma\sin\delta}{\alpha}\right)\right] \quad (8.1.8a)$$

在水平极化状态下，σ_0 是

$$\sigma_0^{hh}(\theta_i) =$$

$$16\pi k_R^4 \left| \left(\frac{\alpha\cos\delta}{\alpha_i}\right)^2 g_{hh}(\theta_i) + \left(\frac{\sin\delta}{\alpha_i}\right)^2 g_{vv}(\theta_i) \right|^2 \Psi\left[2k_R\sin\theta_i, \varphi + \tan^{-1}\left(\frac{\gamma\sin\delta}{\alpha}\right)\right] \quad (8.1.8b)$$

式中，

$$\alpha_i = \sin\theta_i$$
$$\alpha = \sin(\theta + \varphi)$$
$$\gamma = \cos(\theta + \varphi)$$
$$\cos\theta_i = \cos(\theta + \varphi)\cos\delta$$

式中，θ_i 是局部入射角，φ 和 δ 分别是局地小面元在 x 和 y 方向的倾角。对整个斜面进行积分，对应于入射角 θ 的 σ_0 可由下式得到。

$$\sigma_0(\theta) = \int_{-\infty}^{\infty}\int_{-\infty}^{\infty} \sigma_0(\theta_i) f(\tan\Psi, \tan\delta) \mathrm{d}(\tan\Psi) \mathrm{d}(\tan\delta) \quad (8.1.9)$$

8.2 微波散射计遥感海面风矢量

微波散射计本质上是一种微波雷达，其对有起伏的物体表面（如海面）发射电磁波，并测量从其表面反射或散射回来的电磁波。表面散射的强度随物体表面的复介电常数的增加而增大，其散射角特性由表面的粗糙度决定。海洋上的风产生浪，改变了海面的性状，由此决定了海面的雷达散射截面。散射计通过测量后向散射能量，就可以估计出海面的标准化雷达散射截面 σ_0，若从不同角度测量得到同一地点的 σ_0 测量，便可以计算出海面的风速和风向。

星载微波散射计探测海面风场的建议早在 1966 年提出，这种技术的有效性被 1973 年 Skylab 卫星 S-193 散射计和 1978 年 Seasat-1 卫星 SASS 散射计的成功经验所证实。欧洲空间局（ESA）1991 年的 ERS-1 卫星和 1995 年的 ERS-2 卫星上装载的主动微波探测仪（AMI）设有散射计工作模式（C 波段），使卫星散射计风场测量进入业务化监测的新纪元。1996 年 NASA 发射的 ADEOS 卫星上搭载的 Ku 波段 NSCAT 散射计，其获得的风矢量数据的时间、空间分辨率及测量精度都超过了以往传感器的设计标准。其后，1999 年 NASA 发射的 QuikSCAT 卫星，2009 年 NOAA 发射的 Oceansat-2 卫星，2011 年中国发射的海洋二号（HY-2）卫星，2018 年中国发射的中法海洋卫星（CFOSAT）上均搭载有微波散射计，为获取大范围海面风场资料提供了重要手段。目前星载散射计测量海面风速的范围一般在 4～24 $\mathrm{m \cdot s^{-1}}$，精度为±2 $\mathrm{m \cdot s^{-1}}$ 或 10%，风向测量范围为 0～360°，精度为±20°。

微波散射计一般采用对海面多角度斜视观测方式。图 8.3 为 QuikSCAT 卫星上的 SeaWinds 散射计观测示意图，由内、外两个波束进行圆锥扫描观测，两个波束相隔 6°，极化方式不同。当卫星飞行时，两波束扫描地面有一部分重叠，这对获取高精度的风向信息是非常重要的。

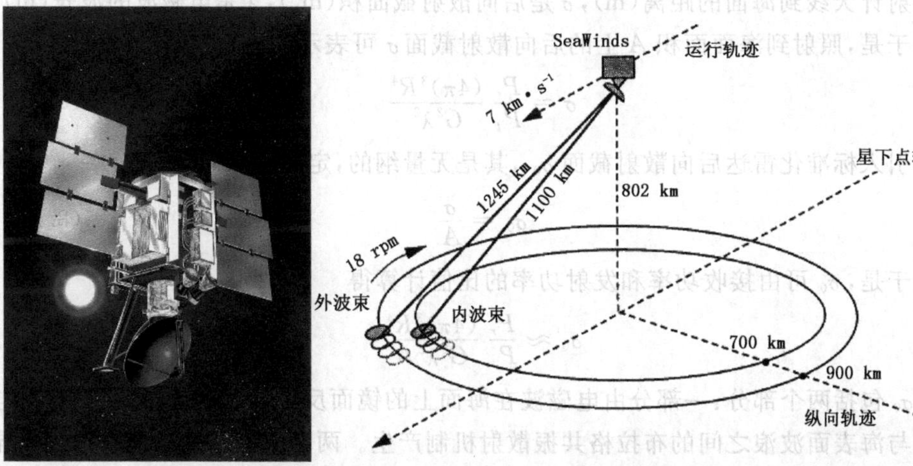

图 8.3　SeaWinds 外观结构及扫描方式示意图

8.2.1　散射计测风原理

星载散射计向下发射电磁波，接收由海面返回的后向散射信号，这些信号携带着海面的信息。图 8.4 为散射计测风原理示意图，其中 θ 是入射角，R 是天线到被探测元的距离，A 是雷达波束照射到海表面的面积。

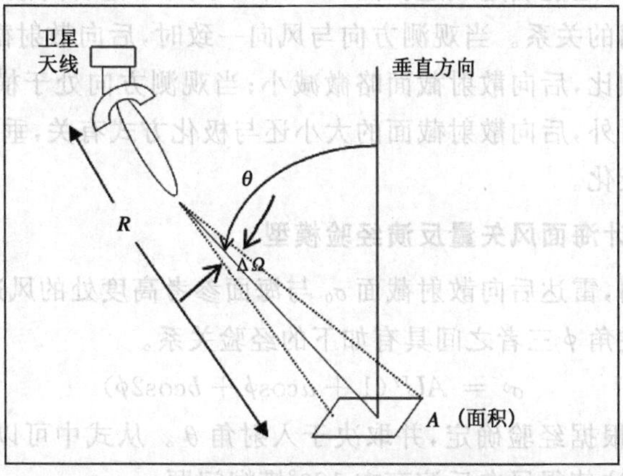

图 8.4　描述海面散射的示意图

根据雷达工作原理，散射计接收的回波功率由下式表示。

$$P_r = \frac{P_t G^2 \lambda^2 \sigma}{(4\pi)^3 R^4} \tag{8.2.1}$$

式中，P_r 是散射计接收的功率（W），P_t 是散射计发射的功率（W），G 是天线增益，R 是散射计天线到海面的距离（m），σ 是后向散射截面积（m^2），λ 是电磁波的波长（m）。

于是，照射到海面面积 A 上的后向散射截面 σ 可表示为

$$\sigma = \frac{P_r}{P_t} \frac{(4\pi)^3 R^4}{G^2 \lambda^2} \tag{8.2.2}$$

引入标准化雷达后向散射截面 σ_0，其是无量纲的，定义为

$$\sigma_0 = \frac{\sigma}{A} \tag{8.2.3}$$

于是，σ_0 可由接收功率和发射功率的比值计算得

$$\sigma_0 \approx \frac{P_r}{P_t} \frac{(4\pi)^3 R^4}{G^2 \lambda^2 A} \tag{8.2.4}$$

σ_0 包括两个部分：一部分由电磁波在海面上的镜面反射机制产生，另一部分由电磁波与海表面波浪之间的布拉格共振散射机制产生。两种机制下的海面散射各向异性特征与海面的粗糙程度有关，粗糙程度又由海面风决定，所以对 σ_0 的观测可得到海面风的情况。

在风的作用下，海洋表面存在不对称的后向散射。由于风生毛细波的存在，逆风和顺风向观测的散射截面比侧风向高，散射计就是基于此原理专门设计用来测量海洋表面风速和风向的设备。它可以从两个或更多视角对开阔水域进行测量，以获取海面风生波的方向，进而得到海面风向。通过将后向散射测量值和一个通过长期监测得到的模型拟合，还能确定风速。图 8.5 给出了归一化后向散射截面与风向和电磁波极化方式之间的关系。当观测方向与风向一致时，后向散射截面为最大值，顺风观测与逆风观测相比，后向散射截面略微减小；当观测方向处于横风向时，后向散射截面为最小值。另外，后向散射截面的大小还与极化方式有关，垂直极化的后向散射截面略高于水平极化。

8.2.2　散射计海面风矢量反演经验模型

许多实验表明，雷达后向散射截面 σ_0 与海面参考高度处的风速 U 以及入射波方位向与风向之间夹角 ϕ 三者之间具有如下的经验关系。

$$\sigma^0 = AU^\gamma(1 + a\cos\phi + b\cos 2\phi) \tag{8.2.5}$$

式中，A，a，b 和 γ 根据经验确定，并取决于入射角 θ。从式中可以看出，后向散射截面以 180°为周期，这使得风向反演存在 180°模糊问题。

利用散射计反演风向时，至少需要三个观测视角的后向散射截面测量值，这样才

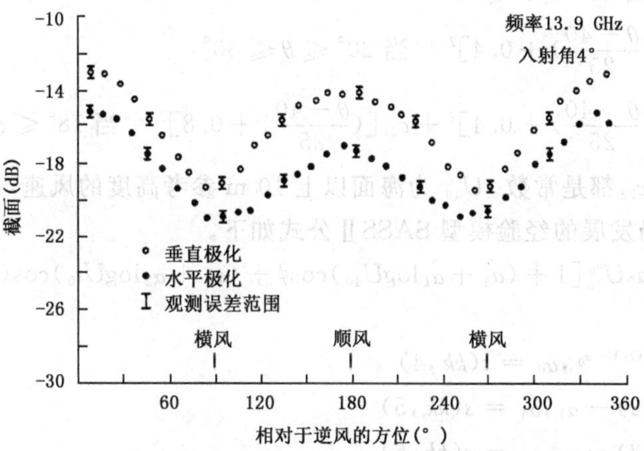

图 8.5　后向散射截面与风向及电磁波极化方式的关系

可以确定非对称性海面风场结构的某些特征，但仍存在风向 180°模糊问题。解决 180°模糊问题的方法是至少得到一个风向实地测量值或有效估计值，据此确定相邻区域的风向，去除模糊。

不同的散射计和波段，由于雷达参数不同，反演海面风速风向的经验模型也有所差异。对于 C 波段的 ERS1/2 散射计，曾经发展有 CMOD1，CMOD2，CMOD3，CMOD4 和 CMOD5 等五个模型，目前已发展到 CMOD7 模型。对于 Ku 波段的 Seasat 散射计，也曾发展有 SASSⅠ和 SASSⅡ两种模型，目前发展的 NSCAT-4 模型适合于不同入射角的 Ku 波段的散射计。

欧洲太空局发展的经验模型 CMOD3 公式如下。

$$\sigma_0 = b_0[1 + b_3 \frac{(1-e^{-2b_2})}{(1+e^{-2b_2})}(2\cos^2\varphi - 1)]^{c_{22}} \tag{8.2.6}$$

式中，

$$b_2 = c_{14} + c_{15}(1 + \frac{\theta - 40}{25})U_{10}$$

$$b_3 = c_{19}[1 + c_{16}(c_{17} + \frac{\theta - 40}{25})(c_{18} + U_{10})]$$

$$b_0 = 10^{\alpha}(U_{10} + \beta + b_1\cos\varphi)$$

$$b_1 = c_{10} + c_{11}(\frac{\theta - 40}{25}) + [c_{12} + c_{13}(\frac{\theta - 40}{25})]U_{10}$$

$$\beta = c_7 + c_8(\frac{\theta - 40}{25}) + c_9[\frac{3}{2}(\frac{\theta - 40}{25})^2 - \frac{1}{2}]$$

$$\alpha = c_1 + c_2(\frac{\theta - 40}{25}) + c_3[\frac{3}{2}(\frac{\theta - 40}{25})^2 - \frac{1}{2}] + \Delta$$

$$\begin{cases}\Delta = 0 & \text{当 } 30^\circ \leqslant \theta \leqslant 58^\circ \\ \Delta = c_{20}[(\frac{\theta - 40}{25}) + 0.4]^2 & \text{当 } 20^\circ \leqslant \theta \leqslant 30^\circ \\ \Delta = c_{20}[(\frac{\theta - 40}{25}) + 0.4]^2 + c_{21}[(\frac{\theta - 40}{25}) + 0.8]^2 & \text{当 } 18^\circ \leqslant \theta \leqslant 20^\circ \end{cases}$$

式中，$c_1, c_2, \cdots, c_{22}$ 都是常数。U_{10} 为海面以上 10 m 参考高度的风速，θ 是入射角。

美国宇航局发展的经验模型 SASSⅡ公式如下。

$$\sigma_0 = a_0 U_{10}^{\alpha_0}[1 + (a_1 + \alpha_1 \log U_{10})\cos\phi + (a_2 + \alpha_2 \log U_{10})\cos(2\phi)] \quad (8.2.7)$$

式中，

$$a_0 = 10^{s(kk,1)/10 - \alpha_0}, \alpha_0 = s(kk,4)$$

$$a_1 = s(kk,2) - \alpha_1, \alpha_1 = s(kk,5)$$

$$a_2 = s(kk,3) - \alpha_2, \alpha_2 = s(kk,6)$$

$$kk = \frac{\theta}{2} + 1$$

式中，$s(1:31,1:6)$）是常数。ϕ 是入射波束与风向之间的夹角，θ 是入射角。

8.3 高度计遥感海面风速

高度计是装载于卫星上用来测量地球表面相对高度，除可实现对海面高度、有效波高、海面地形进行测量外，还可以推导出海流、海浪、潮汐、海表面风等动力参数。

目前有两种高度计，一种是雷达高度计，另一种是激光高度计。前者发射微波并接收地球表面反射的微波信号，后者发射激光并接收地球表面反射的激光信号。我国的“嫦娥一号”装载的是激光高度计，“神舟四号”飞船留轨舱和大多数国外海洋卫星携带的是雷达高度计。目前最先进的雷达高度计是 T/P(Topex/Poseidon)卫星的高度计和 ENVISAT 上的先进雷达高度计。

8.3.1 高度计测高原理

高度计测高原理如图 8.6 所示。参考椭球面(reference ellipsoid)是地球表面形状的一阶近似，在绘图法中用来代表地球的大小和形状，它是由双轴椭圆的旋转产生的，可以看作是赤道半径为 6378.1363 km，扁率为 1/298.257 的椭球体。参考椭球面是对大地水准面的最平滑的近似。大地水准面是指与平均海平面最接近的地球重力势的等势面，它反映了地球内部质量密度分布的不均匀特性。如果海水没有运动，大地水准面应和平均海平面一致。大地水准面高度(h_{geoid})是指大地水准面与参考椭球面之间的距离，由于地球质量分布不匀，其变化范围在 −104 m 和 +60 m 之间。卫星高度(h_{orbit})是卫星相对于参考椭球体表面之间的距离。一旦高度计测量出卫星

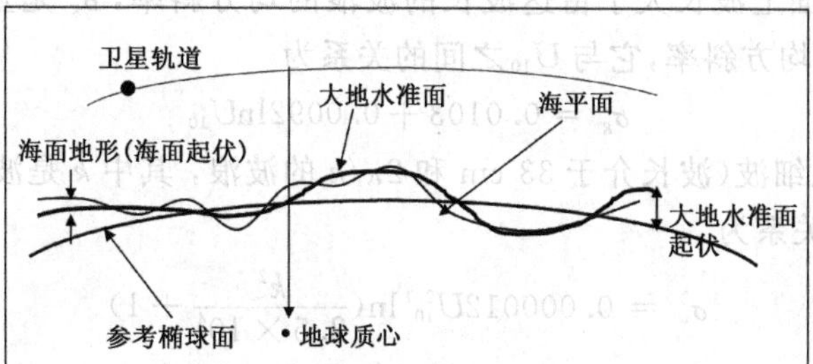

图 8.6　高度计测高原理示意图

相对于海面的高度(h_{alt}),则可利用下式求出海面高度(h_{ssh})。

$$h_{ssh} = h_{orbit} - h_{alt} \tag{8.3.1}$$

由于海面高度与大地水准面高度(h_{geoid})及海面地形或海面动力高度(ΔH)之间有以下关系。

$$h_{ssh} = h_{geoid} + \Delta H \tag{8.3.2}$$

这样就可通过海面高度与大地水准面高度求出海面动力高度。海面动力高度指海面到大地水准面之间的高度,该高度是由于海水运动引起的,其全球平均高低差为±1.5 m,含有洋流、潮汐和中尺度过程等海洋动力学的信息。

8.3.2　高度计测量海面风速原理

卫星高度计是天底观测的主动式传感器,海面平静时回波信号最强。海面在风的作用下能够产生厘米尺度的波浪,从而引起海面粗糙度(海面均方斜率 *MSS*)的变化。海面起伏随风增大,能够反射回传感器的镜面面积越来越少,回波也就越来越弱。雷达高度计对大于等于其工作波长(2 cm 左右)的海面粗糙度变化比较敏感。

根据镜面散射理论,高度计接收每个海面微小面元镜面反射的电磁波,其测量的归一化后向散射截面 σ_0 由式(8.1.1)给出,当入射角 θ 等于零时,σ_0 可表示为

$$\sigma_0 = \frac{\rho(0)}{2\sigma_u\sigma_c} \tag{8.3.3}$$

式中,σ_u^2,σ_c^2 是指海面上那些波长大于雷达波长的波浪在逆风方向和侧风方向的均方斜率,那些波长小于雷达波长的波浪对镜面反射不做贡献。*MSS* 各分量之间的关系式为

$$\begin{aligned} \sigma^2 &= \sigma_u^2 + \sigma_c^2 \\ \sigma_u^2 &= \frac{1.0}{1.9}\sigma_g^2 + \frac{2}{3}\sigma_w^2 \\ \sigma_c^2 &= \frac{0.9}{1.9}\sigma_g^2 + \frac{1}{3}\sigma_w^2 \end{aligned} \tag{8.3.4}$$

式中，σ^2 是指海面上波长大于雷达波长的波浪的均方斜率，σ_g^2 是重力波（波长大于33cm 的波浪）的均方斜率，它与 U_{10} 之间的关系为

$$\sigma_g^2 = 0.0103 + 0.0092\ln U_{10} \tag{8.3.5}$$

σ_w^2 是重力毛细波（波长介于 33 cm 和 $2\pi/k$ 的波浪，其中 k 是波数）的均方斜率，它与 U_{10} 之间的关系为

$$\sigma_w^2 = 0.000012U_{10}^{2.1}\ln\left(\frac{k^2}{2.5\times10^4}+1\right) \tag{8.3.6}$$

这样就建立了由雷达后向散射截面与海面风速之间的解析关系，这种关系通常称为地球物理模式函数。通过这个关系就可以由测量的 σ_0 反演海面风速。目前已对不同的高度计建立多种经验模式函数，它们在精度、稳定性和适用范围等方面各有差异。

高度计虽然只能反演海面风速标量，但在应用中具有特殊意义：①高度计可提供同步的风、浪数据；②高度计星下点测量风速的空间分辨率高于散射计；③在小于 10 m · s^{-1} 的风速范围内，高度计测量的风速误差小于 1 m · s^{-1}，优于散射计；④可以将高度计、散射计、微波辐射计测量的风速进行数据融合和数据同化。

8.4 合成孔径雷达遥感海面风矢量

合成孔径雷达（SAR）是一种高分辨率成像雷达，通过发射微波束、接收来自海面的后向散射信号获取海面信息。利用雷达与目标的相对运动把尺寸较小的真实天线孔径用数据处理的方法合成一较大的等效天线孔径的雷达，也称综合孔径雷达。所得到的高方位分辨率相当于一个大孔径天线所能提供的方位分辨率。合成孔径雷达的特点是空间分辨率高，能全天候工作，能有效地识别伪装和穿透掩盖物。图 8.7 显示了加拿大的雷达卫星 RADARSAT 装载的 C 波段 5.3 GHz 水平极化合成孔径雷达对地扫描的五种方式。这些方式包括标准工作方式、宽视场工作方式、精细分辨率工作方式、狭窄扫描工作方式、宽扫描工作方式等，可提供不同分辨率的观测结果。

欧空局环境卫星 ENVISAT-1 上装载的最主要的传感器也是 C 波段 5.3 GHz 多极化高级合成孔径雷达（ASAR）。ASAR 具有成像模式、交互极化模式、宽刈幅模式、全球探测模式和波浪模式五种工作模式，其中，高数据率的成像模式、交互极化模式和宽刈幅模式可提供给其他国家的各地面站，低数据率的全球探测模式和波浪模式仅供欧空局的地面站接收。

8.4.1 合成孔径雷达工作原理

合成孔径雷达一般以边射模的方式工作，如图 8.8 所示。合成孔径雷达也可以在向前倾斜或者向后倾斜的方向上观测，这称为斜视模。斜视模的分析相当复杂，但原理相同。在观测方向上，从卫星到地面的距离称为斜距，斜距在海面上的投影称为

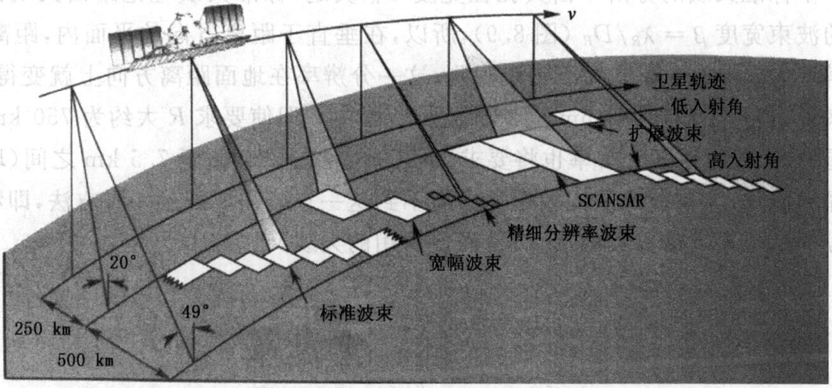

图 8.7 RADARSAT 装载的 SAR 对地扫描方式示意图

地面距离，平行于卫星轨迹的方向称为方位方向。

天线发射一个微波脉冲，这个脉冲展宽成波束，照射在距离为 R 的海面上。因为观测角是倾斜的，所以通常没有直接的镜反射，除了非常高的海况外，布拉格共振是主要的后向散射机制。因而，对发射波长为 λ_R 的电磁波的雷达来说，对后向散射贡献最大的海面扰动是由式(8.4.1)表示的具有波长接近 λ_S 的那些波浪。

$$\lambda_S = \frac{\lambda_R}{2\sin\theta} \tag{8.4.1}$$

式中，θ 为斜距方向与垂直方向之间的夹角。

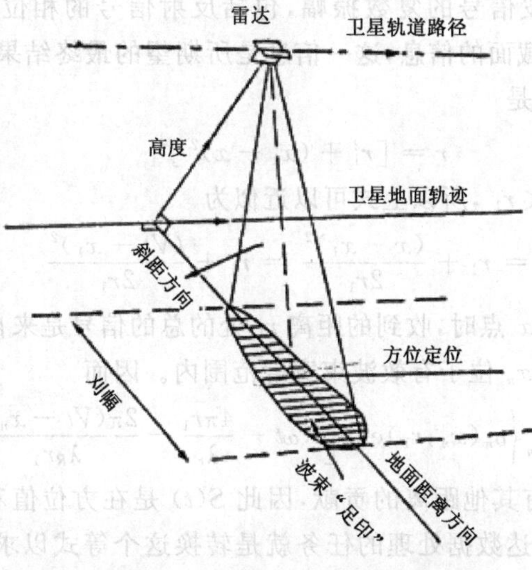

图 8.8 以边射模工作的合成孔径雷达

一个标准天线的分辨率由其孔径宽度 D_R 决定，标准天线理论给出天线以外远视场的波束宽度 $\beta = \lambda_R / D_R$（图 8.9），所以，在垂直于距离方向的平面内，距离 R 处的分辨率为 $\rho = R/D_R$ 。对于斜视观测，这一分辨率在地面距离方向上就变得更大。一般来说，雷达工作在 50 mm 至 1 m 波长范围内。即使要求 R 大约为 750 km 的低轨卫星，100 m 的地面分辨率也将要求天线的孔径在 375 m 至 7.5 km 之间（取决于所选择的波长）。目前的空间技术显然做不到这一点。需要找到一种方法，即利用相干信号的相位来携带更大的信息量，而使所用的天线又比较小。

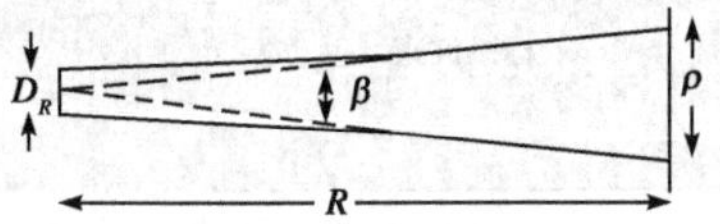

图 8.9　波束宽度几何图

改善距离方向的分辨率是靠脉冲返回的时间来获得的，该时间是雷达到达反射体距离的量度，用普通的侧视雷达就能改善距离分辨率，但不能改善方位分辨率。为了改善方位分辨率，就要应用合成孔径的原理。所谓合成孔径，就是通过雷达沿其路径移动而构成相当于非常大孔径的雷达所得到的同样分辨率的图像。

在沿给定距离 r_1 的方位上，由于位于 x_1 位置上的目标反射，在 t 时刻卫星位于 x 点（图 8.10）时所收到的信号是

$$S_1(t) = \sigma_1(x_1, r_1)\exp\left\{ i\omega\left(t - \frac{2r}{c}\right)\right\} \tag{8.4.2}$$

式中，$\sigma_1(x_1, r_1)$ 是回波信号的复数振幅，包括反射信号的相位和振幅，载有关于 (x_1, r_1) 点的后向散射截面的信息，这一信息是所期望的最终结果，ω 是雷达的角频率，即 $\omega = 2\pi c/\lambda_R$ 。于是

$$r = [r_1^2 + (x_1 - x)^2]^{\frac{1}{2}} \tag{8.4.3}$$

又因为 $(x_1 - x) \ll r_1$ ，所以上式可以近似为

$$r = r_1 + \frac{(x - x_1)^2}{2r_1} = r_1 + \frac{(Vt - x_1)^2}{2r_1} \tag{8.4.4}$$

在 t 时刻卫星位于 x 点时，收到的距离 r_1 处的总的信号是来自 (x_n, r_1) 点的目标的所有贡献之和，此外，x_n 位于有效波束宽度范围内。因而

$$S(t) = \sum_n \left\{ \sigma_n(x_n, r_1)\exp\left[i\left(\omega t - \frac{4\pi r_1}{\lambda_r} - \frac{2\pi(Vt - x_n)^2}{\lambda_R r_1}\right)\right]\right\} \tag{8.4.5}$$

总信号 $S(t)$ 中将有其他距离的贡献，因此 $S(t)$ 是在方位值和距离值范围内的双重求和。合成孔径雷达数据处理的任务就是转换这个等式以求出 σ，并由此得出每一点 (x_n, r_m) 的后向散射截面。

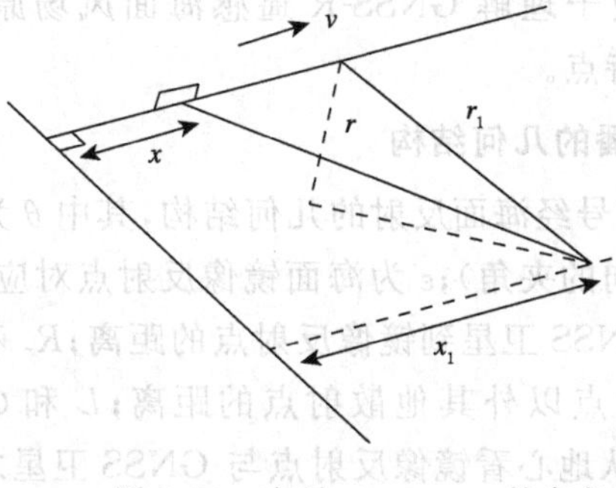

图 8.10　变量 x,x_1,r,r_1 的定义略图

8.4.2　合成孔径雷达测风原理

SAR 如同所有的微波散射计一样,向海面发射电磁波测量海面的后向散射系数。雷达测量的后向散射系数 σ_0 主要是由海面厘米尺度的粗糙度与电磁波产生共振布拉格散射引起的。

由于海面厘米尺度的粗糙度与局部风信息具有很大的相关性,因此可以利用雷达的后向散射系数反演海面风速。

与微波散射计反演方法相似,通常将 SAR 观测的海面后向散射截面、雷达波束的入射角、海面风向作为参数输入地球物理模式函数反演海面风速信息。由于目前 ERS 系列卫星散射计(SCAT)与 SAR 的工作波段一致,所以可以利用同是 C 波段 VV 极化微波散射计的 CMOD 模式函数作为 SAR 图像风速反演的模式函数,模式函数一般形式如式(8.2.5)和式(8.2.6)所示。为了利用该模式函数反演风速,首先需要获得准确的风向信息。由于 SAR 图像上一般存在与海面风向平行的条纹,这种条纹称作风条纹,风向可以通过 SAR 图像上低波数谱获得。为了获得海面局部风向信息,将整幅 SAR 图像分成若干个子图像,对每个子图像进行二维傅里叶变换,获得其低波数谱,其谱峰值的连线的垂线就代表此图像所在位置的局部风向。利用这种方法得到的风向仍有 180°的方向模糊,必须通过其他方法进行去模糊,如 SAR 图像的条纹结构。

8.5　GNSS-R 遥感海面风矢量

GNSS-R 遥感海面风场是通过接收经海面反射的 GNSS 信号,从中反演海面风场的技术。与传统的散射计海面风场遥感技术相比,GNSS-R 技术有如下一些优点:①无需单独的发射机,有丰富的 GNSS 卫星提供信号源;②接收机简单轻便,对功率需求不高,探测成本低;③时空分辨率较高,精度高;④全球覆盖、全天候以及实时性强等。GNSS-R 还可以用来反演海面高度、海面粗糙度、有效波高、海水盐度、土壤湿度以及冰的厚度等。为了便于理解 GNSS-R 遥感海面风场原理，首先介绍一下 GNSS-R 信号来源的区域与特点。

8.5.1 GNSS-R 信号传播的几何结构

图 8.11 给出了 GNSS 信号经海面反射的几何结构，其中 θ 为接收机的视角（镜像反射信号与接收机天底方向的夹角）；ε 为海面镜像反射点对应仰角，也称掠射角；R_{rsp} 和 R_{tsp} 分别为接收机和 GNSS 卫星到镜像反射点的距离；R_r 和 R_t 分别为接收机和 GNSS 卫星到除镜像反射点以外其他散射点的距离；L 和 G 分别为接收机和 GNSS 卫星的轨道半径；α 是从地心看镜像反射点与 GNSS 卫星之间的夹角；Θ 是从地心看 GNSS 卫星和接收机之间的夹角，也称张角；R 是地球半径。如图 8.11 所示，建立以镜像反射点为坐标原点，以过镜像反射点的切平面为 $x-y$ 平面，以垂直 $x-y$ 平面指向天顶的轴为 z 轴的直角坐标系，并且设 $y-z$ 平面为入射面，则对于海拔高度分别为 H_t 和 H_r 的 GNSS 卫星和接收机来说，它们相对于 $x-y$ 平面的高度分别为 h_0 和 h。这些变量的关系如下。

$$
\begin{cases}
\Theta = \pi/2 + \alpha - \theta - \varepsilon \\
R_{rsp}^2 + L^2 - 2LR_{rsp}\cos\theta = R^2 \quad R_{rsp}^2 + R^2 + 2R_{rsp}R\sin\varepsilon = L^2 \\
R_{tsp}^2 + R^2 + 2R_{tsp}R\sin\varepsilon = G^2 \quad R^2 + G^2 - 2RG\cos\alpha = R_{tsp}^2 \\
R_t^2 = R_{tsp}^2\left(1 + 2\dfrac{x\cos\varepsilon}{R_{tsp}} - 2\dfrac{z\sin\varepsilon}{R_{tsp}} + \dfrac{x^2+y^2+z^2}{R_{tsp}^2}\right) \\
R_t^2 = R_{rsp}^2\left(1 - 2\dfrac{x\cos\varepsilon}{R_{rsp}} - 2\dfrac{z\sin\varepsilon}{R_{rsp}} + \dfrac{x^2+y^2+z^2}{R_{rsp}^2}\right)
\end{cases}
\tag{8.5.1}
$$

进而给出 L,G 和 θ 便可得到 R_{rsp},R_{tsp},ε,α 和 θ。

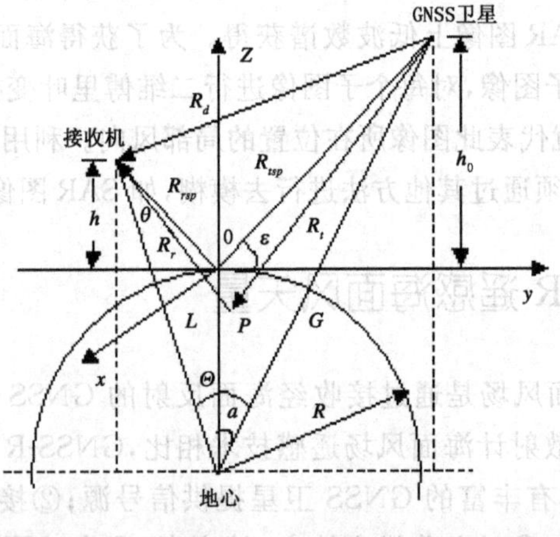

图 8.11 GNSS 信号经海面反射的几何结构

8.5.2 GNSS-R 的信号特征

8.5.2.1　海面散射判据及其散射系数

根据瑞利准则，对于 SSH 均方差为 σ_ζ 的随机海面来说，当满足 $\sigma_\zeta < \lambda/(8\sin\varepsilon)$ 时，则认为海面是平滑的，其中 λ 为 GNSS 载波信号的波长，此时可认为海面对 GNSS 信号的反射为镜面反射。典型的海面一般不满足瑞利准则，故 GNSS 信号在海面将会发生漫反射，接收机接收到的反射信号实际上是经过海面散射回的 GNSS 信号，从而需要利用散射理论来求解问题。与入射载波波长相比，海浪的水平尺度较大，可以认为海面满足基尔霍夫近似条件。基尔霍夫法的基本假设是：在海面的任何一点都产生平面界面的反射。也就是说，在某一局部区域，可以将海面界面看成是一个斜面，从而海面任何一点的反射都可视为准镜面反射。

GNSS 信号经过海面反射后极化方式发生变化，反射的 GNSS 信号变为左旋圆极化波，这种极性的变化可以分解为水平极化和垂直极化来讨论。当 GNSS 信号在海面进行水平极化和垂直极化时，其反射系数分别为

$$\mathcal{R}_H = \frac{\sin\varepsilon - \sqrt{\varepsilon'_r - \cos^2\varepsilon}}{\sin\varepsilon + \sqrt{\varepsilon'_r - \cos^2\varepsilon}} \quad \mathcal{R}_V = \frac{\varepsilon'_r\sin\varepsilon - \sqrt{\varepsilon'_r - \cos^2\varepsilon}}{\varepsilon'_r\sin\varepsilon + \sqrt{\varepsilon'_r - \cos^2\varepsilon}} \tag{8.5.2}$$

式中，ε'_r 为复介电常数，是海面温度、盐度以及 GNSS 波长的函数，在典型的情况下对于波长为 19 cm 的 L_1 载波来说，可取 $\varepsilon'_r = 73.0 + i57.5$ 来计算得到，通常称 $\mathcal{R}_H$ 和 $\mathcal{R}_V$ 为费涅尔水平极化与垂直极化反射系数。GNSS 信号经海面反射后，其合成费涅尔反射系数为

$$\mathcal{R} = \mathcal{R}_{RL} = (\mathcal{R}_V - \mathcal{R}_H)/2 \tag{8.5.3}$$

为了研究 GNSS 信号在海面的散射特性，定义散射矢量为

$$\boldsymbol{q} = -\boldsymbol{K}\nabla(R_r + R_t) \equiv \boldsymbol{K}(\boldsymbol{n} - \boldsymbol{m}) \tag{8.5.4}$$

式中，$\boldsymbol{m}$ 为沿入射方向的单位矢量，$\boldsymbol{n}$ 为沿散射方向的单位矢量。则当波面高度服从正态分布时，散射截面可以通过下式来求得

$$\sigma_0 = \frac{\pi q^4}{q_z} P_s\left(\frac{-q_\perp}{q_z}\right) |\mathcal{R}|^2 \tag{8.5.5}$$

式中，q 为散射矢量 $q \equiv (q_\perp, q_z)$ 的大小，$q_\perp$ 为 q 的水平分量，q_z 为 q 的垂直分量，P_s 为海面倾斜联合概率密度分布函数，对于二维的情况而言，其表达式如下。

$$P_s(s_x, s_y) = \frac{1}{2\pi\sigma_{sx}\sigma_{sy}\sqrt{1 - b_{x,y}^2}} \exp\left[-\frac{1}{2(1 - b_{x,y}^2)}\left(\frac{s_x^2}{\sigma_{sx}^2} - 2b_{x,y}\frac{s_x s_y}{\sigma_{sx}\sigma_{sy}} + \frac{s_y^2}{\sigma_{sy}^2}\right)\right] \tag{8.5.6}$$

式中，s_x 和 s_y 分别为海面逆风方向和侧风方向的斜率，σ_{sx}^2 和 σ_{sy}^2 分别为海面逆风方向和侧风方向的均方斜率，$b_{x,y}$ 为随机变量 s_x，s_y 的相关系数，σ_{sx}^2，σ_{sy}^2，$b_{x,y}$ 以及总的均方

斜率σ_s^2的表达式分别为

$$\sigma_{sx,y}^2 = \langle s_{x,y}^2 \rangle = \int_{-\infty}^{k_0}\int_{-\infty}^{k_0} k_{x,y}^2 \Psi(k_x,k_y)\mathrm{d}k_x\mathrm{d}k_y$$

$$b_{x,y} = \langle s_x, s_y \rangle / \sigma_{sx}\sigma_{sy} \quad \langle s_x, s_y \rangle = \int_{-\infty}^{k_0}\int_{-\infty}^{k_0} k_x k_y \Psi(k_x,k_y)\mathrm{d}k_x\mathrm{d}k_y \qquad (8.5.7)$$

$$\sigma_s^2 = \sigma_x^2 + \sigma_y^2 = \int_{-\infty}^{k_0}\int_{-\infty}^{k_0} (k_x^2 + k_y^2)\Psi(k_x,k_y)\mathrm{d}k_x\mathrm{d}k_y$$

式中,k_x和k_y分别为海浪沿x轴和y轴方向的波数,并且$k_0 = 2\pi\sin\varepsilon/(3\lambda)$为截止波数(对于 GPS 载波 L1 来说,$\lambda = 0.19$ m,$k_0 = 11\sin\varepsilon$ rad·m^{-1});$\Psi(k_x,k_y)$为海浪频谱函数,主要取决于海面风场等信息。为了计算海面均方斜度,$\Psi(k_x,k_y)$可以采用 Apel 模型和 Elfouhaily 模型计算。从而建立了散射系数与海面粗糙度进而海面风场的关系。

8.5.2.2 闪烁区及其特性

接收机接收的海面反射信号主要来自镜像反射点周围的闪烁区,如图 8.12 所示,闪烁区的形状和大小与接收机的高度、海面粗糙度有关。对于机载接收机来说,由于其海拔高度远远小于 GNSS 卫星的高度,这时可以忽略地球曲率的影响,从而可以将闪烁区看作是过镜像反射点的地球的切平面来处理;对于星载接收机来说,此时则不能忽略地球曲率的影响。

GNSS 卫星的信号经海面反射和散射后将在海面上形成一系列的距离等值线和多普勒等值线。距离等值线是$R_r + R_t$(图 8.13)相等的点的集合,其形状为椭圆,它实际上是由焦点分别位于发射机和接收机的椭圆体与镜像反射点的切平面相交而形成的,相邻两个椭圆之间的时间间隔为半个码元宽度。多普勒等值线是由于 GNSS 卫星、接收机以及海面散射面之间存在着相对运动而产生多普勒频移相等的点的集合,它与 GNSS 卫星、接收机以及海面散射面的运动速度有关,可近似为双曲线,对称轴是接收机运动速度在海面上的投影。在闪烁区内,多普勒等值线实际上可以看作是一系列的平行直线,如图 8.13 所示,该图描述了接收机在 700 km 高度低轨卫星(LEO)上,入射角为 45°,并且相邻多普勒等值线的频移间隔为 250 Hz 情况下得到的距离等值线与多普勒等值线示意图。我们将距离等值线与多普勒等值线相交而形成的区域称为距离一多普勒频移等值网格单元,在同一个单元内可认为反射信号有着相同的时延和多普勒频移。

设伪随机码的码元宽度为τ_0,则相邻距离等值线间的时间延迟为半个码元宽度$\tau_0/2$,即对应的路径延迟为$\Delta S/2$,其中$\Delta S = c\tau_0$,对 C/A 码(GPS 信号的粗码)而言,$\Delta S = 293.1$ m。设 GNSS 信号经过海面反射到达接收机的最小路径延迟为LS,即镜像反射点处的延迟,那么当路径延迟在LS和$LS + \Delta S$之间时,它对应于镜像反射点为中心的第一个椭圆区域,如图 8.13 所示,其长半轴和短半轴分别为

$$a=\frac{1}{\sin\varepsilon}\left(\frac{R_{rsp}R_{tsp}\Delta S}{R_{rsp}+R_{tsp}}\right)^{\frac{1}{2}}\quad b=\left(\frac{R_{rsp}R_{tsp}\Delta S}{R_{rsp}+R_{tsp}}\right)^{\frac{1}{2}}\tag{8.5.8}$$

当仰角大于 10°时，a 的精度在 2%以上，仰角大于 1.6°时在 10%以上，而 b 是不受地球曲率影响。对于机载接收机来说，通过下式来计算 a 和 b。

$$a=\frac{\sqrt{2\Delta Sh\sin\varepsilon}}{\sin^2\varepsilon}\quad b=\frac{\sqrt{2\Delta Sh\sin\varepsilon}}{\sin\varepsilon}\tag{8.5.9}$$

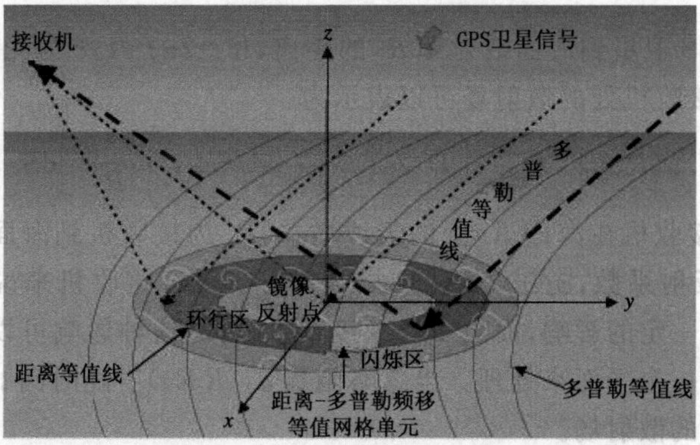

图 8.12　闪烁区几何结构图

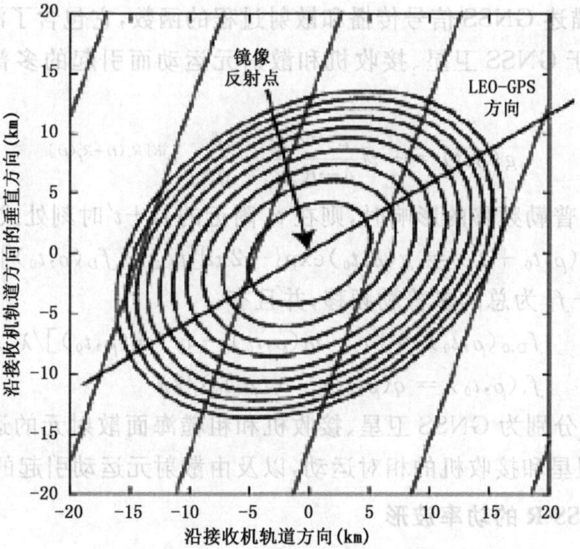

图 8.13　距离等值线和多普勒等值线

8.5.2.3 GNSS-R 的信号模型

设海面散射元的位置为 R_s，在图 8.11 中对应的坐标矢量为 ρ，载波 L_1 和 L_2 的频率分别为 f_1 和 f_2，调制在载波上的信号为 $a(t)$，则 R_s 处 GNSS 信号的复振幅可以表示为

$$u(R_s,t)=\frac{1}{R_t}a(t-R_t/c)\mathrm{e}^{-2\pi i f_{1,2}(t-R_t/c)}=\frac{1}{R_t}a(t-R_t/c)\mathrm{K}^{ikR_t-2\pi i f_{1,2}t} \tag{8.5.10}$$

式中，R_t 为 GNSS 卫星到海面散射元 R_s 的距离，$K=2\pi f_i/c$，c 为光速。则在基尔霍夫近似条件下，接收机处的散射场可以表示为

$$u(R_{rec},t)=\frac{1}{4\pi}\int_s D(\rho,t)\mathscr{R}\frac{\partial}{\partial N}\left[U(R_s,t)\frac{\mathrm{e}^{iKR_t}}{R_t}\right]\mathrm{d}S \tag{8.5.11}$$

式中，$D(\rho,t)$为接收机在海面 R_s 处的天线增益，R_r 为接收机到海面散射元 R_s 的距离，$\mathscr{R}$ 为费涅尔反射系数，$\partial/\partial N$ 为法向导数。对于星载接收机来说，地球的曲率半径对海面散射有一定的影响，而对于机载接收机来说，这种影响可以忽略不计，从而可以将球面当作一个平面来处理。当忽略函数 α，$(R_tR_r)^{-1}$ 随时间的缓慢变化时，可以得到如下所示的散射场。

$$u(R_{rec},t)=\iint_s D(\rho)a[t-(R_t+R_r)/c]g(\rho,t)\mathrm{d}^2\rho \tag{8.5.12}$$

式中，$g(\rho,t)$是描述 GNSS 信号传播和散射过程的函数，它包含了海面散射特性方面的影响，以及由于 GNSS 卫星、接收机和散射元运动而引起的多普勒频移信息。其表达式为

$$g(\rho,t)=-\mathscr{R}\frac{\mathrm{e}^{-2\pi i f_{1,2}t}}{4\pi i R_r R_t}\cdot\frac{q^2}{q_s}\cdot\mathrm{e}^{iK[R_t(t)+R_t(t)]} \tag{8.5.13}$$

当考虑到多普勒频移的影响时，则在 t_0 附近的 t_0+t'时刻处式(8.5.13)可写为

$$g(\rho,t_0+t')=g(\rho,t_0)\exp\{-2\pi i[f_{1,2}+f_D(\rho,t_0)]t'\} \tag{8.5.14}$$

式中，$f_D=f_{D,0}+f_s$ 为总的多普勒频移，并且有

$$\begin{aligned}f_{D,0}(\rho,t_0)&=[v_t\cdot m(\rho,t_0)-v_r\cdot n(\rho,t_0)]/\lambda\\ f_s(\rho,t_0)&=q(\rho,t_0)\cdot v_s(\rho,t_0)/2\pi\end{aligned} \tag{8.5.15}$$

式中，v_t，v_r 和 v_s分别为 GNSS 卫星、接收机和粗糙海面散射元的运行速度。$f_{D,0}$，f_s 分别为 GNSS 卫星和接收机的相对运动，以及由散射元运动引起的多普勒频移。

8.5.3 GNSS-R 的功率波形

接收机内部任意 t_0 时刻产生的复制伪码 a 与接收天线在 $t_0+\tau$ 时刻的输出信号 u 的相关函数为

$$Y(t_0,\tau)=\int_0^{T_i}a(t_0+t')u(t_0+t'+\tau)\exp(2\pi i f_c t')\mathrm{d}t' \tag{8.5.16}$$

式中，T_i 为相干积分时间，其值一般远远大于伪随机信号的码元宽度 τ_c，并且要小于伪随机码序列 $a(t)$ 的周期，以避免产生模糊问题；f_c 是用来补偿信号 $u(t)$ 中多普勒频移 f_D 的本振频率，选择不同的 f_c 便可以产生一系列的多普勒脉冲，并且可以得到一个二维的波形。对于反射信号来说，因为接收到的信号是通过海面反射得到的，故 u 代表经历了不同时间延迟和多普勒频移的反射信号的总和。镜像反射点的延迟可以当作是接收机高度和 GNSS 卫星仰角的函数来计算，闪烁区内其他的反射点与镜像反射点有一个相对的延迟。当多普勒频移被完全补偿，并且反射信号与机内伪随机复制码完全对齐时，相关达到最大值。在一个相干积分时间 T_i 内，可认为式(8.5.16)中积分号内的项不随时间变化。将式(8.5.12)代入式(8.5.16)中并进行简化处理以后可得

$$Y(t_0,\tau)=T_i\iint_s D(\rho)\Lambda[\delta\tau(t_0,\rho)]S[\delta f(t_0,\rho)]g(\rho,t_0)\mathrm{d}^2\rho \tag{8.5.17}$$

式中，

$$\Lambda(\delta\tau)=\frac{1}{T_i}\int_0^{T_i}a(t_0+t')a(t_0+t'+\delta\tau)\mathrm{d}t'=\begin{cases}1-|\delta\tau|/\tau_c & |\delta\tau|\leqslant\tau_c(1+\tau_c/T_i)\\-\tau_c/T_i & |\delta\tau|>\tau_c(1+\tau_c/T_i)\end{cases}$$

和

$$S(\delta f)=\frac{\sin(\pi\delta fT_i)}{\pi\delta fT_i}\exp(-\pi i\delta fT_i)$$

分别为伪随机码相关函数和多普勒滤波函数。

接收机的功率输出波形实际上是一个关于时间延迟的平均功率，它通过将信号的同相分量和正交分量分别进行平方并相加然后再在积累时间内进行平均得到的。设接收机内相关器对的积累时间为 T_a，则可以得到时间延迟信号的平均功率为

$$\langle|Y(\tau)^2|\rangle=\frac{1}{T_a}\int_0^{T_a}|Y(t_0,\tau)|^2\mathrm{d}t_0 \tag{8.5.18}$$

将式(8.5.17)代入式(8.5.18)，并进行近似处理即可得

$$\langle|Y(\tau)^2|\rangle=T_i^2\iint_s\frac{D^2(\rho)}{4\pi R_t^2(\rho)R_r^2(\rho)}\times\Lambda^2[\tau-(R_t+R_r)/c]\,|S[f_\mathrm{D}(\rho)-f_c]|^2\sigma_0(\rho)\mathrm{d}^2\rho \tag{8.5.19}$$

从式(8.5.19)可以得到反射信号的平均功率密度是时间延迟 τ 和多普勒频移 f_D 的函数，并且 $D^2\Lambda^2|S|^2$ 是由距离多普勒频移等值网格单元产生的。从而，通过延迟映像接收机可以确定散射信号的波形，也就是说将海面一系列环形区的反射信号功率集中到镜像反射点。

8.5.4　GNSS-R 海面风矢量反演方法

海面风速和风向对海面的影响表现在海面倾斜的分布上。风速越大，海面倾斜

变化越大，闪烁区的范围也越大，海面倾斜变化最大的方向对应于逆风或者顺风方向。式(8.5.19)中能够反映海面粗糙度和海面风场影响的因子为 σ_0，风场的变化将会引起 σ_0 的变化，并且影响到了回波波形特征行为。因此，通过测量 $|Y(\tau)|^2$ 与时间延迟的依赖关系可以反演海面风场，反演的方法是通过接收机的输出波形与模拟的波形或经验的波形进行比较得到的。如图 8.14 所示，风速越大，海面越粗糙，反射信号的功率谱峰值将减小，波形越扁平，通过和模拟的波形相比可以反演出风速。而风向的变化则会引起闪烁区的非对称性的变化，沿顺风方向，海面斜度概率密度函数的包络比较宽，而沿侧风方向则相对较窄，表现在输出波形上为波形对方位具有非对称性。试验表明，对单个卫星的延迟测量是不可能明确地确定这个非对称性的，从而需要联合使用多颗卫星可以反演得到风向。由此，可以得出海面风场反演的流程如图 8.15 所示。

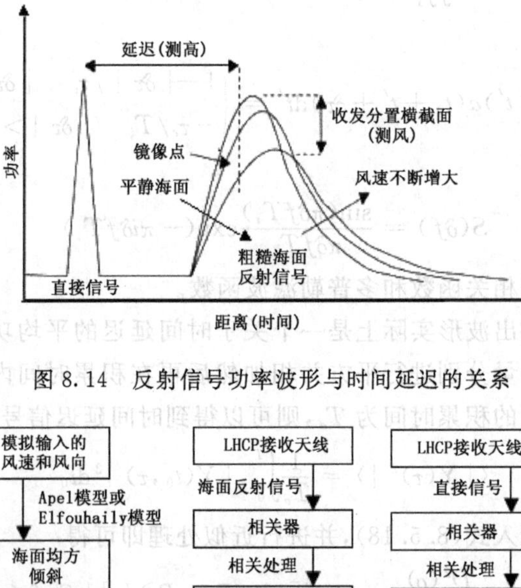

图 8.14 反射信号功率波形与时间延迟的关系

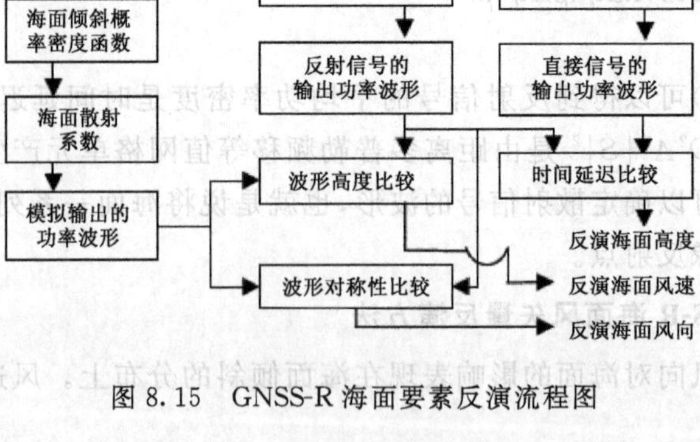

图 8.15 GNSS-R 海面要素反演流程图

根据(8.5.19)式并且以直接信号的功率作为归一化因子,可以得出以下结论:反射信号的归一化功率曲线随着时间延迟的增大而不断加宽,变得越来越扁平,并且归一化功率的峰值将会随着接收机高度的增加和风速的增大而不断减小。图 8.16 描述了在风向为 0°,GNSS 卫星仰角为 90°,接收机高度为 10 km 时不同风速条件下的 GNSS-R 功率波形。由图可知,通过波形的高度可以来反演风速。图 8.17 描述了在 GNSS 卫星仰角为 45°、接收机高度为 5 km 时,风向对 GNSS-R 功率波形的影响。由图可知,通过波形的后沿可以用来反演风向。

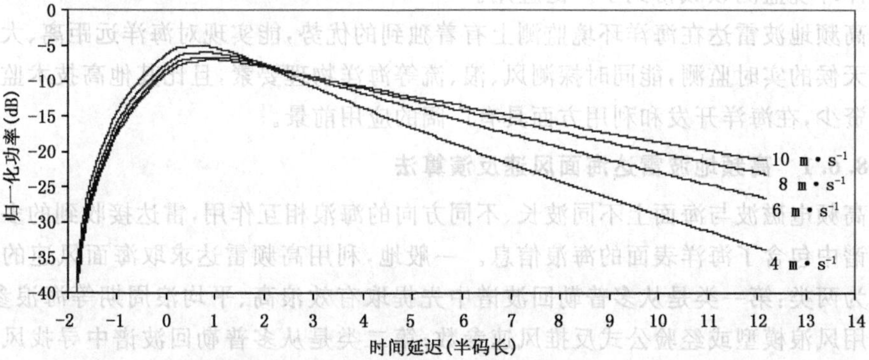

图 8.16　归一化功率与时间延迟的关系

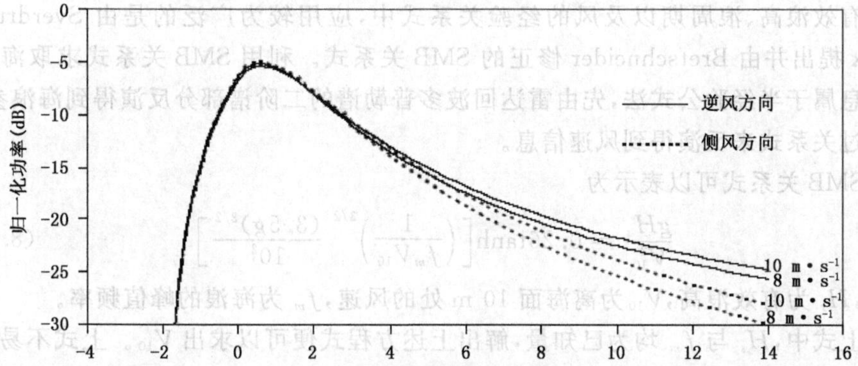

图 8.17　逆风和侧风条件下归一化功率与时间延迟的关系

8.6　高频地波雷达遥感海面风矢量

高频地波雷达 HF GWR(HF Ground Wave Radar)又称为高频表面波雷达 HF

SWR(HF Surface Wave Radar)，利用垂直极化的高频电磁波沿海水表面传播时能量衰减比较小的特性，能超视距探测和跟踪视距以外的海上目标。使用高频雷达监测海洋环境的思想产生于1955年，Crombie第一次用高频雷达进行了海面散射实验，并用Bragg共振散射机理合理解释了电磁波与海浪的一阶相互作用过程。1966年Wait确认了Crombie的Bragg共振散射机理。1972年，Barrick进一步对实验发现的一阶散射与二阶散射做了理论上的定量解释，建立了一阶散射截面方程与二阶散射截面方程，为高频雷达用于海洋环境探测打下了坚实的理论基础，从此高频雷达在海洋环境监测领域得到了广泛应用。

高频地波雷达在海洋环境监测上有着独到的优势，能实现对海洋远距离、大面积和全天候的实时监测，能同时探测风、浪、流等海洋物理要素，且比其他高技术监测设备投资少，在海洋开发和利用方面具有广阔的应用前景。

8.6.1　高频地波雷达海面风速反演算法

高频电磁波与海面上不同波长、不同方向的海浪相互作用，雷达接收到的多普勒回波谱中包含了海洋表面的海浪信息。一般地，利用高频雷达求取海面风速的方法可分为两类：第一类是从多普勒回波谱中先提取有效浪高、平均浪周期等海浪参数，再利用风浪模型或经验公式反推风速参数；第二类是从多普勒回波谱中寻找风速与二阶谱的相互关系，绕过求取海浪参数，直接反演风速信息。

8.6.1.1　SMB关系式法

有效浪高、浪周期以及风的经验关系式中，应用较为广泛的是由Sverdrup和Munk提出并由Bretschneider修正的SMB关系式。利用SMB关系式求取海面风速信息属于半经验公式法，先由雷达回波多普勒谱的二阶谱部分反演得到海浪参数，再通过关系式来反演得到风速信息。

SMB关系式可以表示为

$$\frac{gH_s}{V_{10}^2}=0.26\tanh\left[\left(\frac{1}{f_m V_{10}}\right)^{3/2}\frac{(3.5g)^{3/2}}{10^2}\right] \tag{8.6.1}$$

式中，H_s为有效浪高，V_{10}为离海面10 m处的风速，f_m为海浪的峰值频率。

上式中，H_s与f_m均为已知量，解出上述方程式便可以求出V_{10}。上式不易采用直接法求解V_{10}，可采用迭代法求解。一般情况下，设V_{10}初始值为10 m·s^{-1}，只需要经过几次迭代便可以得到V_{10}值。

8.6.1.2　JONSWAP关系式法

在1968—1969年间，由英国、荷兰、美国、德国等国家的有关机构进行了"联合北海波浪计划"(Joint North Sea Wave Project，JONSWAP)，从丹麦与德国的交界处舒尔脱岛沿西偏北方向布置了一个测波断面伸入北海达160 km，沿断面共布设了13个观测站，最大水深为50 m，采用五种观测仪器观测波浪。从测得的2500个谱中得到了风浪谱，并得到了关于海浪浪高、浪周期及风速的关系式。

$$V_{10} = 9.11 \times 10^3 \left(\frac{H_s^2 f_m^3}{g} \right) \tag{8.6.2}$$

式中，H_s 为有效浪高，V_{10} 为离海面 10 m 处的风速，f_m 为海浪的峰值频率。JONSWAP关系式法也属于半经验公式法，与 SMB 关系式法相同，只需要求出 H_s 与 f_m 便可得到风速，但 JONSWAP 关系式法更为简单，不需迭代即可得到结果。

8.6.1.3 David Green 法

2007 年，加拿大学者 David Green 提出了一种通过求取二阶峰相对于一阶峰的多普勒频率偏移量来反演风速的方法。该方法从多普勒回波谱中寻找到了风速与二阶谱、雷达工作频率的相互关系，不需求取海浪参数，便可直接反演风速信息。具体方法如下。

首先对二阶雷达散射截面方程近似转化为

$$\sigma^{(2)}(\omega_d) = \pi C S_2(K_2) S_1(K_1) \beta(K_1) R(K_1) \tag{8.6.3}$$

式中，$\beta(K_1)$ 为方向因子模型，$S(K)$，C，$R(K_1)$ 为耦合系数的简化式，且仅与 K_1 相关。

对于二阶谱的谱峰位置，有

$$\begin{aligned} \frac{\mathrm{d}\sigma_2(\omega_d)}{\mathrm{d}\omega_d} = \pi C S_2 \Big[& \frac{\mathrm{d}S_1(K_1)}{\mathrm{d}K_1} \beta(K_1) R(K_1) \\ & + S_1(K_1) \frac{\mathrm{d}\beta(K_1)}{\mathrm{d}K_1} R(K_1) \\ & + S_1(K_1) \beta(K_1) \frac{\mathrm{d}R(K_1)}{\mathrm{d}K_1} \Big] \frac{\mathrm{d}K_1}{\mathrm{d}\omega_d} = 0 \end{aligned} \tag{8.6.4}$$

且由于 $S_2(K_2)$ 近似为常量，$\frac{\mathrm{d}K_1}{\mathrm{d}\omega_d} = -\frac{2}{m_1}\sqrt{\frac{K_1}{g}}$，同时有

$$\frac{\mathrm{d}S(K_1)}{\mathrm{d}K_1} = \left(\frac{1.48 g^2}{U^4 K_1^3} - \frac{2.5}{K_1} \right) S_1 \frac{\mathrm{d}K_1}{\mathrm{d}\omega_d} = F(K_1, U) S_1(K_1) \tag{8.6.5}$$

式中，U 代表海面风速。

$$F(K_1, U) = \left(\frac{1.48 g^2}{U^4 K_1^3} - \frac{2.5}{K_1} \right) \frac{\mathrm{d}K_1}{\mathrm{d}\omega_d} \tag{8.6.6}$$

8.6.2 高频地波雷达海面风向反演算法

风向的提取过程可以分为两步，第一步是从正负峰中提取风向与波束夹角的绝对值；第二步利用相同或相近区域风向的一致性来消除风向模糊性。

8.6.2.1 风向提取原理

高频雷达回波多普勒谱中的正负一阶 Bragg 峰是由高频电磁波与波长为电磁波波长一半的两列海浪相互作用并产生 Bragg 散射形成的，并且这两列海浪分别朝向

和背离雷达波束运动。正轴一阶峰是由朝向雷达运动的这列海浪与高频电磁波相互作用产生的，而负轴一阶峰是由背离雷达运动的这列海浪与高频电磁波相互作用产生的。一阶峰的强度反映了这两列海浪的发展程度，根据回波谱中两个一阶峰的相对强度可以判断风是向着、背离雷达吹，还是沿垂直于雷达波束的方向吹。

从一阶雷达散射截面方程可以看出，一阶谱的强度与散射截面呈正比，因此存在以下关系式。

$$R = 20\log\left(\frac{B^+}{B^-}\right) \qquad \frac{B^+}{B_-} = \frac{\sigma^{(1)}(\omega_B)}{\sigma^{(1)}(-\omega_B)} = \frac{S(-2\,\boldsymbol{k}_0)}{S(2\,\boldsymbol{k}_0)} \tag{8.6.7}$$

式中，R 为一阶谱中正、负一阶 Bragg 峰的比值；B^+ 和 B^- 分别为正、负一阶峰的真实强度。同时 Lipa 提出了有向浪高谱可表示为无向浪高谱与方向因子的乘积，即

$$S(\boldsymbol{k}) = \phi(k)F(\theta + \varphi_0 - \varphi_w) \tag{8.6.8}$$

式中，φ_0 为雷达波束方位角，φ_w 为风向，θ 为波矢量 $\boldsymbol{k}$ 相对于雷达波束方位角的方向。将海浪谱形式代入式(8.6.7)中，消除无向浪高谱，就可以得到正负一阶峰比值 R 关于方向因子 F 的表达式。

$$R = 20\log\frac{F(\pi - \theta_w)}{F(0 - \theta_w)}, \theta_w = \varphi_w - \varphi_0 \tag{8.6.9}$$

在选定合适的方向因子模型之后，根据 R 便可以确定风向。

8.6.2.2 主要风向反演算法

风向反演算法中，SMB 法和 Heron-Rose 法相结合的算法应用最为广泛。

1975 年，Stewart 和 Barnum 提出了求风向的 SMB 方法。对于浪高方向谱采用 Longuet-Higgins 提出的模型，具体形式为

$$F(\theta + \varphi) = A\cos^s\left(\frac{\theta + \varphi - \varphi_w}{2}\right) \tag{8.6.10}$$

式中，A 为常量，取值 $3\pi/4$，θ 为雷达波束与海浪分量的传播方向的夹角，φ 表示雷达波束指向，φ_w 表示海面风向。$\theta+\varphi$ 则为海浪分量的传播方向，$\theta+\varphi-\varphi_w$ 为海面风向到海浪波列行进方向的角度。S 为扩展因子表示海浪关于风向的分散程度，S 的值越大表示海浪能量越集中。S 的取值范围一般为[2,16]，典型值为 4。

代入式(8.6.9)可得

$$R = 20\log[\tan^s(|\theta_w|/2)] \tag{8.6.11}$$

因此，已知 R 便可以求解出 θ_w。S 是风速 V 的函数，并且通过一个中间参数 μ 互相联系。

$$\mu = \begin{cases} 3.65\times10^{-3}V^{5/4}f_0^{1/2}, V < 15\ \mathrm{m\cdot s^{-1}} \\ 8.33\times10^{-3}Vf_0^{1/2}, V > 15\ \mathrm{m\cdot s^{-1}} \end{cases}$$

$$s = \begin{cases} 0.4(\mu - 0.1)^{-1}, \mu > 0.1 \\ 4, \mu < 0.1 \end{cases} \tag{8.6.12}$$

当计算出风速 V 之后便可以得到 s，代入上式便能够计算得出风向值：

$$\varphi_w = \varphi_0 \pm 2\arctan[10^{R/(20s)}] \tag{8.6.13}$$

式中的正负号表示了一种风向不确定性，取正号和负号分别代表了两种不同的风向，这两个风向相对雷达波束方向是对称的。但对于雷达而言却没有区别，观测到的一阶回波谱是一样的。因此通过一部雷达且只扫描一个方向时，无法区别这两个风向。

8.6.2.3　风向去模糊

当求出风向与波束夹角的绝对值之后，并不能判断风向相对于波束方向偏左还是偏右，即求出的风向具有不确定性。为了求出真实风向，必须解决这种风向不确定性（风向模糊性）问题。目前解决风向模糊性的方法主要分为三种，一是将气象观测结果或者其他仪器的测量结果作为辅助参量来确定风向；二是将双站或者多站雷达共同照射同一地区，通过判断不同雷达测量结果的一致性来消除风向模糊性；三是利用相近区域内风向的近似一致性来确定风向。

习　题

1. 解释下列各组概念：

(1)镜面反射、布拉格散射；

(2)海面高度、海面动力高度；

(3)大地水准面高度、卫星高度；

(4)光滑海面、粗糙海面；

(5)地球物理模式函数、海面斜率联合概率密度函数。

2. 海面均方斜率有什么特点？

3. 海面散射的主要机制有哪些？各有何特点？

4. 散射计斜视观测模式下，雷达后向散射截面与什么因子有关？有什么特点？

5. 简述散射计遥感反演风速风向的原理。

6. 简述高度计反演海面风速的原理。为什么高度计不能反演海面风向？

7. 简述合成孔径雷达遥感海面风矢量原理。

8. GNSS 海面反射信号与风向、风速之间有何关系？

9. 简述高频地波雷达遥感海面风矢量的原理。

10. 利用高频地波雷达遥感海面风矢量与散射计原理有何不同？

11. 查阅文献，总结不同星载散射计的主要技术指标。

12. 查阅文献，总结不同星载高度计的主要技术指标。

13. 查阅文献，总结不同合成孔径雷达的主要技术指标。

14. 查阅文献，总结不同高频地波雷达的主要技术指标。

参考文献

董庆，郭华东，2005. 合成孔径雷达海洋遥感[M]. 北京：科学出版社.
刘良明，2005. 卫星海洋遥感导论[M]. 武汉：武汉大学出版社.
潘德炉，林明森，毛志华，2013. 海洋微波遥感与应用[M]. 北京：海洋出版社.

第 9 章　GNSS 大气遥感

GNSS 是全球导航卫星系统(Global Navigation Satellite System)的简称，用于全球范围内的高精度导航、定位和授时。随着卫星导航技术的发展，目前它已经渗透到国民经济和国防建设的许多领域。美国的 GPS、俄罗斯的 GLONASS、欧盟的 GALILEO、中国的北斗是已建成或正在建设的全球导航卫星系统。

20 世纪 80 年代后期开始，国际上兴起了一种新的探测地球大气的方法，即通过测量穿过大气层的 GNSS 信号由于速度减慢和路径弯曲引起的延迟效应来主动遥感反演气温、气压、湿度、电子密度等大气参数的技术。主要有两类：一种是地基 GNSS 大气遥感技术，另一种是天基 GNSS 掩星大气遥感技术。

在标准大地测量与定位中，要估算从 GNSS 卫星向地面的 GNSS 接收机传送的信号在大气层中累计的延迟，并加以订正，以便获得高精度的定位信息。这种延迟对沿信号路径的水汽含量、电子含量非常敏感，从而发展了地基 GNSS 遥感水汽总量与电子总量的方法，进一步地发展了水汽密度与电子密度的 GNSS 层析方法。

在 GNSS 信号穿过大气层到达低轨道星载、机载 GNSS 接收机的过程中，因大气折射率存在梯度而使 GNSS 信号发生折射，这种折射信号中蕴含了沿路径的大气温度、气压、湿度、电子密度等信息，从而发展了 GNSS 掩星大气遥感方法。此外，利用地面、海面对 GNSS 信号的反射信息，还可遥感地表土壤湿度、海浪、海面风速等信息。

GNSS 应用于大气遥感具有独特的优势。GNSS 卫星位于 20000 km 的高空，信号穿过整个电离层和中性大气层到达地面，变化的信号中包含了关于电离层和中性大气的信息，为将地球大气作为整体研究提供了可能；GNSS 卫星发射多个频率的厘米波信号，电离层的色散效应使得可以从接收的多频信号的差分值来研究电离层的性质；GNSS 信号的波长又使得它在中性大气层中不受云、雨、尘埃及其他各种杂质的影响而以射线形式传播，为研究近地大气提供了一个明晰、稳定的信号源；GNSS 的设计使得 GNSS 成为全球、全天候的实时导航系统，也使得对大气的遥感具有全球、全天候、实时性的特点。GNSS 大气遥感数据具有覆盖全球、高垂直分辨率、高精度和高长期稳定的特点，将给天气预报、气候和全球变化监测等领域产生深刻的影响。

本章主要介绍利用 GNSS 信号进行电离层、对流层大气遥感的原理和方法，利用 GNSS 反射信号遥感海面风场的内容在第 8 章介绍。

9.1 全球导航卫星系统概述

9.1.1 GPS

GPS 是美国政府为满足军事部门对海、陆、空设施进行高精度导航和定位的要求而建立的第二代全球定位系统。GPS 空间星座由 24 颗卫星组成，其中 21 颗为工作卫星，3 颗为在轨备用卫星。GPS 卫星分布在 6 个轨道面上，各轨道平面升交的赤经相差 60°。每个轨道面上分布有 4 颗卫星，GPS 卫星的轨道平均高度约为 20200 km，轨道面相对地球赤道面的倾角约为 55°，卫星运行周期为 11 h 58 min。GPS 卫星星座分布如图 9.1 所示。从图 9.1b 可见，在某一时刻 GPS 卫星几乎均匀分布于地球周围。位于某一地点地平线以上的卫星数目，随时间和地点而异，最少为 4 颗，最多可达 11 颗，从而保证了在任意地点任意时刻均能对地面目标实现导航定位。

GPS 卫星的轨道参数使得每颗卫星能覆盖地面面积的 38%。卫星运行到轨道的任何位置上，它对地面的距离和波束覆盖面积基本上不变，同时波束覆盖区域内，用户接收到的信号强度近似相等，保证了定位精度。

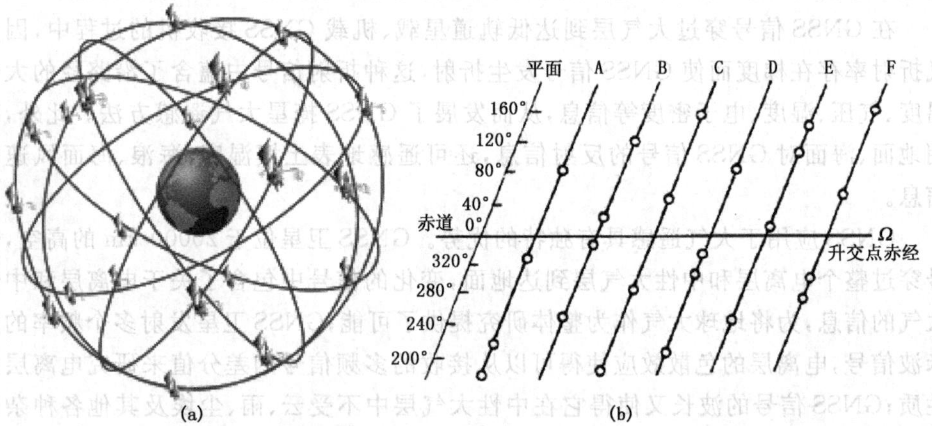

图 9.1 GPS 卫星星座分布图

9.1.2 GLONASS

俄罗斯的 GLONASS 是从苏联建设的全球导航卫星系统 Global Navigation

Satellite System(简称 GLONASS)发展而来的。2001 年 12 月 2 日,俄罗斯将 3 颗新的 GLONASS 卫星送入预定轨道,拉开了重新部署的序幕。GLONASS 由 24 颗卫星均匀分布在轨道倾角为 64.8°、高度为 19100 km 的三个轨道面上,如图 9.2 所示。卫星运行周期约为 11 h,卫星依不同发射频率来区分,每颗 GLONASS 卫星发射的两种载波的频率分别为 $L_1 = 1602 + 0.5625 \times k$(MHz)和 $L_2 = 1246 + 0.4375 \times k$(MHz),其中 k 为每颗卫星的频率编号(1～24)。

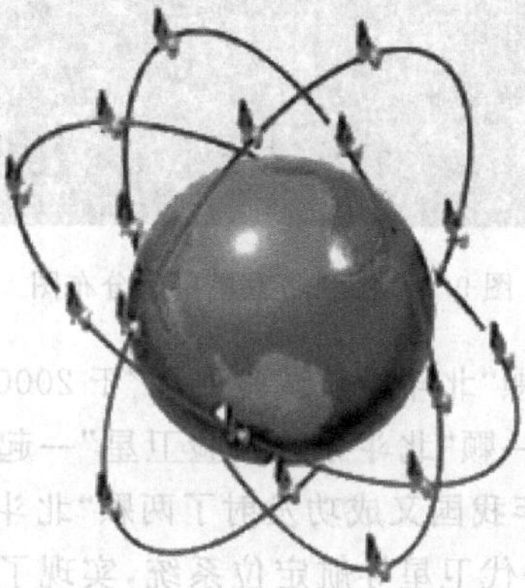

图 9.2 GLONASS 星座分布图

9.1.3 伽利略卫星导航系统

2002 年 3 月 26 日,欧盟 15 个成员国的交通部长在布鲁塞尔决定开始启动伽利略卫星导航定位系统计划。伽利略系统与 GPS 和 GLONASS 最大的不同在于其是民用系统,而 GPS 和 GLONASS 都是军用系统。

伽利略全球卫星导航系统空间段由分布在三个轨道上的 30 颗中等高度轨道卫星(MEO)构成,如图 9.3 所示。轨道高度为 23616 km,轨道倾角 56°,轨道升交点在赤道上相隔 120°,卫星运行周期为 14 h,每个轨道面上有 9 颗工作卫星,1 颗备用卫星。这样的星座可为全球提供足够的覆盖范围。伽利略卫星导航系统使用 4 个载波向全球发布 5 种导航信号。

9.1.4 北斗卫星导航系统

鉴于卫星导航系统在军事和民用上的重要性,我国也着手研制了北斗卫星导航系统。“北斗一号卫星导航系统”是一个双星导航定位系统,该系统采用两颗地球静止轨道卫星,以双向测距结合数字地形模型确定地面点位置。我国自行研制的第一颗“北斗导航试验卫星”于 2000 年 10 月 31 日在西昌卫星发射中心发射升空,并准确

图 9.3　伽利略卫星星座分布图

进入预定轨道。随后，第二颗“北斗导航试验卫星”于 2000 年 12 月 21 日在西昌卫星发射中心发射升空，它与第一颗“北斗导航试验卫星”一起，构成了“北斗一号卫星导航系统”。2003 年和 2007 年我国又成功发射了两颗“北斗一号”备份卫星，这标志着我国拥有了自主研制的第一代卫星导航定位系统，实现了全天候的区域卫星导航定位。系统建成后，主要为公路交通、铁路运输、海上作业等领域提供导航服务。北斗卫星导航系统与 GPS 相比，除了可进行导航定位、精密授时外，终端用户还可进行双向数字报文通信，一次传送多达 120 个汉字的短报文信息，但定位精度低，最高只有 20 m，且无法定位高速移动的目标。

2007 年开始，我国发射第一颗“北斗二号”卫星，正式组网第二代北斗卫星导航系统。第二代北斗卫星导航系统采用无源定位技术，计划 2020 年建成后的星座由 35 颗卫星组成，其中 5 颗地球同步静止轨道卫星（GEO）、3 颗倾斜同步大圆轨道卫星（IGEO）和 27 颗中圆轨道卫星（MEO）。5 颗 GEO 卫星分别定点在东经 58.75°，80°，110.5°，140°，160°的静止轨道上，3 个 IGEO 卫星分布在 3 个倾斜轨道，27 颗 MEO 卫星分布在 3 个中圆轨道，轨道面之间相隔 120°均匀分布，如图 9.4 所示。第二代北斗卫星导航系统服务分为开放服务和授权服务两种，具有全球覆盖能力。开放服务定位精度为 10 m，授时精度为 50 ns，测速精度为 0.2 $m \cdot s^{-1}$。授权服务则可为授权用户提供更安全与更高精度的定位、测速、授时和短报文通信服务功能。第二代北斗卫星导航系统信号采用了中心频率分别为 1575.42 MHz，1191.795 MHz，1268.52 MHz 的三个载波信号。

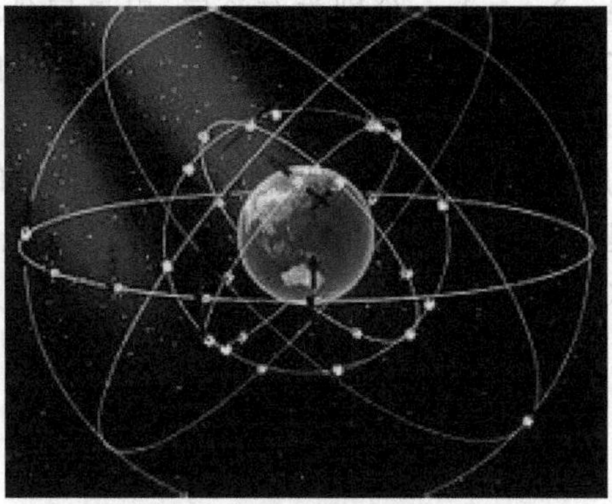

图 9.4 BD-2 卫星星座分布图

9.2 导航卫星定位原理

9.2.1 定位原理

利用全球导航卫星系统可实现对地球上任意地点或目标进行绝对定位,也就是说,可以确定观测站点在协议地球坐标系中相对于坐标系原点的绝对坐标。利用 GNSS 进行绝对定位,是以 GNSS 卫星和用户接收机天线之间的距离为基础,并根据已知的 GNSS 卫星瞬时坐标来确定用户接收机天线所对应的位置坐标的。

原则上,1 个测站上有 3 个独立的距离观测量便可以确定测站的位置坐标。但是,由于 GNSS 采用了单程测距方法,而卫星钟与用户接收机钟难以保持严格同步,所以,实际观测的测站至卫星之间的时间均含有卫星钟和接收机钟同步差的影响,通常把它作为一个未知参数 δt ,与测站的坐标在数据处理中一并求解。这样,在 1 个测站上,为了实时求解 4 个未知参数(3 个点位坐标分量和 1 个钟差参数),便至少需要 4 个同步伪距观测值,也就是说需要能同时观测到 4 颗导航卫星信号才能进行绝对定位,如图 9.5 所示。

在地心坐标系中,如图 9.5 所示,假设四颗导航卫星的坐标为 x_i, y_i, z_i ,地面上接收机的位置坐标为 x, y, z ,则可列出以下方程组。

$$\sqrt{(x_1-x)^2+(y_1-y)^2+(z_1-z)^2}=P_1-\delta\rho_{\text{trop}}-\delta\rho_{\text{ion}}-c_0\delta t \tag{9.2.1a}$$

$$\sqrt{(x_2-x)^2+(y_2-y)^2+(z_2-z)^2}=P_2-\delta\rho_{\text{trop}}-\delta\rho_{\text{ion}}-c_0\delta t \tag{9.2.1b}$$

$$\sqrt{(x_3-x)^2+(y_3-y)^2+(z_3-z)^2}=P_3-\delta\rho_{\text{trop}}-\delta\rho_{\text{ion}}-c_0\delta t \tag{9.2.1c}$$

$$\sqrt{(x_4-x)^2+(y_4-y)^2+(z_4-z)^2}=P_4-\delta\rho_{\text{trop}}-\delta\rho_{\text{ion}}-c_0\delta t \tag{9.2.1d}$$

方程组中, c_0 为电磁波在真空中传播的速度, P_1, P_2, P_3, P_4 分别为测站观测的四颗导航卫星的伪距观测量，$\delta\rho_{trop}$，$\delta\rho_{ion}$ 分别为对流层、电离层延迟，可采用模式进行确定。上述方程中忽略了卫星与接收机的硬件延迟以及路径弯曲效应等。通过求解方程组，可得 x,y,z 和钟差 δt，从而实现定位。

直接利用所测量的导航信号接收时刻与发射时刻之间的时间差乘以真空中的光速所得到的距离并不是真正的 GNSS 卫星与用户接收机天线之间的几何直线距离，因而称其为伪距，如式(9.2.2)所示。

$$P = c_0 \Delta t \tag{9.2.2}$$

式中，P 称为伪距，Δt 为导航信号接收时刻与发射时刻之间的时间差，称为时间延迟量。

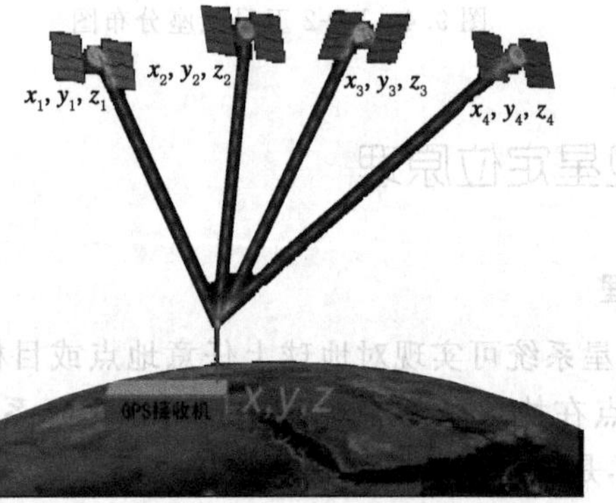

图 9.5　导航卫星定位原理示意图

9.2.2　导航信号

在导航卫星定位过程中，由于导航卫星发射信号的时刻无法知道，因此，为了测量从发射到接收导航信号之间的时间间隔，对发射的导航信号进行了特殊处理。导航卫星所播发的导航信号包括三种信号分量：载波、测距码和数据码。导航信号的产生、构成和复制，都涉及现代数字通信理论和技术方面的复杂问题，在此不做深入介绍，但为了理解导航卫星定位原理，下面以 GPS 为例介绍导航信号结构与特点。

9.2.2.1　载波信号

GPS 导航信号配有两种 L 波段的载波信号：频率为 1576.42 MHz 的载波信号 L_1，波长为 19.03 cm；频率为 1227.60 MHz 的载波信号 L_2，波长为 24.02 cm。

这两种载波信号是通过 GPS 卫星上的高精度原子钟产生的 $f_0 = 10.23$ MHz 的基准频率信号通过频率综合器产生的。之所以选择 L 波段的 1.2～1.5 GHz 的电磁波，是因为它们通过云、雨、雪时几乎不受衰减，从而不会影响 GPS 全天候的定位功能。另外，选择两种载波而不是一种载波，其目的是测量出或消除由于电离层效应而引起的延迟误差，从而提高 GPS 定位的精度，这也是利用 GPS 信号开展电离层遥感探测的基础。GPS 信号频率的产生过程如图 9.6 所示。

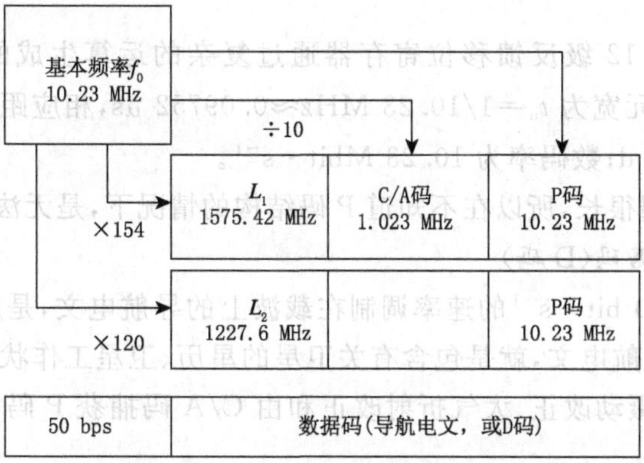

图 9.6 GPS 信号频率产生方案

9.2.2.2 测距码

测距码是一种伪随机码，有两种：P 码，又称为精码和 C/A 码，也称为粗码。随机码具有较好的自相关性，它是一种非周期性序列，但由于不能复制，因而无法利用。因此，GPS 采用了伪随机码作为测距码。这种码序列的主要特点是：不仅具有类似随机码的良好自相关特性，且具有某种确定的编码规则，是周期性的，因而可以容易地复制。

伪随机码由一个称为“多极反馈移位寄存器”的装置产生。这种移位寄存器，由一组连接在一起的存储单元组成，每个存储单元只有 0 或 1 两种状态。移位寄存器的控制脉冲有两个：钟脉冲和置“1”脉冲。

在一般情况下，对于一个 r 级反馈移位寄存器来说，将产生更为复杂的周期性 m 序列。这时，移位寄存器可能经历的状态有

$$N_u = 2^r - 1 \tag{9.2.3}$$

在 m 序列的每一周期中，最多可能包含 N_u 个码元，N_u 也称为码长。码元的宽度等于钟脉冲的时间间隔 t_u，因而 m 序列的最长周期为

$$T_u = N_u \cdot t_u \tag{9.2.4}$$

(1)C/A 码

C/A 码是由 10 级反馈移位寄存器产生的伪随机序列，其码长为 $N_u = 2^{10} - 1 = 1023$ bit；码元宽为 $t_u = 1/1.023$ MHz≈ 0.9752 μs，相应距离为 293.1 m；周期为 $T_u = N_u t_u = 1$ ms；数码率$=1.023$ Mbit·s^{-1}。

C/A 码是用于跟踪、锁定和测量的伪随机码。C/A 码周期很短，可在 1 s 时间内

搜索1000次,因此C/A码除了用于捕获卫星信号和提供伪距观测量外,还可以用于过渡到捕获P码。

(2)P码

P码是由4个12级反馈移位寄存器通过复杂的运算生成的,其码长为 $N_u \approx 2.35\times10^{14}$ bit;码元宽为 $t_u = 1/10.23$ MHz ≈ 0.09752 μs,相应距离为29.3 m;周期为 $T_u = N_u t_u \approx 267$ d;数码率为10.23 Mbit · s^{-1}。

因为P码周期很长,所以在不知道P码结构的情况下,是无法捕获P码的。

9.2.2.3 *数据码(D码)*

数据码是以50 bit · s^{-1}的速率调制在载波上的导航电文,是用于定位和导航的基础数据。所谓导航电文,就是包含有关卫星的星历、卫星工作状态、时间系统、卫星钟运行状态、轨道摄动改正、大气折射改正和由C/A码捕获P码等导航信息的数据码(或D码)。

导航电文也是二进制码,依规定格式组成,按帧向外播送。每帧电文含有1500 bit,播送速度为50 bit · s^{-1},所以播送一帧电文的时间需要30 s。

9.2.3 伪距观测方程

9.2.3.1 *测码伪距观测方程*

通过测量GPS卫星发射的测距码信号(C/A码或P码)到达用户接收机天线(观测站)的传播时间的观测方法,称为码相位观测,或时间延迟测量。由此确定的伪距称为测码伪距。

码信号的时间延迟测量,是通过在用户接收机内复制测距码信号,并通过接收机的时间延迟器进行相移,当复制的码信号与接收到的相应码信号达到最大相关时,则可根据所需要的相移量计算卫星发射的码信号到达接收机的传播时间,即时间延迟。

通常,接收机的复制码与其接收的相应码的相关(对齐)精度,约为码元宽度的1%。例如,对C/A码来说,由于其码元宽度约为293 m,所以其观测精度约为2.9 m;而P码的码元宽度为29.3 m,其观测精度约为0.29 m,比C/A码的观测精度约高10倍,因此P码又称为精码。

当导航信号从卫星上发射经过电离层、对流层传播到接收机接收时,期间经历了电离层折射、对流层折射,另外考虑到卫星和接收机时钟的偏差及它们各自的硬件延迟,所以测码伪距观测方程可以写为

$$P_{kj}^{i} = \rho_j^i + \delta\rho_{\mathrm{ion}_j}^i + \delta\rho_{\mathrm{trop}_j}^i + c_0 \mathrm{d}t_j^i + \mathrm{d}q_{k_j^i} + \delta s_j^i \tag{9.2.5}$$

式中,P_{kj}^i 为测码伪距,k 取为1和2,分别代表载波 f_1 和 f_2 频段;i 和 j 分别代表卫星号和接收机号;ρ_j^i 为 i 卫星与 j 接收机之间真实几何距离;$\delta\rho_{\mathrm{ion}_j}^i$ 为电离层延迟,$\delta\rho_{\mathrm{trop}_j}^i$ 为对流层延迟;$\mathrm{d}t_j^i$ 为卫星与接收机时钟之间的偏差;$\mathrm{d}q_{k_j^i}$ 为接收机和卫星的硬

件群延迟偏差之和；δs_j^i 为路径弯曲延迟。由此可见，若要从测码伪距求得 i 卫星与 j 接收机之间真实几何距离，则必须对对流层延迟、电离层延迟、钟差、硬件延迟和弯曲延迟等进行修正。

9.2.3.2 测相伪距观测方程

测量接收机接收到的具有多普勒频移的载波信号与接收机产生的参考载波信号之间相位差的观测方法，称为载波相位观测。若以 $\varphi(t^i)$ 表示卫星于历元 t^i 发射的载波信号相位，$\varphi(t_j)$ 表示接收机于历元 t_j 的参考信号相位，同时假设接收机信号的初始相位与卫星发射信号的初始相位相等，则载波相位观测量表示为

$$\phi_j^i = \varphi(t_j) - \varphi(t^i) \tag{9.2.6}$$

采用载波相位观测伪距时，由于无法直接测定卫星发射的载波信号在传播路线上相位变化的整周数，因而整周数是未知的，考虑到这一点，测相伪距观测方程可表示为

$$(N_{kj}^i + \phi_{kj}^i)\lambda_k = \rho_j^i - \delta\rho_{\text{ion}_j}^i + \delta\rho_{\text{trop}_j}^i + c_0 \mathrm{d}t_j^i + \lambda_k b_{kj}^i + \delta s_j^i \tag{9.2.7}$$

式中，N_{kj}^i 代表整周模糊数；λ_k 为载波波长，k 取为 1 和 2，分别代表载波 f_1 和 f_2 频段；i 和 j 分别代表卫星号和接收机号；δs_j^i 为路径弯曲延迟；b_{kj}^i 为卫星与接收机硬件相位延迟偏差的总和。同样，如果整周模糊数已经确定，则采用载波相位观测量乘以相应的载波波长，也可确定观测站至所测卫星之间的距离，称为测相伪距。

由于载波的波长远小于测距码的波长，所以在测量精度相同的情况下，测相伪距的观测精度比测码伪距的观测精度高。例如，对载波 L_1 而言，其波长为 19 cm，所以相应的观测误差约为 2.0 mm；而对载波 L_2 的相应误差约为 2.4 mm。载波相位观测对精密定位工作具有极为重要的意义。

接收机在跟踪导航卫星进行载波相位观测的过程中，常常由于多种原因，如接收机天线被阻挡、外界噪声信号的干扰等，可能产生整周跳变现象，从而给测相伪距测量带来不确定性问题。通常可以通过数据处理方法适当地解决整周跳变和整周模糊数，但是，这样一来将使载波伪距观测数据处理变得复杂。

9.3 地基 GNSS 遥感电子含量

9.3.1 引言

电离层是指离地面 60～1000 km 被电离化的大气层。该区域内的大气分子和原子在太阳的紫外线、X 射线和高能粒子的作用下电离生成自由电子和正离子。从提出电离层的概念至今大约有 100 多年的时间，在这期间人们发明了很多方法和仪器对电离层进行探测。在 GNSS 遥感技术出现以前，主要有电离层测高仪、卫星或

探空火箭实地探测、VHF 或 UHF 雷达、非相干散射雷达等方法。在这些方法中，利用卫星和探空火箭直接对电离层进行探测，其他的仪器都是向电离层发射电磁波，通过分析反射回来的电磁波来探测电离层。但是这些方法或仪器在探测范围、探测精度或者探测成本方面都各有自身的局限性，而且它们都不能得到范围广泛的电子密度空间分布图像。随着 GNSS 技术的兴起和推广，人们发现利用电离层对 GNSS 信号的影响可以反演出电离层的电子密度等参数信息，从此电离层的探测也进入了一个新的时期。

利用 GNSS 信号对电离层进行遥感，根据遥感对象和原理，目前形成了地基 GNSS 电离层总电子含量遥感技术、地基 GNSS 电子密度层析反演技术、天基电子密度掩星遥感技术等。其中，掩星遥感电离层电子密度具有全球覆盖、高垂直分辨率、高精度、长期稳定性和低成本等优点，而且可以弥补地基电子密度层析反演技术中由于有限扫描视角带来的电子密度垂直分辨率很低的不足。此技术也已成为世界各国竞相研究的热点领域，很多国家和地区相继发射或准备发射用于掩星研究的 LEO 卫星。

9.3.2 电离层特性

由于电子的质量远小于离子的质量，因此，GNSS 信号的电离层延迟将主要取决于电离层中的电子密度。电离层中的电子密度随高度变化主要取决于太阳辐射的能量强度和大气的密度。在电离层的上层，大气已十分稀薄，单位体积内可供电离的气体分子和原子数很少，尽管太阳辐射的能量很强，但电子密度仍不大。在电离层的下层虽然大气较为稠密，可供电离的中性气体分子和原子较为充足，但太阳光在穿过电离层的过程中其能量已逐渐损耗于电离的过程中而变得十分微弱，因而电子密度也很小。在高度为 300～400 km 的区间，大气仍有足够的密度，太阳辐射也保持相当大的能量，故电子密度可取得极大值。

电离层中大气的各种成分是分层分布的，使这些不同气体分子电离的太阳辐射的频谱段也各不相同，于是电离层就在不同高度处形成了几个电子密度的峰值区域，根据电子密度的垂直分布特征，从低到高依次为 D 层，E 层，F_1 层和 F_2 层。各层间没有明显的分界线，也没有非电离的空间间隔，电离层典型的垂直结构如图 9.7a 所示，电离层中各种离子含量随高度的变化如图 9.7b 所示。

(1)D 层(位于地面上 60～90 km)：由于高度较低，大气较稠密，电子与中性粒子及离子的碰撞频率较高，无线电波在这一层中的衰减严重，形成 D 层的主要电离辐射是太阳的莱曼 α 辐射。主要的正离子成分是 NO^+ 和 O^+。D 层的电子密度白天约为 2.5×10^3 cm^{-3}，夜间 D 层基本消失，只有微弱的宇宙线辐射使 D 层下部维持较低的电子密度。

(2)E 层(位于地面上 90～140 km)：E 层的特点是电子密度及高度随太阳天顶

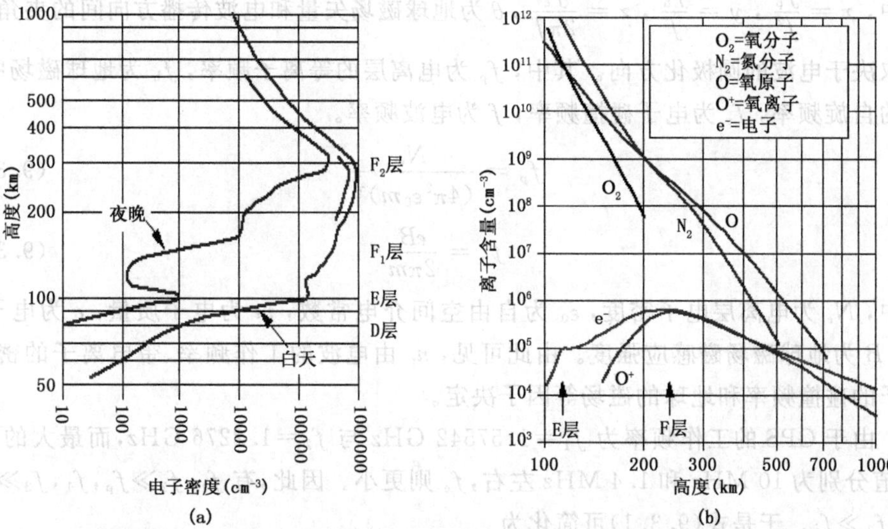

图 9.7　电离层典型的电子密度垂直剖面图和电离层各种离子含量随高度的变化曲线
（图片来源 http://www.haarp.alaska.edu/ ）

角及太阳黑子数变化。形成该层的主要电离辐射是太阳软 X 射线和紫外线。该层主要正离子成分是 O^+ 和 NO^+。E 层的电子密度为 $10^3 \sim 10^5\ cm^{-3}$，电子密度高峰通常位于 110～120 km，夜间 E 层基本消失。

(3)F_1 层（位于地面上 140～200 km）：夏季白天在 F 层下部分裂出来的层次。在春、秋季有时也出现。在不同地磁纬度，F_1 层电子密度也不同，在磁纬 ±20°处有极大值，在磁赤道上空有极小值。形成 F_1 层的主要电离辐射是波长为 30.4 nm 的太阳紫外辐射。电子密度为 $10^5\ cm^{-3}$。

(4)F_2 层（位于地面上 200～1000 km）：电离层中持久存在的层次，最大电子密度所处的高度在 300 km 左右。F_2 层受地磁场的强烈控制。电子密度分布随纬度变化。形成 F_2 层的主要电离辐射是太阳远紫外辐射。主要离子成分是 O^+。最高电子密度可达 $10^6\ cm^{-3}$。

9.3.3　相折射率与群折射率

电磁波在电离层传播时，由于存在带电离子，会引起折射率的变化。忽略电波和离子间的作用，其相折射率 n_p 由 Appleton 公式给出。

$$n_p^2 = 1 - \frac{x}{1 - iz - \frac{(y\sin\theta)^2}{2(1-x-iz)} \pm \left(\frac{(y\sin\theta)^4}{4(1-x-iz)^2} + (y\cos\theta)^2\right)^{\frac{1}{2}}} \tag{9.3.1}$$

式中，$x=\dfrac{f_{\mathrm{p}}^{2}}{f^{2}}$，$y=\dfrac{f_{\mathrm{h}}}{f}$，$z=\dfrac{f_{\mathrm{e}}}{2\pi f}$，$\theta$ 为地球磁场矢量和电波传播方向间的夹角，$\pm$ 号取决于电波的圆极化方向。其中，f_{p} 为电离层的等离子频率，f_{h} 为地球磁场中电子的自旋频率，f_{e} 为电子碰撞频率，f 为电波频率。

$$f_{\mathrm{p}}=\frac{N_{\mathrm{e}}}{(4\pi^{2}\varepsilon_{0}m)^{\frac{1}{2}}} \tag{9.3.2}$$

$$f_{\mathrm{h}}=\frac{eB}{2\pi m} \tag{9.3.3}$$

式中，N_{e} 为电离层电子密度，ε_{0} 为自由空间介电常数，m 为电子质量，e 为电子电荷，B 为地球磁场磁感应强度。由此可见，n_{p} 由电波的工作频率、带电离子的密度、粒子的碰撞频率和地球的磁场等因子决定。

由于GPS的工作频率为 $f_{1}=1.57542$ GHz与 $f_{2}=1.2276$ GHz，而最大的 f_{p}，f_{h} 值分别为10 MHz和1.4 MHz左右，f_{e} 则更小。因此，有 $f_{1},f_{2}\gg f_{\mathrm{p}}$，$f_{1},f_{2}\gg f_{\mathrm{h}}$，$f_{1},f_{2}\gg f_{\mathrm{e}}$。于是式(9.3.1)可简化为

$$n_{\mathrm{p}}=1-\frac{f_{\mathrm{p}}^{2}}{2f^{2}}\pm\frac{f_{\mathrm{p}}^{2}f_{\mathrm{h}}\cos\theta}{2f^{3}} \tag{9.3.4}$$

上式中第二项比第三项大 10^{4} 倍，因而能进一步简化为

$$n_{\mathrm{p}}=1-\frac{f_{\mathrm{p}}^{2}}{2f^{2}} \tag{9.3.5}$$

将等离子频率 $f_{\mathrm{p}}=(80.6N_{\mathrm{e}})^{\frac{1}{2}}$ 代入式(9.3.5)，得

$$n_{\mathrm{p}}=1-40.28\frac{N_{\mathrm{e}}}{f^{2}} \tag{9.3.6}$$

由此可见，在电离层中，折射率主要与传输的电波的频率和电子密度有关。若电磁波在某种介质中的传播速度与频率有关，则称该介质为弥散性介质。电离层的弥散现象是由于电离层的内电场和入射波的外电场之间的电磁转换效应而产生的。当电离层的原子频率与入射波的频率接近一致时，便发生共振，由此而影响电磁波的传播速度。通常称 $\mathrm{d}v/\mathrm{d}f$ 为速度弥散。如果把具有不同频率的多种波叠加而成的复合波称为群波，那么在具有速度弥散现象的介质中，单一频率正弦波的传播速度与群波的传播速度是不同的。假设，单一频率正弦波的相位传播速度为相速 v_{p}，群波的传播速度为群速 v_{g}，于是，电波在电离层中传输的相速度为

$$v_{\mathrm{p}}\equiv\frac{c}{n_{\mathrm{p}}}=c\left(1+40.28\frac{N_{\mathrm{e}}}{f^{2}}\right) \tag{9.3.7}$$

而群速与相速之间的关系为

$$v_{\mathrm{g}}=v_{\mathrm{p}}-\lambda\frac{\partial v_{\mathrm{p}}}{\partial\lambda} \tag{9.3.8}$$

式中，λ 为传播的电磁波波长。相应的群折射率与相折射率的关系为

$$n_g = n_p + f\frac{\partial n_p}{\partial f} \tag{9.3.9}$$

于是

$$v_g = c\left(1-\frac{f_p^2}{2f^2}\right) = c\left(1-40.28\frac{N_e}{f^2}\right) \tag{9.3.10}$$

$$n_g = 1+\frac{f_p^2}{2f^2} = 1+40.28\frac{N_e}{f^2} \tag{9.3.11}$$

在 GPS 定位中，群速 v_g 与码相位测量有关，而相速 v_p 与载波相位测量有关。

9.3.4　电离层延迟

如图 9.8 所示，S 是导航卫星，R 地面上的接收机，由于大气折射影响，从卫星发射的信号并不按卫星和接收机之间的直线 R_0 传播，而以路径 R_g 传播。当忽略卫星钟和接收机钟之间的钟差，有路径延迟。

$$\begin{aligned}\delta\rho &= R_g - R_0 = \int_{R_g} n\mathrm{d}s - R_0 \\ &= \int_{R_g}(n-1)\mathrm{d}s + \left[\int_{R_g}\mathrm{d}s - R_0\right]\end{aligned} \tag{9.3.12}$$

上式的第一项为由于电磁波传播速度的减慢所造成的路径延迟，第二项为由于路径的弯曲所造成的路径弯曲延迟。

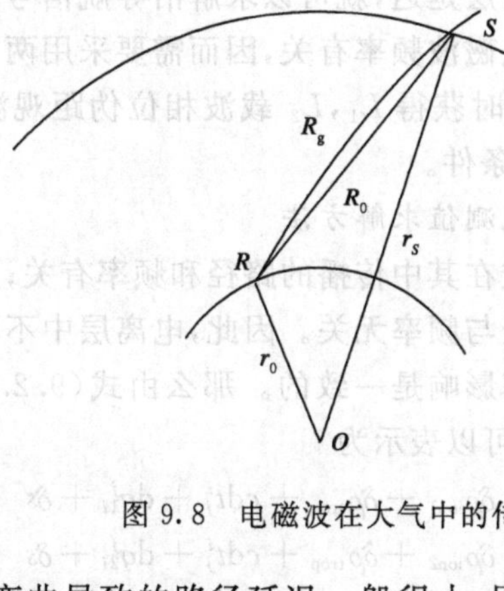

图 9.8　电磁波在大气中的传播

在电离层中，由弯曲导致的路径延迟一般很小，因而可以认为在电离层中，两个载波信号将沿同一路径传播。仅考虑导航信号通过电离层时，由于折射率的变化而导致传播速度减慢引起的延迟。于是式(9.3.12)可简化为

$$\delta\rho = \int^{S}(n-1)\mathrm{d}s \tag{9.3.13}$$

根据式(9.3.6),则可得到由相折射率引起的传播距离差,即测相伪距延迟量为

$$\delta\rho_{\mathrm{p}} = -40.28\frac{1}{f^2}\int^S N_{\mathrm{e}}\mathrm{d}S \tag{9.3.14}$$

如果以 TEC 表示沿电磁波传播路径的电子总量(电子数 · m^{-2}),即

$$TEC = \int_S N_{\mathrm{e}}\mathrm{d}S \tag{9.3.15}$$

那么式(9.3.14)可写为

$$\delta\rho_{\mathrm{p}} = -40.28\frac{TEC}{f^2} \tag{9.3.16}$$

假设由群折射率引起的传播距离差,即测码伪距延迟量为 $\delta\rho_{\mathrm{g}}$,则利用式(9.3.11)和式(9.3.13),可类似写为

$$\delta\rho_{\mathrm{g}} = 40.28\frac{TEC}{f^2} \tag{9.3.17}$$

显然,在电离层中产生的上述延迟量,均为电磁波频率 f 及其传播路径上电子总量 TEC 的函数。对于确定的电磁波频率来说,其中 TEC 就是唯一的独立变量。

可以看出,由电离层引起的测码伪距延迟量与载波相位伪距延迟量大小相等,符号相反,并与信号传播路径上的总电子含量 TEC 成正比。电离层延迟量在天顶方向最大可达 50 m,在接近地平方向时(高度角为 20°)则可达 150 m。

9.3.5 电子总量求解方法

如前所述,利用测量的电离层延迟,就可以求解沿导航信号传播路径上的电子总量,但是由于电离层延迟还与电磁波频率有关,因而需要采用两个频率的延迟量进行求解。利用双频接收机可以同时获得 L_1,L_2 载波相位伪距观测量以及测码伪距观测量,从而为求解 TEC 提供了条件。

9.3.5.1 双频测码伪距观测值求解方法

电离层是色散介质,电磁波在其中传播的路径和频率有关;而对流层是一个电中性的,电磁波在其中传播的路径与频率无关。因此,电离层中不同频率信号影响是不一样的,而在对流层中不同频率影响是一致的。那么由式(9.2.5)可以知道,对两个载波频率的伪距观测方程分别可以表示为

$$P_1 = \rho + \delta\rho_{\mathrm{ion1}} + \delta\rho_{\mathrm{trop}} + c\mathrm{d}t_j^i + \mathrm{d}q_{1i}^j + \delta s \tag{9.3.18a}$$

$$P_2 = \rho + \delta\rho_{\mathrm{ion2}} + \delta\rho_{\mathrm{trop}} + c\mathrm{d}t_j^i + \mathrm{d}q_{2i}^j + \delta s \tag{9.3.18b}$$

式中,各个字母表示的意义详见式(9.2.5)后的注释;字母的下标 1 和 2 分别表示第一个和第二个频率量的大小。

把上两式相减得

$$P_1 - P_2 = \delta\rho_{\mathrm{ion1}} - \delta\rho_{\mathrm{ion2}} - q \tag{9.3.19}$$

$P_1 - P_2$ 为 P_1 码与 P_2 码的伪距差,是观测量;$q = \mathrm{d}q_{2i}^j - \mathrm{d}q_{1i}^j$ 为两个频率的卫星

和接收机硬件延迟之差。

对于两频率的电离层测码伪距延迟，由式(9.3.17)有

$$\delta\rho_{\mathrm{ion1}} = \frac{40.28}{f_1^2} TEC \tag{9.3.20a}$$

$$\delta\rho_{\mathrm{ion2}} = \frac{40.28}{f_2^2} TEC \tag{9.3.20b}$$

将两式相减，求解得到 TEC 为

$$TEC = \frac{1}{40.28} \frac{f_1^2 f_2^2}{f_2^2 - f_1^2} (\delta\rho_{\mathrm{ion1}} - \delta\rho_{\mathrm{ion2}}) \tag{9.3.21}$$

把式(9.3.19)代入式(9.3.21)得

$$TEC = \frac{1}{40.28} \frac{f_1^2 f_2^2}{f_2^2 - f_1^2} (P_1 - P_2) + \frac{1}{40.28} \frac{f_1^2 f_2^2}{f_2^2 - f_1^2} q \tag{9.3.22}$$

将 GPS 信号传播的频率 $f_1 = 1.57542$ GHz，$f_2 = 1.22760$ GHz 代入上式有

$$TEC = 9.5244(P_2 - P_1) - 9.5244q \tag{9.3.23}$$

这里 TEC 的单位为 TECU，1TECU$=10^{16}$ 电子数 · m^{-2}。

在忽略两个频率的硬件延迟差异后，通过式(9.3.23)可知，只要接收机能够接收到双频信号，就可以根据所测到的两个测码伪距观测值求出 TEC 的值。利用测码伪距观测值测得的电子总含量 TEC 的精度不太高，相邻历元之间有时 TEC 变化的幅度很大，这主要与测码伪距观测值的精度不高有关。

9.3.5.2 双频载波相位观测值求解方法

利用两个不同频率的载波相位观测值同样也可以求解电离层的电子总含量 TEC。与上述类似，根据式(9.2.7)和式(9.2.16)可以推导出

$$TEC = 9.5244(\lambda_1\phi_1 - \lambda_2\phi_2) - 9.5244(\lambda_2 N_2 - \lambda_1 N_1) \tag{9.3.24}$$

直接利用相位观测值只能得到 TEC 的相对值，若需要得到绝对 TEC，还需要确定整周未知数。由于这个 TEC 值包含有整周未知数的值，因此，要知道观测时段内 TEC 的相对变化，必须保证观测中没有周跳的影响。如果观测值中发生了周跳，那么在周跳的两个历元间相对 TEC 的值有个明显的跳变，所以在计算的过程中应该消除周跳的影响。由于 GPS 载波相位观测值的观测精度很高，它计算所得到的 TEC 相对精度在百分之几个 TECU 左右。载波相位的信噪比很大，TEC 的相对精度很高，在不考虑绝对 TEC 的情况下，可用来研究各种电离层扰动现象，如电离层进行式扰动(TID)、耀斑、磁暴等。

9.3.5.3 双频测码伪距和载波相位观测值联合求解方法

从前面的讨论可以知道，单纯利用双频测码伪距观测值能确定绝对 TEC，但是由于伪距观测值的精度不高，TEC 的相对精度较差，而载波相位测量能够提供精度很高的观测值，但是由于它所确定出的 TEC 是一个相对值，里面含有整周未知数的

影响，其绝对精度不高。因此，可以利用高精度的相位观测值，结合码观测值确定出绝对 *TEC* 的大小，提高 *TEC* 的绝对测量精度。

由载波相位观测方程式(9.2.7)，在忽略两个频率的相位硬件延迟差异后，可以得到两个载波频率相位观测值之差为

$$L_{\varphi}(t) = \lambda_2\varphi_2 - \lambda_1\varphi_1 = -[\delta\rho_{\text{ion2}} - \delta\rho_{\text{ion1}}] + D \tag{9.3.25}$$

式中，$D = -(\lambda_2 N_2 - \lambda_1 N_1)$。

在不考虑伪距噪声随卫星高度角变化的前提下，在一次卫星连续过顶弧内，B_{rs} 为各历元的载波相位观测量与伪距观测量之差的算术平均值，即由下式给出。

$$B_{rs} = \frac{1}{N}\sum_{i=1}^{N}(L_{\varphi}(t) - L_p(t)) \tag{9.3.26}$$

式中，$L_p(t) = P_2 - P_1$，N 为一次卫星过顶的有效采样次数。

而各历元的绝对 *TEC* 由下式给出。

$$TEC_i = 2.853 \times (L_p(t) + B_{rs}) \tag{9.3.27}$$

9.3.6　天顶方向垂直电子总量

上述计算的 *TEC* 是指沿信号传输倾斜路径上的 *TEC*，由于路径长度不同，因而不同地点不同高度角求取的 *TEC* 无法相互比较，为此须将其转换为沿天顶垂直方向的总电子含量，用 *VTEC* 表示。转换时一般采用单层电离层模型，如图 9.9 所示。单层电离层模型(SLM)是假设整个电离层的电子集中分布在一薄层中，即与地球同心的薄球壳，其半径为 $r_e + h$，r_e 为地球半径。此薄层位于电离层 F 层的峰值电子密度区域，其离地高度随昼夜、地理位置、太阳活动等因素变化，典型值为 300～400 km，一般取为 h_i＝350 km。不同研究者对单层电离层模型高度的取法有不同看法，有的研究者认为单层电离层模型高度应取在电离层电离率最大处。电离层高度的选取对计算 VTEC 和投影函数具有一定的影响。

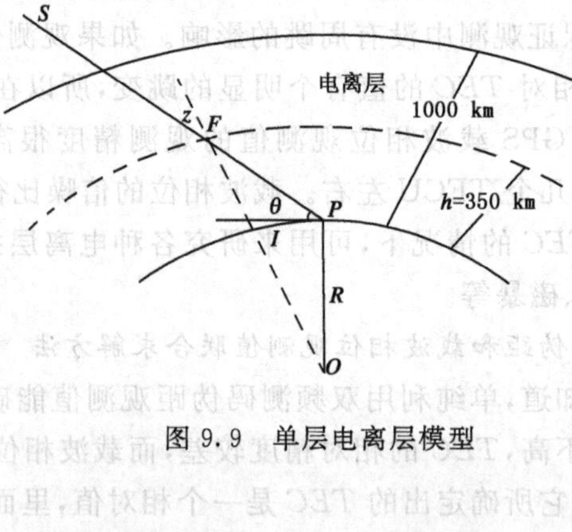

图 9.9　单层电离层模型

一般用投影函数 $f(\theta)$ 将 TEC 转化为 $VTEC$，如式(9.3.28)所示。

$$VTEC = f(\theta) \cdot TEC \tag{9.3.28}$$

其中，

$$f(\theta) = \cos z = \left[1 - \left(\frac{\cos\theta}{1 + \frac{h}{r_e}}\right)^2\right]^{\frac{1}{2}} \tag{9.3.29}$$

式中，各参量的具体含义见图 9.9 所示。其中 S 为导航卫星所在的位置，P 为观测点，O 为地球圆心，R 为地球半径，h 为电离层质心高度，F 点为卫星信号穿透电离层的星下点，I 点为星下点 F 的足下点，θ 为导航卫星的高度角，z 为电离层星下点 F 处卫星的天顶角，$f(\theta)$ 为投影函数，它是卫星高度角和所选的单层电离层模型高度的函数。卫星相对于接收机的高度角可以由卫星和接收机的坐标确定，卫星的坐标可以由卫星星历计算，而接收机的位置则可利用观测资料确定。

通过测定不同位置的天顶方向 $VTEC$，可以建立全球的电离层数学模型。建立全球电离层数学模型时，一般假设所有自由电子都位一个单层面上，该面离地面高度为 H。IGS 提出了一种电离层地图的交换格式（Ionosphere Map Exchange Format, IONEX-Format），用于综合和比较基于各种理论和技术所获得的电离层地图。图 9.10 是利用覆盖全球的 100 多个地基 GPS 跟踪站的观测资料的计算结果绘制的电子总含量分布图。它采用空间和时间内插的方法提供实时的全球电子总量分布，每 5～15 s 更新一次。全球电离层电子总量分布图提供了一种新的监测电离层的工具。

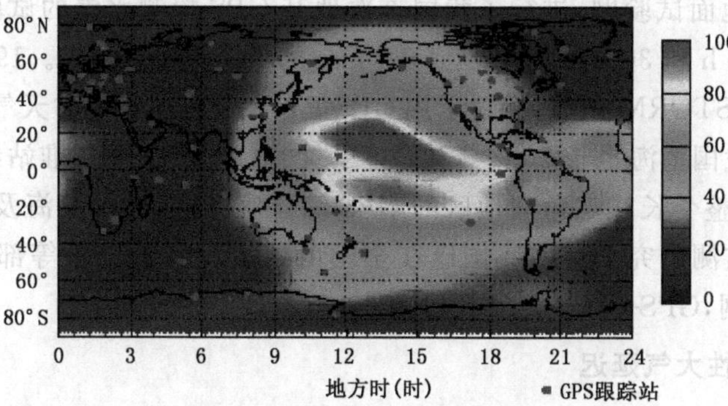

图 9.10　全球电离层总电子总量分布图

9.4 地基 GNSS 遥感水汽含量

9.4.1 引言

利用安装在地面上的 GNSS 接收机接收的信号可对对流层大气水汽含量进行遥感探测。国际上最早由 Askne 于 1987 年推导出大气湿延迟与可降水量之间的关系，提出利用地基 GPS 信号探测水汽的设想。后来，Michael Bevis 等人于 1992 年实现了利用地基 GPS 测量大气水汽含量的计算技术。1993 年 5 月，美国 UCAR 和 UNWVCO 组织了一项名为 GPS/STORM 的试验，以评估大气水汽的地基 GPS 测量方法的可行性。在 GPS/STORM 的试验中，在每个测站上安装了 GPS 接收机和地基微波辐射计，同时通过互联网从 IGS 和 SOPAC 获取精确的轨道。1995 年 Rocken 等人提出了在参考站引入微波辐射计进行"相对 PWV 测量"的方法。1996 年 Duan 等人提出了采用长基线法进行"绝对 PWV 测量"的方法，表明利用地基 GPS 技术可以获得固定站点上空准确而连续的水汽总量资料。通过早期的多个比对试验研究，验证了地基 GPS 测量水汽总量 PWV 可达到 1～2 mm 的测量精度。目前美国、德国、日本、韩国等国均建立了覆盖全境的 GPS 水汽监测网。

我国 GPS 水汽遥感研究基本与国际同步。1993 年北京大学毛节泰等人研究了探测原理，上海天文台朱文耀等人曾于 1996 年收集了覆盖我国的 23 个站和我国周边的 6 个国际 GPS 服务(IGS)基准站为期 6 天的 GPS 观测资料，组成了一个 GPS 气象的区域性地面试验网，进行了我国首次地基 GPS 探测水汽的试验，获得了时间分辨率分别为 2 h 和 30 min，精度为 1～2 mm 的 PWV 观测结果。1997 年 8 月在上海组织了 GPS/STORM 试验，探讨了用 GPS-PWV 资料进行恶劣天气近实时天气预报的可能性。我国上海也于 2002 年建成了一个由 14 个 GPS 基准站组成的、以上海为中心的、覆盖整个长江三角洲地区的 GPS 综合服务网，开展上海及长江三角洲地区水汽演变的监测研究。目前我国已在全国由地震、测绘、气象等部门建设了地基 GPS 水汽观测网，GPS-PWV 测站超过 1000 个。

9.4.2 中性大气延迟

中性大气层对频率低于 30 GHz 的电磁波传播，可认为是非弥散性介质。因此，电磁波在其中的传播速度与频率无关，即折射率与电磁波的频率或波长无关。因而，相折射率 n_p 与群折射率 n_g 相等。

卫星导航信号在中性大气层中传播的情况与电离层中传播情况相似，如图 9.8 所示。R_g 为信号实际传播的路径。一般由于 $dn/dh<0$，R_g 折向地面。R_0 为接收机至信号在中性大气层入射点处的几何直线距离。实测的 GNSS 信号在中性大气层

中的传播距离为

$$R_t = c \cdot \int_{R_g} ds/(c/n) = \int_{R_g} n ds \tag{9.4.1}$$

于是，中性大气层引起的路径延迟为

$$\Delta D = R_t - R_0 = \int_{R_g} n ds - R_0 = \int_{R_g} (n-1) ds + [\int_{R_g} ds - R_0] \tag{9.4.2}$$

上式右边第一项是由于信号传播速度减慢而引起的距离误差，第二项是由于信号传播路径的弯曲引起的距离误差。一般 GNSS 观测的截止角为 15°，由信号传播路径弯曲引起的误差占整个中性大气层折射误差的百分比很少，可以忽略不计。所以实际计算 GNSS 信号中性大气层额外延迟的公式可化简为

$$\Delta D = \int_{R_0} (n-1) ds \tag{9.4.3a}$$

由于 n 为接近于 1 而略大于 1 的数，引入折射指数 N，则中性大气层额外延迟表示为

$$\Delta D = 10^{-6} \int_{R_0} N ds \tag{9.4.3b}$$

中性大气的折射指数与大气压力、温度和湿度关系密切。为了分析方便，通常将中性大气折射指数分为干分量和湿分量两部分。如果以 N_d 和 N_w 分别表示折射指数的干分量和湿分量，则有

$$N = N_d + N_w \tag{9.4.4}$$

因此，沿电磁波传播路径方向，对流层大气对电磁波传播路径的影响，可表示为

$$\Delta D = \Delta D_d + \Delta D_w \tag{9.4.5}$$

式中，ΔD 为中性大气延迟，ΔD_d 和 ΔD_w 分别为干延迟和湿延迟，可进一步写为

$$\Delta D_d = 10^{-6} \int_{R_g} N_d ds = m_d(\theta) \cdot 10^{-6} \int_{h_s}^{\infty} N_d dh = m_d(\theta) \cdot \Delta D_{zd} \tag{9.4.6a}$$

$$\Delta D_w = 10^{-6} \int_{R_g} N_w ds = m_w(\theta) \cdot 10^{-6} \int_{h_s}^{\infty} N_w dh = m_w(\theta) \cdot \Delta D_{zw} \tag{9.4.6b}$$

式中，ΔD_{zd}，ΔD_{zw} 分别为沿天顶方向中性大气对电磁波传播的影响，称为天顶干延迟和天顶湿延迟；在海平面上，天顶干延迟典型值为 230 cm，天顶湿延迟较小，但变化较大，可从几毫米变化到 350 mm。$m_d(\theta)$ 和 $m_w(\theta)$ 分别称为干投影函数和湿投影函数。

投影函数是用于将沿传播路径的积分量转换为垂直方向积分量的简单的系数，主要与传播路径的高度角有关，是纬度、高度、时间（季节）的函数。干投影函数和湿投影函数一般不同，取决于大气模型和状态，投影函数也是一个方位不对称的函数，尤其对湿投影函数来说，由于水汽水平分布的不对称性，湿投影函数是方位不对称的。投影函数可采用式（9.4.7a）的简单形式，或式（9.4.7b）的复杂形式，取决于测量

精度要求。

$$m(\theta) = \sin\theta \tag{9.4.7a}$$

$$m(\theta) = \frac{1 + a_i/[1 + b_i/(1 + c_i)]}{\sin\theta + \cfrac{a_i}{\sin\theta + \cfrac{b_i}{\sin\theta + c_i}}} \tag{9.4.7b}$$

在中性大气层中，折射指数可采用以下公式计算。

$$N = k_1 R_d \rho + k'_2 \frac{e}{T} + k_3 \frac{e}{T^2} \tag{9.4.8}$$

式中，e 为水汽分压强，T 为气温，$\rho = \rho_d + \rho_v$ 是大气总质量密度，其中 ρ_d 为干空气成分的质量密度，而系数 k'_2 为

$$k'_2 = k_2 - k_1 \frac{R_d}{R_v} = k_2 - k_1 \frac{M_v}{M_d} \tag{9.4.9}$$

式中，R_d 和 R_v 分别为干空气和水汽的比气体常数，M_d 和 M_v 分别为其分子量。常数 k_1, k_2, k_3 一般取 77.6，64.79 和 3.776×10^5。

按式(9.4.4)，式(9.4.8)右边可分解为干折射指数项和湿折射指数项。

$$N_d = k_1 R_d \rho \tag{9.4.10}$$

$$N_w = k'_2 \frac{e}{T} + k_3 \frac{e}{T^2} \tag{9.4.11}$$

严格意义上说，式(9.4.10)中折射指数还包括了水汽的影响，并不完全是干空气的影响。但为了后续求解的方便，把其称之为干折射项。

9.4.3　天顶干延迟

根据流体静力学平衡方程

$$\frac{dP}{dz} = -\rho g \tag{9.4.12}$$

天顶干延迟可按下式计算。

$$\Delta D_{zd} = 10^{-6} \int_0^{\infty} k_1 R_d \rho \, dz = -10^{-6} k_1 R_d \cdot \int_{P_s}^{0} \frac{1}{g} \, dp = 10^{-6} R_d \frac{k_1 P_s}{g_m} \tag{9.4.13}$$

式中，$g_m = 9.784/f(\varphi, h)$，$f(\varphi, h) = 1 - 0.00266\cos2\varphi - 0.00028h$，$\varphi$ 为测站的地理纬度，h 为相对于旋转椭球体的高度。由于式(9.4.13)是利用静力平衡假设推导得来的，因而此时的天顶干延迟又称为静力学延迟。

天顶干延迟比较稳定，利用地面气压值可较好地估计。如果地面气压观测值的精度优于 0.5 hPa，计算得到的天顶方向干延迟误差不大于 1 mm。

不同的学者提出了不同的干延迟计算公式，如 Elgered 天顶静力学延迟公式。

$$\Delta D_{zd} = (2.2779 \pm 0.0024)\frac{P_s}{f(\varphi, h_s)} \tag{9.4.14}$$

9.4.4　天顶湿延迟与 PWV 的关系

利用水汽状态方程，天顶湿延迟可表示为

$$\begin{aligned}\Delta D_{zw} &= 10^{-6}\int_{h_s}^{\infty}\left(k_2'\frac{e}{T} + k_3\frac{e}{T^2}\right)dz \\ &= 10^{-6}\left(k_2' + \frac{k_3}{T_m}\right)\int_{h_s}^{\infty}\frac{e}{T}dz \\ &= 10^{-6}\left(k_2' + \frac{k_3}{T_m}\right)R_v\rho_w\int_{h_s}^{\infty}\frac{\rho_v}{\rho_w}dz\end{aligned} \tag{9.4.15}$$

式中，ρ_v 是水汽密度，ρ_w 是液态水密度，T_m 为大气加权平均温度，R_v 为水汽比气体常数。如果用可降水量（*PWV*，precipitable water vapor）表示垂直大气柱中所有水汽转变为液态水后的高度，则

$$PWV = \int_{h_s}^{\infty}\frac{\rho_v}{\rho_w}dz \tag{9.4.16}$$

于是式(9.4.15)可写为

$$PWV = \Pi \cdot \Delta D_{zw} \tag{9.4.17}$$

$$\Pi = 10^6 \cdot \left[R_v\left(\frac{k_3}{T_m} + k'_2\right)\right]^{-1} \tag{9.4.18}$$

天顶湿延迟 ΔD_{zw} 以 mm 为单位。无量纲比例常数 Π 是与水汽比气体常数及大气平均温度 T_m 有关的经验系数。加权平均温度 T_m 定义为

$$T_m = \frac{\int_{h_s}^{\infty}\frac{e}{T}dz}{\int_{h_s}^{\infty}\frac{e}{T^2}dz} \tag{9.4.19}$$

比例因子 Π 约为 1.5，取决于局地气候因子（地理位置、海拔高度、季节）的综合作用，并且其变化幅度高达 15%。在实际应用中，比例因子 Π 可由探空资料计算，Π 值的日变化幅度和季节变化幅度相当，几乎 Π 的所有时空变化都来自 T_m 的变化。通常 T_m 利用探空资料或 NWP 模式结果统计的与地面气温的关系式进行估计，如式(9.4.20)所示。由于 T_m 估计不准而导致的 *PWV* 误差一般不大于 4%。

$$T_m = a + bT_a \tag{9.4.20}$$

9.4.5　*PWV* 反演流程

利用地基接收的 GNSS 信号反演 *PWV* 的流程如图 9.11 所示。首先利用导航电文和 GNSS 观测数据通过专用数据处理软件确定台站精确坐标、总延迟、电离层延迟等信息，从而获得中性大气延迟，然后利用实时的地面气压、气温、湿度等数据估

算天顶干延迟和大气加权平均温度 T_m 及比例系数 Π，最后从湿延迟求取 PWV。

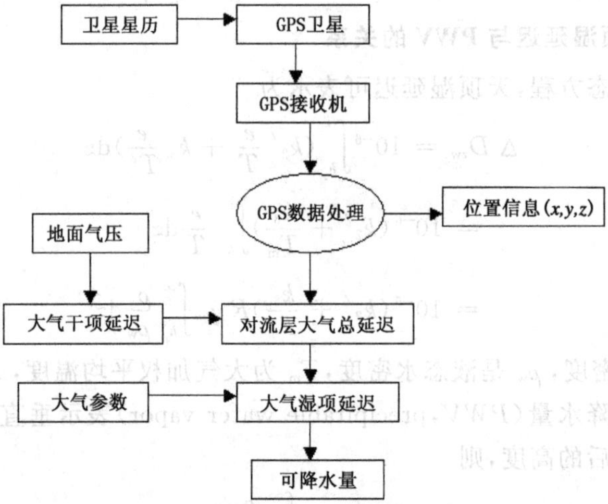

图 9.11　*PWV* 的反演流程

通过 GNSS 遥感得到的水汽总量 PWV 可以补充常规探空资料时间和空间密度上的不足，与微波辐射计相比又具有维护简单、不受降水和云的影响等优势，已成为气象业务中重要的水汽总量探测手段。地基 GNSS 测量 PWV 的误差因子与影响大小如表 9.1 所示。与其他手段之间的比对误差在 1～2 mm，图 9.12 给出了 GPS 与微波辐射计测量的 PWV 的连续变化曲线，图 9.13 给出了美国 GPS 观测网监测的 PWV 分布图。

表 9.1　*PWV* 估计的误差源与大小

误差源	误差大小(mm)		备 注
	PWV	ΔD_{zw}	
轨道	0.2	1.3	轨道精度 10 cm，100 km 长基线
相位多路径	0.3	2.0	与测站和天线类型有关
站坐标误差	0.5	3.0	假设有 1 cm 的垂直误差
气压测量	0.1	0.6	假设气压测量精度为 0.25 hPa
静力平衡假设	0.03	0.2	风和局部剖面特征引起
从 ΔD_{zw} 转换到 PWV	<0.1	—	如果只知道地面温度时为 2%
与微波辐射计差	0.9	6.0	仪器＋反演误差

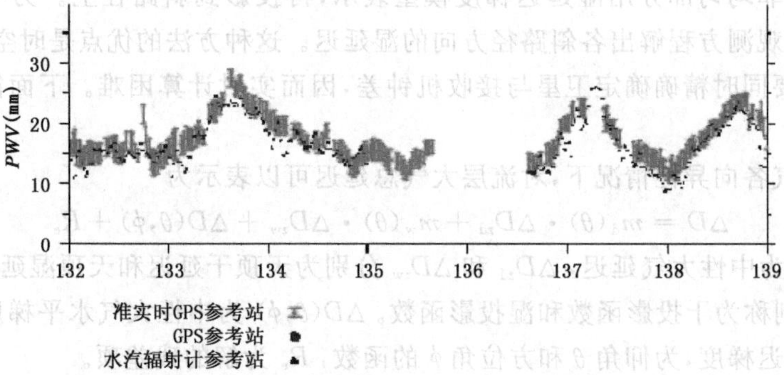

图 9.12　不同手段观测的 PWV 随时间变化图

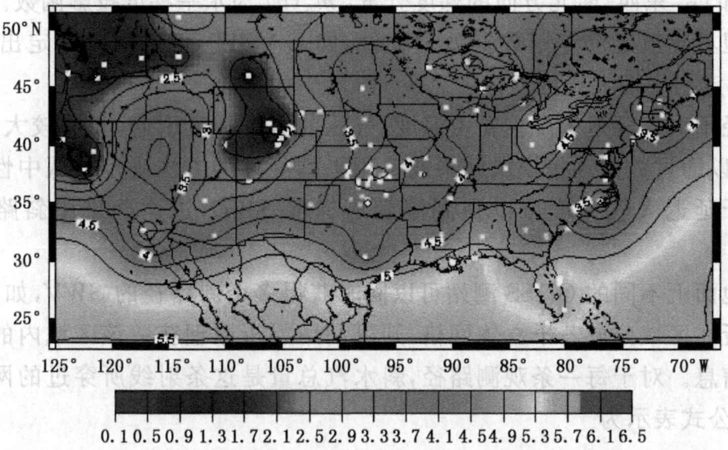

图 9.13　可降水量(PWV)分布图

(白框表示同时有 GPS 和气象资料的站,红框表示无气象资料的 GPS 站)

9.4.6　斜水汽总量与水汽三维层析

前述所介绍的 PWV 解算方法是在柱对称或大气水平均一的假设下处理中性大气延迟的,此时沿信号路径的延迟可认为仅仅是天顶路径延迟和高度角的函数。实际上,水平方向上水汽的不均匀导致了折射率的水平梯度,从而会导致不同方位上的斜路径中性大气延迟是不一样的,这种差异反映了水汽的三维分布信息,对于天气分析与数值天气预报均具有重要价值。

求解斜路径大气湿延迟 SWD 有两类方法,一种是投影法,即把 SWD 分解成各向同性部分与非均匀两部分,其中各向同性部分由天顶湿延迟利用投影函数投影到斜路径上;非均匀部分用湿延迟梯度模型表示,再投影到斜路径上。另一种是直接法,直接从观测方程解出各斜路径方向的湿延迟。这种方法的优点是时空分辨率高,但由于需要同时精确确定卫星与接收机钟差,因而实时计算困难。下面简要介绍投影法原理。

在大气各向异性情况下,对流层大气总延迟可以表示为

$$\Delta D = m_{\mathrm{d}}(\theta) \cdot \Delta D_{\mathrm{zd}} + m_{\mathrm{w}}(\theta) \cdot \Delta D_{\mathrm{zw}} + \Delta D(\theta,\phi) + R_{\mathrm{e}} \quad (9.4.21)$$

式中,ΔD 为中性大气延迟,ΔD_{zd} 和 ΔD_{zw} 分别为天顶干延迟和天顶湿延迟,$m_{\mathrm{d}}(\theta)$,$m_{\mathrm{w}}(\theta)$ 分别称为干投影函数和湿投影函数。$\Delta D(\theta,\phi)$ 为中性大气水平梯度引起的延迟,称为延迟梯度,为仰角 θ 和方位角 ϕ 的函数,R_{e} 为解的残差项。

通常 $\Delta D(\theta,\phi)$ 采用模型表示,如 GAMIT 软件中的模型为

$$\Delta D(\theta,\phi) = m_{\Delta}(\theta)[G_{\mathrm{N}}\cos(\phi) + G_{\mathrm{E}}\sin(\phi)] \quad (9.4.22)$$

式中,G_{E} 和 G_{N} 东西、南北方向的梯度分量,$m_{\Delta}(\theta)$ 为水平梯度投影函数。

利用卫星导航定位专用数据处理软件,如 GAMIT,可以同时确定出 G_{E},G_{N} 和 R_{e},进而确定出中性大气延迟梯度。

斜路径干大气延迟梯度主要由温度、气压的水平梯度引起,具有较大的时间、空间尺度,可以通过数值预报模式结果或采用平均处理的方法确定。从中性大气延迟梯度减去干延迟大气梯度可以得到湿延迟梯度 SWD,进而确定出斜路径水汽总量 SWV。

利用地面上不同的 GNSS 测站可以同时获得多个斜路径的 SWV,如图 9.14 所示。若将所在区域分成若干立体网格,则可利用层析原理获取该区域内的三维水汽密度分布信息。对于每一条观测路径,斜水汽总量是这条射线所穿过的网格的水汽量之和,用公式表示为

$$SWV_m = \sum A_{ijk}^m X_{ijk} \quad (9.4.23)$$

式中,A_{ijk}^m 表示第 m 条射线在网格(i,j,k)内的长度,可以根据卫星和测站的坐标计算出来,X_{ijk} 表示在网格(i,j,k)的水汽密度。在一段时间内,会形成大量的上述方程,而且方程数量可以大于所求的水汽密度个数,理论上可以从这些观测方程组解得各个网格中的水汽密度。在实际求解过程中,由于某些网格可能没有射线穿过,从而导致不能确定该网格的水汽密度,因而在求解时还需要加入一些约束条件,通常有水平约束条件、垂直约束条件等。层析方程组的求解可采用最小二乘法、奇异值分解法等方法。

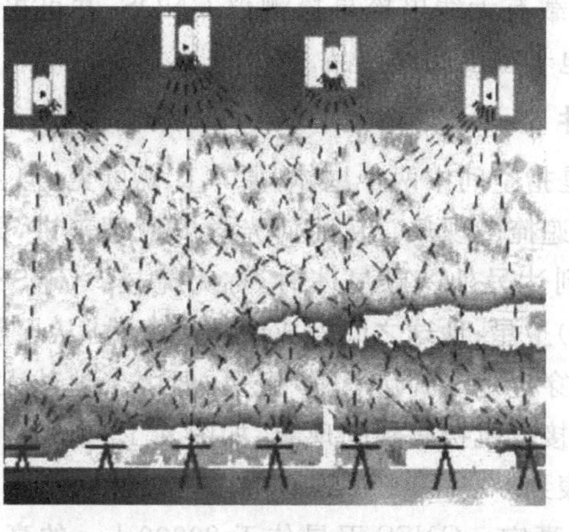

图 9.14　地基 GNSS 水汽观测网与层析原理示意图

9.5　GNSS 掩星遥感温湿廓线

9.5.1　引言

1995 年 4 月 3 日，美国大学大气科学研究协会(UCAR)发射了一颗低轨试验小卫星 MicroLab-1，进行了星载 GPS 掩星探测技术可行性和实用性试验论证的首次卫星运行试验，并取得了成功。欧洲的大气气候试验(ACE)计划，采用 6 颗小卫星组网进行全球大气参数测量。它不仅通过接收 GPS 和 GLONASS 卫星信号进行掩星探测，得到大气折射率的垂直分布，还通过对恒星在紫外和可见光波段进行临边探测，导出平流层中臭氧的密度廓线。德国在 1996 年制定了称为 CHAMP 的 GPS 气象探测计划，于 2000 年 7 月 15 日由俄罗斯人造卫星发射了 CHAMP 卫星，在该卫星上携带了 7 种不同的科学仪器，分别用于对地球重力场、磁场和中性大气/电离层进行测量。1999 年 2 月，丹麦发射了名为 Oersted 的 GPS 气象探测卫星。阿根廷于 2000 年 11 月 21 日发射了名为 SAC-C 的遥感环保监测卫星，上面载有 GPS 接收机用于掩星观测。另外，瑞典、芬兰、西班牙、日本、澳大利亚等国也都相继开展了 GPS 掩星大气遥感研究工作。

我国台湾与美国有关方面自 1997 年 10 月起开始实施 COSMIC(Constellation Observing System for Meteorology, Ionosphere and Climate——气象、气候和电离层的星座观测系统)计划，并于 2006 年 4 月发射了 6 颗载有双频 GPS 接收机的低轨卫星。COSMIC 是世界上第一个能够每天提供全球几千个点实时大气资料的 GPS 天基观测网，可用于进行地球大气、空间天气和全球气候变化的研究和预报。我国

FY-3C 气象卫星上也载有无线电掩星探测仪 GNOS,并可提供大气密度、大气折射率、低层大气湿度与电子密度廓线产品。

9.5.2 掩星事件

所谓掩星事件,是指空间中两个星体,原本直视可见,但由于其他星体或物质的运动使两者间发生了遮掩的现象。从几何光学的原理来讲,即从其中一个星体上发出的光,经直射无法到达另外一颗星体时,称为掩星。GNSS 掩星事件是指导航卫星、低地球轨道(LEO)卫星、地球之间构成的掩星事件,从导航卫星上发射的导航信号按直线传播时无法穿过地球到达 LEO 卫星,但由于地球大气的折射效应,最后还是能被低轨卫星上的接收机接收到的现象,如图 9.15 所示。图中,灰色代表中性大气层,它的高度从地表到 50～80 km 的高空。白色代表电离层,它的高度从中性大气层顶到几百千米的高空。GNSS 卫星位于 20000 km 的高空,发射 L 波段的导航信号。LEO 卫星高度一般约为 800 km,它上面搭载有 GNSS 接收机。当 GPS 卫星和 LEO 卫星运行到相互之间因地球遮掩不能通视时,如果没有地球大气的存在,那么 GNSS 信号将会按直线传播,不能到达 LEO 卫星,但由于地球大气的存在,GNSS 信号被地球大气折射,绕过地球表面,可到达 LEO 卫星。

利用掩星事件信号进行大气遥感具有以下主要特点。

(1)可获得全球均匀分布的温湿廓线资料

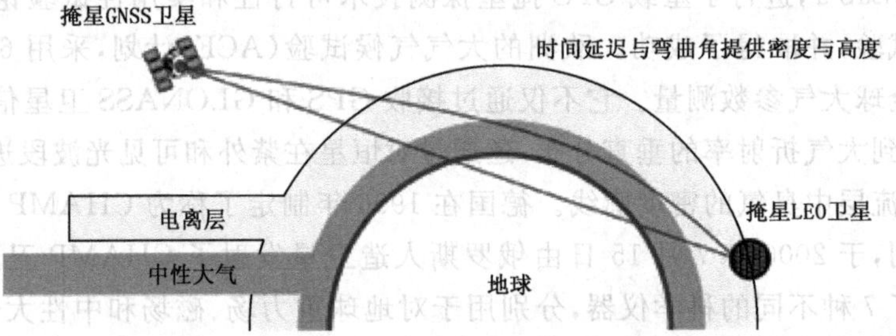

图 9.15 GNSS 掩星事件示意图

仿真模拟计算表明,一颗 LEO 卫星与现有的 24 颗 GPS 卫星所组成的星座,每天产生的掩星事件约 500 个。因此,对 COSMIC 星座,每天发生的掩星事件将达到 3000 个。图 9.16 为 COSMIC 星座 24 h 产生的掩星事件分布图。图中,绿色表示掩星点的位置,代表一次掩星事件过程中,多条 GPS 信号射线与大气的切点在地表上投影的几何中心点。从图中可以看出,掩星事件近乎全球分布均匀,不管是海洋、两极、高山、荒漠,都有掩星事件,这就提供了全球均匀分布的高空探测资料。而红色代表现有探空站的位置,主要分布于有人居住的地区,数量少且全球分布极不均匀。

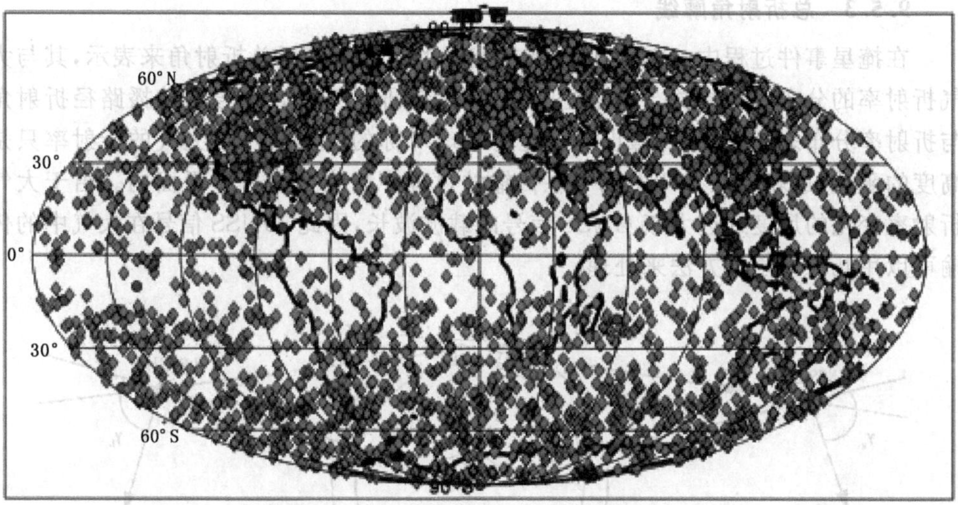

图 9.16　COSMIC 全球 24 h 掩星点分布图

(2)可获得垂直分辨率高的廓线

由于导航卫星与 LEO 卫星均在高速运行，当 GNSS 信号横切中性大气层顶，到横切中性大气层底，即地球表面时，整个过程持续的时间约 1 min，因而掩星事件发生的时间只有 1 min 左右。在此过程中，由于大气对 GNSS 信号的折射，导致 GNSS 信号的速度变慢、路径产生弯曲变长，从而使得信号到达 LEO 卫星的时间超过沿直线在真空中传播的时间，产生时间延迟(time delay)。在一次掩星事件过程中，当导航信号横切地球中性大气层顶时，可测的时间延迟为 3×10^{-12} s；当横切地球表面时，可测的时间延迟为 3×10^{-6} s，相应的距离延迟(range delay)就从 1 mm 到 1 km。这样，大气产生了一个幅度在六个数量级间变化的信号。这些大动态范围变化的信号为高垂直分辨率廓线遥感提供了足够的信息。掩星数据的垂直分辨率可从接近地面的几百米变化到 60 km 高附近的 1 km。

(3)温湿廓线的水平分辨率低

在一个掩星事件中，由于不同高度近地点的水平位置是变化的，因此，掩星探测提供的是几百千米水平范围内的一个平均测值，水平分辨率较低。这会限制探测结果在小尺度问题上的应用，但会提高它在大尺度天气和气候应用上的价值。

(4)测量结果的稳定性好

由于 GNSS 卫星和 LEO 卫星上的仪器设备所固有的稳定性，卫星在轨运行之后并不需要对仪器进行定标，这与需要进行在轨定标的红外可见光辐射计、微波辐射计等被动式系统相比，具有很大的优越性。

9.5.3　总折射角廓线

在掩星事件过程中，GNSS 信号传输路径的弯曲程度用总折射角来表示，其与大气折射率的分布密切相关。为了让问题简化，在研究 GNSS 信号的传播路径折射角与折射率分布之间关系时，假设地球是局地球对称的，也就是说，大气的折射率只是高度的函数，这就保证 GNSS 信号在传输的过程中始终处于一个平面内。由于大气折射率变化的尺度远远大于 GNSS 信号的载波波长，因此，GNSS 信号在大气中的传输可以用几何光学的方法来处理。

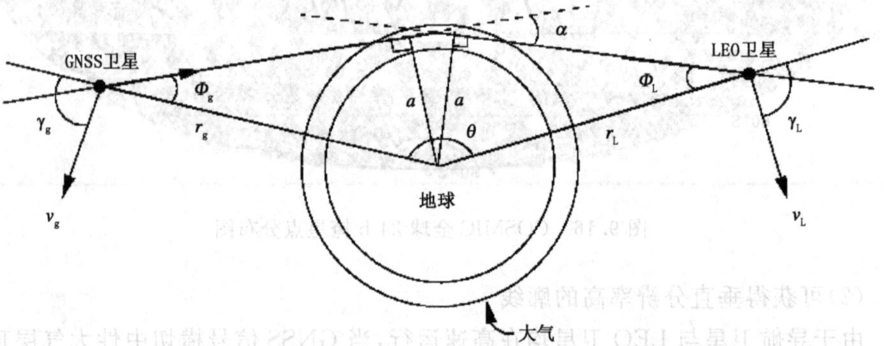

图 9.17　掩星事件时 GPS 信号的传播几何路径示意图

由图 9.17 可见，依据 GNSS 卫星、地心、LEO 卫星、切点的几何关系，总折射角为

$$\alpha = \Phi_g + \Phi_L + \theta - \pi \tag{9.5.1}$$

式中，α 是信号传播路径的总折射角，Φ_g 是 GNSS 卫星发射信号方向与 GNSS 卫星地心向径的夹角，Φ_L 是 LEO 卫星接收信号方向与地心向径的夹角，θ 是 GNSS 卫星地心向径与 LEO 卫星地心向径的夹角。

由于 GNSS 卫星的位置和速度可以由其星历确定，是一个已知量；而 LEO 卫星的位置和速度可以由非掩星 GNSS 卫星确定，也是一个已知量，那么 θ 可求。因此，要确定总折射角，需要求得 Φ_g 和 Φ_L。下面建立求取 Φ_g 和 Φ_L 的方程。

由 Snell 定律，GNSS 信号的射线轨迹方程为

$$r \cdot n \cdot \sin\Phi = a \tag{9.5.2}$$

式中，r 是射线上任一点的地心向径，n 是这点处的大气折射率，Φ 是信号的瞬时方向与当地天顶的夹角，对于某条射线而言，a 是一沿射线路径不变量，称之为碰撞参数。由于 GNSS 卫星和 LEO 卫星所在的高度都较高，GNSS 卫星高度约 20000 km，LEO 卫星高度约 800 km，可以认为所处的环境为真空，即折射率为 1，根据射线轨迹方程

式(9.5.2),有

$$r_g \sin\Phi_g = r_L \sin\Phi_L = a \tag{9.5.3}$$

由 GNSS 卫星和 LEO 卫星的相对运动,接收到的 GNSS 信号会产生一个频移,这个频移称之为多普勒频移,其与 GNSS 卫星和 LEO 卫星的运动速度有关。

$$f_d = f_0 c^{-1}(V_g^r \cos\Phi_g + V_L^r \cos\Phi_L + V_g^c \sin\Phi_g - V_L^c \sin\Phi_L) \tag{9.5.4}$$

式中,V_g^r,V_L^r,V_g^c,V_L^c 分别为 GNSS 卫星、LEO 卫星在沿信号传输方向及正交方向的分量。由式(9.5.3)和式(9.5.4)可求得 Φ_g 和 Φ_L,进一步求得 α 和 a。

在掩星事件中,通过对一系列信号路径进行求解,就得到了不同碰撞参数时的总折射角,构成了总折射角廓线 $\alpha(a)$,这是开展温湿廓线反演的基础。

9.5.4 由总折射角廓线反演折射率廓线

在球对称情况下,根据几何关系,可推导出信号传输路径的微分折射角与微分折射率之间的关系为

$$d\alpha = \frac{dn}{n} \cdot \frac{a}{\sqrt{\eta^2 - a^2}} \tag{9.5.5}$$

式中,$\eta = rn$。上式对整条信号路径积分,则得到总折射角。

$$\alpha(a) = 2\int_a^{\infty} \frac{d\ln(n)}{d\eta} \cdot \frac{a}{\sqrt{\eta^2 - a^2}} d\eta \tag{9.5.6}$$

这里 2 倍是指在球对称大气假设下,射线的折射情况是关于切点对称的。显然,总折射角是碰撞参数 a 的函数,且与折射率的垂直分布有关。

利用数学上的 Abel 变换,上式可变换为

$$\ln(n) = \frac{1}{\pi}\int_a^{\infty} \frac{\alpha(a)}{\sqrt{\eta^2 - a^2}} d\eta \tag{9.5.7}$$

这样就可从折射角廓线反演出大气折射率廓线。

9.5.5 由折射率廓线反演温湿廓线

在对流层上部和平流层,水汽含量很少,可近似作为干空气。由式(9.5.8),干空气折射指数 N 的表达式为

$$N = 77.60 \frac{P}{T} \tag{9.5.8}$$

由干空气状态方程

$$\rho_d = 0.3484 \frac{P}{T} \tag{9.5.9}$$

式中,ρ_d 是干空气密度。从式(9.5.8)和式(9.5.9)可容易地从 N 导出 ρ_d。

$$\rho_d = \frac{0.3484}{77.60N} \tag{9.5.10}$$

将干空气密度代入静力方程式(9.5.17)。

$$\frac{\mathrm{d}P}{\mathrm{d}z}=-\rho_{\mathrm{d}}g \tag{9.5.11}$$

可求得 $P(z)$,再将 $P(z)$代回到式(9.5.9)就可求得 $T(z)$。

在对流层中下部,水汽的影响很大,此时 N 的一般表达式为

$$N=77.6\frac{P}{T}+3.730\times10^{5}\frac{e}{T^{2}} \tag{9.5.12}$$

从上式可见,N 中包含着温度和水汽压两个未知量,无法从 N 中求出湿度信息,若能从其他途径得到其中的一个量,然后再代入式(9.5.12)即导出另一个量。例如,可从无线电探空或模式计算得到温度廓线,再用掩星资料反演水汽廓线。但是,若仍采用上述方法在忽略水汽的情况下也可计算得到的温度,将其称为干温度。

综上所述,对于球对称分布干空气大气模型,反演步骤可归纳如下:

(1)用双差载波相位观测方法确定 LEO 卫星的位置和速度;

(2)由掩星的多普勒频移测值和 GNSS 卫星与 LEO 卫星的位置、速度信息计算总折射角廓线;

(3)对折射角廓线数值积分得到折射率廓线;

(4)由折射率廓线反演得到密度、压力和温度廓线。

上述反演是在球对称大气的假设下,此时 GNSS 信号在同一平面内沿一条路径传播,从而使得 Abel 反演成立。实际情况下,大气并非球对称,并且 GNSS 信号在大气中传播时,有可能同时到达接收机的信号是沿不同路径传播到达的,即发生所谓的多路径效应。当存在多路径效应时,接收机不能区分不同路径的信号,从而给温湿廓线反演带来较大的误差。此外,在大气折射率垂直梯度很大的区域,还会产生超折射效应,使得 GNSS 信号陷落在这超折射层内,弯曲角变得无穷大,从而难以求解出正确解。非球对称大气、多路径效应、超折射效应情况下的反演问题成为 GNSS 掩星遥感的前沿课题。

9.6 GNSS 掩星遥感电子密度

9.6.1 引言

与掩星技术遥感反演温湿廓线原理相似,GNSS 信号在穿越电离层时路径弯曲角与电离层中的折射率有关,而折射率又与电子密度有关,因而原理上也可以基于掩星技术反演电离层电子密度。人们提出了利用 Abel 变换方法和层析方法进行电离层电子密度廓线的反演方法。其中,利用 Abel 变换方法可以反演得到掩星切点处的电子密度廓线,利用层析方法可以反演得到区域范围内的电子密度二维、三维分布

图像。

9.6.2 Abel 变换反演电子密度

根据对电离层中导航信号传播路径假设的不同,电子密度主要有两类反演方法:基于弯曲角的 Abel 变换反演方法和基于 TEC 的 Abel 变换反演方法。其中前者在 CHAMP 资料的反演算法中得到应用,后者在 COSMIC 资料的反演算法中得到应用。

9.6.2.1 基于弯曲角的 Abel 变换反演

与中性大气中的温湿廓线反演原理类似,首先确定出电离层中的弯曲角廓线 $\alpha(a)$,而后由 Abel 变换计算出电离层折射率 $n(a)$,利用电离层折射率关系式(9.3.6),即可计算出电子密度。

9.6.2.2 基于电子总量的 Abel 变换反演

由于在电离层中,GNSS 信号传播受电离层电子密度影响所弯曲的角度非常小,其弯曲角度均不会超过 0.03°,通过电离层所弯曲的距离不过是数千米甚至更少,因此可将弯曲角忽略不计,假设传播路径为直线。这样,由电磁波的相位延迟先计算出 *TEC*,再由 *TEC* 利用 Abel 变换反演电子密度。此方法在步骤上比由弯曲角反演电子密度更简便,可以让反演过程更及时,而且因忽略弯曲角所造成的反演误差也相当小。

在局部球对称的假设下,*TEC* 值与电子密度的关系如下。

$$TEC(r_t) = \left[\int_{r_t}^{r_{\mathrm{LEO}}} + \int_{r_t}^{r_{\mathrm{GNSS}}}\right]\frac{rN_{\mathrm{e}}(r)}{\sqrt{r^2 - r_t^2}}\mathrm{d}r = 2\int_{r_t}^{r_{\mathrm{LEO}}}\frac{rN_{\mathrm{e}}(r)}{\sqrt{r^2 - r_t^2}}\mathrm{d}r \qquad (9.6.1)$$

对式(9.6.1)进行 Abel 变换可得

$$N_{\mathrm{e}}(r_t) = -\frac{1}{\pi}\int_{r_t}^{r_{\mathrm{LEO}}}\frac{\mathrm{d}TEC(r)/\mathrm{d}r}{\sqrt{r^2 - r_t^2}}\mathrm{d}r \qquad (9.6.2)$$

此时将已求得的 *TEC* 值代入式(9.6.2),即可求得电子密度。实际上,在上述反演电子密度的过程中,由于 GNSS 卫星与 LEO 卫星的高度相差较大,因而不能完全忽略 LEO 卫星至 GPS 卫星高之间电离层的电子总量贡献,但在一般情况下,这一电子总量变化不大,可作为常数处理。

9.6.3 层析反演电子密度

图 9.18 表示了基于掩星探测的电离层电子密度 CIT 技术原理。如图所示,电离层被分成了若干层,这些层的高度很高,可以认为在每层中电子密度趋近于常数,并假设电磁波在电离层中沿 GPS 和 LEO 卫星的直线方向传播。为了表示这些直线传播方向的 *TEC*,必须把标准的 *TEC* 值修正到直线传播方向,即 TEC_0。这种修正仅仅会使 *TEC* 值有很小的改变,在多数情况下这种改变是可以忽略的。

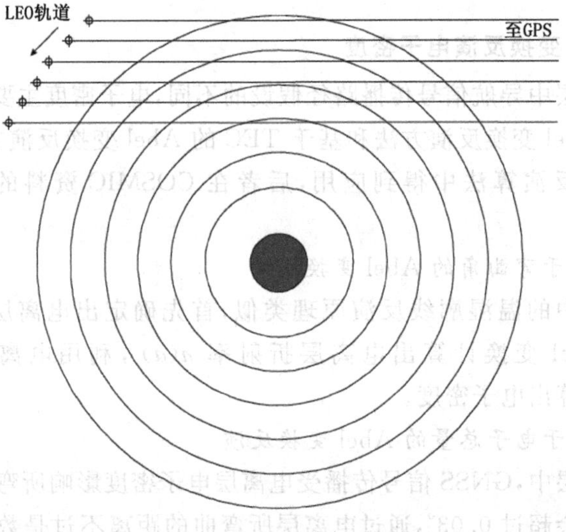

图 9.18 层析技术反演电离层原理图

TEC_0 与各层电子密度之间的关系可由下式表示

$$\begin{bmatrix} TEC_{01} \\ TEC_{02} \\ \vdots \\ TEC_{0n} \end{bmatrix} = \begin{bmatrix} a_{11} & a_{12} & \cdots & a_{1m} \\ a_{21} & a_{22} & \cdots & a_{2m} \\ \vdots & & & \vdots \\ a_{n1} & a_{n2} & \cdots & a_{nm} \end{bmatrix} \begin{bmatrix} N_{e1} \\ N_{e2} \\ \vdots \\ N_{en} \end{bmatrix} + \boldsymbol{E} \tag{9.6.3}$$

式中，m 代表层数，n 代表射线的条数，等于 TEC_0 值的个数，由掩星事件的持续时间和采样率决定。矩阵元 A_{ij} 代表第 n 条射线在第 m 层传播的距离。当层数从最里一层开始计数时，这一距离分为以下两种情况。一种情况是第 i 条射线与层的交点分别在第 $j-1$ 和 j 层时，此时 A_{ij} 等于交点间距离的两倍。另一种情况是第 i 条射线与层的两个交点都是在第 j 层时，此时 A_{ij} 等于交点间的距离。矩阵 $\boldsymbol{E}$ 表示误差项。

分层一般把高度在 40～740 km 处的电离层大气线性分割。如果在电子密度梯度较大的区域增加分层的数量，可以获得较高分辨率和低误差的结果。但分层数量不能无限制地增加，因为太多的层数会增加计算噪声。最佳的层高大约等于采样距离的大小。在电离层中 1 Hz 的采样率大约对应 3 km 的采样距离。

求解式(9.6.3)可以有多种方法，如代数重建技术(ART)、乘法代数重建技术(MART)、同步重复重建技术(SIRT)、广义奇异值分解算法(GSVD)等方法。这些方法都可以求得合理的反演结果，可以根据实际应用需要选择合适的反演方法。下面介绍在电离层层析技术中应用比较广泛的两种算法：代数重建技术与乘法代数重建技术。

9.6.3.1 代数重建技术(ART)

代数重建技术(algebraic reconstruction technique，ART)最早用于医学层析，其数学表达式为

$$循环部分：x_j^{k+1} = x_j^k + \lambda_k \times \frac{c_i - \sum_{j=1}^{n} a_{ij} \times x_j}{\sum_{j=1}^{n} a_{ij} a_{ij}} \times a_i \tag{9.6.4}$$

式中，初值 $x_0 \in IR^n$，$i = k \bmod n$，x_j^{k+1} 为第 j 个网格的电子密度第 $k+1$ 次迭代的值，x_j^k 为第 j 个网格的电子密度第 k 次迭代的值，λ_k 为松弛系数，c_i 为第 i 条射线上的 TEC_0 值，a_{ij} 为第 i 条射线在第 j 个网格上的长度，a_i 为第 i 条射线全长。此方法不保证迭代后的电子密度为正值。

9.6.3.2 乘法代数重建技术(MART)

MART(multiplicative algebraic reconstruction technique)算法主要将所测量的 TEC 与沿测量路径的前一次迭代电子密度累积量比较，决定每个网格在新迭代过程中修正的幅度。

MART 算法的理论公式为

$$x_j^{k+1} = x_j^k \cdot \left(\frac{c_i}{\sum_{i=1}^{m} a_{ij} \times x_j^k} \right)^{\lambda_k \times a_{ij} / a_i} \tag{9.6.5}$$

式中，x_j^{k+1} 为第 j 个网格的电子密度第 $k+1$ 次迭代的值，x_j^k 为第 j 个网格的电子密度第 k 次迭代的值，λ_k 为松弛系数($0 < \lambda_k < 1$)，c_i 为第 i 条射线上的 TEC_0 值，a_{ij} 为第 i 条射线在第 j 个网格上的长度，a_i 为第 i 条射线全长。

适当选择迭代的次数(一般约 10 次以内)以满足测量的初始值 TEC_0 对于结果有相当大的影响，若初始值猜测得很准确，可减少迭代次数及假象的产生。

乘法代数重建技术(MART)改善了 ART 收敛性慢的缺点，并且保证其解是正值。这一方法必须先给予一个初始值，电子密度初始值的设定可利用 IRI 模式、双 Chapman 电离层模式得到。把初始值代入 MART 算法中，经过多次迭代重建电子密度分布。

习 题

1. 比较解释下列各组概念：

(1)粗码(C/A 码)、精码(P 码)；

(2)测相伪距方程、测码伪距方程；

(3)中性大气延迟、电离层延迟、干延迟、湿延迟；

(4)TEC,VTEC；

(5)PWV,SWV；

(6)相速、群速、相折射率、群折射率；

(7)掩星事件、碰撞参数；

(8)总折射角、微分折射角；

(9)干投影函数、湿投影函数。

2. 全球导航卫星系统中为什么要发射至少两种载波频率的信号？

3. GPS 导航信号中的 P 码与 C/A 码有何不同？导航电文中包含了什么信息？

4. 简述全球导航卫星定位原理。

5. 中性大气的折射率主要由哪些因素决定？随高度的变化规律是什么？

6. 天顶湿延迟与哪些因素有关？

7. 电离层的折射率主要由哪些因素决定？随高度的变化规律是什么？

8. 简述利用地面接收的卫星导航信号遥感电子总量的原理与方法。产生误差的原因有哪些？

9. 简述利用地面接收的卫星导航信号遥感可降水量的原理与方法。产生误差的原因有哪些？

10. 简述利用卫星导航掩星信号遥感温湿廓线的原理与方法。

11. 在大气水平分布不均匀时，如何利用地面接收的 GNSS 信号反演 SWV？

12. 在利用 Abel 变换反演温湿廓线时，做了何假设？查找相关文献，了解在不满足假设时如何进行反演。

13. 查找相关文献，了解 GNSS 以及利用 GNSS 信号开展大气遥感的最新研究进展。

参考文献

丁金才，2009. GPS 气象学及其用[M]. 北京：气象出版社.

李国平，等，2010. 地基 GPS 气象学[M]. 北京：科学出版社.

刘赵林，孙学金，符养，2009a. 电离层掩星反演的 TEC 修正反演法[J]. 空间科学学报，29(3)：281-286.

刘赵林，孙学金，符养，2009b. 电离层的掩星分离假设反演法[J]. 天文学进展，27(3)：270-279.

刘赵林，孙学金，符养，等，2009c. 电离层掩星反演的正则最大熵法[J]. 天文学报，50(4)：406-414.

牛珍聪，孙学金，方涵先，等，2009. 基于广义奇异值分解算法的电离层三维层析模拟[J]. 解放军理工大学学报(自然科学版)，10(4)：397-402.

王勇，刘严萍，2012 地基 GPS 气象学原理与应用研究[M]. 北京：测绘出版社.

余鹏，孙学金，赵世军，2004. GPS 卫星广播星历轨道误差的探讨[J]. 测绘通报(4)：6-8.

第 10 章　声波主动大气遥感

声波是纵波，其振动方向与传输方向相一致，且频率较低。声波的频率为 20～20000 Hz，在人的听觉范围内。频率高于 20000 Hz 的机械波叫超声波，频率低于 20 Hz 的机械波叫次声波。由于气象要素的起伏引起的声波的散射、吸收和衰减，都比电磁波强得多，因此声波探测大气的优点是灵敏度高，缺点是声波在大气中传输时能量耗散大，探测高度受到一定限制。声雷达是通过发射声波，并接收大气散射回来的声波，以测量回波强度或多普勒频移的主动式大气遥感设备。声雷达主要用于大气边界层探测。本章主要介绍声波大气传输理论及其利用发射的声波进行边界层温度层结、风廓线遥感的原理、技术与方法。

10.1　声波在大气中的传输

10.1.1　声波在大气中的传播速度

声波在媒质（介质）中传播的速度称为声速或音速，其大小因媒质的性质和状态而异。空气中的音速，在 1 个标准大气压下和 15℃ 的条件下约为 340 m·s^{-1}即1224 km·h^{-1}。

假定大气为理想气体，且声波在传输过程中是绝热的，则其传输速度 C 为

$$C=\sqrt{\gamma \frac{P}{\rho}} \tag{10.1.1}$$

式中，γ 为空气的定压比热 C_P 与定容比热 C_V 之比，$\gamma=C_P/C_V$，P 为气压，ρ 为空气密度。

10.1.1.1　静止干空气中的声速

对干洁大气，用干空气状态方程 $P=\rho R_d T$ 代入式(10.1.1)，得

$$C=\sqrt{\gamma_d R_d T} \tag{10.1.2}$$

式中，$\gamma_d \approx 1.404$，$R_d=2.87\times10^2$ J·kg^{-1}·K^{-1}，则式(10.1.2)简化为

$$C=20.1\sqrt{T} \tag{10.1.3}$$

由此可见，在干洁大气中，声波的传输速度 C 只与温度 T 有关。

10.1.1.2 静止湿空气中的声速

当空气中含有水汽时，用湿空气状态方程 $P = \rho R_d T_V$ 代入式(10.1.1)，注意到

$$\gamma_v = (1 - 0.11q)\gamma_d$$

$$T_V = (1 + 0.618q)T$$

$$q \approx 0.622e/p$$

则湿空气中的声波传输速度 C 为

$$C = \sqrt{\gamma_v R_d T_v} = C_0\left(1 + 0.15\frac{e}{P}\right) \qquad (10.1.4)$$

式中，C_0 为干空气声速，e 为水汽压。由式(10.1.4)可见，在湿空气中，声波的传输速度会增大。

10.1.1.3 有风时的声速

当有风时，声波的传输速度是静止大气中传输速度与风速矢量之和。设声传输方向与风速 u 有一夹角 α，取坐标 ox 方向与 u 方向相同，如图 10.1 所示，则有风时的声速为

$$C_1 \doteq C + u\cos\alpha \qquad (10.1.5)$$

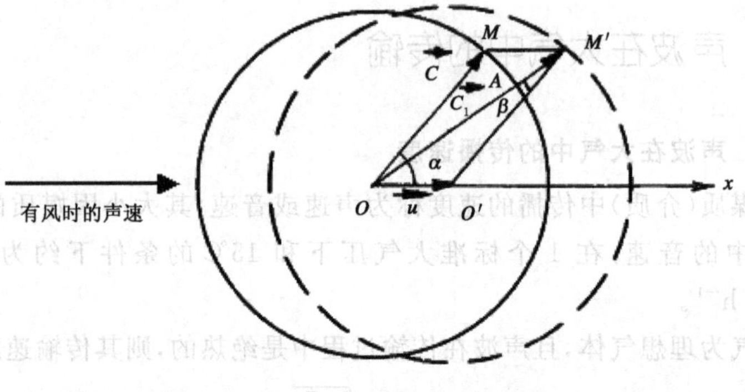

图 10.1 声传输方向与风矢量关系示意图

10.1.2 声波在大气中的折射

声波由振源产生后在大气中传输，一般可以用类似于光线的“音线”来表示振动能量的传输。

10.1.2.1 静止大气中的折射

假定大气是干燥、无风的，如果是等温大气，则音线为一直线。但实际大气中温度随高度递减的，声波的传输速度也随高度变化，音线就变成弯曲的了。

对水平均一分层大气，如图 10.2 所示，音线在每一层内是直线，而在各层的界面

上改变方向(即产生折射)。如各层温度为 T_0 , T_1 , T_2 ,且 $T_0 > T_1 > T_2$,各层声速为 C_0 , C_1 , C_2 ,各层的入射角为 i_0 , i_1 , i_2 ,折射角为 e_1 , e_2 , e_3 ,则有

$$\frac{\sin i_0}{C_0}=\frac{\sin i_1}{C_1}=\frac{\sin i_2}{C_2} \tag{10.1.6}$$

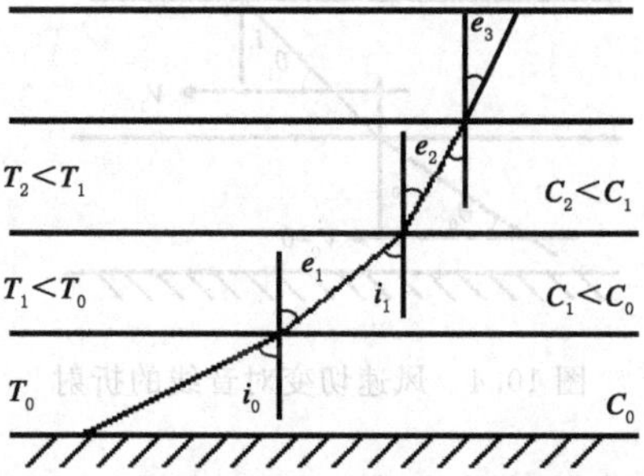

图 10.2　音线在水平均一分层大气中的折射

由式(10.1.3)可知,当 $T_0 > T_1 > T_2$, $C_0 > C_1 > C_2$, $i_0 > i_1 > i_2$,音线向上弯曲如图 10.3a,反之则向下弯曲如图 10.3b。

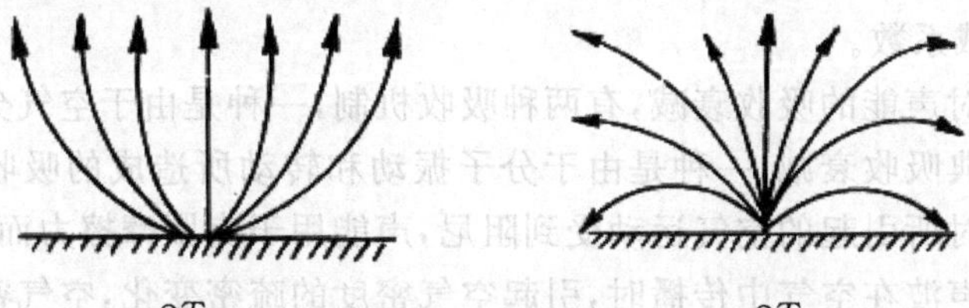

图 10.3　音线随温度变化而发生的折射

10.1.2.2　有风时的折射

当有风时,声波的传输方向要复杂得多,它与风的大小和方向有关。当只考虑垂直方向上的水平风速切变时,设分层大气中各层的声速分别为 C_0,C_1,C_2,入射角分别为 i_0,i_1,i_2,则受风影响后的合成声速为 $C'_0=C_0$,$C'_1=C_1+V_1\cos\theta_1$,$C'_2=C_2+V_2\cos\theta_2$ 。

利用式(10.1.6),将 C'_0,C'_1,C'_2 代替 C_0,C_1,C_2,并考虑 θ 角与 i 角的互余性,可得

$$\frac{C_1}{\sin i_1}+V_1=\frac{C_2}{\sin i_2}+V_2 \tag{10.1.7}$$

式中, V_1 和 V_2 分别是上下两层的风速。θ_1 和 θ_2 为风矢量与水平方向的夹角,如图 10.4 所示。

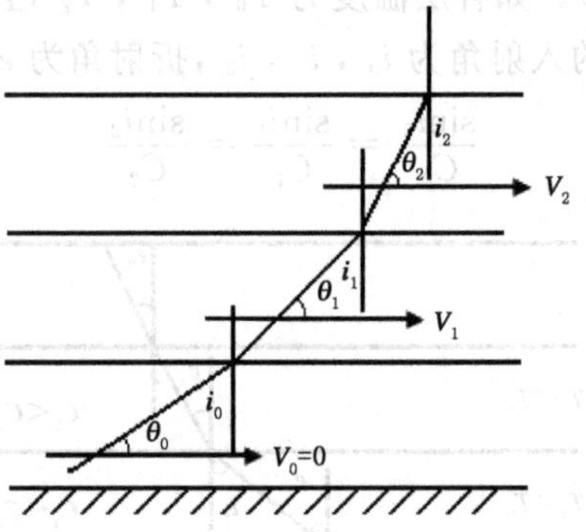

图 10.4　风速切变对音线的折射

10.1.3　声波在大气中传输的衰减

声波在大气中传输时，因波束发散、吸收、散射等原因，声波强度随传输距离增加而逐渐衰减。对于平面波而言，不需要考虑波束发散衰减，对于吸收衰减和散射衰减，假定入射声波的强度为 I_0，传输一段距离 R 后，声波强度为 I，则有

$$I = I_0 \mathrm{e}^{-KR} \tag{10.1.8}$$

式中，K 为衰减系数。

空子分子对声能的吸收衰减，有两种吸收机制，一种是由于空气分子的黏性和热传导造成的经典吸收衰减，一种是由于分子振动和转动所造成的吸收衰减。分子黏性使声波传播时所引起的空气运动受到阻尼，声能用于克服摩擦力而转变为热能，造成声能衰减。声波在空气中传播时，引起空气密度的疏密变化，空气密(压缩)时要增温，空气疏(膨胀)时要降温，由此各部分之间形成了温差。由于空气的热传导，热量将从高温处向低温处输送，这些能量不能再还原为声波机械振动，从而造成声能衰减。声波传播造成分子转动和振动的能量变化，当这些能量重新转换为声能时，出现了时间张弛，使部分声能损耗而转化为热能。声波的经典吸收和转动振动吸收均与声波频率有关。

声波在大气中传输时，由于大气温度和风速的小尺度不均匀性随机脉动，使声波波阵面产生随机性的畸变，这种随机性波阵面的相干效应，使部分声波波能离开原传播方向向其他方向传播，引起原传播方向声能的衰减，这类衰减称为散射衰减。由于大气经常处于湍流运动状态，因而散射声能衰减是大气中最重要的声能衰减方式。声波散射的散射强度和方向分布取决于大气湍流强度和频谱特性。利用声波大气散射原理已成功研制了声雷达，用于遥感边界层大气的温度层结和风廓线。

10.1.4　声波在大气中传输的散射特性

在局地各向同性湍流的前提下，声能体元散射截面 $\beta(\theta)$ 为

$$\beta(\theta)=0.033k^{\frac{1}{3}}\cos^2\theta\left[\frac{C_V^2}{C^2}\cos^2\theta/2+0.13\frac{C_T^2}{T^2}\right]\left(\sin\frac{\theta}{2}\right)^{-\frac{11}{3}} \tag{10.1.9}$$

式中，$\beta(\theta)$表示单位体积、单位入射功率在θ方向散射到单位立体角的有效截面($m^{-1}\cdot sr^{-1}$)，$k=2\pi/\lambda$ 为声波波数，λ 为声波波长，C 和 T 分别为平均声速和平均温度，C_V 和 C_T 分别为风速和温度脉动的结构常数，定义为

$$C_V^2=\left[\frac{\overline{V(x)-V(x+r)}}{r^{\frac{1}{3}}}\right]^2 \tag{10.1.10}$$

$$C_T^2=\left[\frac{\overline{T(x)-T(x+r)}}{r^{\frac{1}{3}}}\right]^2 \tag{10.1.11}$$

式中，r 是沿 x 轴方向两点间的距离，$V(x)$和 $T(x)$是 x 处的风速和温度。由式(10.1.9)可见，声波散射与波长有关，声波波长越长，散射衰减越小；声波散射主要是由风速和温度脉动引起的；在 $\theta=90°$方向上，没有散射；在 $\theta=180°$方向上，只有温度脉动引起的散射；其他方向的散射波是风速脉动和温度脉动共同作用的结果。

10.1.5　声波传输的多普勒效应

声波在大气中传输时，若散射体相对于声雷达有相对运动时，也会产生多普勒频移 f_D：

$$f_D=\frac{1}{2\pi}(\boldsymbol{K}-\boldsymbol{K}_0)\cdot\boldsymbol{V} \tag{10.1.12}$$

式中，$\boldsymbol{V}$ 为相对运动速度，$\boldsymbol{K}_0$ 为发射波矢量，$\boldsymbol{K}$ 为散射波矢量。

10.2　声雷达的边界层结构探测

10.2.1　声雷达方程

与推导气象雷达方程的思路相似，可推得声雷达接收散射回波的功率 P_r 为

$$P_r=\frac{P_t\eta_t\eta_r C\tau A_r}{2R^2}\beta(\theta)e^{-2\int_0^R K\mathrm{d}r} \tag{10.2.1}$$

式中，P_r 是声雷达接收的散射回波功率，P_t为声雷达发射声脉冲的功率，η_t 和 η_r 分别为电声转换系数和声电转换系数，C为声速，τ 为脉冲宽度，A_r 为天线有效面积，R 为探测距离，$\beta(\theta)$ 为散射系数，K 为声能衰减系数。

10.2.2　点声雷达测量温度层结

10.2.2.1　声雷达

声雷达通常由天线、发射机和接收机三部分组成，其原理框图如图 10.5 所示。天线系统包括换能器、抛物面反射体及收发开关等。换能器是一个扬声器，安置在抛物面反射体的焦点上，使声能会聚为近似的平面波波束。在程序控制器的控制下，发

射机产生脉冲声波信号，并通过天线发射出去，天线垂直向安置，兼顾发射和接收两项功能，接收机将天线高放送来的信号进行放大、检测、处理，并以一定的形式输出处理结果。图 10.6 为法国 Remtech 公司 PA5 相控阵声雷达天线实物图，从图中可以看出，其由阵列式的声筒组成发射天线。

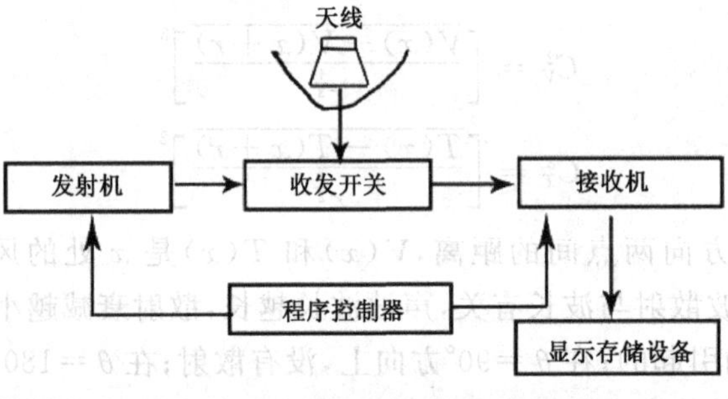

图 10.5　单点声雷达原理框图

图 10.6　单点声雷达原理框图

10.2.2.2　*单点声雷达测量温度层结原理*

对于单点声雷达而言，天线是垂直安置的，发射、接收共用一个天线，则天线接收的是后向散射 $\theta=\pi$ 时的回波信号，由式(10.1.9)可知，这时，体元散射截面 $\beta(\pi)$ 只与温度脉动有关，而与速度脉动无关，即

$$\beta(\pi)=0.008\left(\frac{C_T^2}{T^2}\right)\cdot\lambda^{-\frac{1}{3}} \tag{10.2.2}$$

另外，由于声雷达探测距离较短，通常在 1～2 km，可假定 $e^{-2\int_0^R K dr} = 1$。故可由式(10.2.1)和式(10.2.2)得

$$P_r = \frac{A}{R^2}\left(\frac{C_T^2}{T^2}\right) \tag{10.2.3}$$

式中，$A = 0.004P_t\eta_t\eta_r C\tau A_r\lambda^{-\frac{1}{3}}$，为声雷达性能常数。根据局地各向同性湍流理论可知，当大气层结接近中性时，温度结构常数 C_T^2 正比于 $(dT/dz)^2$，因而，回波功率 P_r 也正比于 $(dT/dz)^2$，温度梯度越大，回波功率越强。由此可见，根据声雷达探测结果，可直观地了解到边界层中的逆温层、热对流、混合层结构以及重力波等的发生发展演变特性。图 10.7 所示为声雷达回波信号强度经距离平方修正后的时高演变图，从图 10.7a 中可以看出边界层内的一些热对流羽的特征，而从图 10.7b 中可以看出约 8:00 以后距地高度 1.0～1.5 km，具有较强的回波，表明此处有较强的温度梯度存在。

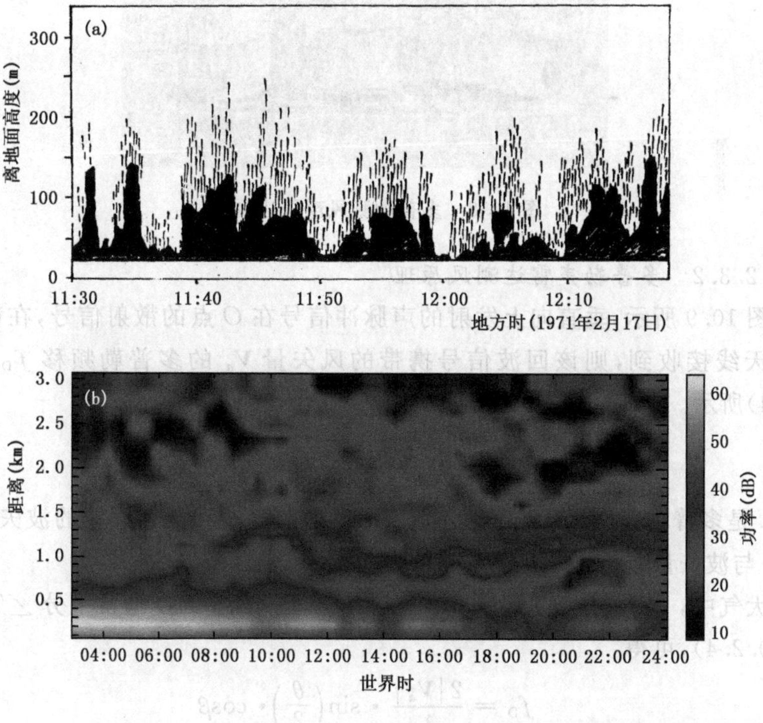

图 10.7　单点声雷达回波信号强度时高演变图

10.2.3 风速风向的多普勒声雷达遥感

10.2.3.1 多普勒测风声雷达

多普勒测风声雷达由天线阵、发射机、接收机和数据处理系统等组成。天线阵是为获得散射回波多普勒信息而特别设置的发射和接收天线布局。主要天线布局有单点布设法、双点布设法和三点布设法等。发射机用于发射声脉冲信号，接收机用于接收声散射回波信号。数据处理系统用于检测和处理散射回波信息，以求得风速风向。图 10.8 所示为一种单点多普勒测风声雷达天线布设方式。随着相控阵技术的发展，采用相控阵方式实现声波传输方向改变的相控阵多普勒声雷达天线已发展起来，如图 10.6 所示。

图 10.8 多普勒测风声雷达(单点)

10.2.3.2 多普勒声雷达测风原理

如图 10.9 所示，垂直向上发射的声脉冲信号在 O 点的散射信号，在散射方向 θ 被接收天线接收到，则该回波信号携带的风矢量 $\boldsymbol{V}_a$ 的多普勒频移 f_{D} 信息如式(10.2.4)所示。

$$|\boldsymbol{V}_r| = |\boldsymbol{V}_a| \cdot \cos\beta = 2\pi f_{\mathrm{D}} \frac{1}{|\boldsymbol{K}_s - \boldsymbol{K}_0|} \tag{10.2.4}$$

式中，$\boldsymbol{V}_r$ 是多普勒速度，$\boldsymbol{K}_0$ 和 $\boldsymbol{K}_s$ 分别表示发射的声波和散射回波的波矢量，β 是风矢量 $\boldsymbol{V}_a$ 与波矢量差 $(\boldsymbol{K}_s - \boldsymbol{K}_0)$ 方向的夹角。

在大气中，$|\boldsymbol{V}_a|$ 并不大，则 $|\boldsymbol{K}_0| \approx |\boldsymbol{K}_s|$，且 $(\boldsymbol{K}_s - \boldsymbol{K}_0)$ 通常平分 $\angle TOR$，于是由式(10.2.4)，可得

$$f_{\mathrm{D}} = \frac{2|\boldsymbol{V}_a|}{\lambda} \cdot \sin\left(\frac{\theta}{2}\right) \cdot \cos\beta \tag{10.2.5}$$

$$|\boldsymbol{V}_r| = |\boldsymbol{V}_a| \cos\beta = \frac{C}{2\sin\left(\frac{\theta}{2}\right)} \cdot \left(\frac{f_{\mathrm{D}}}{f_0}\right) \tag{10.2.6}$$

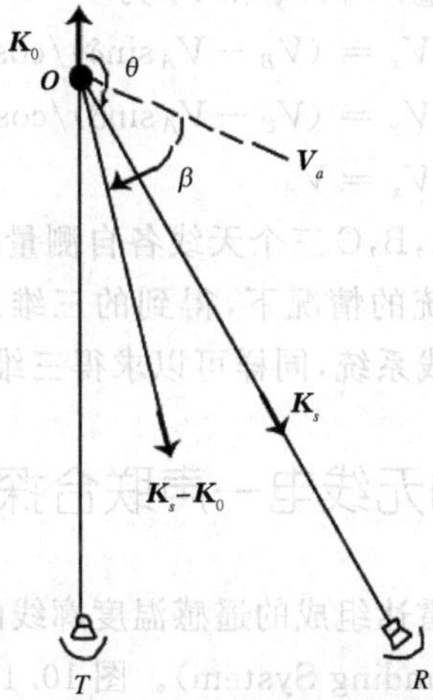

图 10.9　多普勒声雷达测风原理

式中，C 为声速，f_0 为发射的声波频率，θ 为散射角。由此可见，只要多普勒声雷达测得 f_D，便可求出径向速度 $\mathbf{V}_r$ 的大小。

显然，径向速度 $\mathbf{V}_r$ 并不是实际风速 $\mathbf{V}_a$。为了获得 $\mathbf{V}_a$，还必须对天线进行一定的合理设计。在这里讨论一种常见的单点布局天线系统。该系统的三个天线放在同一点上，一个垂直向上发射声波，另两个以仰角 δ 发射声波，且在两个相互垂直的平面内，如图 10.10 所示。

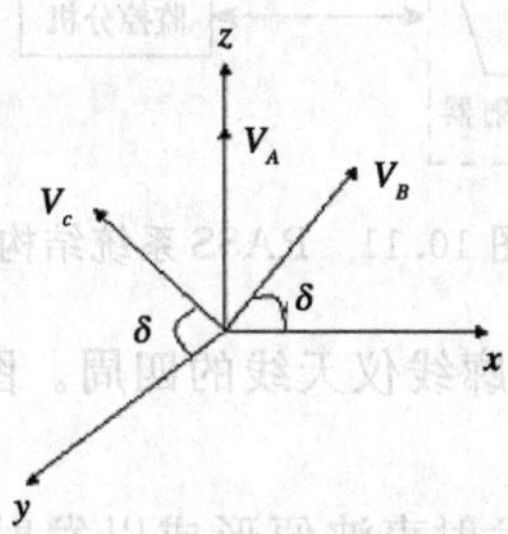

图 10.10　单点布局天线系统径向速度图

当采用上述天线设置方案时，三个天线各自发射和接收脉冲声波信号。这时，散射角 $\theta = 180°$，代入式(10.2.6)得

$$V_{ri} = \frac{C}{2}\left(\frac{f_i}{f_0}\right) \quad (i = 1,2,3) \tag{10.2.7}$$

式中，f_{D_i} 和 V_{ri} 为三个天线各自测得的多普勒频移和径向速度。于是，可进一步根

据几何关系，推得 $\boldsymbol{V}_a$ 的风分量，V_x，V_y 和 V_z 为

$$\begin{cases} V_x = (V_B - V_A\sin\delta)/\cos\delta \\ V_y = (V_C - V_A\sin\delta)/\cos\delta \\ V_z = V_A \end{cases} \tag{10.2.8}$$

式中，V_A，V_B，V_C 分别表示 A，B，C 三个天线各自测量的径向速度。

这是在单点天线布局系统的情况下，得到的三维风速。另外，可以改变天线布局，如双点天线系统、三点天线系统，同样可以求得三维风速。

10.3　温度廓线的无线电—声联合探测

由声发射装置和风廓线雷达组成的遥感温度廓线的系统称之为无线电声探测系统 RASS(Radio-Acoustic Sounding System)。图 10.11 为 RASS 组成框图。其工作原理是：用高功率声源产生的声波扰动大气，使之产生折射指数起伏（即温度目标），并用高灵敏度的无线电系统——风廓线仪探测这种折射起伏，从而得到声波传输或运动的径向速度的高度分布，再根据声速和温度间的关系反演出温度廓线，如图 10.12 所示。

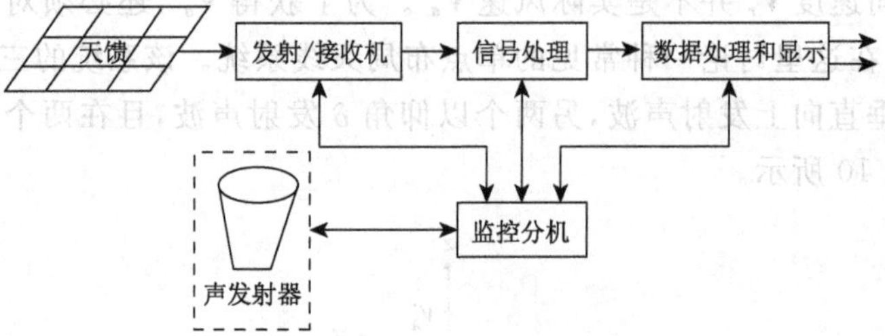

图 10.11　RASS 系统结构图

声发射装置通常安装在风廓线仪天线的四周。图 10.13 所示为 RASS 声天线的安装位置示意图。

声波是纵波，从地面向上发射声波便形成以发射点为中心的波阵面。在声波传输路径上，必然会使一些地方空气被压缩，一些地方发生膨胀，从而产生大气折射率的不均匀。当风廓线雷达向上发射电磁波时，由于受到声波波阵面上大气折射率起伏的散射作用，其回波中便携带有声波传输速度的信息——多普勒频移 f_{D}。

$$f_{\mathrm{D}} = \frac{2}{\lambda}V_a = \frac{2f_{\mathrm{e}}}{C}V_a \tag{10.3.1}$$

式中，f_{e} 为风廓线雷达发射的电磁波频率，V_a 为波阵面移动速度（声速）。在干洁大气条件下 $V_a = 20.1\sqrt{T}$，则有

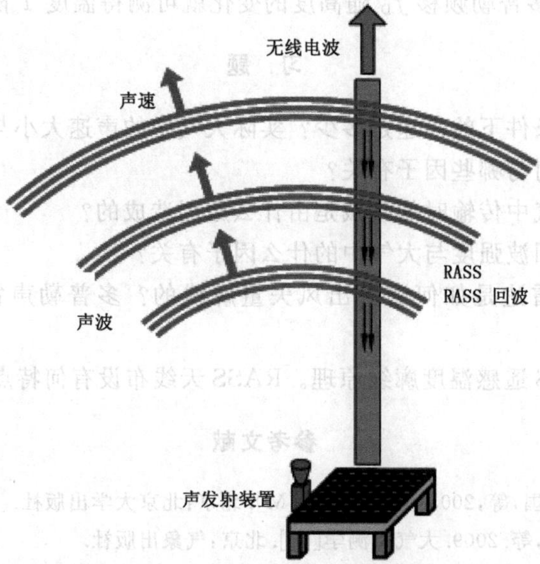

图 10.12　RASS工作原理示意图

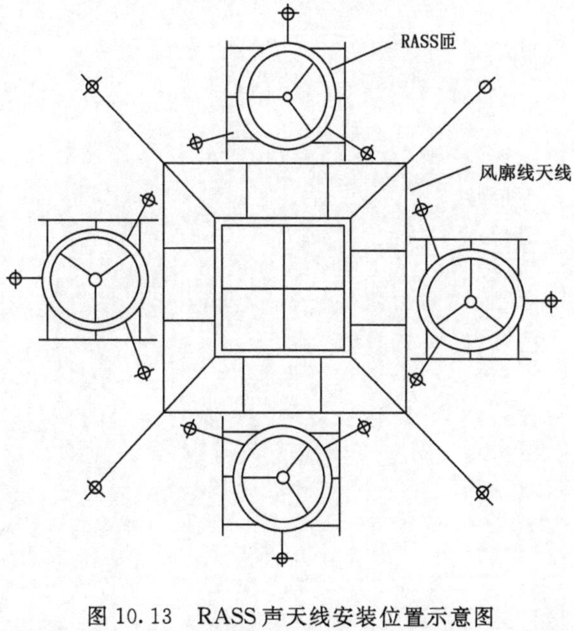

图 10.13　RASS声天线安装位置示意图

$$T=\frac{1}{(20.1)^2}\left(\frac{Cf_D}{2f_e}\right)^2 \tag{10.3.2}$$

由此，测量出多普勒频移 f_D 随高度的变化就可测得温度 T 随高度的变化。

习 题

1. 标准大气条件下的声速是多少？实际大气中的声速大小与哪些因子有关？
2. 声波的折射与哪些因子有关？
3. 声波在大气中传输时的衰减是由什么原因造成的？
4. 声雷达的回波强度与大气中的什么因子有关？
5. 多普勒声雷达是如何测量出风矢量廓线的？多普勒声雷达天线布设有何特点？
6. 简述 RASS 遥感温度廓线原理。RASS 天线布设有何特点？

参考文献

盛裴轩，毛节泰，李建国，等，2003. 大气物理学[M]. 北京：北京大学出版社.
孙学金，王晓蕾，李浩，等. 2009. 大气探测学[M]. 北京：气象出版社.
杨训仁，陈宇，2007. 大气声学[M]. 北京：科学出版社.
周秀骥，陶善昌，姚克亚，1991. 高等大气物理学[M]. 北京：气象出版社.

第 11 章　声波被动大气遥感

大气会产生各种声波信号，其中重要的一类声波信号是雷声。本章主要介绍通过声信号的采集进行雷声信号识别并进而对雷声声源位置进行定位的原理与方法。

11.1　雷声采集装置

闪电过程中产生的雷可以分为两类：①可闻雷，即所听到的声能，可闻雷又分为炸雷和闷雷（拉磨雷），炸雷的雷声强，持续时间短（1～2 s）；闷雷的声响较弱、持续时间较长，一般可达几分钟。②次声（不可闻）雷，人耳不能听到的通常为几十赫兹频率之下的声能。闪电产生的雷声其主要能量集中在 500 Hz 以下，其峰值在 100～200 Hz。由于产生次声波的自然源较少，且次声波波长较长，传播衰减较小，传播较远，因此，为了能对雷声特征进行分析和识别，声音采集系统也必须能对次声波进行检测和采集。表 11.1 所示为 OM231 型声传感器的主要性能参数，可以看出，其具有较好的低频响应特性，可达到 20 Hz，且具有较高的灵敏度和较大的动态范围，可以满足雷声以及其他非雷声的采集需要。

表 11.1　OM231 型声传感器主要性能参数

性能指标	技术参数
尺寸	(1/2)″
灵敏度	40 mV · Pa^{-1}
频率响应	20 Hz～20 kHz
动态范围(3%失真)	17～136 dB(参考 20 μPa)

为了实现雷声位置识别，可采用如图 11.1 所示的声传感器阵列进行同步声音采集。该阵列由 mic1，mic2，mic3 声传感器组成正三角形，边长为 2 m，mic4 声传感器位于底面正三角形中心点的正上方 2 m 高度处。采用短基线阵列方式，可大大降低由于声音传播路径不同造成的不同通道间声信号相关性降低的效应。通过高速数据采集卡可同时实现对四路声信号的采集。

11.2　雷声信号特征

图 11.2 为采集的四个雷声信号强度波形图及相应的频谱图，图 11.3 为采集的非雷声信号强度波形图及相应的频谱图。对比图 11.2 与图 11.3 可以看出，雷声信号具有以下特点。

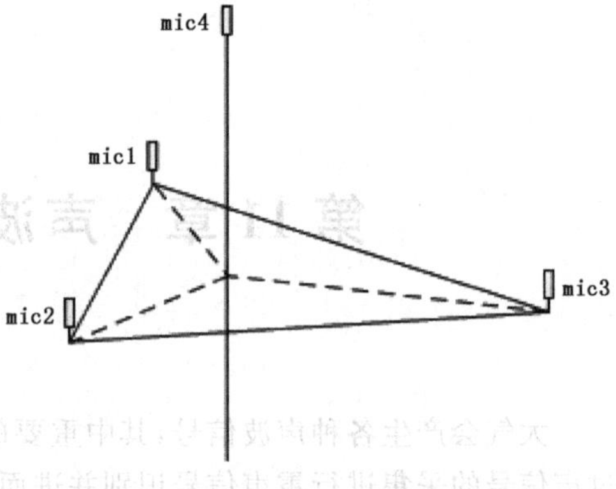

图 11.1　声传感器阵列结构示意图

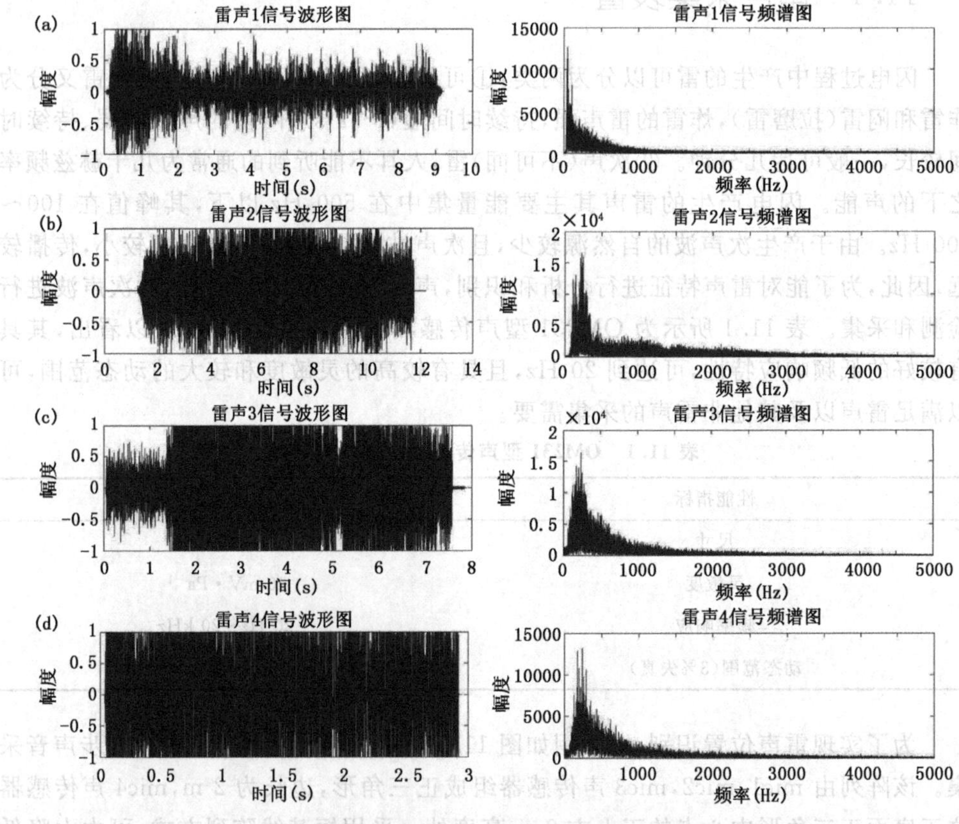

图 11.2　雷声信号波形图及频谱图

(a)雷声 1；(b)雷声 2；(c)雷声 3；(d)雷声 4

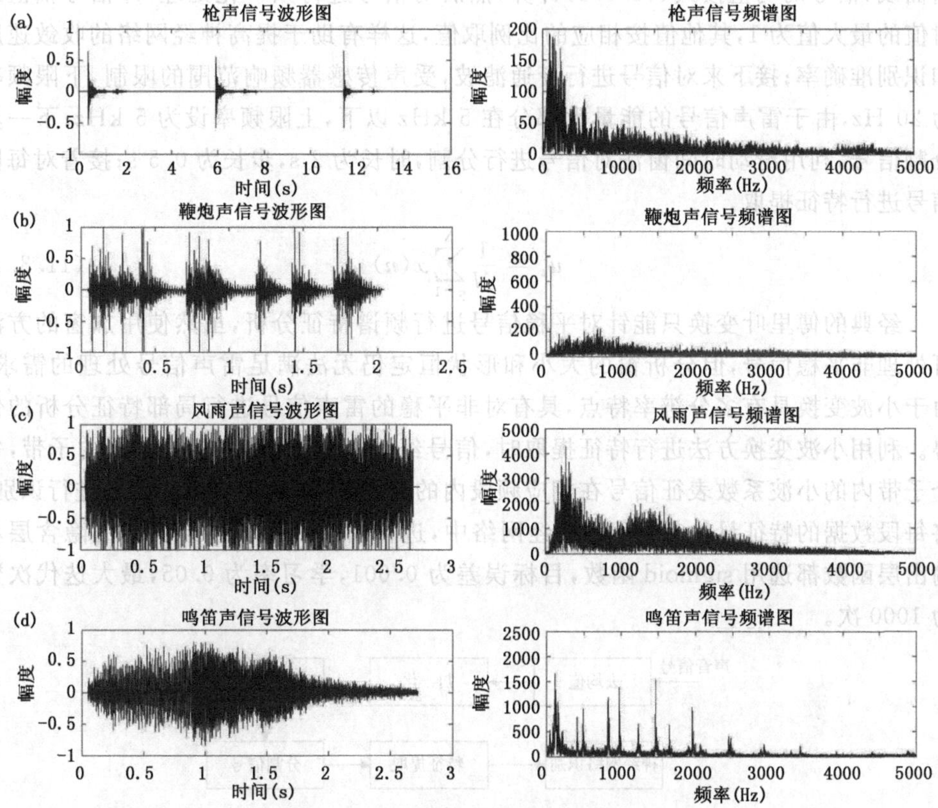

图 11.3　非雷声信号波形图及频谱图

(a)枪声;(b)鞭炮声;(c)风雨声;(d)鸣笛声

(1)雷声信号的频谱峰值集中在 200～600 Hz,从频谱图的包络来看,只有一个明显的峰值,而风雨声信号和鸣笛声具有若干个峰值。

(2)雷声信号频谱的包络是连续变化的,先是由弱变强,到达峰值后由强变弱,没有较大的毛刺,而非雷声信号,如枪声和鞭炮声,具有明显的毛刺。

这说明雷声频谱与人工或自然界其他声音信号在频谱特征上有较大的区别,从而为从声音信号中识别雷声提供了可能。

11.3　基于小波变换的雷声信号特征提取技术

图 11.4 给出了雷声信号特征提取与识别处理流程。对雷声信号进行识别前,需要先对其进行去除噪声干扰和均值直流分量处理,避免零频位置谱峰影响邻近的频

谱曲线，信号的均值按式(11.3.1)计算；然后对信号进行归一化处理，即信号幅值绝对值的最大值为1，其他值按相应的比例取值，这样有助于提高神经网络的收敛速度和识别准确率；接下来对信号进行带通滤波，受声传感器频响范围的限制，下限频率为20 Hz，由于雷声信号的能量大部分在5 kHz以下，上限频率设为5 kHz；下一步分割信号，利用滑动时间窗法对信号进行分割，时长为2 s，步长为0.5 s；接着对每段信号进行特征提取。

$$u_x = \frac{1}{N}\sum_{n=1}^{N} x(n) \tag{11.3.1}$$

经典的傅里叶变换只能针对平稳信号进行频谱特征分析，虽然使用加窗的方法可处理非平稳信号，但分析窗的大小和形状恒定仍无法满足雷声信号处理的需求。由于小波变换具有多分辨率特点，具有对非平稳的雷声信号进行局部特征分析的优势。利用小波变换方法进行特征提取时，信号经过小波分解，可获得不同的子带，每个子带内的小波系数表征信号在相应频段内的能量分布；最后对雷声信号进行识别，将每段数据的特征量输入到BP神经网络中，进行雷声识别。神经网络的隐含层和输出层函数都选用sigmoid函数，目标误差为0.001，学习率为0.05，最大迭代次数为1000次。

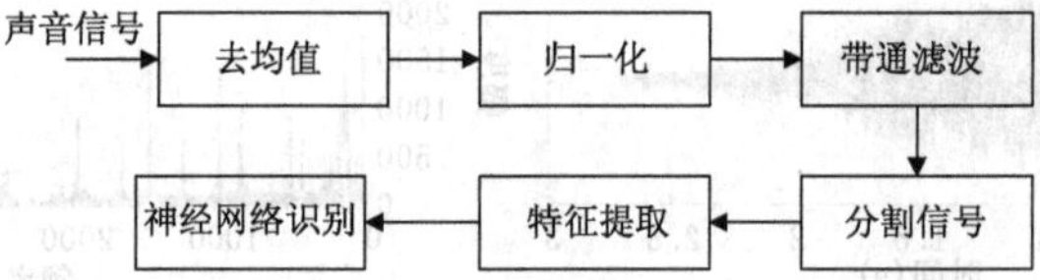

图11.4　雷声信号特征提取与识别处理流程图

11.3.1　小波函数

小波变换实质上就是对信号进行滤波，尽管分解的结果会因为小波函数的选取存在差异，但每个尺度的带宽和所用滤波器的中心频率成固定比例，因此各尺度空间内的信号能量反映了原始信号所携带的信息，可将它作为声音信号识别的特征向量。连续小波变换的公式为

$$W_{\Psi}f(a,b) = \frac{1}{\sqrt{a}}\int_{-\infty}^{+\infty} f(t)\cdot\Psi\left(\frac{t-b}{a}\right)\mathrm{d}t \tag{11.3.2}$$

式中，a为尺度因子，控制子波的膨胀，b为平移因子，表示时间延迟的$\Psi_{a,b}(t)=\frac{1}{\sqrt{a}}\Psi\left(\frac{t-b}{a}\right)$为小波函数，目前常用的小波函数族有Daubechies小波、Symlets小波、Coiflets小波和Meyer小波等。相同的信号用不同的小波函数分解结果会有一定的差异性，选择合适的小波函数对特征提取非常重要，经过实验对比，本节选择了对声

音处理较好的 Daubechies 小波族中的 db3 小波函数，其时域图如图 11.5 所示。

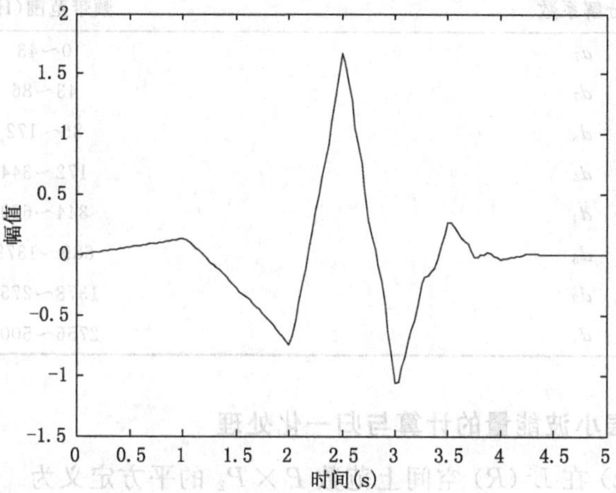

图 11.5　db3 小波函数

11.3.2　小波分解算法与层数

采用 Mallat 算法对声音信号进行小波分解。这种算法用子带编码算法代替了按照定义求积分的方法，从而提高了运算速度。通过使用均分频率滤波器，将信号分解为若干个子带，这样可以实现无冗余又无误差地对数据分解及重建。Mallat 在 1989 年的研究表明，如果每次只分为 2 个子带，可以实现更高效的分解效率，即在子带编码时将信号先对其分为高通和低通两个部分，然后对低通部分继续等分，如图 11.6 所示。图 11.6 为对信号进行 3 层小波分解的示意图，其中，$cD1$，$cA1$ 分别为第 1 层分解后的高频和低频分量部分，$cD2$，$cA2$ 分别为第 2 层分解后的高频和低频分量部分，$cD3$，$cA3$ 分别为第 3 层分解后的高频和低频分量部分。通过实验，对雷声信号进行 7 层小波分解，得到了 8 个小波系数，对应的频带范围如表 11.2 所示。由表 11.2 可知，这种分解方法突出了雷声信号的低频细节。

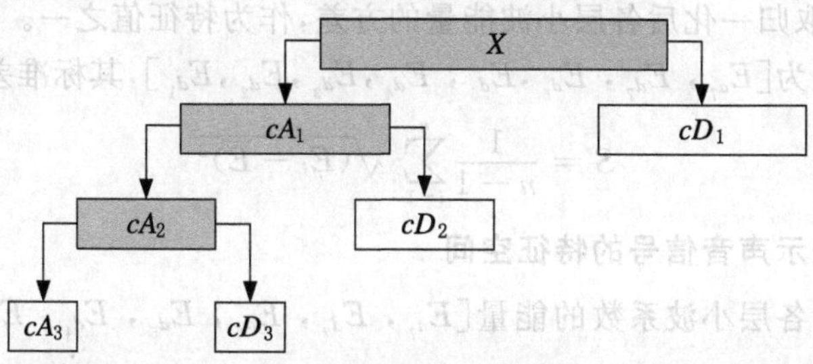

图 11.6　小波分解示意图

表 11.2 七层小波分解对应的频带范围

分解系数	频带范围(Hz)
a_7	0～43
d_7	43～86
d_6	86～172
d_5	172～344
d_4	344～689
d_3	689～1378
d_2	1378～2756
d_1	2756～5000

11.3.3 各层小波能量的计算与归一化处理

由于信号 $x(t)$ 在 $L^2(R)$ 空间上范数 $P \times P_2$ 的平方定义为

$$P \times P_2^2 = \int |x(t)|^2 \mathrm{d}t \tag{11.3.3}$$

可见信号在时域上的能量实际等于其在 $L^2(R)$ 空间上范数的平方。对于一个可容许的小波函数 $\Psi(t)$ 和信号 $x(t)$ 有

$$\sum_{k \in ZZ} |[x, \Psi_{j,k}]|^2 = \int |x(t)|^2 \mathrm{d}t \tag{11.3.4}$$

即

$$\sum_{j \in ZZ} \sum_{k \in ZZ} |W_\Psi x(j,k)|^2 = \int |x(t)|^2 \mathrm{d}t \tag{11.3.5}$$

式中,j 为尺度参数,k 为位移参数。由式(11.3.5)可知,信号能量与小波系数是等价的,系数较大者携带的信号能量较多,系数较小者携带的信号能量较少。于是计算每层小波系数的能量就相当于计算原始信号经过相应的滤波器后输出信号的能量,统计不同子带内小波系数的能量,即可获得原始声音信号的频谱分布特征。

为了增加神经网络的识别率,避免奇异值的出现,需要对各层小波的能量进行归一化处理,并求取归一化后各层小波能量的方差,作为特征值之一。若归一化后各层小波系数的能量为$[E_{a_7}, E_{d_7}, E_{d_6}, E_{d_5}, E_{d_4}, E_{d_3}, E_{d_2}, E_{d_1}]$,其标准差则为

$$S = \frac{1}{n-1} \sum_{i=1}^{n} \sqrt{(E_i - \overline{E})^2} \tag{11.3.6}$$

11.3.4 表示声音信号的特征空间

将归一化后各层小波系数的能量$[E_{a_7}, E_{d_7}, E_{d_6}, E_{d_5}, E_{d_4}, E_{d_3}, E_{d_2}, E_{d_1}]$与各层小波能量的方差作为识别雷声信号的特征量,组成特征空间向量$[E_{a_7}, E_{d_7}, E_{d_6}, E_{d_5}, E_{d_4}, E_{d_3}, E_{d_2}, E_{d_1}, S]$。

11.4　基于 BP 神经网络的雷声识别技术

11.4.1　BP 神经网络算法

BP 神经网络算法具有结构简单、并行处理、自学习能力强的特点，同时也具有容错性、抗干扰性强等优点，已广泛应用于分类研究、模式识别和函数逼近等领域。如图 11.7 所示，BP 神经网络最下一层是输入层，中间层为隐含层，最上一层称为输出层。

对其中任一隐含层神经元，其输入和输出关系如图 11.8 所示，其中 v_i 代表输入项，w_i 代表权重函数，u_i 代表神经元的状态，θ_i 代表神经元的阈值，也称偏置，函数 f 为激活函数或者转移函数，表达了神经元的输入和输出特性。采用 Sigmoid 函数作为激活函数，其表达式如式(11.4.1)所示。

$$f(u_i)=\frac{1}{1+e^{-u_i}}\quad(0<f(u_i)<1)$$
$$u_i=\sum_{i=1}^{n}w_iv_i-\theta_i \tag{11.4.1}$$

式中，v_i 为特征参数，w_i 为权重，θ_i 为阈值。

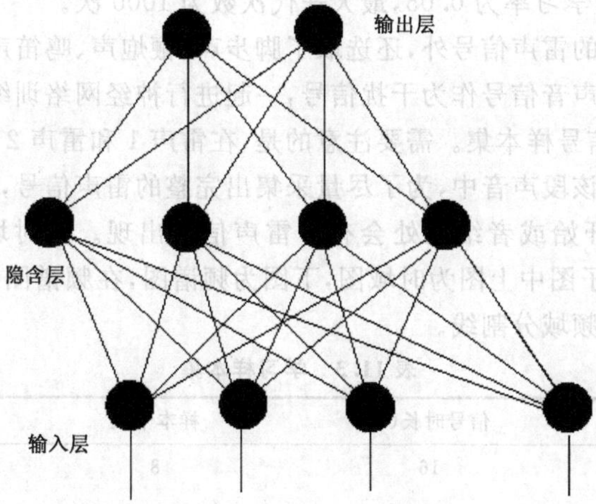

图 11.7　BP 神经网络模型

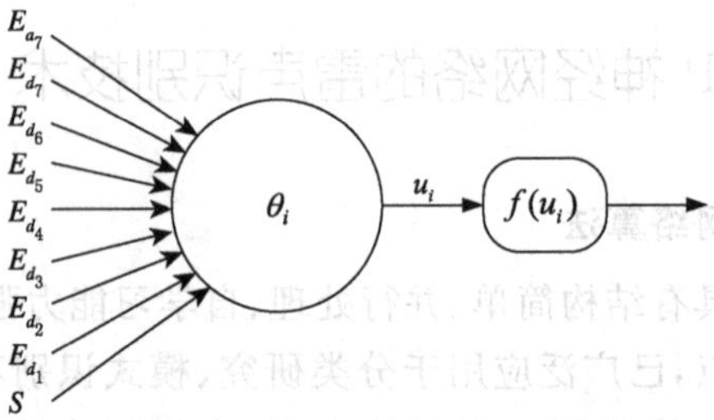

图 11.8　人工神经元模型

11.4.2　声音信号分割与特征量提取

研究表明，主雷声持续时间一般在 0.1～2.2 s，雷声的间隔时间一般为 1～3 s，多数为 1 s。为了有效识别雷声，在进行雷声识别前，按照固定时间窗分割的方法对声音信号进行分割，时长为 2 s，分别对每段时间窗内声音信号进行小波变换，提取特征量。

11.4.3　雷声识别神经网络的训练

将每 2 s 时长的声音信号特征空间向量作为一个学习样本，选取若干不同声音信号的学习样本和导师信号输入神经网络进行训练，确定网络参数。其中，导师信号 0 表示非雷声，1 表示雷声。神经网络的隐含层和输出层函数都选用 sigmoid 函数，目标误差为 0.001，学习率为 0.05，最大迭代次数为 1000 次。

除了选取不同的雷声信号外，还选取了脚步声、鞭炮声、鸣笛声、枪声、风声、海浪声自然与非自然源声音信号作为干扰信号，一起进行神经网络训练。表 11.3 给出了采集的 10 组学习信号样本集。需要注意的是，在雷声 1 和雷声 2 的导师信号中出现 0，这是因为采集的该段声音中，为了尽量采集出完整的雷声信号，将采集时间进行了延长，即在信号的开始或者结尾处会有非雷声信号出现。其时域图和频谱图如图 11.9 所示，在各个子图中上图为时域图，下图为频谱图，在频谱图中竖线为小波变换分割为各个子带的频域分割线。

表 11.3　学习样本集

信号名称	信号时长(s)	样本个数	导师信号
枪声	16	8	全为 0
鞭炮声	86	43	全为 0
鸣笛声	3	2	0,0
脚步声	0.9	1	0
风声	126	63	全为 0

续表

信号名称	信号时长(s)	样本个数	导师信号
海浪声	8.6	5	0,0,0,0,0
雷声 1	9.2	5	1,1,1,1,0
雷声 2	12	6	0,1,1,1,1,1
雷声 3	8	4	1,1,1,1
雷声 4	3	2	1,1

11.4.4　雷声识别效果分析

神经网络经学习训练后，以 11 组采集的声信号作为验证样本集，分段后共有 90 个样本输入进行验证，结果如表 11.4 所示，其中 88 个样本识别正确，2 个样本识别错误，正确率达 97.78%。其中错误识别的两次分别为：风雨声的第二段子信号，时长为 0.7 s；雷声 3 第四段子信号，时长为 1.9 s(此处为延长采集的非雷声信号)。这两段信号都属于不是雷声信号却被误识别为雷声信号，称作误报。误报的原因主要是信号持续时间短，导致提取的信号特征量模糊，出现误报。部分验证信号样本及识别结果如图 11.10 所示，在各个子图中，左上图为信号原图，左下图为对应的频谱图，右上图为小波子带归一化的能量图，右下图为识别结果(用图上端的 0 和 1 表示)。

表 11.4　验证样本集

信号名称	信号时长(s)	样本个数	识别结果
鞭炮声	2	1	0
地震声	7.8	4	0,0,0,0
枪声	0.5	1	0
风雨声	2.7	2	0,1
鸣笛声	2.7	2	0,0
海浪声	8.6	5	0,0,0,0,0
雷声 1	4.8	3	1,1,1
雷声 2	3.8	2	1,1
雷声 3	7.9	4	1,1,1,1
雷声(金属)4	4.9	3	1,1,1
风声	124.8	63	全为 0

综上所述，在选择的 11 个声音数据中，分段后可得到 90 个样本，其中误报率为 1.1%，漏报率为 0，表明所提取的特征参数和建立的神经网络区分雷声与非雷声信

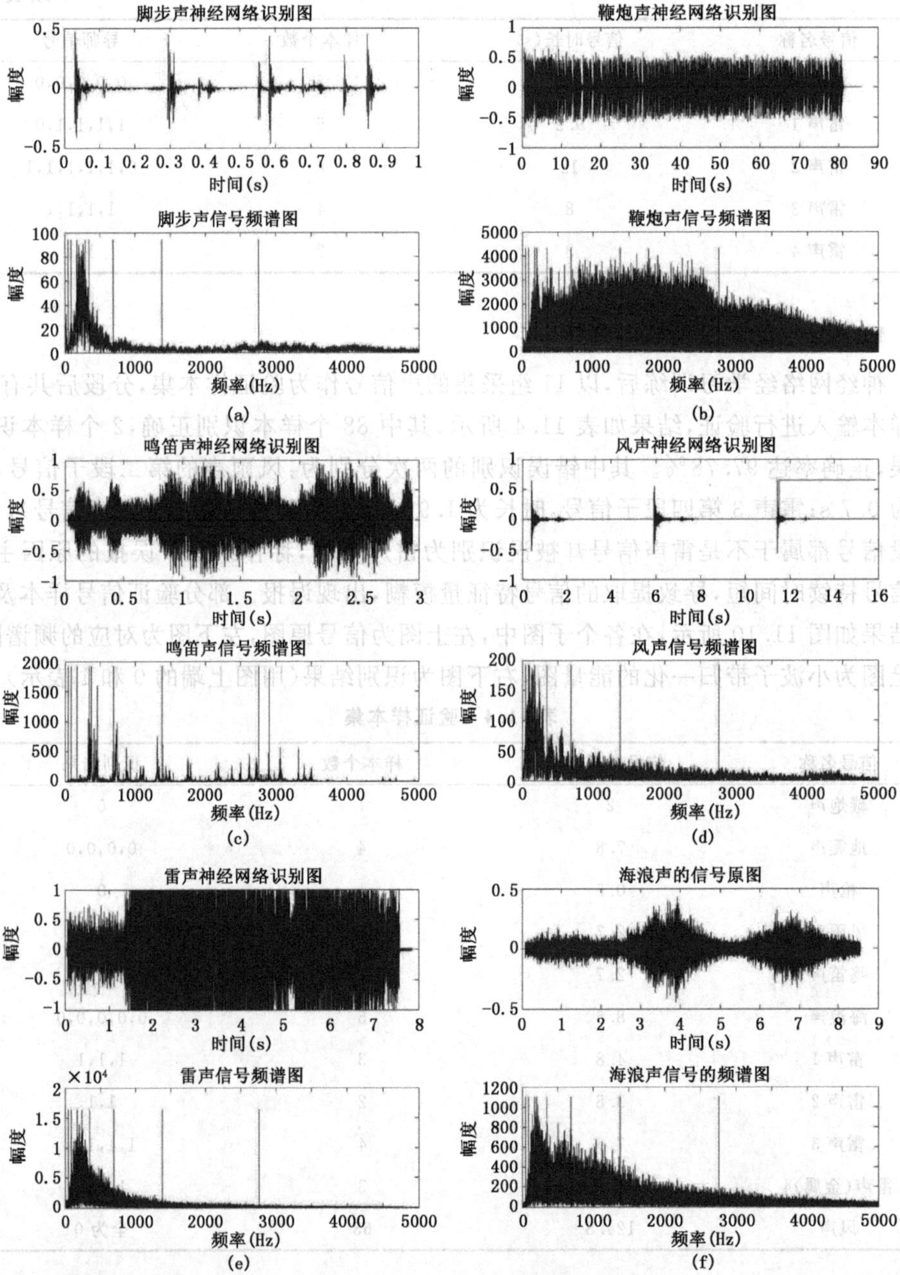

图 11.9 训练信号时域图和频域图

(a)脚步声;(b)鞭炮声;(c)鸣笛声;(d)风声;(e)雷声;(f)海浪声

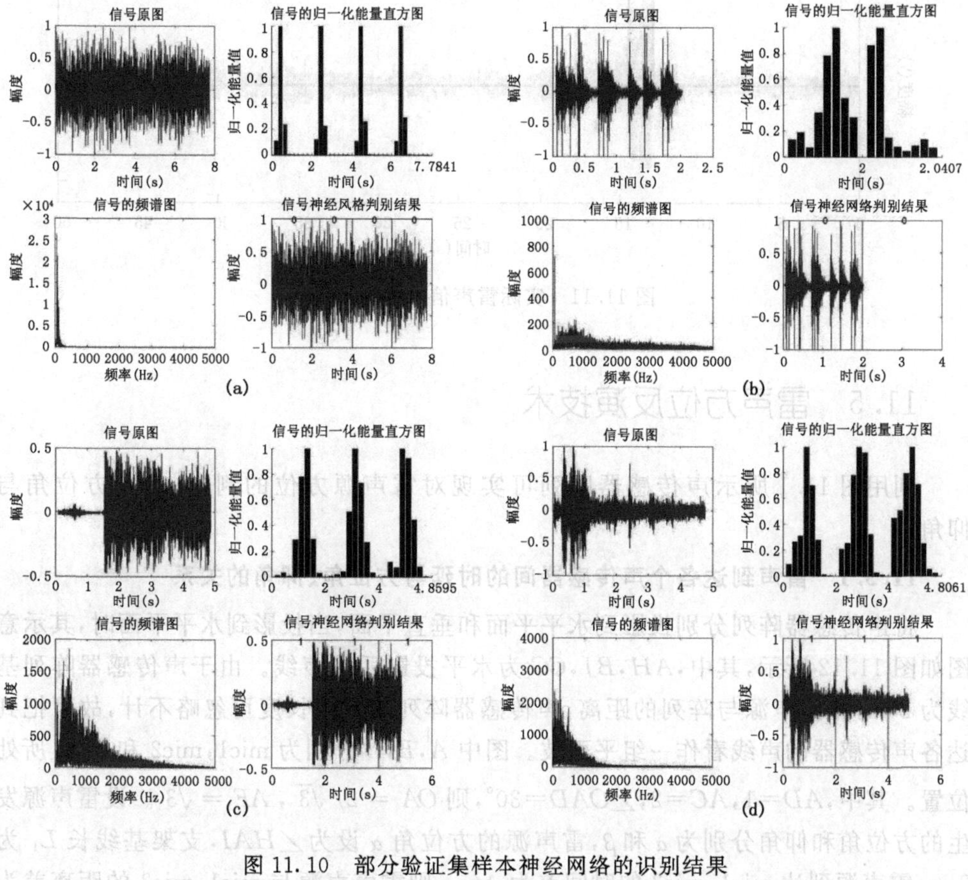

图 11.10　部分验证集样本神经网络的识别结果

(a)地震声；(b)鞭炮声；(c)夹杂着雨滴击打金属声的雷声；(d)雷声

号的能力强。

进一步地，对某次云地闪过程产生的声音信号进行识别，如图 11.11 所示，为了提高识别的时间分辨率，利用了滑动时间窗法，时间窗长度为 2 s，滑动步长为 0.5 s。在该算法中，不同时段的声信号被识别的次数不相同，数据起始位置至 0.5 s 段将被识别一次，0.5～1 s 段被识别两次，1～1.5 s 段被识别三次，1.5 s 之后至距末尾 1.5 s 段的数据被识别 4 次，距末尾 1.5～1 s 段识别三次，1～0.5 s 段被识别两次，0.5 s 至末尾识别 1 次。当且仅当长度为 0.5 s 的数据段全被识别为雷声时，才将这段数据判别为雷声信号，否则认为是非雷声信号。在图 11.11 所示的 50 s 时长声音信号样本中，矩形所围时段为识别的雷声信号，持续时间 2 s，其他时段均未检测出雷声信号，与实际人工观测的结果一致。

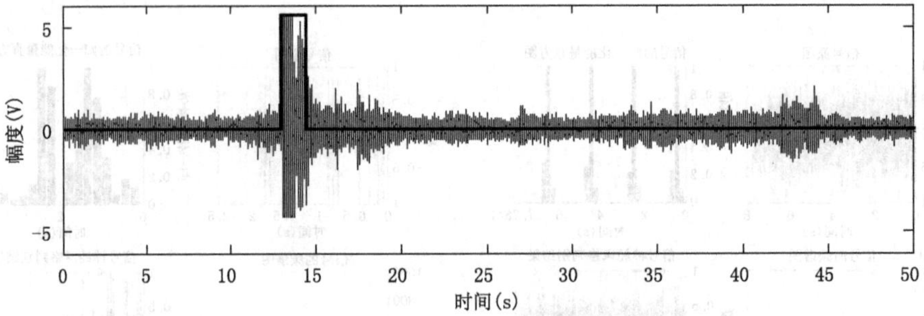

图 11.11 实际雷声信号检测结果

11.5 雷声方位反演技术

利用图 11.1 所示声传感器阵列可实现对雷声源方位的判定,确定方位角与仰角。

11.5.1 雷声到达各个声传感器间的时延与方位角、仰角的关系

将声传感器阵列分别投影到水平平面和垂直平面,当投影到水平平面时,其示意图如图 11.12 所示,其中,AH,BJ,CG 为水平投影后的声线。由于声传感器阵列基线为 2 m,相比声源与阵列的距离,声传感器阵列的基线长度可忽略不计,故可把到达各声传感器的声线看作一组平面波。图中 A,B,C 分别为 mic1,mic2 和 mic3 所处位置。其中,$AD=1$,$AC=2$,$\angle OAD=30°$,则 $OA=2/\sqrt{3}$,$AF=\sqrt{3}$。设雷声源发生的方位角和仰角分别为 α 和 β,雷声源的方位角 α 设为 $\angle HAI$,支架基线长 L_1 为 2 m,雷声源到达 mic1,mic3 的时间差为 Δt_{13},则雷声声源与 mic1,mic3 的距离差为 $V_L\Delta t_{13}$,其中 V_L 为实际声速,而相应的雷声声源在水平面的投影距离之差 $CG=V_L\Delta t_{13}\cos\beta$。在 ΔCAG 中,$\angle CAG=\frac{\pi}{6}-\alpha$。则有

$$V_L\Delta t_{13}\cos\beta = L_1\sin\left(\frac{\pi}{6}-\alpha\right) \tag{11.5.1}$$

同理可得

$$V_L\Delta t_{12}\cos\beta = L_1\cos\alpha \tag{11.5.2}$$

将声线投影到声传感器阵列的竖直平面上,如图 11.13 所示。C,K 两点分别为 mic3 和 mic4,声源到达两点距离之差为 $V_L\Delta t_{34}$。O 点为底面正三角形的中心点。雷声源的仰角为 β,即 $\angle MCN$,OK 为竖直基线,长度为 2 m,OC 为底座等边三角形中心与 mic3 的连线,长度为 $2/\sqrt{3}$,则 KC,即 L_2 的长度为 $4/\sqrt{3}$,于是 $\theta_1=\pi/3$。

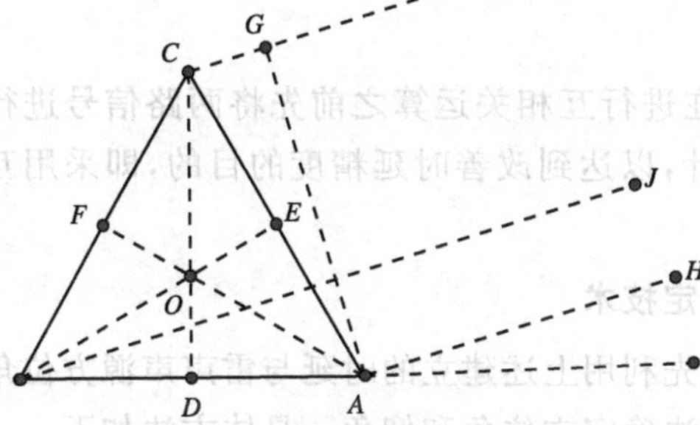

图 11.12　声传感器阵列的水平投影

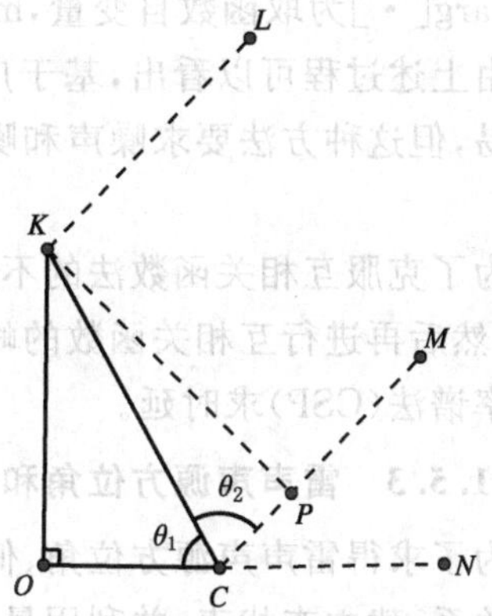

图 11.13　声传感器阵列的垂直投影

CM, KL 为声线在垂直平面的投影，于是 $CP = V_L \Delta t_{34} \sin\alpha$，在 ΔKPC 中，$\angle PCK = \frac{2\pi}{3} - \beta$，则有

$$V_L \Delta t_{34} \sin\alpha = L_2 \cos\left(\frac{2\pi}{3} - \beta\right) \tag{11.5.3}$$

同理，还可建立 $V_L \Delta t_{14}, V_L \Delta t_{24}$ 等与方位角、仰角的关系式。

11.5.2　雷声到达各个声传感器间的时延确定技术

到达声传感器阵列的来自同一声源的信号之间存在一定的相关性，通过计算两列信号之间的相关函数即可求得信号之间的时延。由于雷声在大气中传播易受大气环境因素和其他声源影响，到达各声传感器的声信号之间的相关性受到干扰，因而需要时延算法具有较强的抗噪能力。假设两路声传感器接收到的信号为 $x_1(t)$ 和 $x_2(t)$，则

$$\begin{cases} x_1(t) = s(t) + n_1(t) \\ x_2(t) = s(t-D) + n_2(t) \end{cases} \tag{11.5.4}$$

式中，$s(t)$ 为声源发出的信号，D 为信号间的时延，$n_1(t)$ 和 $n_2(t)$ 为两路信号的加性噪声，假设它们之间不相关，则 $x_1(t)$ 和 $x_2(t)$ 的互相关函数为

$$\begin{aligned} R_{12} &= E[x_1(t)x_2(t+\tau)] \\ &= E[(s(t)+n_1(t))(s(t-D+\tau)+n_2(t+\tau))] \\ &= E[s(t)s(t-D+\tau)] \\ &= R_{ss}(\tau - D) \end{aligned} \tag{11.5.5}$$

故当两路信号的互相关函数取最大值时，相应的时间 τ 即为时延 D，即

$$\tau = \arg\{\max[R_{ss}(\tau - D)]\} \tag{11.5.6}$$

式中，arg[·]为取函数自变量，max[·]为取函数最大值

由上述过程可以看出，基于广义互相关函数法(GCC)的时延算法原理简单，实现容易，但这种方法要求噪声和噪声之间互不相关，不适合对可变时延估计和非平稳信号。

为了克服互相关函数法的不足，可在进行互相关运算之前先将两路信号进行预滤波，然后再进行互相关函数的峰值估计，以达到改善时延精度的目的，即采用互相关功率谱法(CSP)求时延。

11.5.3　雷声声源方位角和仰角确定技术

为了求得雷声声源方位角、仰角，首先利用上述建立的时延与雷声声源方位角和仰角关系，建立查找表，并利用最小二乘法确定方位角和仰角。具体方法如下。

(1)建立查找表，根据式(11.5.1)、式(11.5.2)和式(11.5.3)，分别计算仰角0°～90°和方位角0°～359°之间每隔1°相应的$\Delta t'_{13}$，$\Delta t'_{12}$，$\Delta t'_{34}$；

(2)利用互相关功率谱法求取雷声到达各个声传感器间的时延Δt_{13}，Δt_{12}，Δt_{34}；

(3)利用最小二乘法，查找与实测时延最接近的那组查找表中的时延值对应的方位角和仰角值，即当式(11.5.7)中x^2取最小时对应的方位角和仰角值。

$$x^2 = (\Delta t'_{13} - \Delta t_{13})^2 + (\Delta t'_{12} - \Delta t_{12})^2 + (\Delta t'_{34} - \Delta t_{34})^2 \qquad (11.5.7)$$

确定了雷声方位后，若要进一步确定雷声位置，则可先通过光声信号时延确定雷声与测站的距离，进而确定雷声位置。将雷声分成若干时帧后，则可进一步研究雷声通道特性(张传亮等，2016)。

习　题

1. 雷声信号有何特点？
2. 简述雷声自动识别流程。有哪些因素会干扰雷声自动识别效果？
3. 简述利用声传感器阵列反演雷声方位的流程。有哪些因素会影响反演效果？

参考文献

张传亮，孙学金，卫克晶，等，2016. 基于声光信号的单站式闪电三维通道定位系统[J]. 气象科学，36(4)：502-509.